BASIC STATISTICS USING R FOR SOCIAL SCIENCE RESEARCHERS

사회과학 연구자를 위한

R을 활용한 기초 통계

BASIC STATISTICS USING R

FOR SOCIAL SCIENCE RESEARCHERS

사회과학
연구자를
위한

R을 활용한 기초 통계

이병관 지음

한양대학교 출판부

서문

해묵은 숙제를 지금 막 끝낸 기분이다. 근 20여 년간 학부와 대학원에서 통계 강의를 해오면서 스스로에게 부여한 오래된 숙제였다. 사실 통계 책을 집필한다는 것이 이렇게 지루하고 고된 작업이 될지는 전혀 모르고 시작했다. 하지만 통계 책을 쓰겠다고 결심한 동기는 매우 단순했다. 학기 첫 주 강의 소개 시간에 빠지지 않는 학생들의 질문은 '강의에서 어떤 교재를 사용하는지'에 관한 것이었다. 지금까지 나는 강의를 위해 딱히 하나의 교재만 정하여 사용하지 않았으므로 항상 이렇게 대답했다. "시중에는 통계 관련 서적이 어마어마하게 많다. 그 중에 자신에게 잘 맞는 책 하나를 선택해 사용하면 된다." 이러한 생각을 가졌던 저자는 책을 쓰기로 결정하였을 때 자신에게 회의적인 질문을 하지 않을 수 없었다. '이미 우리가 사용할 수 있는 수많은 통계 관련 책들이 있다면 왜 또 다른 통계 책이 필요한 것일까?' 이 질문에 대한 답은 생각보다 어렵지 않았다. 그 답은 강의를 위해 학생들에게 적당한 교재를 선정하여 알려주지 못한 저자의 경험적 이유에서 찾을 수 있다. 저자가 그 동안 봐 온 통계 서적 대부분의 경우—모든 책을 본 것은 아니겠지만—두 가지로 분류될 수 있다. 하나는 어려운 수학적 개념을 기초로 한 수리 통계적 접근방법을 사용한 통계 서적이다. 이런 류의 책들은 어려운 수학적 개념들을 다루기 때문에 현실과 직접적인 관련이 없어 너무 추상적일뿐더러, 우리와 같이 사회과학 분야의 연구자나 학생들처럼 수학 자체에 거부감을 가진 독자들에게는 그 내용을 이해하기 위해서는 많은 시간과 노력을 필요로 한다. 반면, 사회과학 분야의 통계 서적 대부분은 개별 통계 분석 방법의 원리와 과정을 건너뜀으로써 독자들에게 단순 암기식 통계 수행을 강요하게 하는 경우가 많다. 어찌 되었든, 이 두 종류의 통계 책 모두 우리가 통계를 배우고 사용하는 데 있어 어려움을 느끼게 할 뿐만 아니라 배움의 즐거움을 갖기 어렵게 한다.

저자는 이 책을 기획하고 쓰기 시작하면서 이러한 경험을 책에 오롯이 담아내고 싶었다. 이를 통해 이 책을 읽는 연구자나 학생들에게 통계를 배우고 분석을 수행하는 즐거움을 느끼게 해주는 것이 저자가 책을 쓰던 2년에 걸친 오랜 수고의 대가라고 스스로를 위로한다. 이 책을 통해 독자들이 약간의, 그리고 최소한의 수학적 지식만 있으면 해당 통계 분석 방법에 대한 원리와 절차를 이해하고 구체적인 연구 문제와 데이터를 통해 해당 분석을 실제로 수행해 봄으로써 통계의 즐거움을 맛볼 수 있는 동기가 되었으면 한다. 어쩌면 이 책의 서술 방식이 기존의 통계 서적과 달리 강의 형식을 띄는 이유도 여기에 있는지도 모를 일이다.

이 책은 수없이 많은 통계 분석 방법 중에 극히 일부분만을 다루고 있다는 점을 꼭 밝혀두고 싶다. 구체적으로 말하면, 이 책은 통계를 처음 접하는 학생들을 대상으로 한 통계 입문 과정을 다루고 있다. 그렇다고 해서 이 책이 통계를 어느 정도 알고 있는 학생들이나 연구자들에게 전혀 필요 없다고 말하고 싶지는 않다. 이 책은 그동안 통계 분석 방법의 원리나 절차에 대해 피상적으로만 알고 있었거나 그에 대한 기초가 부족하다고 느끼는 사람이라면 누구에게라도 도움이 될 수 있다고 믿는다. 최근 데이터 사이언스에 대한 쏟아지는 많은 관심을 미루어 볼 때 지금 막 통계 공부를 시작하는 적지 않은 수의 독자들이 이 책에서 다루고 있는 통계 분석 방법에만 머물려 하지 않을 것이다. 하지만 이 책에서 다루는 통계 분석 방법들을 제대로 이해하지 못한다면 이후에 맞닥뜨리게 될 보다 복잡하고 진보된 통계 분석 방법들을 보다 편하게 이해하는 것은 결코 어렵다고 본다. 독자들이 이후에 접하게 될 모든 분석 방법은 이 책에서 다루는 통계 분석 방법들에 대한 기본 원리와 절차의 단순한(물론 경우에 따라서는 아주 단순하지 않을 수 있다) 확장이라고 감히 단언할 수 있다.

또한 이 책은 현재 통계학에서 특정 분석 방법에 대해 제기되는 논쟁들을 소개함으로써 그 동안 응용 통계에 의지해야만 하는 우리 사회과학분야의 학생들이나 연구자들에게 도움이 될 것으로 믿는다. 통계학자들에게서는 이미 많은 문제가 제기되거나, 잘못된 통계 개념이나 방법들(예: 영가설 유의도 검정이나 kurtosis 등)이 우리 사회과학 분야의 학생들이나 연구자들에게서 여전히 신화처럼 사용되는 사례가 종종 발견된다. 이러한 관행은 통계학자들에 의해 개발된 통계 분석 알고리즘을 가져다 사용해야만 하는 통계학을 전공으로 하지 않은 대부분의 응용과학 분야, 특히 사회과학 연구자들뿐 아니라 지금 막 통계를 시작하는 학생들에게도 현실적 문제가 아닐 수 없다. 통계의 잘못된 사용이 필연적으로 '의도적 기만'이라는 연구자의 윤리적 해이를 반드시 수반하는 것은 아니라고 하더라도 통계의 잘못된 사용에서 비롯되는 부정적인 결과와 그 책임은 오롯이 연구자의 몫이기 때문이다. 엄격한 과학적 절차와 가정을 따르지 않은 채 자료를 분석하고, 이를 해석한 결과를 통해 연구자의 가설을 추론하고 논의하는 것은 무의미하며, 이러한 상황에서 연구자가 밝히고자 하는 '진실'은 이미 연구자가 설명할 수 없는 전혀 다른 곳에 존재하는지도 모른다(이병관 외, 2015, 2020). 따라서 이 책은 통계 분석 방법에 대한 설명과 함께 그간 제기되어온 논쟁이나 잘못된 개념 혹은 사용에 대한 통계학자들의 목소리를 좀 더 쉽게 그리고 가능한 한 많이 담으려고 노력했다. 독자들은 저자의 이러한 노력을 방대한 양의 논문을 담은 이 책의 참고 문헌 파트에서 발견할 수 있을 것이다. 책 분량의 한계나 내용의 흐름 때문에 해당 논의를 더 자세하게 다루지 못하는 경우 관련된 논문을 독자가 추후 참고할 수 있도록 출처를 빠짐 없이 기술하였다.

이 책의 각 장은 크게 두 파트로 구성되어 있다. 첫 번째 파트에서는 해당 통계 분석 방법에 대한 원리와 절차를 가상의 작은 데이터 셋을 통해 자세하게 설명하였다. 각 장에서는 해당 통계 분석 방법과 관련된 분포(혹은 통계모델), 영가설 검정, 효과크기, 통계적 가정 등을 쉽게 이해할 수 있도록 가능한 상세하게 설명하였다. 통계에 대한 관심과 함께 약간의 수리적 지식이나 감각만 있다면 누구나 쉽게 해당 통계 분석 방법에 대한 원리와 절차를 이해할 수 있을 것이다. 이와 함께, 독자들에게 통계에 대한 흥미를 유발할 수 있도록 매 장 시작 파트에 통계와 관련된 유명한 인용구와 해당 통계 분석 방법에 대한 역사적 기원이나 일화를 소개하였다.

두 번째 파트는 이전 파트에서 학습한 통계 분석 방법이 실제 문제에 어떻게 사용될 수 있는지를 경험하기 위해 R 패키지를 활용하여 실제로 해당 통계 분석을 수행하는 것에 초점을 맞추었다. 최근, 데이터 사이언스에 대한 많은 관심과 대중성에 힘입어 R이나 Python과 같은 프로그래밍 언어를 이용한 통계 분석 패키지 사용에 익숙한 독자들이 많을 것으로 안다. 하지만 아직 R과 같은 오픈소스 프로그래밍 패키지 사용에 익숙하지 않은 독자를 위해 첫 장에서는 R 패키지에 대한 소개와 기초적인 사용에 대한 내용을 다루었다. 각 장 두 번째 파트의 R 패키지를 활용한 분석에서도 R 패키지 초심자를 위해 해당 분석에 대한 R 코드를 최대한 한 줄 한 줄 꼼꼼하게 작성하였다. R에서는 한 분석에 대해 한 가지 함수만 존재하는 것이 아니라 실로 다양한 함수들이 사용될 수 있다. 다양한 함수를 이용해 다양한 분석을 수행하는 것도 R을 사용하는 즐거움의 하나일 것이다. 이 책에서도 가능한 한 다양한 R 함수를 사용하도록 노력하였다. 당연히, 이 책에 제공된 함수들이 해당 통계 분석을 위한 최선의 함수는 아니다. 독자들도 R 패키지 사용에 조금 익숙해진다면 R 함수를 사용하는 데 있어 자신 만의 루틴을 가지게 될 것이다. R 패키지를 활용한 실제 분석에 사용되는 데이터 셋은 되도록 외부에서 따로 불러오지 않고 R 패키지에 있는 데이터 셋을 사용하도록 하였다. 부득이 외부 데이터 셋을 사용하는 경우, 데이터 셋을 모아둔 다음의 구글 드라이브 링크에 접속하여 해당 데이터 셋을 내려받을 수 있다.

https://drive.google.com/drive/u/0/folders/1zgZN_cZAQwfSDjn2JQlo8VQQEbg94G01

저자는 독자들이 이 책을 통해 통계학을 배우는 과정에서 겪게 되는 어려움을 극복하고, 통계를 활용하여 실제 연구 문제를 해결하는 즐거움을 경험해보기를 바란다. 이를 위해 수학적인 부분이나 R 프로그램을 다루는 방법은 되도록 간단하고 직관적으로 설명하려고 노력했다. 또한 통계를 현실적인 문제에 적용하는 방법을 예제를 통해 보여줌으로써 통계의 이론적 측면이 어떻게 실제 분석에서 적용되는지에 대한 연결고리를 강화하려고 노력했다. 이 책이 통계학을 처음 접하는 학생들뿐 아니라, 통계학에 관심이 있는 모든 연구자들에게 도움이 되기를 바란다.

이 책이 나오기까지 여러 가지로 도움을 준 분들께 감사의 말을 잊지 않고 싶다. 엄청난 분량의 원고를 한마디 불평 없이 꼼꼼하게 교정을 봐준 마혜현(박사과정)에게 무한한 고마움을 전한다. 그리고 세심하고 전문적인 자문으로 이 책의 출판을 마무리할 수 있게 해준 한양대학교 출판부 안광일 선생님께도 감사드린다. 출판의 고민을 명쾌하게 해결해준 안종길 후배님에게도 감사의 말을 전한다. 끝으로 책을 쓴다는 핑계로 여러 집안 일에 소홀함을 받아주고 독려해준 아내와 이제는 엄연한 사회인이 되어 열심히 직장 생활을 하고 있는 아들에게 사랑한다는 말과 함께 이 결실을 함께 나누고자 한다.

2023년 어느 봄날 하연재(河緣齋)에서

이병관

목차

Chapter 01

R 시작하기

"R을 사용한다는 것은 어쩌면 처음 담배를 피울 때와 비슷한지 모르겠다.
처음에는 너무 어려워서 머리가 깨질 듯이 아프거나 처음 몇 번은 질식할 것 같은
기분도 느끼게 된다. 하지만 자꾸 반복 하다보면, 즐겁기도 하고 중독까지 될 수 있다.
그럼에도 불구하고, 진심으로 솔직하게 말하자면, 건강에는 그리 좋지 않다."
- 프랑수아 피나드(Francois Pinard)

1.1 R이란 무엇인가?

R은 통계 분석과 시각화를 위한 프로그래밍 언어이자 무료 소프트웨어(오픈 소스) 환경이다. 1993년 뉴질랜드 오클랜드 대학의 로버트 젠틀맨(Robert Gentleman)과 로스 이하카(Ross Ihaka)에 의해 시작되어 현재는 R 코어 팀이 기본적인 개발과 관리를 담당하고 있지만, 추가 기능은 수많은 자발적 기여자들에 의해 개발·제공되고 있다. R은 벨 연구소(Bell Laboratories)의 존 챔버스(John Chambers)와 동료들에 의해 개발된 S 프로그래밍 언어의 구현으로 GNU S라고도 한다(Venables, Smith, Gentleman, & Ihaka, 1998). R과 S는 몇 가지 중요한 차이점이 있기는 하지만 S로 작성된 대부분의 코드는 R에서 그대로 실행이 가능하다. R은 통계 소프트웨어 개발과 자료 분석에 널리 사용되고 있으며, 패키지 개발이 용이하여 통계학자들 사이에서 통계 소프트웨어 개발에 많이 쓰이고 있다. <그림 1.1>에 나타난 것처럼 R은 통계 분석과 관련하여 SPSS, SAS, STATA 등과 같은 기존의 전통적인 통계 패키지의 사용을 2010년을 기점으로 맹렬히 추격하고 있는 상황인데, 특히 2015년에는 Google 학술 검색에서 나타난 R을 사용한 학술 연구의 수가 전통적인 통계 패키지인 SAS의 사용을 넘어섰다(Muenchen, 2019).

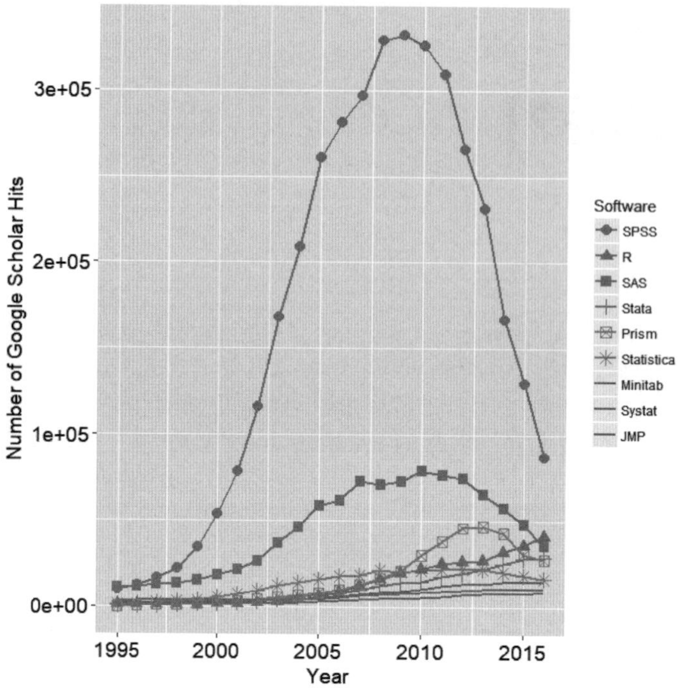

그림 1.1 Google Scholar에서 검색한 학술연구에서 사용된 통계 패키지 수

그러면, R은 우리에게 제공하는 장점은 무엇이고, 또한 그 단점은 무엇일까? 이에 대해 간단하게 몇 가지 알아보자. 먼저 R의 장점은 가장 포괄적이고 강력한 통계분석 도구라는 것이다. 기본적인 통계 검증과 모델분석은 물론 데이터 관리 및 조작에도 탁월한 능력을 보여준다. 이는 R 패키지의 생태계를 보면 쉽게 이해할 수 있다. "패키지 생태계의 광대함은 R이 갖는 가장 중요한 특성 중 하나이다. 어떤 통계기법을 사용하든 그에 맞는 R 패키지가 이미 나와 있다고 보면 된다(Krill, June 2015)"라고 할 정도로 R 패키지의 규모는 실로 방대하다. 2023년 7월 현재 R CRAN(The Comprehensive R Archive Network)을 통해 제공되는 패키지(package)는 약 19,764개에 달한다. 특히 R의 그래픽 및 차트와 같은 시각화 기능이 매우 탁월하다는 점은 이미 잘 알려진 사실이다.

또한, R은 확장성이 뛰어나다는 장점이 있다. R에서는 누구나 다른 사람의 눈치를 볼 필요 없이 자신만의 통계 기법이나 알고리즘을 개발할 수 있다. 이러한 확장성으로 인해 초기에 학술분야나 연구 분야에서 주로 사용되던 R이 이제는 기업의 비지니스 영역과 정부의 정책 연구 분야에서도 활발히 사용되고 있다. R은 기존의 SPSS나 SAS와 같은 유료 폐쇄소스 소프트웨어와 달리 무료 오픈소스이기 때문에 공개적인 검증과 수정이 자유롭게 이루어질 수 있다. 이는 누구나 특정의 분석 알고리즘의 소스 코드를 확인할 수 있기 때문에 가능한데, 즉 R에는 라이센스 제한이 없기 때문에 언제 어디서나 사용할 수 있으며, 누구나 버그 수정, 코드 개선 및 새로운 패키지를 제공 할 수 있다. 또한 R은 방대한 사용자 그룹(예: Stackoverflow나 RPubs 등)을 가지고 있기 때문에 R 사용자는 이러한 다양한 사용자 그룹을 통해 손쉽게 여러 관련 정보를 얻고 도움을 받을 수 있다.

물론 R은 이러한 장점만 있는 것이 아니다. R 역시 여러 단점도 갖고 있다. 가장 눈에 띄는 단점은 메모리와 관련된 것들이다. 즉, R은 인메모리(in-memory) 기반(혹은 Random Access Memory: RAM 기반)이기 때문에 메모리 관리, 속도, 효율성 등에 있어 한계가 있는 것이 사실이다. 이와 관련하여 한 전문가(Krill, June 2015)는 “메모리 관리, 속도, 효율성 등을 R이 직면하는 가장 큰 도전”으로 보았다. 실제로 R에서 대용량의 데이터 파일로 작업을 하다 보면 RAM 부족으로 작업 실행이 중단되거나 프로그램이 다운되어 불편을 느낄 때가 심심치 않게 발생한다. 그렇지만 R을 지지하는 많은 낙관주의자들은 컴퓨터 메모리 용량을 향상시키는 기술적 진보와 분석에 필요한 메모리 부하를 좀 더 낮추려는 소프트웨어적 진보에 따라 R의 메모리 제약은 향후 거의 문제가 되지 않을 것으로 낙관한다. 실제로 저자가 처음 R을 사용했을 때 느꼈던 메모리 제약이 이제는 거의 느껴지지 않을 정도로 그 변화를 실감하게 되었다. 초보자에게 있어 학습 곡선이 매우 가파르다는 것이 R의 또 다른 단점이 될 수 있다. 초보자에게는 R에 익숙해지기까지 꽤 많은 시간이 걸릴 수 있다. 특히 문과계열 학생이나 연구자처럼 코딩과 프로그래밍 언어에 익숙지 않은 사람은 R을 편하게 사용하는데 까지는 어느 정도 어려움을 느낄 수 있다. 이러한 어려움은 R에는 그래픽 사용자 인터페이스(Graphic User Interface: GUI)가 지원되지 않는다는 점과 관련이 있다. 특히 GUI가 풍부한 기존의 통계 패키지에 의존해왔던 초보 분석가들은 더 많은 어려움을 느낄 수 있다. 그러나 앞서 언급한 것처럼, R은 방대한 사용자 그룹을 가지고 있기 때문에 초기 학습과정에서 많은 도움을 받을 수 있다.

1.2 R과 RStudio 설치하기

모두들 인지하고 있는 것처럼, 다른 통계 패키지와 마찬가지로 R 통계의 시작은 자신의 컴퓨터에 R을 설치하는 것부터 시작한다. 물론 Mac이나 Linux 사용자들도 걱정할 필요는 없다. R은 친절하게도 Windows, Mac, Linux 사용자 모두를 지원하고 있다. 물론 비용의 걱정도 접어두시라. 앞서 말한 것처럼 R은 오픈 소스이기 때문에 누구나 무료로 사용할 수 있다. 먼저 CRAN이라고 하는 일종의 R 패키지 저장소의 사이트에 접속해보자.

http://cran.r-project.org/ 혹은 http://www.r-project.org

여기서 R에 대한 많은 설명 및 자료들과 함께 R을 내려 받고 설치할 수 있는 창이 보일 것이다. 자신의 컴퓨터 운영체계에 맞는 R을 선택하고 다운로드하여 안내에 따라 설치하면 된다. Mac OS의 경우에는 'Download R for macOS'를 선택한 후 'Latest release:'에서 .pkg 파일을 다운로드하여 설치하면 된다. Windows를 가진 사용자는 'Download R for Windows'를 선택한 후, 'Base'의 'install R for the first time'을 클릭하여 설치한다.

R의 디폴트 인터페이스에 익숙하지 않은 초보 사용자라면 RStudio를 사용할 것을 권한다. RStudio는 http://www.rstudio.com에서 내려 받을 수 있다. RStudio 역시 오픈 소스이고, Windows, Mac, Linux 사용자 모두를 지원하고 있다. 먼저 다음의 사이트에 접속을 하여 다운로드 창을 선택하면, 'Download RStudio IDE'가 보인다. 이 중 'RStudio Desktop'를 클릭한 후 자신의 운영체계와 맞는 플랫폼을 선택하여 내려 받고 설치한다.

RStudio는 <그림 1.2>에서 보듯이 크게 네 개의 창으로 구성되어 있다. 오른쪽 위는 콘솔(console) 창으로 명령을 입력하고 그에 대한 결과를 출력해준다. 왼쪽 위의 창은 일종의 편집기인 소스(source) 창으로 스크립트(script)를 입력함으로써 명령을 수행할 수 있다. 물론 이곳에서 수행된 명령에 대한 결과는 우측의 콘솔 창에 나타난다. 소스 창에서 명령 수행을 위해서는 오른쪽 상단의 Run 아이콘을 누르거나 스크립트의 각 줄에 커서를 위치시키고 CTRL+ENTER를 치면 작업이 수행된다. 작업을 수행할 때 콘솔 창에 직접 입력하기 보다는 소스 창에서 작업을 하는 것이 여러모로 편리하다. 또한 오른쪽 아래에 있는 창은 Files, Plots, Packages, Help, Viewer 등의 탭이 있는데, 여기서는 파일 편집, 플롯 보기, 패키지 설치, 도움말 등이 수행된다. 왼쪽 아래의 창에는 Environment와 History 탭이 보이는데, 여기서는 자신이 설정해놓은 변수나 함수 등을 확인하거나 그동안 작업했던 기록들을 확인할 수 있다. 창의 레이아웃은 Tools 메뉴의 Global Options를 통해 사용자 자신의 취향에 맞게 재구성할 수도 있다.

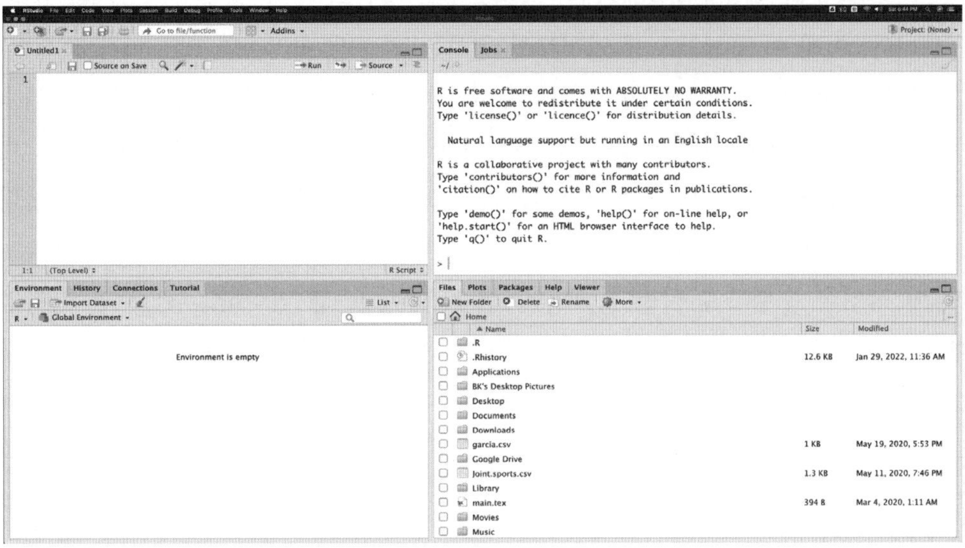

그림 1.2 RStudio 스크린 이미지

설치와 관련해서 몇 가지 주의할 사항이 있다. 저자와 같이 Mac OS를 사용하는 경우, RStudio에서 한글 깨짐 현상 때문에 애를 먹는 경우가 있다. 이런 경우에는 RStudio의 디폴트 텍스트 인코딩을 UTF-8로 설정해주 어야 한다. RStudio의 Tools 메뉴에서 Global Options를 선택하고 다시 Code 메뉴에서 Saving 탭의 'Default text encoding:' 란에 'UTF-8' 을 선택 후에, 창을 닫았다가 다시 실행시킨다. 그러나 이 방법으로도 해결이 되지 않을 때에는 RStudio의 File 메뉴에서 Reopen with Encoding을 선택하면 Choose Encoding이라는 창이 열리고 이 창에서 CP949 (System default)를 선택한다. Windows OS 사용자의 경우, 이 두 방법으로도 RStudio의 한글 깨짐 현상이 해결되지 않았다면 아마도 '사용자 계정'이 '한글'로 되어 있는 경우를 예상해 볼 수 있다. '사용자 계정'이 '한글'로 되어 있는 경우에는 RStudio가 경로를 인식하지 못해서 오류가 나는 경우가 종종 있기 때문이다. 이럴 때에는 컴퓨터의 사용자 계정을 영어로 바꾸면 간단하게 해결이 될 수 있다.

1.3 R 실행하기

이젠 본격적으로 R을 실행해보자. RStudio를 실행시키면 <그림 1.2>와 같은 창이 뜬다. R이 제대로 설치가 되었다면 우측 상단의 콘솔 창에 설치된 R의 버전과 간단한 정보가 보이게 된다. R 역시 수시로 버전이 업데이트되는데 각 버전에는 이름이 부여된다. 그럼, 지금부터 무엇부터 시작해야 할까? 우측 상단의 콘솔 창에 ">" 표시는 R의 프롬프트이다. 이제 이 프롬프트에 여러분이 원하는 명령만 내려주면 R은 이를 충실히 수행할 것이다. 하지만 앞서 얘기한 것처럼 콘솔 창 보다는 위의 소스 창에 명령을 입력하기로 하자. 먼저 여러분들이 작업을 수행할 디렉토리를 설정하는 것부터 시작하자. 디렉토리가 설정이 되면 데이터 혹은 파일을 불러오거나 저장할 때 이 디렉토리의 폴더로 자동 연결되고, 모든 작업의 결과물 역시 이 디렉토리에 저장된다. R을 시작하기 전, 반드시 이 작업을 수행하길 바란다. setwd 함수(function)를 입력하고 괄호 안에 작업을 수행할 디렉토리와 폴더의 경로를 지정해준다. 여기서 주의할 것은 R에서는 대문자와 소문자를 명확히 해주어야 한다는 점과 경로를 따옴표(" ") 안에 넣어야 한다는 것이다.

```
> setwd("~/Library/Mobile Documents/com~apple~CloudDocs/BK/R stats for social scientists/1장")
```

1.3.1 R 패키지 설치하기

R의 실행을 위해서는 가장 먼저 R에서의 패키지 설치와 라이브러리(library)에 대한 이해가 필요하다. 패키지는 특정 주제 또는 분석과 관련된 함수를 모아놓은 꾸러미(셋)라고 할 수 있다. 라이브러리는 이러한 패키지가 저장 혹은 설치된 디렉토리를 말한다. 아마 여러분의 하드 드라이브에는 여러 개의 라이브러리가 저장되어 있을 것이다. 물론 R에서는 외부 패키지를 사용하지 않고 자체적으로 수행할 수 있는 기본 함수들이 많이 있기는 하다. 그러나 대부분의 분석에서는 외부 패키지를 로드하여 그 안에 담겨 있는 필요한 함수를 사용해야할 때가 많다. 함수를 사용하여 원하는 패키지를 다운로드한 후 library 함수(혹은 require 함수)[1]를 사용해 원하는 분석을 수행한다. install.packages

1) library 함수와 require 함수는 정확히 같은 것은 아니다. 근본적인 차이는 요청한 패키지가 없는

함수를 사용할 때는 패키지 이름에 겹따옴표 " "(혹은 홑따옴표 ' ')를 넣는 것을 잊지 않기를 바란다.

```
> install.packages("psych")
> library(psych)
```

여기서 알아두어야 할 것은 한번 패키지를 설치하면 여러분의 컴퓨터 하드에 영구적으로 저장되기 때문에 다시 패키지를 설치할 필요는 없다. 그러나 분석을 위해 그 패키지를 library 함수(혹은 require 함수)를 사용해 한번 불러오더라도 이는 RAM에 임시로 로드되는 것이기 때문에, 작업을 끝내고 다시 R을 수행할 때는 또 다시 library 함수를 사용하여 해당 패키지를 로드하여야 한다. 패키지를 설치는 install.packages 함수를 사용할 수도 있지만 Rstudio의 메뉴를 이용해서 패키지를 설치하는 것도 편리하다. Rstudio의 Tool 메뉴의 Install Packages를 클릭하거나 Rstudio 파일 창에 있는 Packages 탭을 클릭한 후 다시 Install 탭을 클릭하여 패키지를 설치할 수도 있다. 이때 주의할 것은 <그림 1.3>처럼 Install dependencies 옵션에 지정이 되었는지를 확인할 필요가 있다. 어떤 패키지의 경우 그 패키지에 딸려 있는 dependency들이 함께 설치되지 않으면 패키지 로드시 에러가 나는 경우가 종종 있다. Rstudio에서 패키지에 관련된 도움말을 요청할 때에는 ?? 뒤에 원하는 패키지 명을 입력하고, 함수에 관련된 도움을 요청할 때에는 ? 뒤에 원하는 함수를 입력한다. 이 기능은 패키지나 함수에 대해 정확한 지식이 없을 때 유용하다.

```
> psych?anova
```

여기서 패키지 설치와 관련된 유용한 팁 하나를 얘기하도록 하자. R의 버전이 새로 업그레이드되면 그 동안 차곡차곡 설치해 두었던 패키지가 날아가 버려 다시 설치해야 하는 상황이 벌어진다. 아직은 Rstudio에서 자동으로 패키지를 업그레이드하는 기능은 제공되지 않고 있다. 결국 패키지를 다시 설치하게 되면 시간도 많이 걸리는 등의 번거

경우 library 함수는 요청된 패키지를 찾을 수 없는 경우 기본적으로 오류(error)를 반환하는 반면, require 함수는 요청된 패키지를 찾을 수 없는 경우 경고 메시지와 함께 FALSE와 같은 논리 값을 반환하도록 설계되었다. 일반적으로 패키지를 찾을 수 없는 경우 오류 메시지가 표시되므로 library 함수를 사용하는 것이 좋다. 앞으로 이 책에서는 패키지를 로드하는 함수로 library 함수를 사용하기로 한다.

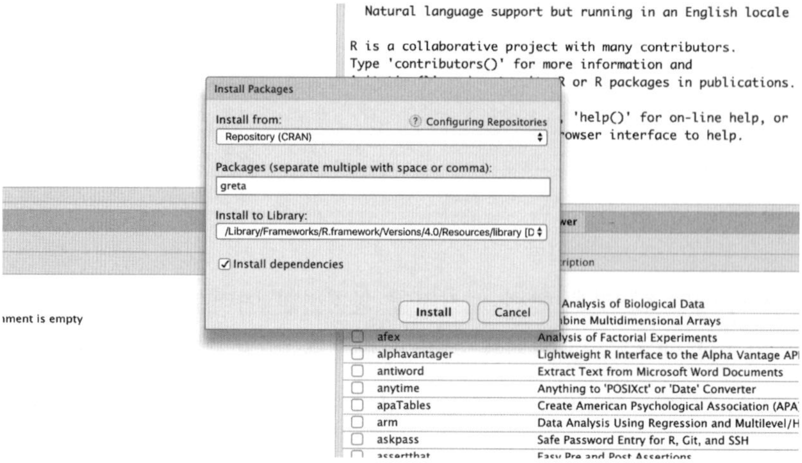

그림 1.3 RStudio에서 패키지 설치하기

로움 때문에 R 버전 업그레이드를 주저하게 되는 경우가 종종 있다. 아래 제시되는 방법을 사용하면 기존에 설치된 패키지를 잃지 않고 R 버전을 업그레이드할 수 있다. 물론 아래의 방법은 Mac에서 수행되는 절차를 보여주지만 Windows나 Linux에서도 가능하다.

1. R 버전을 업그레이드하기 전에, 이전에 설치했던 패키지가 모두 들어있는 임시 파일(temp file)을 다음과 같이 작성한다.

```
> tmp <- installed.packages()
> installedpkgs <- as.vector(tmp[is.na(tmp[,"Priority"]), 1])
> save(installedpkgs, file="installed_old.rda")
```

2. 새 버전의 R을 설치한다.

3. 새 버전을 설치하고 실행한 후에는 저장된 패키지를 다시 로드하고 설치한다. 이를 위해 **setdiff** 함수로 누락된 패키지를 찾아내고 나서, **install.packages()** 함수를 통해 누락된 패키지를 일괄 설치한다. 추가로 **update.packages()** 함수로 최신 버전의 패키지로 갱신한다.

```
> load("installed_old.rda")
> tmp <- installed.packages()
> installedpkgs.new <- as.vector(tmp[is.na(tmp[,"Priority"]),1])
> missing <- setdiff(installedpkgs, installedpkgs.new)
> installed.packages(missing)
> update.packages()
```

이제 모든 설치가 완료되었으면 R을 통해 간단한 연산을 해보도록 하자. R은 간단한 연산을 입력하고 그 결과를 출력하는 기능을 가진 매우 똑똑한 계산기로도 사용될 수 있다.

```
> 3+4
[1] 7

> sqrt(5)
[1] 2.236068
```

이번에는 정규분포를 가진 15개의 숫자를 무작위로 생성해보자. 이를 위해서는 rnorm 함수를 사용한다. 여기서 주의할 점은 rnorm 함수는 주어진 조건의 수를 무작위로 생성해주기 때문에 명령을 수행할 때마다 반환되는 수들은 달라진다. 이때 set.seed 함수에 동일한 수를 지정해주면 항상 동일한 결과를 반환해준다.

```
> set.seed(1234)

> rnorm(15)
 [1] -1.20706575  0.27742924  1.08444118 -2.34569770  0.42912469  0.50605589
 [7] -0.57473996 -0.54663186 -0.56445200 -0.89003783 -0.47719270 -0.99838644
[13] -0.77625389  0.06445882  0.95949406
```

여기서 [13]은 -0.77625389가 벡터의 13번째 요소라는 것을 말한다.

1.3.2 벡터 연산

R은 변수(혹은 벡터)에 특정 값을 지정하는데 역 화살표 '<-'를 사용한다. 예를 들어 변수 x에 값 2를 할당하려면 다음과 같이 입력하면 된다.

```
> x <- 2
> x
[1] 2
```

여기서 역 화살표 '<-'표시는 값이 지정된 변수를 가리킨다. 물론 '<-' 대신 '='을 사용할 수도 있다. 하지만 특정 값을 지정하기 위해 <-를 사용하는 것은 R 사용자들의 일종의 약속이다. 이렇게 <-를 할당 연산자(assignment operator)라고 하는데, 이처럼 변인 x에 값 2를 할당하면 즉각적으로 눈에 보이는 결과는 없지만 앞으로 x는 값 2를 가지며 차후에 필요한 연산 식에 사용될 수 있다. ';'를 이용하여 여러 연산을 동시에 수행할 수 있다.

```
> x; x+x; x-x
[1] 2
[1] 4
[1] 0
```

단일 숫자에 대한 연산을 위해서라면 굳이 R을 쓸 필요가 없다. 그런 계산이라면 그냥 단순한 전자계산기면 충분하다. 실제로는 이보다 더 복잡한 계산이나 통계를 수행할 일이 많다. 예를 들어 어떤 집단의 체중과 신장에 관한 데이터가 있다고 하자. R의 강점 중 하나는 전체 데이터 벡터를 단일 객체로 처리할 수 있다는 것이다. 위와 같이 변수에 특정 값(혹은 데이터)을 할당하는 것을 R에서는 벡터 만들기(vectorization)라고 한다. R은 숫자, 문자 등의 데이터를 하나씩 단독으로 다루는 것이 아니라 같은 종류의 데이터를 여러 개 묶은 벡터 형식으로 다룬다. 즉, 벡터는 하나 이상의 숫자, 문자 등의 집합을 말하며, R에서 사용하는 가장 기본적인 데이터 셋의 형태이다. 벡터를 행과 열로 확장하면 행렬(matrix), 벡터의 집합을 원소로 가지는 데이터의 형태를 리스트(list), 리스트에 포함된 벡터의 길이가 모두 같을 때 이를 데이터프레임(data frame)으로 본다. 벡터는 함수 c()를 이용하여 간단하게 만들 수 있다. 여기서 c(…)는 벡터를 정의하는데 사용된다. 아래의 예를 들면, c(…) 안의 숫자는 선택된 집단의 각 남성의 체중(kg)을 나타낸다. R에서는 아주 자유롭게 변수(혹은 벡터)의 이름을 지정할 수 있다.

변수는 문자, 숫자, 마침표(점) 등 여러 가지 형태로 만들 수 있다. 그러나 변수 이름이 숫자 또는 마침표 다음에 숫자로 시작되어서는 안 된다는 제약이 있으니 주의할 필요가 있다. 특히 마침표로 시작하는 변수 이름은 피해야 한다. 예를 들어 38, 3weight, .weight 등은 사용해서는 안 된다. weight 혹은 weight.5yr 등은 R에서 사용하는 전형적인 변수 이름이라고 할 수 있다. weight.5yr의 경우 연구자는 아마도 이 변수에 5세 어린이의 체중이라는 의미를 담으려 했을 것이다. 또한 R에서는 대문자와 소문자를 구분하여 사용하여야 한다. 즉, weight와 Weight는 동일한 변수가 아니라는 점을 주의할 필요가 있다.

```
> weight <- c(60, 72, 57, 90, 95, 72)
> weight
[1] 60 72 57 90 95 72
```

만약 변수의 길이가 같다면 일반 숫자처럼 변수끼리 연산을 할 수 있다. 위의 경우, 6명의 각 체중에 해당하는 신장의 데이터를 고려해보자. 만일 체질량 지수(BMI)를 체중을 신장의 제곱으로 나눈 값으로 정의한다면, 체질량 지수는 다음과 같이 쉽게 계산될 수 있다.

```
> height <- c(1.75, 1.80, 1.65, 1.90, 1.74, 1.91)
> bmi <- weight/height^2
> bmi
[1] 19.59184 22.22222 20.93664 24.93075 31.37799 19.73630
```

벡터화 연산을 위한 이러한 규칙은 일반적인 통계적 연산을 위해서도 유용하게 사용된다. 예를 들어, 체중 변수의 평균 및 표준 편차를 계산해보자. 이를 위해서는 먼저 공식 $\overline{x}=\sum x_i/n$을 사용하여 체중의 평균을 계산해야 한다. 여기서 sum 함수는 총합을, length 함수는 사례수를 반환한다.

```
> sum(weight)
[1] 446
> sum(weight)/length(weight)
[1] 74.33333
> mean(weight)
[1] 74.33333
```

그런 다음, 평균을 변수 xbar에 저장하고, 표준편차 공식 $SD=\sqrt{(\sum(x_1-\overline{x})^2/(n-1)}$을 사용하여 표준편차를 산출한다.

```
> xbar <- sum(weight)/length(weight)
```

```
> xbar.sd<- sqrt(sum((weight-xbar)^2)/(length(weight)-1))
> xbar; xbar.sd
[1] 74.33333
[1] 15.42293
```

물론 R은 영민한(?) 통계 프로그램이기 때문에 이러한 계산은 이미 프로그램에 내장되어 있기 때문에 내장된 함수를 입력하는 것만으로도 큰 수고를 들이지 않고도 동일한 결과를 얻을 수 있다.

```
> mean(weight)
[1] 74.33333
> sd(weight)
[1] 15.42293
```

지금까지 우리는 숫자벡터(numeric vectors)를 다루어 보았다. 숫자벡터 이외에도 문자벡터(character vectors)와 논리벡터(logical vectors) 라는 유형의 벡터가 존재 한다. 문자벡터는 텍스트 문자열의 벡터이며, 이때 그 문자열의 요소들은 따옴표로 지정되고 출력된다. 이때, 왼쪽 따옴표와 오른쪽 따옴표가 같다고 한다면, 작은 따옴표를 사용하든 큰 따옴표를 사용하든 상관없다. 저자는 편의상 큰 따옴표를 사용하도록 하겠다.

```
> fruits <- c("banana", "apple", "딸기")
> fruits
[1] "banana" "apple"   "딸기"
```

논리벡터는 TRUE, FALSE, NA(not available) 값을 취한다. 입력할 때 TRUE와 FALSE는 T와 F로 줄여서 사용할 수도 있다. 논리벡터는 다른 벡터 유형과 마찬가지로 c(…) 함수를 사용하여 생성된다.

```
> c("T", T, F, T)
[1] "T"      "TRUE"  "FALSE" "TRUE"
> bmi
[1] 19.59184 22.22222 20.93664 24.93075 31.37799 19.73630
> bmi >= 20
```

```
[1] FALSE  TRUE  TRUE  TRUE  TRUE FALSE
```

문자 벡터를 출력하게 되면 각 요소에 따옴표가 추가된다. 물론 cat 함수를 사용해서 이것을 피할 수 있다. 그렇지만 굳이 이 작업을 할 필요는 없을 것 같다.

```
> cat("banana","apple","딸기", "\n")
banana apple 딸기
```

이번에는 다양한 상황에서 벡터를 만드는데 사용되는 함수인 c, seq, rep 등에 대해 살펴보자. 이들 중 c는 이미 위에서 살펴본 것처럼 '연결(concatenate)'의 약자로, 그야말로 항목들을 결합하는 기능을 한다.

```
> x <- c(42,57,12,39,1,3,4)
> x
[1] 42 57 12 39  1  3  4
```

물론 둘 이상의 벡터를 다음과 같이 연결할 수도 있다.

```
> x <- c(1, 2, 3)
> y <- c(10, 20)
> c(x, y, 5, "apple")
```

또한, 벡터의 각 요소에 이름을 지정할 수도 있는데, 이렇게 하면 벡터가 출력되는 방식이 변경된다. 이는 단순히 표현의 목적으로 자주 사용된다.

```
> x <- c(red="Apple", purple="Grape", yellow="banana")
> x
     red   purple   yellow
 "Apple"  "Grape" "banana"
```

names 함수를 사용하여 벡터에 포함된 요소의 이름을 추출하거나 설정할 수 있다. 이 함수는 실제 큰 사이즈의 데이터를 가지고 분석을 수행할 때 매우 유용하게 쓰이는 함수이다. 즉, names 함수를 사용하면 분석할 데이터의 모든 변수 명을 추출해낼 수 있다.

```
> names(x)
[1] "red" "purple" "yellow"
```

seq 함수는 'sequence'의 약자로 등간 수열을 만드는데 사용된다. 다음을 주의 깊게 살펴보면 seq 함수의 용도를 잘 이해할 수 있다.

```
> seq(4, 9)
[1] 4 5 6 7 8 9
> seq(4, 10, 2)
[1]  4  6  8 10
> 4:9
[1] 4 5 6 7 8 9
```

rep 함수는 'replicate'의 약자이며, 반복되는 값을 생성하는데 사용된다. 두 번째 제시되는 인수(argument)가 단일 숫자인지 또는 벡터인지에 따라 두 값은 다르게 출력된다.

```
> oops <- c(7, 9, 13)
> rep(oops, 3)
[1]  7  9 13  7  9 13  7  9 13
> rep(oops, 1:3)
[1]  7  9  9 13 13 13
```

rep 함수는 집단 코드를 생성할 때 매우 유용하다. 예를 들어, 처음 10회의 관찰치가 남성(1)이고, 나머지 15명이 여성(2)인 경우를 표현하면 다음과 같다.

```
> rep(1:2, c(10,15))
 [1] 1 1 1 1 1 1 1 1 1 1 2 2 2 2 2 2 2 2 2 2 2 2 2 2 2
> rep(c("male", "female"), c(10,15))
 [1] "male"   "male"   "male"   "male"   "male"   "male"   "male"   "male"
 [9] "male"   "male"   "female" "female" "female" "female" "female" "female"
[17] "female" "female" "female" "female" "female" "female" "female" "female"
[25] "female“
```

끝으로 R에서는 '%%'라는 특별 연산자가 종종 사용된다. R에서 자주 사용되는 몇 가지 특별 연산자를 살펴보자.

1) 나머지 연산자 %%

x %% y를 입력하면 x를 y로 나눈 후 나머지 값을 반환한다. 아래는 x 벡터를 y 벡터로 나누었을 때 나머지 값을 보여준다. 이때 나누는 값 y는 단일 값을 가진 벡터가 되어야 한다. 이를 이용해 특정 값의 배수만 추출할 수도 있다. 아래의 예처럼 x가 1~16까지 정수이고 y가 4라고 했을 때 4의 배수만 추출하기 위해 방법으로 **x[x %% y == c(0)]**를 사용한다. 즉, x를 y로 나누어 나머지가 0인 값만 인덱싱해서 추출하면 4의 배수를 추출할 수 있다.

```
> x <- c(1, 2, 3, 4, 5, 6, 7, 8, 9, 10, 11, 12, 13, 14, 15, 16)
> y <- c(4)
> x %% y
 [1] 1 2 3 0 1 2 3 0 1 2 3 0 1 2 3 0
> x[x %% y == c(0)]
[1]  4  8 12 16
```

2) 정수 나누기 연산자 %/%

%/% 연산자는 나누었을 때 '정수 몫' 만을 반환해준다. 예를 들어 아래와 같이 **x**를 **y**(4)로 나누었을 때 몫을 정수 값으로 보여준다. 4로 1~3까지 나누면 몫이 소수점 자리수 이므로 0이 되며, 나머지는 소수점 이하는 버리고 정수 몫만 반환하게 된다.

```
> x %/% y
 [1] 0 0 0 1 1 1 1 2 2 2 2 3 3 3 3 4
```

3) 행렬 곱하기 연산자 %*%

%*%는 벡터 혹은 행렬을 곱할 때 사용된다. 아래의 예처럼 d는 1, 2, 3, f는 4, 5, 6인 구성요소가 각 3개씩인 두 개의 벡터를 곱하면 순서대로 곱하고 더해서, 즉, $(1 \times 4 + 2 \times 5 + 3 \times 6) = 4 + 10 + 18 = 32$가 된다. %*%를 이용해 행렬을 곱하기 위해서는 첫 번째 행렬의 열 수가 두 번째 행렬의 행 수와 같다는 조건을 만족하여야 한다는

것을 주의할 필요가 있다. 그렇지 않은 경우 non-conformable arguments라는 에러 메시지와 함께 연산이 되지 않는다.

```
> d <- 1:3
> f <- 4:6
> d%*%f
     [,1]
[1,]   32
```

4) 벡터 내 특정 값의 포함 여부를 확인하는 확인 연산자 %in%

%in%는 벡터 내에 특정 값이 포함되었는지 여부를 확인하는 특별 연산자이다. R에서는 %in% 연산자의 결과로 TRUE, FALSE와 같은 논리형 벡터를 출력한다. 아래의 예를 보면, x 벡터에 20이 있는 경우 연산 결과는 TRUE로 나머지는 FALSE를 반환하게 된다. 위의 예는 x 벡터 안의 값들이 몇 개 되지 않지만 실제 데이터처럼 구성요소의 수가 수천, 수만, 수백만 개라면 눈으로 일일이 확인하는 것은 불가능하다. 이럴 때 sum(x %in% y) 함수를 사용하면 매우 편리하다.

```
> x1 <- c(1,5,10,20,20,24,45)
> x1 %in% 20
[1] FALSE FALSE FALSE  TRUE  TRUE FALSE FALSE
> sum(x1 %in% 20)
[1] 2
```

%in%는 두 벡터 간에 겹치는 값이 있는지를 확인할 때에도 편리하게 사용된다.

```
> x2 <- 1:10
> y2 <- 6:20
> x2 %in% y2
 [1] FALSE FALSE FALSE FALSE FALSE  TRUE  TRUE  TRUE  TRUE  TRUE
> any(x2 %in% y2)
[1] TRUE
> sum(x2 %in% y2)
[1] 5
```

```
> which(x2 %in% y2)
[1]  6  7  8  9 10
```

1.3.3 행렬

수학에서의 행렬(matrix)은 2차원의 숫자 배열(array)로 표현된다. R에서는 행렬 개념이 모든 유형의 요소로 확장될 수 있으므로 문자열의 행렬을 가질 수도 있다. 물론 행렬과 배열은 차원을 가진 벡터로 표시된다. matrix 함수를 사용하여 편리한 방법으로 행렬을 만들 수 있다. 1부터 12까지를 3×4 행렬로 만들어 보자. nrow=3과 byrow=F는 1부터 12까지의 수를 3개의 행을 만들고 열을 기준으로 채우라는 명령이다. 동일한 명령에 byrow를 TRUE로 변경한 결과와 비교해보자.

```
> matrix(1:12, nrow=3, byrow=F)
     [,1] [,2] [,3] [,4]
[1,]    1    4    7   10
[2,]    2    5    8   11
[3,]    3    6    9   12
> matrix(1:12, nrow=3, byrow=T)
     [,1] [,2] [,3] [,4]
[1,]    1    2    3    4
[2,]    5    6    7    8
[3,]    9   10   11   12
```

행렬을 조작하는 유용한 함수로는 rownames, colnames, t 등이 있다. rownames와 colnames는 각각 행과 열에 이름을 지정하는 기능을 한다. t 함수는 행렬의 행을 열로 또는 그 반대로 바꾸는 전치(transpose) 함수이다.

```
> x <- matrix(1:12, nrow=3, byrow=T)
> rownames(x) <- LETTERS[1:3]
> colnames(x) <- c("spiderman", "batman", "X-man", "superman")
> x
  spiderman batman X-man superman
```

```
A          1    2    3     4
B          5    6    7     8
C          9    10   11    12
> t(x)
          A B  C
spiderman 1 5  9
batman    2 6 10
X-man     3 7 11
superman  4 8 12
```

이번에는 solve 함수를 통해 역행렬(inverse matrix)를 만들어보자. 역행렬은 오직 정방행렬(square matrix)만이 가능하다. 정방행렬 A에 대하여 행렬 B가 존재한다면, 우리는 A를 가역행렬(invertible matrix)이라고 부른다. 이때 B를 A의 역행렬(inverse matrix)라고 부르고, $B = A^{-1}$로 표기한다.

```
> A <- matrix( c(5, 1, 0,
                 3,-1, 2,
                 4, 0,-1), nrow=3, byrow=TRUE)
> det(A)
[1] 16
> solve(A)
       [,1]    [,2]   [,3]
[1,] 0.0625  0.0625  0.125
[2,] 0.6875 -0.3125 -0.625
[3,] 0.2500  0.2500 -0.500
```

정방행렬 A가 $\begin{bmatrix} a & b \\ c & d \end{bmatrix}$일 때, $ad - bc$를 행렬식(determinant: det(A))라고 부른다. 만일 $ad - bc = 0$이라면 역행렬을 계산할 수 없다.

```
> x <- matrix(1:9, nrow=3, byrow=T)
> x
     [,1] [,2] [,3]
[1,]    1    2    3
```

```
[2,]    4    5    6
[3,]    7    8    9
> det(x)
[1] -9.516197e-16
> solve(x)
Error in solve.default(x) : system is computationally singular: reciprocal condition
number = 3.70074e-18
```

cbind와 rbind 함수를 사용하여 열 방향 또는 행 방향으로 쉽게 벡터를 붙여 행렬을 만들 수도 있다.

```
> cbind(A=1:4, B=5:8, C=9:12)
     A B  C
[1,] 1 5  9
[2,] 2 6 10
[3,] 3 7 11
[4,] 4 8 12
> rbind(A=1:4, B=5:8, C=9:12)
  [,1] [,2] [,3] [,4]
A    1    2    3    4
B    5    6    7    8
C    9   10   11   12
```

1.3.4 요인

일반적 통계 데이터에는 범주형 변수(categorical variables)를 자주 사용하게 된다. 범주형 변수는 성별, 사회계급, 색상 등과 같은 데이터의 명목형 측정 수준을 갖는다. 일반적으로는 숫자 코드를 사용하여 범주형 변인의 값을 입력하게 된다. R에서는 범주형 변수는 반드시 요인(factor)로 지정되어야 한다. 이 과정에서 범주형 변인의 각 카테고리에 의미 있는 이름이 할당되어야 한다. 예를 들어 5개의 레벨을 가진 요인은 1과 5 사이의 정수 벡터와 5개의 각 레벨이 무엇인지 설명하는 문자열을 담고 있는 길이가 5인 문자 벡터로 구성된다. 예를 들어 살펴보자. 5명의 응답자를 대상으로 5점 척도를 사용하여 환자들이 느끼는 통증 정도를 측정한 후 이를 pain이라는 변수로 정의하였다. 이 변수를 factor 함수를 이용하여 f.pain이라는 범주형 변수로 변환해보자.

```
> pain <- c(0,3,2,2,1)
> f.pain <- factor(pain,levels=0:3)
> levels(f.pain) <- c("none","mild","medium","severe")
> f.pain
[1] none   severe medium medium mild
Levels: none mild medium severe
```

당연히 범주형 변수는 평균이나 표준편차와 같은 기술통계 값을 산출할 수 없다. 범주형 변수를 수량적 변수로 바꾸기 위해서는 as.numeric 함수를 사용한다. 위의 예에서 as.numeric 함수는 숫자 코딩을 숫자 1-5로 추출하고, levels는 레벨 명을 추출한다. 이 과정에서 원래 코딩 되었던 숫자의 입력 코딩은 없어지고 항상 1부터 시작하는 숫자가 사용된다. 이렇게 추출된 값을 새로운 벡터로 할당하게 되면 수량적 변수가 생성되고, 이제 이 변수에 대한 평균이나 표준편차와 같은 기술통계치를 산출할 수 있게 된다.

```
> as.numeric(f.pain)
[1] 1 4 3 3 2
> levels(f.pain)
[1] "none"   "mild"   "medium" "severe"
> re.pain <- as.numeric(f.pain)
> mean(re.pain)
[1] 2.6
```

1.4 데이터 프레임 작성과 데이터 세트 불러오기

1.4.1 데이터 프레임

데이터를 분석하기 위해서는 데이터를 분석에 맞게 적절하게 핸들링하는 것이 필수적이다. 데이터 프레임(data frames)은 통계와 R의 핵심 데이터 구조이다. 데이터 프레임의 기본 구조는 각 행에 하나의 관측치가 있고 각 열은 해당 관측치의 변수, 척도, 특성 등이 기술된다. 지금부터는 R을 이용하여 어떻게 데이터와 데이터 프레임을 핸들링하는지를 다루도록 하자. 이를 위해 먼저 데이터 셋을 만드는 방법과 외부 데이터를 불러들이는 방법을 먼저 살펴보자. R에서 데이터 프레임은 다른 통계 패키지의 데이터 매트릭스 또는 데이터 셋이라고 부르는 것에 해당한다. 데이터 프레임은 행과 열을 가진 2차원 행렬로서 동일한 길이의 벡터 혹은 요인으로 이뤄진 리스트를 구성 요소로 갖는 하나의 데이터 리스트이다. 예제로 미국 대통령 선거에서 대통령에 당선자의 신장과 상대후보의 신장에 관한 위키피디아 자료(Wikipedia, 2018)를 사용해보자. 이 데이터에 따르면, 일반적으로 키가 큰 대통령 후보가 선거에서 승리했다는 사실을 관찰할 수 있다(물론 우연일 것이다.). 그럼 이제 이 가정이 맞는지 분석해보자. 먼저 위키피디아에 올려진 자료 <그림 1.4>를 이용해 데이터 프레임을 만들어보자. 편의상 1948년 이후의 데이터만을 사용하도록 하자.

Year	Winner	Height	Opponent	Height
2016	Donald Trump	188 cm	Hillary Clinton	165 cm
2012	Barack Obama	185 cm	Mitt Romney	187 cm
2008	Barack Obama	185 cm	John McCain	175 cm
2004	George W. Bush	182 cm	John Kerry	193 cm
2000	George W. Bush	182 cm	Al Gore	185 cm
1996	Bill Clinton	188 cm	Bob Dole	187 cm
1992	Bill Clinton	188 cm	George H.W. Bush	188 cm
1988	George H.W. Bush	188 cm	Michael Dukakis	173 cm
1984	Ronald Reagan	185 cm	Walter Mondale	180 cm
1980	Ronald Reagan	185 cm	Jimmy Carter	177 cm
1976	Jimmy Carter	177 cm	Gerald Ford	183 cm
1972	Richard Nixon	182 cm	George McGovern	185 cm
1968	Richard Nixon	182 cm	Hubert Humphrey	180 cm
1964	Lyndon B. Johnson	192 cm	Barry Goldwater	180 cm
1960	John F. Kennedy	183 cm	Richard Nixon	182 cm
1956	Dwight D. Eisenhower	179 cm	Adlai Stevenson II	178 cm
1952	Dwight D. Eisenhower	179 cm	Adlai Stevenson II	178 cm
1948	Harry S. Truman	175 cm	Thomas Dewey	173 cm

그림 1.4 미국 대통령 선거에서 두 경쟁후보의 신장(1948년~2016년)

데이터 프레임은 data.frame 함수를 사용하여 year, winner, opponent 등 총 3개의 변수로 구성하였다. year의 경우, seq 함수를 사용하여 2016년부터 1948년까지 4년을 간격으로 사례를 구성하였다. 코드에서 +는 R 명령이 너무 길 경우, R 명령이 계속된다는 뜻을 가진다. head 함수를 사용하면 데이터 셋의 처음 6개의 사례를 볼 수 있다. 마찬가지로 tail 함수는 마지막 6개의 사례를 보여준다.

```
> winner <- c(188, 185, 185, 182, 182, 188, 188, 188, 185, 185, 177, 182, 182,
192, 183, 179, 179, 175)
> opponent <- c(165, 187, 175, 193, 185, 187, 188, 173, 180, 177, 183, 185, 180,
180, 182, 178, 178, 173)
> year <- seq(2016, 1948, -4)
> president.height <- data.frame(year, winner, opponent)
> head(president.height)
  year winner opponent
1 2016    188      165
2 2012    185      187
3 2008    185      175
4 2004    182      193
5 2000    182      185
6 1996    188      187
> tail(president.height)
   year winner opponent
13 1968    182      180
14 1964    192      180
15 1960    183      182
16 1956    179      178
17 1952    179      178
18 1948    175      173
```

$를 사용하면 데이터의 구성 요소 즉, 개별 변수에 액세스할 수 있다. 예를 들어 president.height$winner를 입력하면 president.height라는 데이터 파일의 winner라는 변수를 추출해준다.

```
> president.height$winner
 [1] 188 185 185 182 182 188 188 188 185 185 177 182 182 192 183 179 179 175
```

실제 통계분석에서는 위와 같은 단순한 변수를 가지고 작업을 하기 보다는 보다 큰 사이즈의 정형화된 데이터 세트를 분석하는 것이 일반적이다. 자, 그럼 지금부터 R에서 다양한 형태의 데이터 세트를 불러오는 방법에 대해 알아보자. 여기서는 실제 통계분석에서 일반적으로 많이 사용되는 엑셀 파일, 텍스트 파일, csv 파일, SPSS 파일 등을 다루도록 한다. 본 예제에는 R에서 디폴트로 제공되는 state.x77라는 데이터 세트를 다양한 포맷의 파일로 변환하여 사용하였다.[2] state.x77 데이터 셋에는 1977년 미국의 각 주에 대한 다양한 정보가 담겨있다.[3]

1.4.2 csv 데이터와 txt 데이터 불러오기

csv 포맷의 데이터 파일은 R에서 가장 보편적으로 사용되는 파일 형태이다. csv는 'comma-separated values'의 약자로 열(변수)이 콤마로 구분된 형태의 파일로, 이런 형태의 데이터는 read.csv 함수를 사용하여 데이터를 불러온다. 제시된 예제는 R에서 제공되는 state.x77 데이터를 csv 포맷의 데이터, 즉 st.csv로 변환한 것이다. 먼저 해당 데이터 파일이 저장된 폴더를 지정하고 그 다음 파일 명을 지정해주는 것이 중요하다. 물론 해당 파일이 있는 폴더가 워킹 디렉토리(working directory)로 지정되었다면 해당 파일에 접근하는 경로를 지정하지 않아도 된다. 여기서 header 인수는 파일의 맨 윗줄, 즉 변수명을 인식해줄 것인지를 지정해주는 것이다.[4] 예를 들어 header=T로 지정해주면 파일의 맨 윗줄(변수명)을 인식하라는 명령에 해당된다. 그러나 sep="," 옵션은 디폴트이므로 따로 지정할 필요는 없다. 아래의 names 함수는 데이터 세트를 구성하는 변수 명을 반환해준다. 보다시피 이 데이터 세트에는 총 9개의 변수가 있다. 이 중 State 변수를 States로 변경해 보자. 이때에도 names 함수가 요긴하게 사용된다. 물론 col-

2) 대부분의 R 패키지는 분석을 위한 함수와 함께 예제 데이터를 포함하고 있다. 이 데이터를 패키지 데이터셋이라고 한다. 로드된 패키지가 제공하는 데이터셋의 목록을 확인하려면 data 함수를 사용한다.
3) Source: U.S. Department of Commerce, Bureau of the Census (1977) Statistical Abstract of the United States.
4) 대체로 데이터 파일의 맨 윗줄은 변수 명에 해당한다.

names 함수를 사용하면 여러 개의 변수 명을 한꺼번에 바꿀 수 있다. 또한 kable() 함수 안에 col.names 옵션에 변수 명을 지정하여 표의 변수 명을 원하는 대로 바꿀 수도 있다.

```
> st <- read.csv("st.csv", header=T)
> names(st)
[1] "X"          "Population" "Income"     "Illiteracy" "Life.Exp"
[6] "Murder"     "HS.Grad"    "Frost"      "Area"
> names(st)[1] <- "States"
> colnames(st)[2:4] <- c("인구","소득","문맹률")
> names(st)
[1] "States"   "인구"   "소득"   "문맹률"   "Life.Exp"   "Murder"
[7] "HS.Grad"   "Frost"   "Area"
```

만일 txt 포맷의 데이터라면 read.table 함수를 사용하여 데이터를 불러올 수 있다. 만일 열(변수)이 탭(tab)으로 구분된 형태의 파일이라면 sep 옵션을 아래와 같이 sep="\t"로 지정해주어야 한다.

```
> st_txt <- read.table("st.txt", header=T, sep="\t")
> names(st_txt)
[1] "state"   "Population"   "Income"   "Illiteracy"   "Life.Exp"   "Murder"
[7] "HS.Grad"   "Frost"   "Area"
```

1.4.3 Excel 데이터 불러오기

엑셀 데이터, 즉 파일 확장자가 xlsx인 파일을 불러오기 위해서는 readxl 패키지(Wickham & Bryan, 2023)를 사용해야 한다. 먼저 install.packages 함수를 사용하여 readxl 패키지를 설치하고 library 함수를 사용하여 readxl 패키지를 로드한다. 만일 엑셀 데이터 파일이 여러 개의 시트(sheet)로 구성되어 있다면, 시트의 이름이나 번호를 sheet ="st2"와 같이 옵션에 지정해서 해당 시트를 불러올 수 있다.

```
> library(readxl)
> st_excel <- read_excel("st.xlsx")
> names(st_excel)
[1] "state"      "Population" "Income"      "Illiteracy" "Life.Exp"   "Murder"
[7] "HS.Grad"    "Frost"      "Area"
# st_excel <- read_excel("st.xlsx", sheet = "st2")
```

1.4.4 SPSS 데이터 불러오기

SPSS 데이터, 즉 sav라는 확장자를 가진 데이터 역시 통계분석을 위해 자주 사용된다. 특히 사회과학 분야에서 공동작업을 할 경우 데이터를 서로 공유하기 위해서는 sav 포맷의 데이터를 가지고 작업할 일이 빈번히 일어난다. R에서의 다른 분석방법과 마찬가지로 sav 포맷의 데이터를 로드하는 방법은 매우 다양하다. 여기서는 Hmisc 패키지(Harrell Jr, 2022)의 spss.get 함수와 foreign 패키지(R Core Team, 2022)의 read.spss 함수를 이용해 데이터를 불러오는 방법을 살펴보기로 한다. 만일 read.spss 함수를 이용할 때 sav 포맷의 데이터의 변수에 라벨이 지정되어 있고, 그 라벨도 함께 로드하고 싶다면 use.value.labels=TRUE 옵션을 사용한다. 이들 패키지 외에도 sjPlot 패키지나 haven 패키지도 SPSS 데이터 파일을 로드하는데 사용될 수 있다.

```
> library(Hmisc)
> st_spss1 <- spss.get("st.sav", use.value.labels=TRUE)
> names(st_spss1)
 [1] "state"      "Population" "Income"      "Illiteracy" "Life.Exp"   "Murder"
 [7] "HS.Grad"    "Frost"      "Area"        "Density"

> library(foreign)
> st_spss2 <- read.spss("st.sav", to.data.frame=TRUE, use.value.labels=TRUE)
> names(st_spss2)
 [1] "state"      "Population" "Income"      "Illiteracy" "Life.Exp"   "Murder"
 [7] "HS.Grad"    "Frost"      "Area"        "Density"
```

1.5 데이터 핸들링

끝으로 분석을 위해 자주 사용되는 다양한 데이터 핸들링 기법에 대해 알아보자. 물론 여기서 다루는 것 보다 훨씬 많은 데이터 핸들링 기법이 존재하며, 여기서는 지면 상 매우 자주, 그리고 기본적으로 사용되는 것만을 다루기로 하겠다.

1.5.1 인덱싱

특정 변수의 특정 요소를 찾을 경우, 인덱싱(indexing)을 이용하면 된다. 지금부터는 인덱싱의 여러 방법에 대해 알아보자. 인덱싱을 위해서는 [ ]가 사용된다. 먼저 winner 변수의 3번째, 그리고 opponent 변수의 16번째의 케이스를 불러와보자.

```
> winner[3]; opponent[16]
[1] 185
[1] 178
```

3번째 케이스 즉, 2008년 대통령 당선자인 오바마의 신장은 185cm이며, 1956년 아이젠하워 대통령의 경쟁자(16번째 케이스)였던 스티븐슨의 신장은 178cm였다. 물론 다음과 같이 여러개의 케이스를 인덱싱할 수도 있다. -를 사용한 인덱싱도 매우 유용하다. 아래 예의 winner[-c(3,5,7)]는 winner 변수에서 3, 5, 7번째 사례를 제외한 나머지를 인덱싱하라는 것을 의미한다. :은 범위를 지정해주는 기호이다. 예를 들어 winner[1:5]는 winner 변수의 첫번째에서 5번째 신장을 인덱싱하는 것을 의미한다.

```
> winner[3];opponent[16]
[1] 185
[1] 178
> winner[c(3,5,7)]
[1] 185 182 188
> winner[-c(3,5,7)]
 [1] 188 185 182 188 188 185 185 177 182 182 192 183 179 179 175
```

```
> winner[1:5]
[1] 188 185 185 182 182
```

물론, 인덱스 벡터가 변수에 저장되어 있으면 벡터로 인덱싱하는 것도 가능하다. 이는 동일한 방법으로 여러 사례를 인덱싱해야 할 때 유용하다.

```
> v <- c(3,5,7)
> winner[v]
[1] 185 182 188
```

president.height$winner와 같이 데이터 프레임에서 변수를 추출하는 것에 대해 앞서 살펴보았다. 그러나 이를 위해 행렬과 같은 구조를 직접 사용하는 방법을 사용할 수도 있다. [ ]의 앞자리는 행을, 두번째 자리는 열을 의미한다. 예를 들어, president.height[5, 3]은 president.height 데이터 프레임의 5번째 행의 3번째 열을 인덱싱하라는 것을 의미한다. [ ]에서 [, 3]이나 [3,]처럼 행이나 열의 자리를 비워 놓은 경우는 모든 행, 혹은 모든 열을 지정하는 것을 말한다.

```
> president.height[5, 3]
[1] 185
> president.height[, 3]
 [1] 165 187 175 193 185 187 188 173 180 177 183 185 180 180 182 178 178
[18] 173
> president.height[5, ]
```

인덱싱은 일부 기준을 충족시키는 경우에 대한 모든 데이터를 추출하는 것에도 유용하다. 예를 들어, '185m 이상의 신장을 가진 대통령 당선자'가 포함된 모든 사례를 다음과 같이 추출할 수 있다.

```
> president.height[president.height$winner>185,]
  year winner opponent
1 2016    188      165
6 1996    188      187
7 1992    188      188
```

```
8  1988     188       173
14 1964     192       180
```

1.5.2 조건적 선택

어떤 경우에는 특정 조건을 만족하는 데이터를 추출해야 하는 경우가 종종 있다. 다음과 같은 관계식을 사용하여 이를 간단히 수행할 수 있다. 예를 들어 winner[opponent > 175 & opponent <= 179]는 winner 변수 중에서 경쟁자의 신장이 175cm보다는 크고 179cm 이하인 신장을 선택할 수 있다.

```
> winner[opponent > 180]
[1] 185 182 182 188 188 177 182 183
> winner[opponent > 175 & opponent <= 179]
[1] 185 179 179
> opponent > 175 & opponent <= 179
 [1] FALSE FALSE FALSE FALSE FALSE FALSE FALSE FALSE FALSE  TRUE FALSE
[12] FALSE FALSE FALSE FALSE  TRUE  TRUE FALSE
```

1.5.3 루프

루프(loops)는 R에서 변수의 값을 변화시키면서 동일한 작업을 계속해서 반복하여 수행할 때 사용된다. 루프는 R에서 특정 작업을 자동화하는 데 매우 유용하며 그 적용 범위도 넓다. 루프에는 FOR loops와 WHILE loops가 대표적이다. 그럼 먼저 FOR loops부터 살펴보자.

1) FOR loops

FOR loops를 사용하기 위한 코드는 아래와 같다.

```
for (val in sequence)
{
```

```
  statement
}
```

예를 들어, 아래와 같이 val in 1:8는 루프를 8회 반복하는 것을 의미하는데, 루프의 각 반복될 라운드에 대해 1에서 8 사이의 값을 갖는다. {statement}는 각 라운드마다 어떤 반복 작업을 수행할 것인지를 정해준다고 생각하면 된다. 아래의 경우 1부터 8까지 수를 출력(print)하라는 의미이다.

```
> for (val in 1:8)
  {
        print(val)
  }
[1] 1
[1] 2
[1] 3
[1] 4
[1] 5
[1] 6
[1] 7
[1] 8
```

또한 아래와 같이 sequence에는 문자 벡터가 사용될 수 있다.

```
> fruits <- list("apple", "banana", "cherry")
> for (x1 in fruits) {
  print(x1)
   }
[1] "apple"
[1] "banana"
[1] "cherry"
```

FOR loops는 반복적인 연산을 수행할 때에도 유용하게 사용될 수 있다. 아래의 예는 $y = 4 \times x + 8$ 함수에 x를 1부터 10까지 1씩 더해가면서 연산하고 y값을 순차적으로 출력하기 위한 것이다.

```
> for (x2 in 1:10) {
   y = 4*x2 + 8
   print(y)
  }
[1] 12
[1] 16
[1] 20
[1] 24
[1] 28
[1] 32
[1] 36
[1] 40
[1] 44
[1] 48
```

다음은 조건문을 활용한 FOR loops의 예이다. 이때 조건문의 조건이 충족되면(TRUE인 경우) 루프의 실행이 중지되어야 하는데, 이를 위해서는 조건문 내에서 break 명령을 주어야 한다. 아래의 예에서는 if 조건문에서 i >= 5가 충족될 때 루프가 중지하게 된다.

```
> for(i in 1:10) {
  x3 <- i^2
  print(x3)
  if(i >= 5) {                                    # Conditionally stop for-loop
    break
    }
  }
[1] 1
[1] 4
[1] 9
[1] 16
[1] 25
```

또한 next 명령을 사용하여 루프에 대한 반복을 건너뛸 수도 있다. 아래의 예에서 1, 5, 7에서 for-loop을 건너뛰는 것을 볼 수 있다.

```
> for(i in 1:10) {
  if(i %in% c(1, 5, 7)) {          # Conditionally skip iteration
    next                           # Using next-statement
    }
  x4 <- i^2                        # Code block
  print(x4)                        # Print results
 }
[1] 4
[1] 9
[1] 16
[1] 36
[1] 64
[1] 81
[1] 100
```

2) While loops

항상 전체 시퀀스에서 반복 작업을 수행하는 FOR loops와는 달리 While loops는 주어진 논리 조건이 충족될 때까지 계속적으로 작업을 반복 수행할 때 유용하게 사용된다. While loops의 기본 구조는 다음과 같다.

```
while (logical condition){
  commands
}
```

아래의 While loops는 i를 1에서부터 4까지 주어진 명령을 반복하도록 한다. i를 1일 때 1을 출력하고 다음으로 그 값에 1이 더해진 값에 대한 명령을 다시 수행한다. 이 작업은 i가 4가 될 때까지 반복된다.

```
> i <- 1
  while (i <= 4) {
    print(i)
    i <- i + 1
  }
[1] 1
```

```
[1] 2
[1] 3
[1] 4
```

아래와 같이 print(i) 명령이 어디에 위치하느냐에 따라 결과는 달라진다. 아래의 경우, i가 1일 때 그 값에 1이 더해진 값을 먼저 출력하고 다시 2에 1을 더한 값을 출력하게 된다. 이 작업은 i가 4가 될 때까지 반복된다.

```
> i <- 1
  while (i <= 4) {
    i <- i + 1
    print(i)
  }
[1] 2
[1] 3
[1] 4
[1] 5
```

While loops 역시 break 명령을 사용하여 특정 논리 조건이 TRUE인 경우에도 루프의 실행을 중지할 수 있다. 아래와 같이 if 문의 조건이 TRUE이면 즉시 루프를 멈추게 된다.

```
> i <- 1
  while(i <= 10) {
    i <- i + 1                # from 1, increment i by 1
  if (i == 6) {               # break if i is 6
   break
  }
    print(i)
  }
[1] 2
[1] 3
[1] 4
[1] 5
```

next 명령을 사용하면 조건이 TRUE인 경우에도 반복을 건너뛸 수 있다. 아래의 예처럼 While loops문을 사용하여 1~10에서 홀수만을 출력해보자. While loops문의 if 문을 사용하여 숫자가 2로 나누어지면 그 값을 1씩 증가시킨 후 next 명령을 사용하여 반복을 건너뛴다. 반면 숫자가 2로 나누어지지 않으면 변수가 출력되고 그 값을 1씩 증가시킨다.

```
> i <- 1
  while(i <= 10) {                    # while loop to print odd i between 1 to 10
  if (i %% 2 == 0) {                   # skip iteration if i is even
    i <- i + 1
     next
    }
    print(i)                            # print i if odd
   i <- i + 1                           # increment i by 1
  }
[1] 1
[1] 3
[1] 5
[1] 7
[1] 9
```

3) lapply, sapply, tapply

FOR loops와 While loops는 R 프로그래밍에 있어 매우 유용한 것이 사실이지만 R이 익숙하지 않은 사람에게는 그리 쉬운 방법은 아니다. 지금부터는 컴팩트한 함수 형태로 루핑을 구현할 수 있는 몇 가지 루프를 살펴보자. 루프의 일반적인 용도는 데이터 또는 벡터 집합의 각 요소에 함수를 적용하고 그 결과를 단일 구조로 수집하는 것이다. R에서는 lapply, sapply, tapply 함수를 주로 사용한다. 먼저 lapply는 리스트(list)를 반복하고 각 요소의 함수를 평가할 때 사용된다. lapply가 항상 리스트를 반환하는 반면(그래서 *l*을 사용한다), sapply는 가능한 경우 결과를 벡터 또는 행렬로 단순화한다 (따라서 *s*를 사용한다). 물론, 실제 루핑은 코드 내부적으로 수행된다. 예를 들어, 데이터 프레임에서 각 변수의 평균을 계산하기 위해 lapply, sapply를 사용하여 다음과 같이 수행할 수 있다. 이 두 함수의 적용 결과를 비교해보자. 이 두 함수 모두 평균을 산출하는

mean 함수를 president.height라는 데이터프레임의 모든 변수에 적용하여 그 결과를 출력하였음을 알 수 있다. 하지만 그 결과의 형태는 약간 다르다.

```
> lapply(president.height, mean)
$year
[1] 1982

$winner
[1] 183.6111

$opponent
[1] 180.5

> sapply(president.height, mean)
     year    winner   opponent
1982.0000  183.6111  180.5000
```

또한 tapply 함수를 사용하면 변수의 하위 그룹에 대한 함수 값의 결과를 얻을 수 있다. 이 예제를 수행하기 위해 위 데이터 셋의 winner 변수를 평균값을 기준으로 2개의 요인으로 변환해보자. 그 다음 tapply 함수를 사용해보자. 먼저 winner의 평균인 183.67을 넘는 사람을 tall, 183.67 이하인 사람을 small로 코딩하여 새로운 변수 height를 만들었다. tapply 결과는 small에 해당하는 당선자의 신장은 평균 180.11이며, tall에 해당하는 당선자의 신장은 평균 187.11인 것을 보여준다.

```
> president.height$height[president.height$winner>183.67]<-"tall"
> president.height$height[president.height$winner<=183.67]<-"small"
> tapply(president.height$winner, president.height$height, mean)
   small      tall
180.1111 187.1111
```

1.5.4 정렬

벡터를 정렬(sorting)하는 것은 아주 간단하게 sort 함수를 사용하면 된다. 예를 들어, sort(x)는 벡터 x를 인자로 받아 x의 모든 구성 요소들을 오름차순(작은 값에서 큰 값의 순서)으로 재배열하여 x와 같은 길이의 벡터를 출력하는 함수이다. 물론 decreasing 옵션을 사용하면 내림차순으로 정렬하는 것도 가능하다. 이와 비슷한 다른 유용한 정렬 함수들 역시 많은데, 특히 요인(factor)으로 측정된 x 벡터의 정렬 순서를 확인하기 위해 가장 빈번하게 사용되는 order 또는 sort.list 등은 매우 유용한 정렬 함수라고 할 수 있다.

```
> sort(president.height$winner)
 [1] 175 177 179 179 182 182 182 182 183 185 185 185 185 188 188 188 188
[18] 192
> sort(president.height$winner, decreasing = T)
 [1] 192 188 188 188 188 185 185 185 185 183 182 182 182 182 179 179 177
[18] 175
> order(president.height$winner)
 [1] 18 11 16 17  4  5 12 13 15  2  3  9 10  1  6  7  8 14
```

1.5.5 dplyr 패키지를 이용한 데이터 핸들링

데이터를 분석하기 위해서는 데이터를 분석에 적절한 형식으로 변환하는 과정이 필수적이다. 지금까지 여러 함수를 이용하여 이러한 작업을 수행하는 것을 살펴보았다. 그러나 지금까지 살펴 본 작업들은 그 과정이 직관적이지 않은 까닭에 R 초보자에게는 까다롭거나 지루한 작업이 될 수 있다. dplyr 패키지(Wickham et al., 2022)는 이러한 많은 문제를 해결해주고 데이터 프레임을 핸들하기 위해 최적화된 루틴을 제공하도록 설계된 패키지이다. 특히 파이프 연산자 %>%를 사용하면 일련의 작업에서 다양한 dplyr에서 제공하는 함수를 구현하는데 매우 편리하다. 지금부터는 dplyr 패키지와 파이프 연산자 %>%를 이용한 다양한 데이터 프레임 핸들링 방법을 소개하기로 하겠다. 예제에 사용된 데이터 셋은 앞의 섹션에서 사용한 1977년 미국의 각 주에 대한 다양한 정보를 담은 state.x77를 사용하도록 하자. state.x77은 행렬의 형태로 되어 있기 때문에 분석의 편의를 위해서 data.frame 함수를 사용하여 데이터 프레임의 형태로 변환하여 st라는 데이터 셋을 생성하도록 하자. st를 생성한 후 str 함수를 사용하면 관찰치 및 변수의 수, 변수의 척도 등 데이터 프레임의 전반적인 정보를 파악할 수 있다.

```
> st <- as.data.frame(state.x77)
> str(st)
'data.frame':     50 obs. of  8 variables:
 $ Population: num  3615 365 2212 2110 21198 ...
 $ Income    : num  3624 6315 4530 3378 5114 ...
 $ Illiteracy : num  2.1 1.5 1.8 1.9 1.1 0.7 1.1 0.9 1.3 2 ...
 $ Life Exp  : num  69 69.3 70.5 70.7 71.7 ...
 $ Murder     : num  15.1 11.3 7.8 10.1 10.3 6.8 3.1 6.2 10.7 13.9 ...
 $ HS Grad    : num  41.3 66.7 58.1 39.9 62.6 63.9 56 54.6 52.6 40.6 ...
 $ Frost     : num  20 152 15 65 20 166 139 103 11 60 ...
 $ Area       : num  50708 566432 113417 51945 156361 ...
```

1) select

select 함수는 데이터 프레임의 특정 열(변수) 만을 선택하는 데 사용될 수 있다. 가끔은 데이터의 모든 변수를 사용하는 것보다 부분적으로 분석에 필요한 변수만을 사용하는 것이 더욱 편할 때가 있다. 이를 서브세팅(subsetting)이라고 하는데, select 함수를 사용하면 분석에 필요한 몇 개의 열만을 선택하여 또 다른 하위 데이터 프레임을 만들 수 있다. 여기서 파이프 연산자 %>%는 '그 다음'의 의미를 가지는 연산자로서 %>% 이전의 항을 다음 항의 첫 번째 인수로 전달해주는 기능을 한다. 이를 통해 여러 개의 함수를 작업 순서에 따라 연속해서 수행할 수 있는데, 아래의 경우 st 데이터 셋에 접근해서 select 작업을 수행하고 이 결과를 new.st라는 새로운 데이터 프레임을 생성하게 된다.

```
> st.new <- st %>%
   select(Population, Income, Illiteracy)
> str(new.st)
'data.frame':     50 obs. of  3 variables:
 $ Population: num  3615 365 2212 2110 21198 ...
 $ Income     : num  3624 6315 4530 3378 5114 ...
 $ Illiteracy: num  2.1 1.5 1.8 1.9 1.1 0.7 1.1 0.9 1.3 2 ...
```

select 함수에서 '-' 부호를 사용하여 다음과 같이 특정 변수를 빼고 새로운 데이터 셋을 만들 수도 있다. 새롭게 생성된 new2.st는 st 데이터 셋에서 Population, Income, Illiteracy 등의 세 변수가 제외된 새로운 데이터 셋이다.

```
> st.new2 <- st %>%
   select(-c(Population, Income, Illiteracy))
> str(st.new2)
'data.frame':        50 obs. of  5 variables:
 $ Life Exp: num  69 69.3 70.5 70.7 71.7 ...
 $ Murder  : num  15.1 11.3 7.8 10.1 10.3 6.8 3.1 6.2 10.7 13.9 ...
 $ HS Grad : num  41.3 66.7 58.1 39.9 62.6 63.9 56 54.6 52.6 40.6 ...
 $ Frost   : num  20 152 15 65 20 166 139 103 11 60 ...
 $ Area    : num  50708 566432 113417 51945 156361 ...
```

필요하다면 특정 철자로 시작하거나 끝나는 모든 변수를 포함하는 데이터 프레임을 생성할 수 있다.

```
> st.new3 <- st %>%
   select(starts_with("I"))
> str(st.new3)
'data.frame':        50 obs. of  2 variables:
 $ Income    : num  3624 6315 4530 3378 5114 ...
 $ Illiteracy: num  2.1 1.5 1.8 1.9 1.1 0.7 1.1 0.9 1.3 2 ...

st.new4 <- st %>%
  select(ends_with("tion"))
> str(st.new4)
'data.frame':        50 obs. of  1 variable:
 $ Population: num  3615 365 2212 2110 21198 ...
```

2) filter

filter 함수는 데이터 프레임에서 행(케이스)의 하위 집합을 추출하는 데 사용된다. 이

함수는 R에 있는 기존의 subset 함수와 비슷하다고 보면 된다. 만일 Population이 2,800만 명이거나 그보다 큰 주 만을 추출하여 새로운 데이터 프레임을 생성하고 싶다면 다음과 같다.

```
> st.new5 <- st %>%
   filter(Population >= 2800)
> str(st.new5)
'data.frame':        26 obs. of  8 variables:
 $ Population: num  3615 21198 3100 8277 4931 ...
 $ Income     : num  3624 5114 5348 4815 4091 ...
 $ Illiteracy: num  2.1 1.1 1.1 1.3 2 0.9 0.7 0.5 1.6 2.8 ...
 $ Life Exp  : num  69 71.7 72.5 70.7 68.5 ...
 $ Murder     : num  15.1 10.3 3.1 10.7 13.9 10.3 7.1 2.3 10.6 13.2 ...
 $ HS Grad    : num  41.3 62.6 56 52.6 40.6 52.6 52.9 59 38.5 42.2 ...
 $ Frost      : num  20 20 139 11 60 127 122 140 95 12 ...
 $ Area       : num  50708 156361 4862 54090 58073 ...
```

이렇게 새로 생성된 데이터 new5.st의 사례수를 보면 50에서 26으로 줄어든 것을 확인할 수 있다. 이번에는 조금 더 복잡한 조건을 주고 필터링을 해보자. 다음의 코드는 Population이 2,800만 명 이상이면서 Area가 70,735 이하인 주를 추출하여 새로운 데이터 프레임 new6.st를 생성하기 위한 것이다.

```
> st.new6 <- st %>%
  filter(Population >= 2800 & Area <= 70735)
> str(st.new6)
'data.frame':        23 obs. of  8 variables:
 $ Population: num  3615 3100 8277 4931 11197 ...
 $ Income     : num  3624 5348 4815 4091 5107 ...
 $ Illiteracy: num  2.1 1.1 1.3 2 0.9 0.7 0.5 1.6 2.8 0.9 ...
 $ Life Exp  : num  69 72.5 70.7 68.5 70.1 ...
 $ Murder     : num  15.1 3.1 10.7 13.9 10.3 7.1 2.3 10.6 13.2 8.5 ...
 $ HS Grad    : num  41.3 56 52.6 40.6 52.6 52.9 59 38.5 42.2 52.3 ...
 $ Frost      : num  20 139 11 60 127 122 140 95 12 101 ...
 $ Area       : num  50708 4862 54090 58073 55748 ...
```

3) arrange

arrange 함수는 특정 변수에 따라 데이터 프레임의 행을 재 정렬하기 위해 사용된다. 사실 R에서 데이터 프레임의 행 순서를 다시 정렬하는 것은 쉽지 않은데, arrange 함수는 이 작업을 보다 수월하게 수행할 수 있게 해준다. Population의 크기에 따라 데이터를 정렬해보자.

```
> st.new7 <- st %>%
   arrange(Population)
> head(st.new7)
             Population Income Illiteracy Life Exp Murder HS Grad Frost   Area
Alaska              365   6315        1.5    69.31   11.3    66.7   152 566432
Wyoming             376   4566        0.6    70.29    6.9    62.9   173  97203
Vermont             472   3907        0.6    71.64    5.5    57.1   168   9267
Delaware            579   4809        0.9    70.06    6.2    54.6   103   1982
Nevada              590   5149        0.5    69.03   11.5    65.2   188 109889
North Dakota        637   5087        0.8    72.78    1.4    50.3   186  69273
```

4) rename

rename 함수를 이용하면 편리하게 데이터 프레임의 변수 이름을 바꿀 수 있다. 데이터 프레임의 HS.Grad를 education으로, Murder를 murder.rate로 바꾸어보자.

```
st.new8 <- st %>%
  rename('education' = 'HS Grad', 'murder.rate' = 'Murder')
> names(st.new8)
[1] "Population"  "Income"      "Illiteracy"  "Life Exp"    "murder.rate"
[6] "education"   "Frost"       "Area"
```

5) mutate

mutate 함수는 데이터 프레임의 기존의 변수를 변환하여 새로운 변수를 만드는데 매우 유용하다. 예를 들어, Population 변수와 Area 변수를 이용해서 Density라는 인구 밀도를 나타내는 새로운 변수를 만들 수 있다. 인구 밀도는 인구수/면적으로 계산된다.

```
> st.new9 <- st %>%
   mutate(Density = Population/Area)
> names(st.new9)
[1] "Population" "Income"      "Illiteracy" "Life Exp"    "Murder"
[6] "HS Grad"    "Frost"       "Area"         "Density"
```

이번에는 인구 밀도를 계산하여 그 평균을 기준으로 mutate 함수를 두 번 사용하여 인구 밀도가 높은 주와 낮은 주를 포함하는 '인구밀도'라는 범주형 변수를 새로 생성해 보자. 여기서 사용되는 ifelse 함수는 주어진 조건에 대한 연속형 값을 범주형으로 리코딩(recoding)할 때 유용하게 사용된다. 즉, 아래의 예에서는 '인구밀도'의 값이 평균보다 높거나 같으면 high를, 나머지는 low로 리코딩하게 된다.

```
> st.new10 <- st %>%
   mutate(Density = Population/Area) %>%
   mutate(인구밀도 = ifelse(Density >= mean(Density), "high", "low"))
> head(st.new10$인구밀도, 10)
 [1] "low"  "low"  "low"  "low"  "low"  "low"  "high" "high" "high" "low"
```

6) group_by

group_by 함수는 범주형 변수의 집단 간의 요약 통계치를 생성하는 데 사용된다. 예를 들어, 위에서 생성된 '인구밀도'라는 범주형 변수에서 인구 밀도가 높은 집단(high)과 인구 밀도가 낮은 집단(low) 간의 살인 사건 발생률(murder.rate) 평균과 표준편차를 알고 싶을 수 있다. 이를 group_by 함수를 이용해서 산출해보자. 먼저 group_by 함수를 이용해 '인구밀도' 변수를 high와 low로 분할한 다음 summarize 함수를 이용하여 이 두 집단의 평균과 표준편차를 산출한다. 이렇게 산출된 통계 값들을 kableExtra 패키지(Zhu, 2021)의 kbl 함수를 이용하여 깔끔한 표로 만들어보자.

```
> library(kableExtra)
> st.new10 %>%
   group_by(인구밀도) %>%
   summarise(mean(Murder), sd(Murder)) %>%
```

```
kbl(digits = 3, caption = "Recreating fancy style table") %>%
kable_classic(full_width = F, html_font = "Cambria")
```

인구밀도에 따른 평균과 표준편차

인구밀도	mean(Murder)	sd(Murder)
high	7.100	3.214
low	7.466	3.866

Chapter 02
기술통계

"우리의 삶은 숫자로 가득 차 있다. 하지만,
종종 우리는 숫자가 단지 도구라는 것을 잊는다.
숫자는 영혼이 없음에도, 실로 숭배의 대상이 되어 간다."
- 피터 번스타인(Peter L. Bernstein)

데이터 수집 단계를 통해 데이터 세트를 확보하는 것은 양적 연구 수행을 위한 첫 단계이다. 이 데이터 세트에는 연구자의 이론적 주장을 통계적으로 검증하기 위해 필요한 모든 변수의 측정된 값을 담고 있다. 물론 연구자들이 처음부터 바로 통계적 가설 검정을 수행할 수도 있지만 그런 경우는 매우 드물다. 그 전에 데이터 셋에 담겨 있는 관심 변수들의 전반적인 패턴과 특징을 파악하게 되는데, 이러한 사전 작업은 추후 본격적인 통계 검정에 매우 큰 도움을 준다. 이는 연구를 위한 하나의 루틴이라고 해도 좋다. 이러한 과정을 기술통계(descriptive statistics)라고 하는데, 기술통계는 수집된 데이터의 형태와 특징을 의미 있는 방식으로 기술하고, 표현하고, 요약하는 데이터 분석 방법을 말한다. 사실, 최초 수집된 데이터 셋은 그 자체로는 뚜렷한 의미나 해석이 불가능한 없는 무질서한 숫자들의 집합일 뿐 아니라, 비교적 큰 사이즈를 가진 데이터의 경우 사람의 눈이나 직관적인 판단으로 그 데이터 패턴과 특징을 파악하는 것은 거의 불가능하다. 따라서 이러한 기술통계의 수행은 데이터를 보다 의미 있는 방식으로 기술, 표현, 요약함으로써 보다 좋은 연구를 위해 연구자에게 많은 통찰을 제공해줄 수 있다. 기술통계는 일반적으로 1) 표(table), 2) 그래프(plot), 3) 통계값(statistic) 등을 통해서 수행된다. 이 장에서는 이들 세 가지 방식을 하나씩 살펴보도록 하자.

2.1 표를 통한 기술통계

2.1.1 빈도분포

표를 통해 기술통계를 수행하는 첫 번째는 분포를 만드는 것이다. 분포를 만드는 가장 기본적인 방법은 데이터에서 나타난 각 값의 빈도를 가장 낮은 값부터 가장 높은 값 순으로 나열하는 것이다. 이를 빈도표(frequency table) 혹은 빈도분포(frequency distribution)라고 한다. 빈도분포를 생성하는 목적은 전체 데이터만 보고는 한 눈에 파악할 수 없는 데이터에 대한 통찰력을 제공하는 데 있다. 지난 장에서 살펴 본 dplyr 패키지(Wickham et al, 2022)를 이용하여 빈도분포를 생성해보자. 이를 위해 UN에서 조사·보고한 '2015 세계행복보고서' 데이터를 용도에 맞게 약간 수정하여 사용하도록 한다. 이 데이터 셋에는 국가명(Country), 지역(Region), 행복지수(Happiness.Score) 등 총 12개의 변수를 포함하고 있다.

```
> library(dplyr)
> happiness <- read.csv("happiness.csv")
> str(happiness)
'data.frame':	158 obs. of  12 variables:
 $ X                            : int  1 2 3 4 5 6 7 8 9 10 ...
 $ Country                      : chr  "Switzerland" "Iceland" "Denmark" "Norway" ...
 $ Region                       : chr  "Western Europe" "Western Europe" "Western Europe" "Western Europe" ...
 $ Happiness.Rank               : int  1 2 3 4 5 6 7 8 9 10 ...
 $ Happiness.Score              : num  7.59 7.56 7.53 7.52 7.43 ...
 $ Economy..GDP.per.Capita.     : num  1.4 1.3 1.33 1.46 1.33 ...
 $ Family                       : num  1.35 1.4 1.36 1.33 1.32 ...
 $ Health..Life.Expectancy.     : num  0.941 0.948 0.875 0.885 0.906 ...
 $ Freedom                      : num  0.666 0.629 0.649 0.67 0.633 ...
 $ Trust..Government.Corruption.: num  0.42 0.141 0.484 0.365 0.33 ...
 $ Generosity                   : num  0.297 0.436 0.341 0.347 0.458 ...
 $ happiness.level              : chr  "E" "E" "E" "E" ...
```

먼저 행복지수를 A부터 E까지 5등급으로 분류한 범주형 변수 happiness.level의 빈도분포를 생성해보자. kableExtra 패키지(Zhu, 2021)를 사용하면 보다 깔끔한 표를 생성할 수 있다.

```
> library(kableExtra)
> happiness %>%
  group_by(happiness.level) %>%
  summarize(Frequency = n())  %>%
  kable() %>%
  kable_paper("hover", full_width = F)
```

happiness.level	Frequency
A	18
B	49
C	50
D	30
E	11

생성된 빈도분포에 따르면 A 등급에 속하는 나라는 18개 국가, B 등급에 속하는 나라는 49개 국가, C 등급에 속하는 나라는 50개 국가, D 등급에 속하는 나라는 30개 국가, E 등급에 속하는 나라는 11개 국가로 나타났다.

2.1.2 상대빈도분포

데이터의 각 측정 변수의 빈도와 총 사례 수를 알면 그 변수의 해당 클래스의 상대비율을 쉽게 계산할 수 있다. 이러한 각 클래스에 속한 총 빈도의 비율을 보여줌으로써 각 클래스의 상대적인 빈도를 빠르게 파악할 수 있게 해주는 분포를 상대빈도분포(relative frequency table)라고 한다. 이를 위해 mutate 함수와 prop.table 함수를 이용해 개별 클래스의 빈도를 비율로 계산하여 상대빈도분포 R.freq를 생성한다. 또한 R.freq에 100을 곱해줌으로써 퍼센트 상대빈도분포 R.percent를 생성할 수 있다.

kable 함수에서 digits 옵션을 지정하면 생성된 값의 자릿수를 제어할 수 있다.

```
> happiness %>%
  group_by(happiness.level) %>%
  summarize(Frequency = n()) %>%
  mutate(R.freq = prop.table(Frequency)) %>%
  mutate(R.percent = R.freq*100) %>%
  kable(digits=2) %>%
  kable_paper("hover", full_width = F)
```

happiness.level	Frequency	R.freq	R.percent
A	18	0.11	11.39
B	49	0.31	31.01
C	50	0.32	31.65
D	30	0.19	18.99
E	11	0.07	6.96

2.2 그래프를 통한 기술통계

이번 섹션에서는 그래프를 통해 기술통계를 수행하는 방법에 대해 알아보자. 데이터의 패턴과 통계 결과를 그래프를 통해서 시각적으로 전달하는 것은 통찰력 있는 데이터 분석의 핵심이다. 투키와 윌크(Tukey & Wilk, 1966)는 그래프는 표보다 더 많은 메시지를 설득력 있고 매력적으로 전달할 수 있는 방법이라고 주장한다:

> "이에 대한 몇 가지 이유는 쉽게 찾을 수 있다. 시각적으로 표현하는 것은 매우 유연하다고 할 수 있다. 인간의 눈과 뇌는 특정 유형의 기하학적 형상을 인식하는 데 빠르고 능숙하다. "매끄러움(smoothness)"은 매우 기하학적인 개념인 것 같다. 눈은 숫자보다 이해되지 않은 그래프를 훨씬 더 잘 이해할 수 있는 것처럼 보인다. 상당히 많은 양의 데이터를 경제적이고 포괄적으로 표현할 수 있다. 또한 그래프는 중간 수준의 정보는 물론

이거니와 매우 압축된 요약이나 광대한 세부 정보를 효과적으로 전달할 수 있다(Tukey & Wilk, 1966, p.704)."

R에서 사용할 수 있는 데이터 시각화 방법은 매우 다양하다. 하지만 많은 도구 중에서도 ggplot2 패키지(Wickham, 2016)는 R에서 사용할 수 있는 가장 편리하고 미적으로도 훌륭한 데이터 시각화 도구라고 할 수 있다. 실제로 ggplot2 패키지는 데이터 시각화를 위해 가장 널리 사용되고 있는 도구이다. ggplot2 패키지를 이용해 구현할 수 있는 데이터 시각화는 실로 방대하기 때문에 여기서 그 모두를 다루는 것은 사실 불가능하다. 따라서 본 장에서는 ggplot2 패키지를 이용해 시각화를 시도할 때 기본적으로 알아야 할 기본 구조를 살펴보는 것에 중점을 두기로 하자. 기본 시각화 방법과는 달리 ggplot2 패키지를 이용한 시각화는 학습 곡선이 매우 가파른 편이라 처음에는 쉽게 사용하는 것이 어렵게 느껴진다. 하지만 ggplot2의 기본 구조를 확실하게 이해하게 되면 보다 복잡한 시각화도 비교적 손쉽게 구현할 수 있다. 지금부터 ggplot2 패키지를 이용해 산점도(scatter plot)를 그려보면서 그 기본 구조를 차근차근 살펴보자.

2.2.1 산점도

1) ggplot2 패키지

ggplot2의 기본 문법은 우리가 빈 도화지에 그림을 그리듯 하나씩 하나씩 단계적으로 레이어(layers)를 쌓아가는 빌드-업 방식(build-up method)라고 할 수 있다. 먼저 ggplot()함수를 사용하여 사용할 데이터 세트를 ggplot에 지정해야 한다. 기본 시각화 방법과는 달리 ggplot은 벡터가 아닌 데이터 프레임만을 인수로 받아들인다. 이번 예제 데이터는 앞서 예제에서 사용한 st 데이터이다. st 데이터로부터 살인 사건 발생률(Murder)을 X축으로, 기대 수명(Life.Exp)을 Y축으로 하는 산점도(scatter plot)를 그려보자.

```
> st <- read.csv("st.csv", header=T)
> library(ggplot2)
> ggplot(st)
```

그림 2.1 ggplot 함수에 의해 생성된 여백

이제 <그림 2.1>과 같이 그림을 그려야 할 빈 도화지가 생겼으니 이 공간에 하나씩 차근차근 그림을 그려보자. 먼저 aes() 함수를 이용하여 산점도를 그리고자 하는 데이터 프레임의 두 변수 X, Y의 축을 지정할 수 있다.

```
> ggplot(st, aes(x=Murder, y=Life.Exp))
```

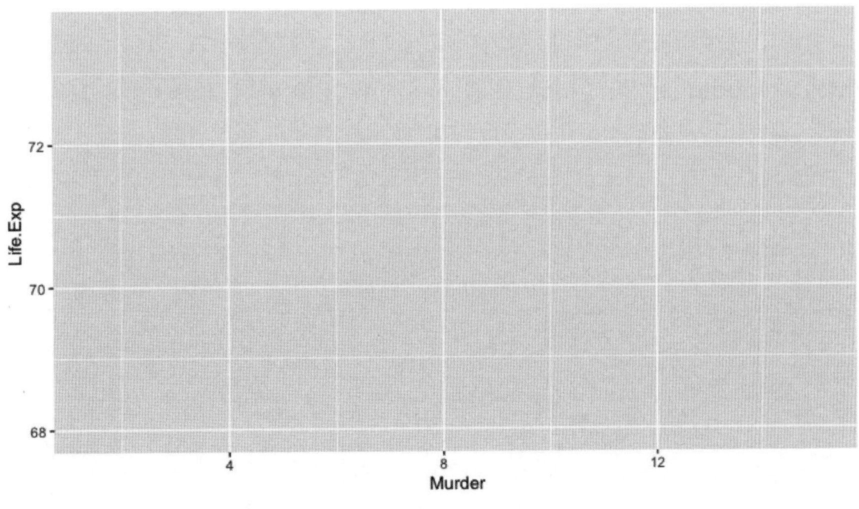

그림 2.2 X축과 Y축 생성

<그림 2.2>를 보면, 아직은 그래프가 텅 비어있다는 것을 볼 수 있는데, 이는 단지 우리가 Murder 변수를 X축에 매핑하고 Life.Exp 변수를 Y축에 매핑하도록 지정했을

뿐 그래프에 무엇을 넣을지는 아직 명시하지 않았기 때문이다. 이제 빈 그래프 안에 플롯을 넣어보자.

2) geom_() 함수

geom_() 함수는 ggplot() 함수가 만들어 놓은 빈 그래프 위에 점, 선, 막대 등 기하학적인 대상을 그래프에 매핑할 수 있게 하는 함수이다. 결국 geom_() 함수는 어떤 플롯을 그릴 것인지를 결정한다고 하겠다. 어떤 것을 그릴 것인지, 즉 어떤 종류의 플롯을 생성할 것인지는 geom_() 함수에 지정함으로써 결정된다. 예를 들어 geom_point()는 점을 추가하여 산점도를 그리게 된다. 이때, ggplot2 그래프에서 함수들은 + 기호를 사용하여 서로 연결되는 방식으로 레이어를 쌓아간다. 마치 dplyr 패키지의 파이프 연산자 %>%와 비슷한 역할을 한다고 생각하면 된다.

```
> ggplot(st, aes(x=Murder, y=Life.Exp)) +
  geom_point()
```

위에서 생성된 <그림 2.3>의 산점도를 통해 우리는 미국의 50개 주에서 살인사건 발생률이 증가하게 되면 기대 수명이 감소하는 경향을 관찰할 수 있다. geom_() 함수에는 색상, 크기, 투명도 등 여러 파라미터(옵션)를 지정할 수 있다. 예를 들어 geom_point()의 alpha라는 파라미터로 점의 투명도를 0(완전 투명)에서 1(완전 불투명)

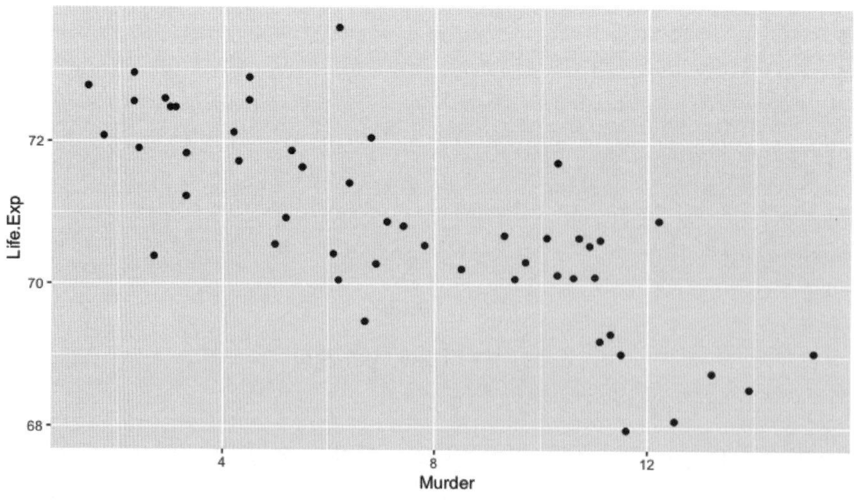

그림 2.3 살인 사건 발생률과 기대수명의 산점도

까지 조절할 수 있다.

```
> ggplot(st, aes(x=Murder, y=Life.Exp)) +
  geom_point(color = "indianred3", alpha = .6, size = 2)
```

다음으로, geom_smooth 함수를 이용해 산점도에 회귀선을 추가해보자. 뒷 장에서 자세히 다루겠지만 이 회귀선은 X, Y 두 변수의 관계를 나타낸다. method 옵션을 lm으로 지정하면 이 둘의 관계를 선형(linear)으로 피팅(fitting)하게 된다. 이 회귀선에서 음영은 회귀선의 신뢰 구간을 나타낸다. 물론 geom_smooth 함수에서 선의 유형(선형, 비선형, 비모수 등), 선 두께, 선 색상, 신뢰구간의 여부 등을 제어할 수 있다.

```
> ggplot(st, aes(x=Murder, y=Life.Exp)) +
  geom_point(color = "indianred3", alpha = .6, size = 2) +
  geom_smooth(method = "lm")
```

변수를 축과 축에 매핑하는 것 외에도 특정 변수의 집단별로 산점도의 색상, 모양, 크기, 투명도 등 기타 시각적 특성을 제어할 수 있다. 이렇게 하면 특정 변수의 집단별 산점도가 단일 그래프에 모두 표현된다. 예를 들어 color 옵션을 이용해 위 플롯에 인구 밀도(density)를 추가해서 인구 밀도에 따른 살인사건 발생률과 기대 수명의 관계를 파악할 수 있다. 단위 면적당 인구를 나타내는 인구 밀도는 mutate 함수를 이용하여 인

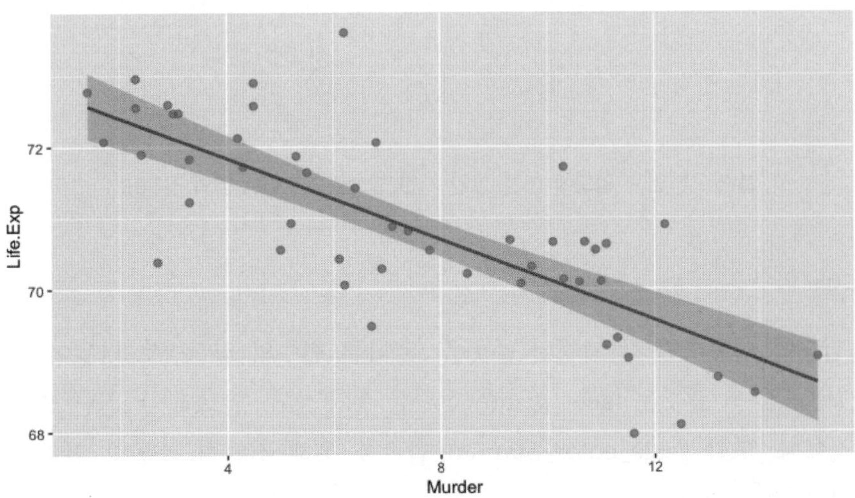

그림 2.4 살인 사건 발생률과 기대수명의 산점도와 선형회귀선

구(Population)를 면적(Area)으로 나누어서 계산한 후, 그 중앙값을 기준으로 인구 밀도가 높은 지역 및 낮은 지역으로 나누어 새로운 범주형 변수를 생성한 후 사용하였다. 이번에는 회귀선에 신뢰구간이 나타나지 않도록 se = FALSE 옵션을 추가하였다. 출력된 <그림 2.5>의 산점도에 따르면, 인구 밀도가 높은 지역과 낮은 지역 간 살인사건 발생률과 기대 수명의 관계는 큰 차이가 없다는 것을 알 수 있다.

```
> new.st <- st %>%
  mutate(density = Population/Area) %>%
  mutate(density = ifelse(density >= median(density), "high", "low"))

> ggplot(new.st, aes(x=Murder, y=Life.Exp, color = density)) +
  geom_point(alpha = .6, size = 2) +
  geom_smooth(method = "lm", se = FALSE, size = 1.1)
```

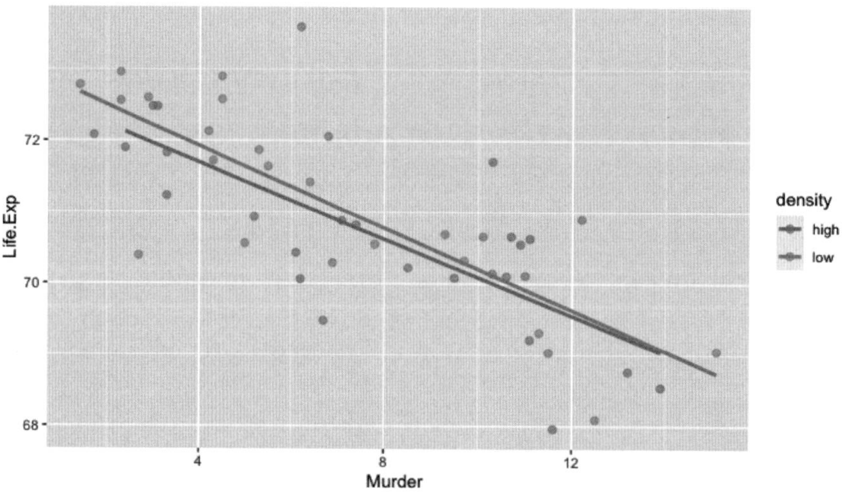

그림 2.5 인구 밀도에 따른 살인 사건 발생률과 기대수명의 산점도 I

3) facet 함수

facet 함수를 이용하면 각 지정된 플롯을 또 다른 변수의 집단별로 나누어 생성할 수 있다. <그림 2.6>의 플롯은 facet_grid() 함수를 통해 인구 밀도의 두 집단 별 산점도를 매핑한 것이다. 또한 scale_color_manual 함수를 통해 집단별 플롯의 점과 회귀선의 색을 제어할 수 있다.

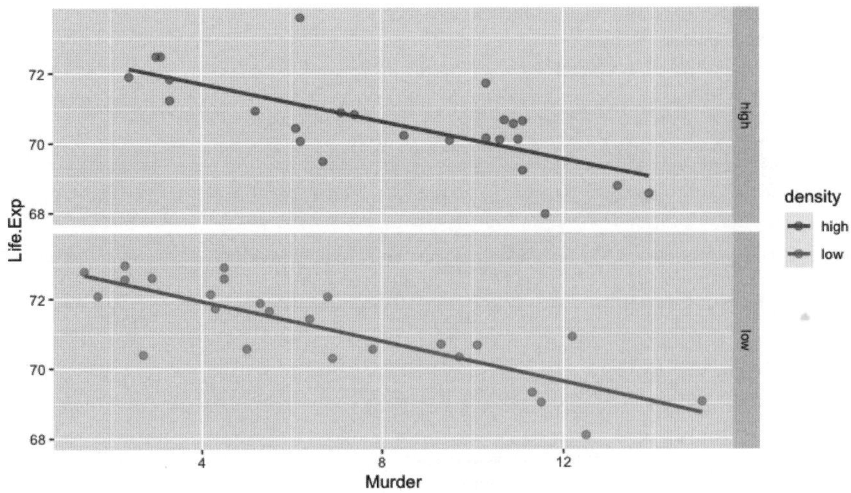

그림 2.6 인구 밀도에 따른 살인 사건 발생률과 기대수명의 산점도 II

```
> ggplot(new.st, aes(x=Murder, y=Life.Exp, color = density)) +
  geom_point(alpha = .6, size = 2) +
  geom_smooth(method = "lm", se = FALSE, size = 1.1) +
  facet_grid(density ~ .) +
  scale_color_manual(values = c("indianred3", "cornflowerblue"))
```

4) labs 함수

labs 함수를 사용하면 그래프의 타이틀, 부제, 축의 이름, 범례의 이름 등 축과 범례에 대한 사용자 정의된 레이블을 지정할 수 있다. 이를 통해 그래프에 대한 보다 명확하고 직관적인 해석이 가능해진다.

```
> ggplot(new.st, aes(x=Murder, y=Life.Exp, color = density)) +
  geom_point(alpha = .6, size = 2) +
  geom_smooth(method = "lm", se = FALSE, size = 1.1) +
  scale_color_manual(values = c("indianred3", "cornflowerblue")) +
  labs(title = "Relationship between murder and life expectancy",
       subtitle = "U.S. State Population Survey",
       caption = "U.S. Department of Commerce, Bureau of the Census (1977)",
       x = " Rate of Murder per Year", y = "Life Expectancy", color = "Population Density")
```

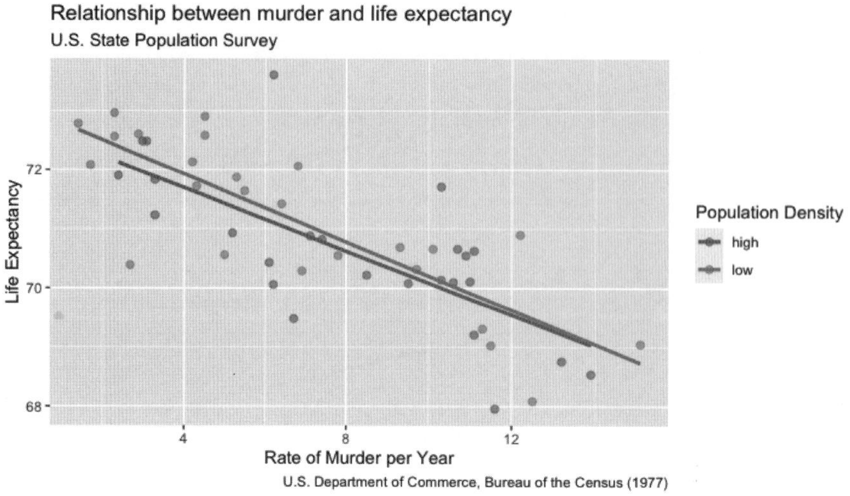

그림 2.7 인구 밀도에 따른 살인 사건 발생률과 기대수명의 산점도 III

5) theme 함수

theme 함수를 사용하면 그래프의 전반적인 모양을 미세 조정할 수 있다. theme 함수는 그래프의 배경색, 글꼴, 격자선, 범례 위치 및 기타 데이터와 관련되지 않은 모양들을 제어하게 해준다. 아래 theme_classic() 함수는 그래프의 배경색을 하얀색으로 바꾸고, 범례 명의 색상을 legend.title = element_text를 이용하여 파란 색으로 변경하는 예를 보여준다.

```
> ggplot(new.st, aes(x=Murder, y=Life.Exp, color = density)) +
  geom_point(alpha = .6, size = 2) +
  geom_smooth(method = "lm", se = FALSE, size = 1.1) +
  scale_color_manual(values = c("indianred3", "cornflowerblue")) +
  labs(title = "Relationship between murder and life expectancy",
       subtitle = "U.S. State Population Survey",
       caption = "U.S. Department of Commerce, Bureau of the Census (1977)",
       x = " Rate of Murder per Year", y = "Life Expectancy", color = "Population Density") +
  theme_classic() +
  theme(legend.title = element_text(colour="blue", size=12))
```

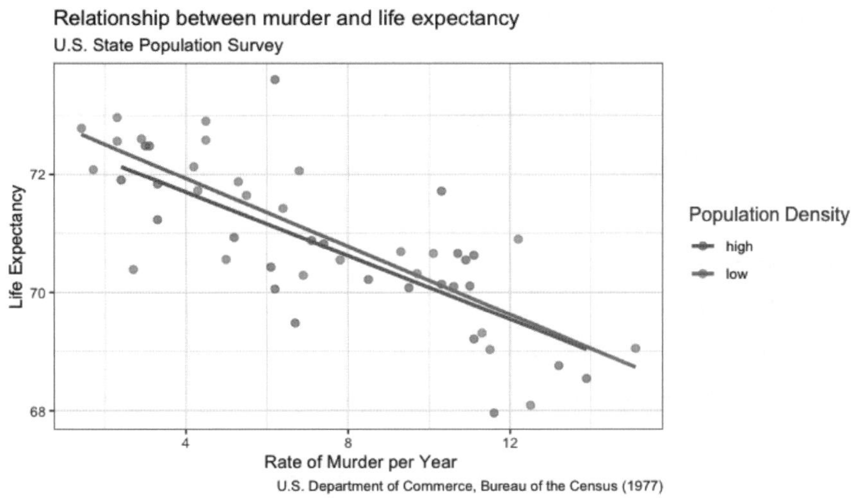

그림 2.8 인구 밀도에 따른 살인 사건 발생률과 기대수명의 산점도 Ⅳ

지금까지 ggplot2의 기본 구조와 사용법을 통해 산점도 그리는 방법에 대해 알아보았다. 이제 부터는 데이터 시각화를 위해 자주 사용되는 기본적인 몇 가지 플롯들을 생성해보자.

2.2.2 바 그래프

일반적으로 단일 범주형 변수의 분포는 일반적으로 바 그래프(bar chart)나 파이 그래프(pie chart)를 사용하여 표현된다. 기대 수명 변수 Life.Exp를 5개의 수준을 갖는 범주형 변수로 변환하고 이를 바 그래프로 표현해보자. 아래 <식 2.1>과 같이 해당 변수의 최댓값에서 최솟값을 뺀 값을 원하는 클래스의 수로 나누면 어느 정도의 간격을 둬야하는지를 산출할 수 있다. 이를 통해 연속형 변수를 몇 개의 특정 클래스를 갖는 범주형 변수로 변환할 수 있다.

$$\frac{\text{maximum value} - \text{minimum value}}{\text{number of class}} \qquad \text{<식 2.1>}$$

```
> (max(new.st$Life.Exp)-min(new.st$Life.Exp))/5
[1] 1.128
```

위의 계산에 따라 Life.Exp 변수를 dplyr 패키지의 case_when 함수를 이용하여 약 1.1년 간격으로 recode하여 new.life이라는 새로운 범주형 변수로 변환해보자. case_when() 함수를 사용하면 여러 개의 if, else if 등의 조건절을 사용하지 않고도 원하는 조건문을 쉽고 빠르게 처리할 수 있다.

```
> new.st <- new.st %>%
  mutate(new.life = case_when(
  (Life.Exp <= min(new.st$Life.Exp)+1.1) ~ "A",
  (Life.Exp > min(new.st$Life.Exp)+1.1) & (Life.Exp <= min(new.st$Life.Exp)+(1.1*2))
~ "B",
  (Life.Exp > min(new.st$Life.Exp)+(1.1*2)) & (Life.Exp <= min(new.st$Life.Exp)+(1.1*3))
~ "C",
  (Life.Exp > min(new.st$Life.Exp)+(1.1*3)) & (Life.Exp <= min(new.st$Life.Exp)+(1.1*4))
~ "D",
  (Life.Exp > min(new.st$Life.Exp)+(1.1*4) ~ "E")))
```

이제 새로 만들어진 new.life 변수의 바 그래프를 생성해보자. 바 그래프를 생성하는 함수는 geom_bar()이다.

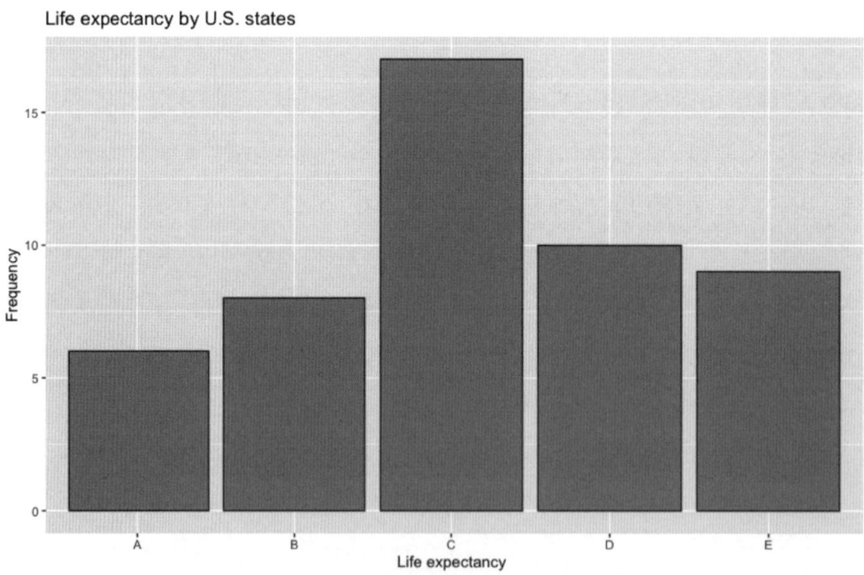

그림 2.9 기대수명에 대한 바 그래프

```
> ggplot(new.st, aes(x = new.life)) +
  geom_bar(fill = "cornflowerblue", color="black") +
  labs(x = "Life expectancy", y = "Frequency", title = "Life expectancy by U.S. states")
```

<그림 2.9>의 생성된 바 그래프에 따르면 기대 수명이 C의 범위를 갖는 주가 대부분이며, 그 뒤는 D, E 순서인 것을 알 수 있다. coord_flip() 함수를 이용하면 <그림 2.10>과 같이 그래프를 가로 방향으로 변환할 수 있다.

```
> ggplot(new.st, aes(x = new.life)) +
  geom_bar(fill = "cornflowerblue", color="black") +
  labs(x = "Life expectancy", y = "Frequency", title = "Life expectancy by U.S. states") +
  coord_flip()
```

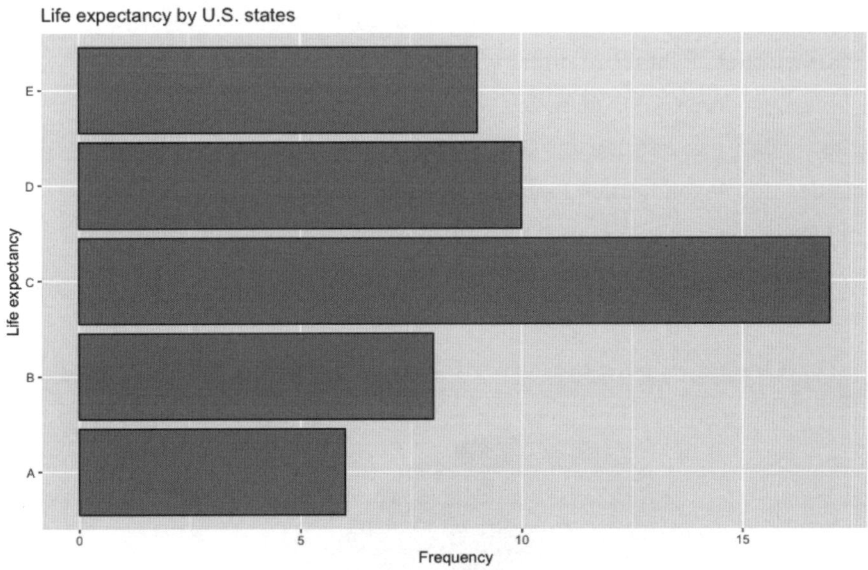

그림 2.10 기대수명에 대한 가로형 바 그래프

2.2.3 파이 그래프

이번에는 파이 그래프에 대해 알아보기로 하자. 범주의 빈도를 단순히 비교하는 것이 목적인 경우 바 그래프를 사용하는 것이 좋지만, 각 범주가 전체에서 어느 정도의 비율을 차지하는지를 직관적으로 파악하는 데에는 파이 그래프가 유용하다. 특히 범주의 수가 적으면 파이 그래프가 바 그래프에 비해 보다 유용하다. 하지만 ggplot으로 파이 그래프를 생성하려면 조금 복잡한 코드가 필요하다. 위의 예로 사용한 범주형 기대 수명 변수 new.life을 파이 그래프로 표현해보자. 먼저 변수 new.life의 각 범주의 비율(%)을 dplyr패키지를 통해 계산하고 이 결과로 pie라는 새로운 데이터 프레임을 생성한다. theme_void()를 사용하면 불필요한 배경, 축, 라벨 등을 제거할 수 있다.

```
> pie <- new.st %>%
  count(new.life) %>%
  arrange(desc(new.life)) %>%
  mutate(proportion = round(n*100/sum(n), 1),
         lab.ypos = cumsum(proportion) - 0.5*proportion)

> ggplot(pie, aes(x=" ", y=proportion, fill=new.life))+
  geom_bar(width = 1, stat = "identity") +
  coord_polar("y", start = 0, direction = -1) +
  labs(title = "Life expectancy by U.S. states") +
  guides(fill=guide_legend(title="Level of life expectancy")) +
  scale_fill_grey() +
  theme_void()
```

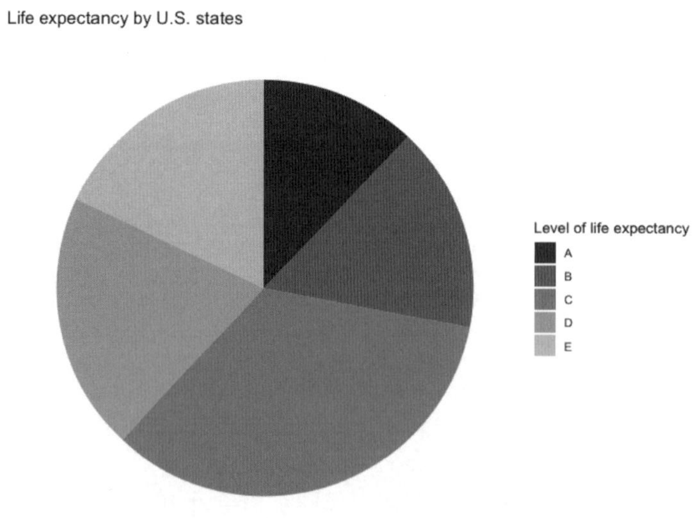

그림 2.11 기대수명에 대한 파이 그래프 I

생성된 파이 그래프를 보면 기대 수명이 C의 범위를 갖는 주가 대부분이라는 것을 한 눈에 파악할 수 있다. 그 뒤를 D, E 순서임을 확인할 수 있다. 다음과 같이 위 그래프에서 범례를 없애고(legend.position = "FALSE"), paste0 함수를 이용해 pie 데이터 프레임에 label이라는 변수를 추가적으로 생성하여 파이 그래프 자체에 범주의 이름과 비율을 표기할 수 있다.

```
> pie$label <- paste0(pie$new.life, "\n", round(pie$prop), "%")

> ggplot(pie, aes(x = " ", y = prop, fill = new.life)) +
  geom_bar(width = 1, stat = "identity", color = "black") +
  geom_text(aes(y = lab.ypos, label = label), color = "black") +
  coord_polar("y", start = 0, direction = -1) +
  theme_void() +
  theme(legend.position = "FALSE") +
  labs(title = "Life expectancy by U.S. states")
```

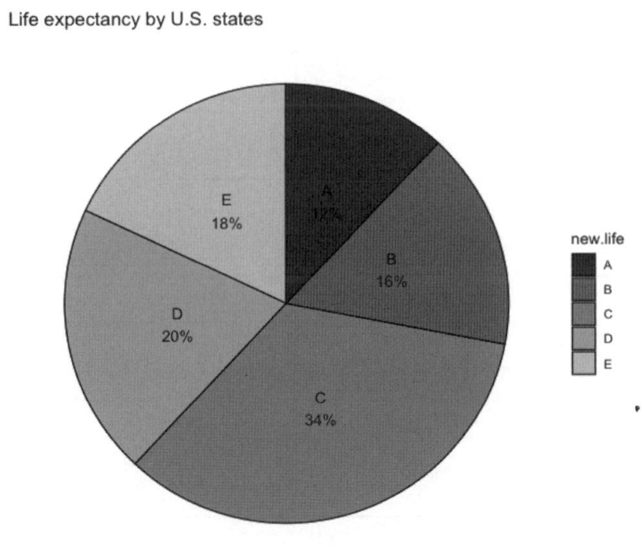

그림 2.12 기대수명에 대한 파이 그래프 II

2.2.4 박스 플롯

box-and-whisker plot 혹은 box plot으로 불리는 박스 플롯은 데이터의 사분위수를 표시하여 연속형 데이터의 분포와 skewness(왜도)를 시각적으로 보여주기 위해 사용된다. 히스토그램과는 달리 변수 내 집단이 여러 개인 경우에도 각 집단별 분포를 한 공간에 나타낼 수 있다. 먼저 위 예제의 Life.Exp 변수의 박스 플롯을 생성해보자. 박스 플롯은 geom_boxplot() 함수를 이용하는데, 단일 집단의 변수에 대한 박스 플롯을 생성할 때에는 aes의 X축에는 1을 Y축에는 생성하고자 하는 변수를 지정하고 xlab("")를 지정한다.

```
> ggplot(new.st, aes(x=1, y=Life.Exp)) +
  geom_boxplot() +
  ggtitle("A boxplot of life expectancy") +
  xlab("") +
  theme_classic()
```

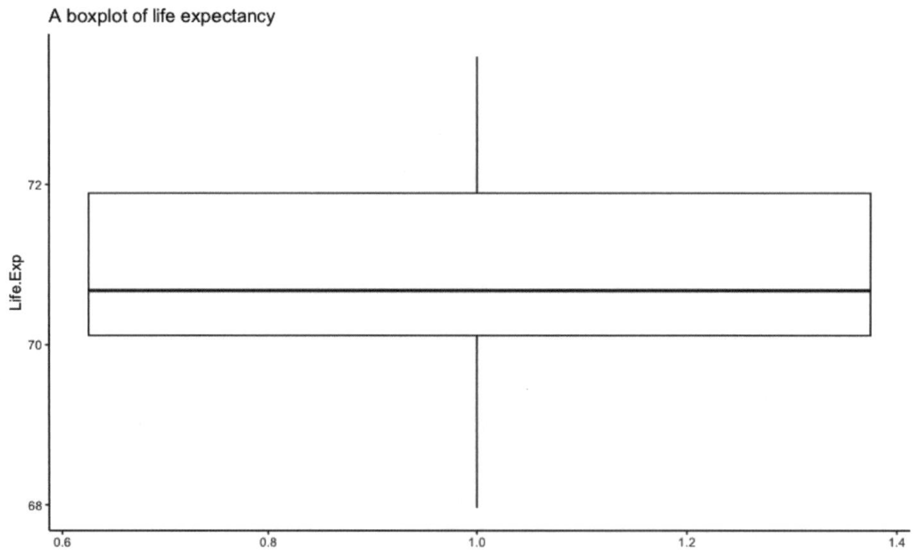

그림 2.13 기대수명에 대한 박스 플롯

박스 플롯에는 분포의 25번째 백분위수(25th percentile), 중앙값(median), 75번째 백분위수(75th percentile)가 표시되는데, 박스의 아래 면은 25번째 백분위수, 가운데 굵은 선은 중앙값, 박스의 윗 면은 75번째 백분위수를 나타낸다. 박스 위 아래의 세로 선을 수염(whisker)라고 하는데, 이들 선은 정규분포의 약 99%를 범위를 보여준다. 이 범위를 벗어나는 관측치는 극단치(outliers)를 나타내는 점으로 표시된다. 위의 플롯을 보면, Life.Exp 변수에는 이상치가 존재하지 않음을 알 수 있다. 이번에는 인구 밀집도에 따른 기대 수명을 박스 플롯으로 표현해보자. fill 옵션을 통해 상자의 색상을 변경할 수 있다. 또한 geom_jitter를 지정하면 개별 관측치들을 플롯에 추가할 수 있다. 이때 size와 alpha 옵션을 통해 크기 및 투명도를 지정함으로써 점의 크기를 조정하여 점들이 서로 겹치는 것을 피할 수 있다.

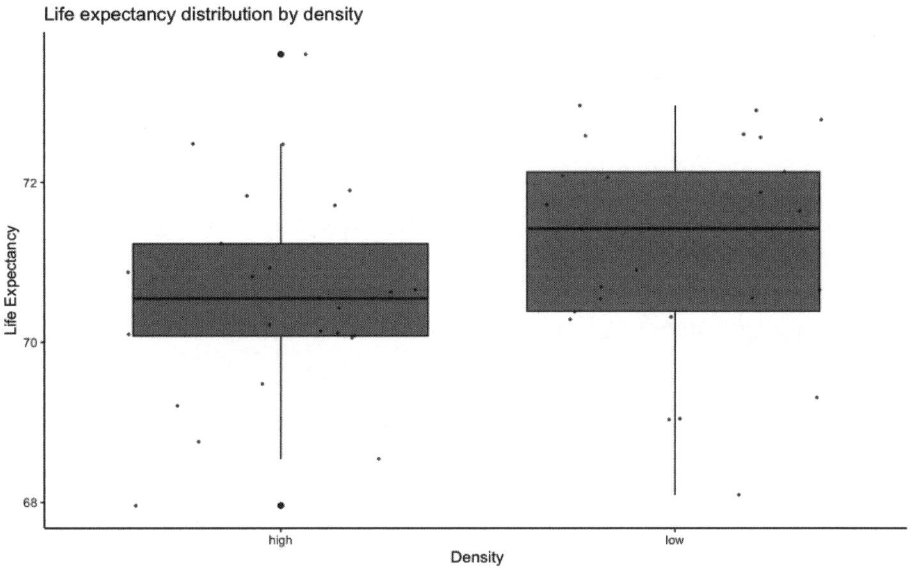

그림 2.14 인구 밀도에 따른 기대 수명의 박스 플롯

<그림 2.14>의 플롯에서 볼 수 있듯이, 인구 밀도가 높은 주에서 위 아래로 두 개의 극단치를 발견할 수 있다. 극단치는 분포의 전체 패턴의 외부에 존재하는 데이터 포인트를 말한다. 일반적으로 극단치를 식별하기 위한 방법으로는 사분위수(quartile)를 이용한 IQR(interquartile range) 방법을 사용한다. 사분위수란 전체 관측값을 작은 값부터 큰 값까지 배열했을 때 전체를 4등분하는 값을 나타낸다. 즉, 전체의 1사분위(first quartile: Q_1)는 25%, 2사분위(second quartile: Q_2)는 50%, 3사분위(third quartile: Q_3)는 75% 지점이 된다. 이때 3사분위와 1사분위 간 거리를 사분위간 범위 IQR이라고 부른다. 따라서 IQR은 아래 <식 2.2>와 같이 Q_3에서 Q_1을 뺀 값으로 계산된다. IQR은 데이터가 중앙값을 중심으로 어떻게 분포되어 있는지 보여주는데, 이 값은 극단치에 덜

민감하므로 분포에서 극단치를 파악하는데 유용하게 사용된다.

$$IQR = Q_3 - Q_1 \qquad \text{<식 2.2>}$$

IQR을 이용하여 극단치를 찾는 방법은 먼저 데이터의 IQR을 계산한 후 IQR에 극단치를 식별하는 데 사용되는 상수 1.5를 곱한다. 이때 Q_3에 1.5*IQR을 더해 이 값보다 큰 값과 Q_1에 1.5*IQR을 빼서 이 값보다 작은 값은 극단치로 간주된다. 이를 시각적으로 표현하면 <그림 2.15>와 같다. 여기서 유의할 점은 극단치를 탐지하기 위해 사용되는 1.5*IQR 방법은 일반적으로 적용되는 규칙일 뿐 모든 경우에 적용되는 것은 아니라는 것이다. 때로는 1.5*IQR 방법이 너무 보수적이기 때문에 IQR에 1.5를 곱하는 대신 3을 곱하기도 한다. 결국 IQR을 이용하여 극단치를 찾는 방법은 전체 데이터 셋의 맥락에서 고려해야 한다는 것을 잊지 말길 바란다.

이제 박스 플롯을 이용해 잠재적 극단치가 어느 주에서 나타난 것인지 찾아보고 그 극단치에 레이블을 달아보자. 이를 위해 1.5*IQR을 사용하여 극단치를 찾기 위해 사용자 정의 함수 find_outlier를 만든 후, 각 관측치가 극단치인지 여부를 보여주는 새로운 변수 outlier를 포함한 새로운 데이터 프레임 df를 생성한다. 이때 Life.Exp에 극단치가 없는 케이스를 NA로 지정하게 된다. 또한 Life.Exp에서 극단치가 없으면 State 변수에 NA를 지정하게 된다. 이제 ggplot을 이용하여 인구 밀도별 박스 플롯을 생성하고 label 옵션에 label = State를 지정하여 어느 주에 Life.Exp에 대한 극단치가 있는지 레이블

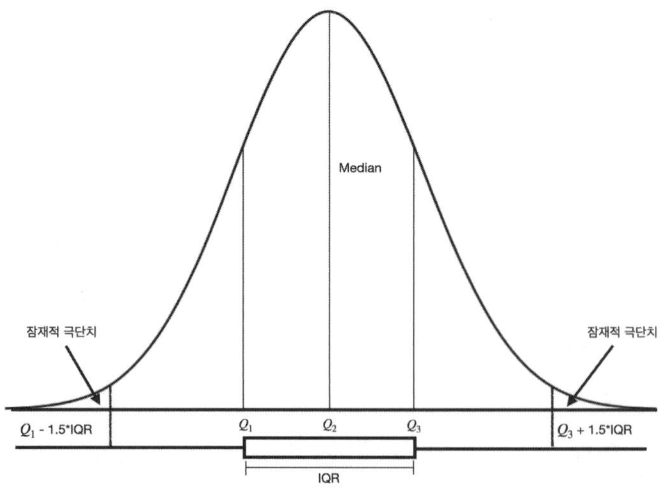

그림 2.15 1.5 IQR과 극단치 탐색

을 생성한다. <그림 2.16>의 결과에 따르면 박스 플롯에서 발견된 이상치는 인구 밀도가 높은 지역의 South Carolina와 Hawaii인 것으로 나타난 반면, 인구 밀도가 낮은 주에서는 Life.Exp의 극단치가 발견되지 않았다.

```
> find_outlier <- function(x) {
  return(x < quantile(x, 0.25) - 1.5 * IQR(x) | x > quantile(x, 0.75) + 1.5 * IQR(x))
}

> df <- new.st %>%
  group_by(density) %>%
  mutate(outlier=ifelse(outlier(Life.Exp), Life.Exp, as.numeric(NA)))

> df$State[which(is.na(df$find_outlier))] <- as.numeric(NA)

> ggplot(df, aes(y=Life.Exp, x=density)) +
  geom_boxplot(fill = "cornflowerblue", alpha = 0.7) +
  geom_text(aes(label = State), na.rm = TRUE, hjust = -0.3) +
  labs(title = "Life expectancy distribution by density") +
  theme_classic()
```

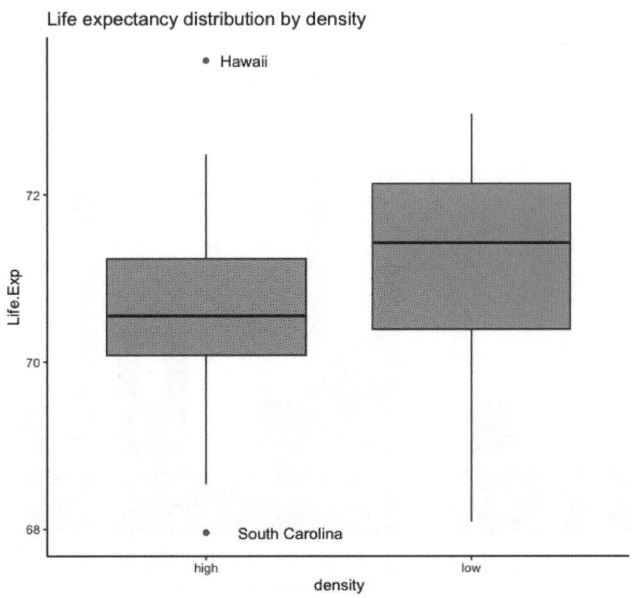

그림 2.16 박스 플롯을 이용한 극단치 탐지

2.2.5. 히스토그램과 커널 밀도 플롯

1) 히스토그램

끝으로 연속형 단일 변수의 분포를 표현하기 위해 가장 많이 사용되는 히스토그램(histogram)과 커널 밀도 플롯(kernel density plot)에 대해 알아보자. 먼저, 히스토그램은 연속형 측정 변수의 분포를 시각적으로 나타내는 방법의 하나이다. 히스토그램은 측정값의 분포를 서로 다른 높이의 막대로 표현함으로써 해당 분포의 정보를 시각적으로 나타낸다. 이때 히스토그램을 구성하는 데 사용할 간격을 정하게 되는데, 먼저 막대에 표현될 간격, 즉 최솟값과 최댓값이 정의되고, 각 간격의 막대의 높이로 해당 간격의 빈도 또는 상대빈도를 표현하게 된다. 일반적으로 결측 데이터(NA)는 히스토그램에서 제외된다. 위 예제 데이터 셋의 Life.Exp 변수의 히스토그램을 생성해보자. 이때 사용되는 함수는 geom_histogram()이다.

```
> ggplot(new.st, aes(x = Life.Exp)) +
  geom_histogram() +
  labs(title = "Life expectancy by U.S. States", x = "Life expectancy (year)") +
  theme_classic()
```

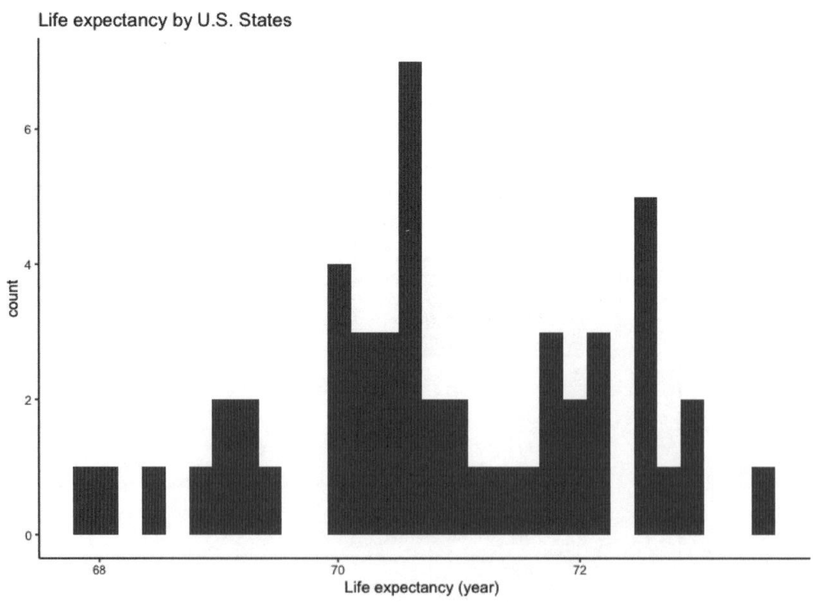

그림 2.17 기대 수명의 히스토그램 I

생성된 히스토그램에 따르면 미국 50개 주 대부분의 기대 수명은 약 70세에서 71세 사이인 것으로 보인다. 히스토그램의 분포는 왼쪽으로 약간 치우쳐져 있지만 어느 정도 정상분포를 이루는 것으로 판단된다. fill 옵션을 통해 막대의 색상을, color 옵션을 통해 막대 테두리의 색상을 변경할 수 있다.

bins와 binwidth는 히스토그램을 생성하기 위해 중요한 옵션이라고 할 수 있다. bins는 변수가 분할되는 막대의 수를, binwidth는 표현되는 막대의 너비를 제어한다. bins의 기본 값은 30이지만 분포의 모양을 더 잘 이해하기 위해 늘리거나 줄일 수 있다. 다음 <그림 2.18>은 bins의 값을 10으로 조정한 후 생성된 히스토그램이다. 이를 통해 미국 50개 주 대부분의 기대 수명은 약 70세에서 71세 사이이며, 그 분포는 왼쪽으로 약간 치우쳐져 있는 분포를 갖는다는 것을 보다 명확하게 파악할 수 있다.

```
> ggplot(new.st, aes(x = Life.Exp)) +
  geom_histogram(fill = "cornflowerblue", color = "white", bins = 10) +
  labs(title = "Life expectancy by U.S. States",
       subtitle = "number of bins = 10",
       x = "Life expectancy (year)") +
  theme_classic()
```

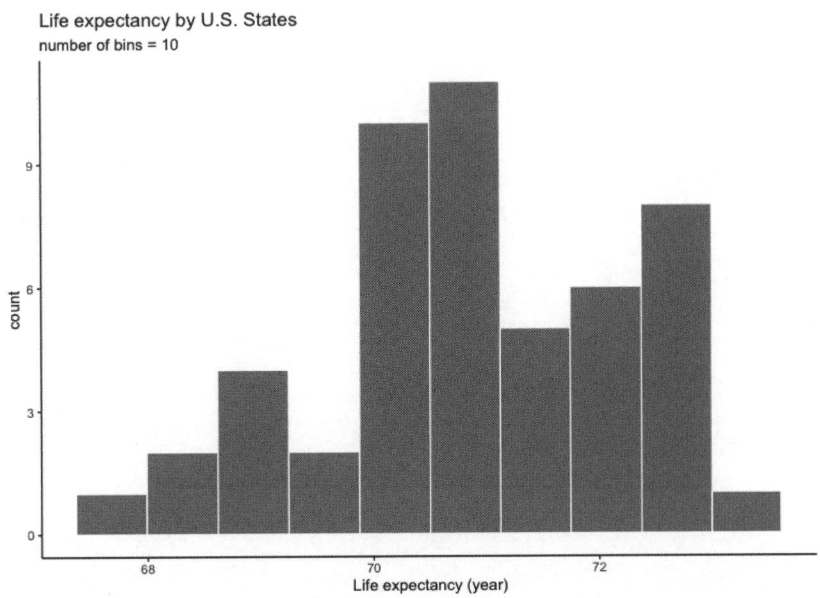

그림 2.18 기대 수명의 히스토그램 II

2) kernel density plot

kernel density plot은 연속형 확률 변수의 확률밀도 함수를 추정하여 플롯으로 나타낸 것으로 해당 변수의 확률 분포를 확인하기 위해 히스토그램의 대안으로 사용된다. 이때 사용되는 함수는 geom_density()이며 생성된 플롯에서 곡선의 전체 면적은 1이된다.

```
> ggplot(new.st, aes(x = Life.Exp)) +
  geom_density() +
  labs(title = "Life expectancy by U.S. States") +
  theme_classic()
```

히스토그램과 마찬가지로 fill 옵션을 통해 분포의 색상을, color 옵션을 통해 분포의 곡선 색상을 변경할 수 있다. 분포의 평활도(smoothness)는 띠너비(bandwidth) 파라미터인 bw 옵션에 의해 제어된다. bw의 값이 클수록 평활도는 높아지는 반면 값이 작을수록 평활도는 줄어든다. 아래의 플롯은 bw를 0.8로 낮춘 후 생성된 플롯이다.

```
> ggplot(new.st, aes(x = Life.Exp)) +
  geom_density(fill = "cornflowerblue", color = "black", bw = 0.8) +
  labs(title = "Life expectancy by U.S. States") +
  theme_classic()
```

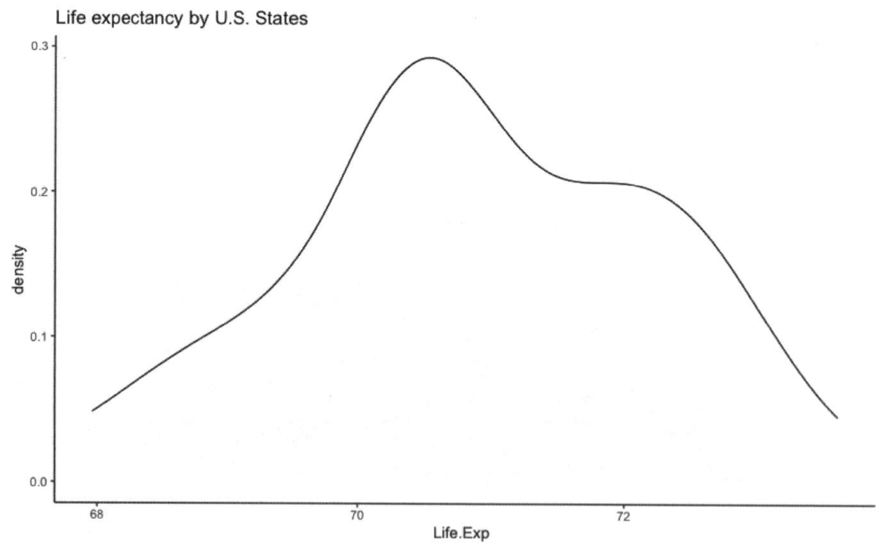

그림 2.19 기대 수명의 커널밀도 플롯 I

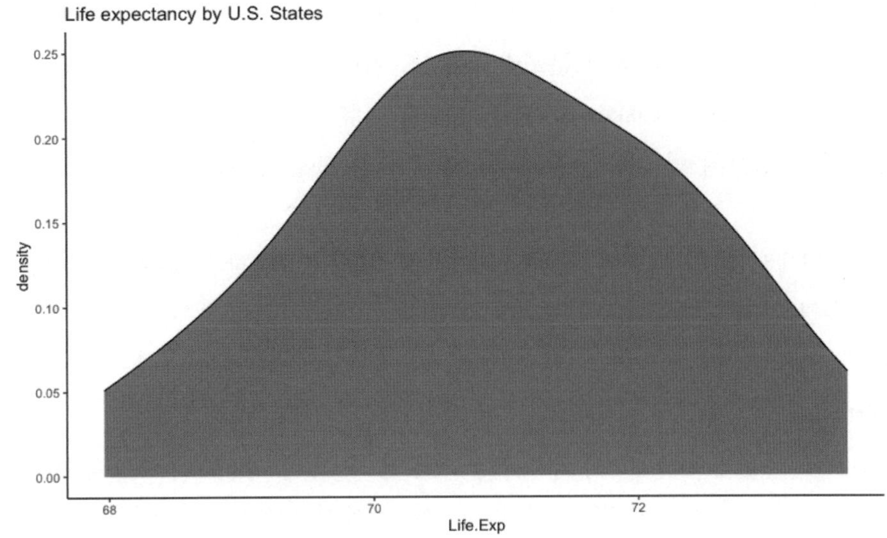

그림 2.20 기대 수명의 커널밀도 플롯 II

3) 분포의 모양

생성된 히스토그램의 모양을 통해 연구자는 해당 측정 변수의 특성을 파악할 수 있다. 일반적으로 skewness, kurtosis, modality 등 분포의 모양을 결정짓는 세 가지 요소로 측정 변수의 특성을 살펴보기로 하자.

(1) skewness

측정 변수의 분포는 분포의 중심에서 그어진 수직선을 중심으로 대칭이거나 비대칭의 모양을 보인다. 통계 이론에서는 완벽한 대칭 분포를 가정함에도 불구하고 실제 상황에서 측정 변수의 분포가 완벽하게 대칭되는 경우는 거의 없다. 만약 아래의 <그림 2.21>과 같이 분포가 비대칭인 경우 왼쪽으로 꼬리가 길게 이어진 분포의 모양을 negative

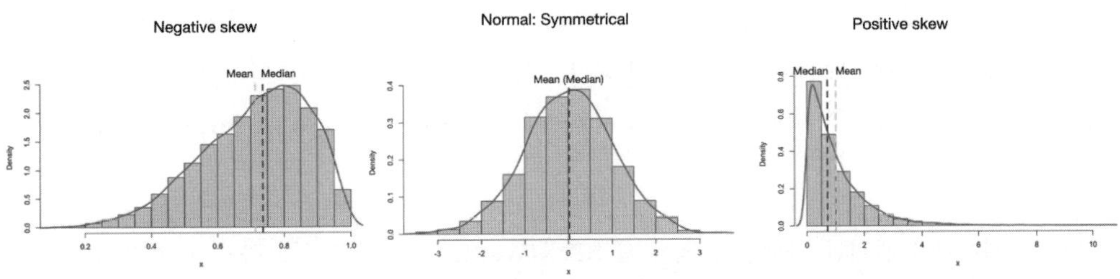

그림 2.21 분포의 모양과 skewness

skew 혹은 left-skewed 분포라고 하며, 오른쪽으로 꼬리가 길게 이어진 분포의 모양을 positive skew 혹은 right-skewed 분포라고 한다. 이러한 치우침의 정도를 skewness라고 부른다. 예를 들어 negative skew의 경우 연구자는 분포를 통해 큰 측정값의 빈도는 높은 반면 작은 측정값의 빈도는 상대적으로 더 적다는 것을 알 수 있다. 또한 이 경우 분포의 왼쪽, 즉 낮은 측정값의 극단치가 존재할 가능성도 의심해볼 수 있다. 일변량 데이터의 경우, 뒤에서 다룰 적률을 통해 산출된 통계량으로 관찰된 분포가 정상분포인지 아니면 치우친 분포를 갖는지를 판단할 수 있다.

(2) kurtosis

측정 변수의 특징은 kurtosis에 의해서도 설명될 수 있다. kurtosis라는 용어는 그리스어로 '굽은' 혹은 '아치 모양의'를 의미하는 *kyrtos*에서 나왔다. 피어슨(Pearson, 1905)은 <그림 2.22>와 같이 정상적인 분포의 모양을 mesokurtic(메조커틱), 정상분포에 비해 뾰족한 분포의 모양을 leptokurtic(렙토커틱), 정상분포에 비해 평평한 분포의 모양을 platykurtic(플레티커틱)이라고 명명했다.

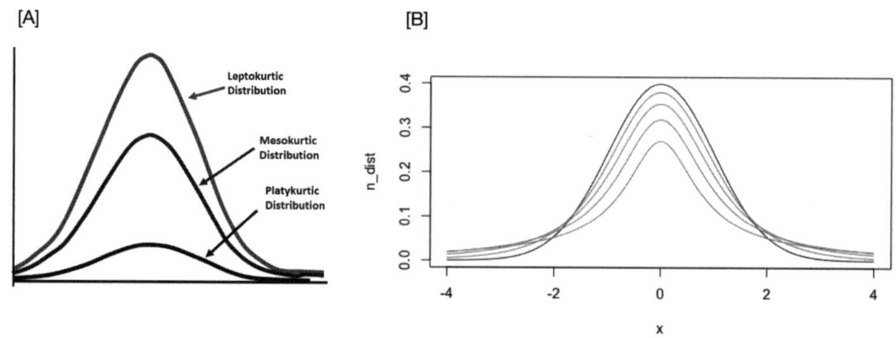

그림 2.22 분포의 모양과 kurtosis

하지만 <그림 2.22>의 [A]에서 표현되는 것처럼 kurtosis가 확률분포의 뾰족함(peakedness)의 정도에 대한 척도가 아니라, 확률분포의 꼬리의 두터움(heavy tailed-ness)의 정도로 해석되는 것이 더 옳다는 주장이 우세하다(Westfall, 2014).[5] kurtosis의

5) 이러한 문제제기와 관련한 자세한 논의는 웨스트폴(Westfall, 2014)을 참고하자. 하지만 kurtosis가 여전히 확률분포의 뾰족함의 정도로 해석될 수 있다는 주장도 있다. 이에 대해서는 크랙(Crack, 2019)의 논문을 참고 바란다.

해석에 대한 이러한 논란은 오래전부터 제기되어 왔지만 여전히 응용통계와 관련된 많은 통계 교과서에서는 kurtosis를 뾰족함의 척도로 설명하고 있다. 이에 대한 논란은 통계학자에게 맡기고 여기서 우리는 kurtosis를 분포 꼬리의 두터움의 척도로만 이해하도록 하자. 다시 말해, <그림 2.22> [B]에서 표현되는 것처럼 kurtosis를 확률분포의 양쪽 꼬리가 정규분포에 비해 두툼한지 혹은 얇은지의 정도를 보여주는 척도로 이해하자. 일반적으로 일변량 데이터의 경우 해당 분포의 kurtosis를 특정 공식을 통해 산출된 kurtosis 계수로 판단하는데, leptokurtic인 경우 kurtosis가 크며, platykurtic인 경우 kurtosis는 작아진다. 이에 대해서는 다음 섹션에서 보다 자세하게 살펴보기로 하자.

(3) modality

측정 변수의 분포는 봉우리의 형태에 따라 설명되기도 한다. 이를 modality라고 하는데, <그림 2.23>과 같이 분포에서 봉우리가 하나 있을 경우를 unimodal 분포라고 하며, 두 개일 경우 bimodal 분포, 그리고 3개 이상의 봉우리를 갖는 분포를 multimodal 분포라고 부른다.[6)]

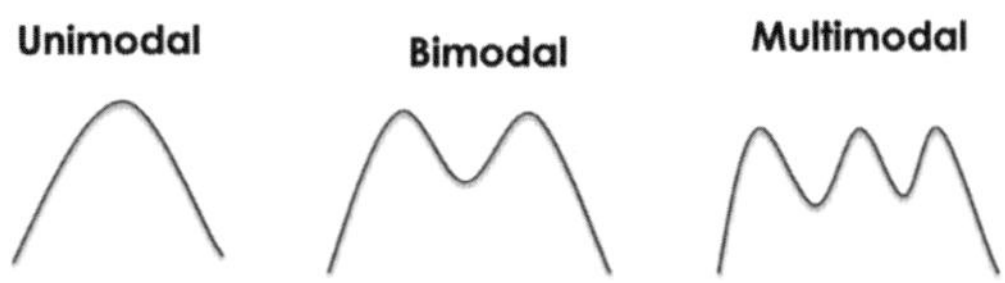

그림 2.23 분포의 모달리티

2.3 통계량을 이용한 기술통계

지금까지 표와 그래프를 이용하여 데이터의 패턴과 특징을 파악하는 방법을 살펴보았다. 연구자는 이를 통해 데이터의 관심 변수에 대한 정보를 빠르고 직관적으로 파악할 수 있을 것이다. 하지만 이러한 방법이 데이터의 관심 변수에 대한 직관적인 설명은 가능할지 모르지만, 이에 추가로 보다 객관적인 수치를 이용하여 데이터를 이해하고 설명

---

6) 달링턴(Darlington, 1970)의 경우 kurtosis가 modality를 보여주는 척도라고 주장하기도 한다.

할 필요가 있다. 이는 데이터의 통계량을 산출함으로써 가능한데, 이를 위해 일반적으로 중심경향성 척도(measures of central tendency)와 변동성 척도(measures of variability), 분포의 모양 등 세 개의 척도가 사용될 수 있다.

2.3.1 중심경향성 척도

중심경향성 척도는 측정치 분포의 중심성(centrality)을 단일 통계값으로 정량화한 지수를 말한다. 이를 통해 연구자는 관심 데이터 혹은 변수의 특성을 요약하거나 설명할 수 있다. 중심경향성 척도에는 평균(mean), 중앙값(median), 최빈값(mode) 등이 대표적이다.

1) 평균

평균은 가장 일반적으로 사용되는 중심경향성 척도이다. 물론 평균도 다양한 종류의 평균이 존재하지만(예: 가중평균, 조화평균), 일반적으로 평균이라는 용어는 산술평균(arithmetic mean)을 의미한다. 길게 설명할 필요도 없이, 우리는 평균이 측정 변수의 총합을 경우의 수로 나눈 값이라는 것을 잘 알고 있다. 따라서 변수 X의 평균 산출식은 다음의 <식 2.3>과 같이 정의되며, 이때 변수 X의 표본 평균을 나타낼 때에는 $\overline{X}$로 표기하고 X바(bar)로 읽는다.

$$\overline{X} = \frac{1}{n}\sum_{i=1}^{n} x_i = \frac{x_1 + \cdots + x_n}{n} \qquad \text{<식 2.3>}$$

여기서 $\sum_{i=1}^{n} x_i$는 측정 변수의 총합을, n은 총 사례수를 의미한다. 또한 표본의 평균 $\overline{X}$와 구분하여 모집단 평균은 그리스 문자 μ로 표기하며 뮤로 읽는다. 앞으로도 표본의 통계량은 영어 알파벳으로 표기하는 반면, 모집단 파라미터(parameters)는 그리스 문자로 표기한다는 원칙을 기억하도록 하자.

평균은 극단치에 매우 민감하다. 예를 들어 10명인 어떤 클래스의 수학 과목의 평균 점수를 생각해보자. 이때, 단 한 명의 극단적인 점수가 이 평균을 높일 수도 혹은 낮출 수도 있다. 만일 9명의 수학 점수가 모두 80점이고 한명의 점수가 10점이라면, 이 클래스의 수학 평균 점수는 73점이 된다. 물론 사례 수가 많아질수록 극단치가 평균에 미치는 영향은 줄어든다. R에서는 mean이란 기본 함수를 사용하여 평균을 산출한다. 위 예제의 기대수명의 평균은 다음과 같이 산출된다. 만일 데이터에 결측값(NA)이 포함되어 있으면 옵션을 na.rm = TRUE와 같이 설정하여 평균을 계산할 때 결측값을 제외시키면 된다. 결측값을 제외시키지 않을 경우, 해당 코드의 결과는 NA로 반환된다는 것에 유의하도록 하자.

```
> mean(new.st$Life.Exp, na.rm=TRUE)
[1] 70.8786
```

2) 중앙값

중앙값은 변수의 주어진 값들을 크기의 순서대로 정렬했을 때 분포의 가장 중앙에 위치하는 값을 의미한다. 또한 중앙값은 분포에서 사례의 50% 지점의 측정값으로 50번째 백분위수라고도 부른다. 예를 들어, 어떤 데이터 세트가 (1, 2, 3, 4, 5, 6, 7, 8, 9)일 경우 중앙값은 5가 된다. 그러나 데이터의 사례 수가 짝수일 경우 상황이 다르다. 예를 들어 데이터 세트가 (1, 2, 3, 4, 5, 6, 7, 8, 9, 10)일 경우 중앙에 위치하는 두 값(5, 6)을 더해 2로 나눈 값, 즉 5.5가 중앙값이 된다. 평균은 극단치에 매우 민감하기 때문에 데이터에 극단치가 존재할 경우 중앙값이 오히려 데이터의 특성을 파악하는데 있어 평균보다 유용할 수 있다. 예를 들어, 어떤 데이터가 (1, 2, 3, 4, 5, 6, 7, 8, 98)일 경우를 가정해보자. 이때 데이터의 평균은 약 14.89로 대부분의 점수가 평균보다 작다. 따라서 이 경우 평균은 이 데이터의 중심경향성을 잘 나타내지 못한다. 반면 이 데이터의 중앙값은 5로 비교적 데이터의 중심경향성을 잘 나타낸다고 할 수 있다. 이처럼 중앙값은 이해와 계산이 쉬울 뿐만 아니라 평균에 대한 강건한 근사치(robust approximation)라고 할 수 있기 때문에 다양한 기술통계량(예: IQR, mean absolute deviation, median absolute deviation 등)에 활용된다. 중앙값은 다음과 같이 median이란 함수를 사용하여 산출한다.

```
> median(new.st$Life.Exp)
[1] 70.675
```

3) 최빈값

최빈값은 데이터에서 가장 자주 발생된 측정값을 말한다. 아래의 예와 같이 연속확률 분포에서 여러 개의 최빈값이 존재하는 경우, 즉 멀티모달 분포인 경우 모든 최빈값(지역 최대치: local maximum)을 분포의 최빈값로 언급하는 것이 일반적이다. 표본 수가 극단적으로 작지 않은 경우라면 최빈값은 극단치에 별로 민감하지 않다. 평균과 중앙값과는 달리 R에서는 최빈값을 구하는 내장 함수가 없기 때문에 DescTools 패키지(Signorell, 2022)의 Mode 함수를 사용하거나 아래와 같이 별도로 함수를 만들어 사용해야 한다. Mode 함수의 경우 처음에 반환된 값은 최빈값을 갖는 레벨을, 두 번째로 반환된 값은 그 레벨의 빈도를 보여준다.

```
> library(DescTools)
> Mode(new.st$new.life)
[1] "C"
attr(,"freq")
[1] 17

> getMode <- function(x) {
  keys <- unique(x)
  keys[which.max(tabulate(match(x, keys)))]
}
>getMode(new.st$new.life)
[1] "C"
```

아래 <그림 2.24>와 같이 데이터 분포의 치우침, 즉 skewness에 따라 이들 3개의 중심경향성 척도의 위치는 다르게 나타난다. 만일 데이터의 분포가 정규분포를 이룬다면 최빈값은 평균과 중앙값과 동일하다. 반면, 평균이 극단치에 매우 민감하기 때문에 분포의 모양이 positive skew를 보일 때에는 평균이 오른쪽으로 끌려가 있는 것을 볼 수 있다. 물론 이때에도 최빈값은 가장 높은 봉우리에 위치하기 때문에 3개의 중심경향성 척도는 왼쪽으로부터 최빈값, 중앙값, 평균의 순으로 배치된다. 반대로 분포의 모양이 negative skew를 보일 때에는 평균이 왼쪽으로 끌려가며, 최빈값은 여전히 가장 높은 봉우리에 위치하기 때문에 3개의 중심경향성 척도는 왼쪽으로부터 평균, 중앙값, 최빈값의 순으로 배치된다.

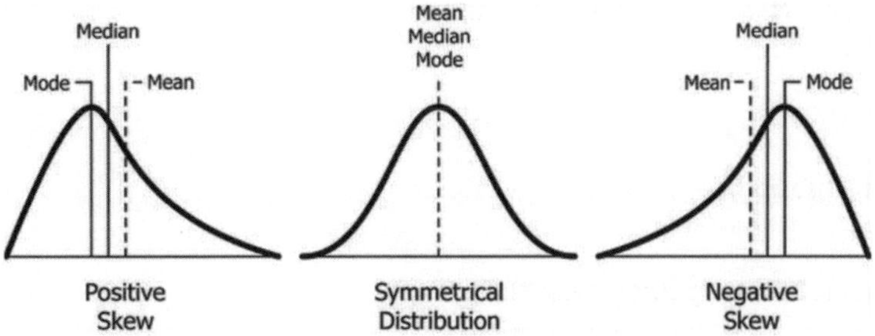

그림 2.24 분포의 모양에 따른 중심경향성 척도들의 관계

Source: https://en.wikipedia.org/wiki/Skewness₩#/media/File:Relationship_between_mean_and_median_under_different_skewness.png

2.3.2 변동성 척도

중심경향성 척도와 함께 통계분석에 있어 중요한 역할을 하는 기술통계의 또 다른 척도는 변동성 척도이다. 변동성 척도는 관심 변수의 측정값들이 중심으로부터 어느 정도 퍼져 있는가를 보여준다. 그렇다면 연구자가 데이터 분석을 위해 측정 변수의 변동성을 이해하는 것이 왜 중요한 것일까? 앞서 살펴본 바와 같이 연구자들은 모집단의 중심을 요약 설명하기 위해 평균을 자주 사용한다. 물론 평균이 데이터의 특성을 설명하기 위해 매우 중요하지만, 측정 변수의 변동성 역시 데이터에 대한 중요한 정보를 연구자에게 제공한다. 측정 변수 분포의 변동성이 낮을수록 데이터 값은 더 일관적이라고 할 수 있는 반면, 변동성이 클수록 데이터 값들의 차이가 커지고 극단값의 가능성도 높아진다고 말할 수 있다. 예를 들어, D사와 P사의 피자 배달 시간을 측정한 데이터를 가정해보자. 만일 두 피자 브랜드의 피자 배달 시간이 30분으로 동일하다고 주장하더라도 D 피자의 배달 시간이 P 피자의 배달 시간보다 변동성이 크다고 한다면 D 피자를 정확히 30분 후에 받을 가능성은 P 피자에 비해 낮다는 것을 쉽게 이해할 수가 있다(물론 30분보다 훨씬 빨리 받을 수도 있다). 일반적으로 측정 변수의 변동성을 보여주는 척도는 범위(range), 사분위(quartile), 분산(variance) 등이다. 이들을 하나씩 살펴보도록 하자.

1) 범위

범위는 측정된 분포의 최솟값과 최댓값의 차이로 정의된다. 범위의 개념은 너무 단순하고 명확해서 추가적인 설명이 필요하지 않을 것 같다. R에서 범위는 range 함수를 사용하여 최솟값과 최댓값을 산출하거나, max 함수와 min 함수의 차이를 계산하여 산출할 수도 있다.

```
> range(new.st$Life.Exp)
[1] 67.96 73.60
> max(new.st$Life.Exp) - min(new.st$Life.Exp)
[1] 5.64
```

2) 사분위

사분위는 데이터의 값들을 오름차순 즉 작은 값에서부터 큰 값의 순서로 정렬하여 순위를 4등분하여 얻은 값으로서, 25%에 해당되는 값은 1/4분위(first quartile: Q1)이고 75%에 해당되는 값은 3/4분위(third quartile: Q3)가 된다. 50%에 해당되는 값은 당연히 중앙값이 된다. IQR은 앞서 박스 플롯에서 설명한 것처럼 분포의 중앙에 위치한 중앙값의 좌우로부터 동일한 백분율(각각 25%씩)을 가진 두 점간의 거리를 말한다. 더 쉽게 설명하면 데이터 분포를 4등분하여 작은 값에서 큰 값까지를 Q1, Q2, Q3으로 나타내고 세번째 분위(third quartile: Q3)에서 첫번째 분위(first quartile: Q1)를 뺀 값을 말한다. 즉, 범위가 전체 데이터가 어떤 범위로 퍼져 있는지를 보여주는 반면, IQR은 데이터의 가운데 절반의 범위를 제공한다. 따라서 IQR은 Q1과 Q3 사이에 있는 데이터 점의 50%가 포함되기 때문에 극단치로부터 어느 정도 강건하다고 할 수 있다. 사분위는 R의 기본함수인 quantile 함수를, IQR은 IQR 함수를 이용하여 간단하게 산출할 수 있다.

```
> quantile(new.st$Life.Exp)
   0%    25%    50%    75%   100%
 67.96  70.12  70.67  71.89  73.60

> IQR(new.st$Life.Exp)
[1] 1.775
```

3) 분산

분산은 데이터의 값들이 평균을 중심으로 퍼져 있는 정도를 측정한 통계량이다. 수학적으로 분산은 개별 관측값과 평균과의 차이를 제곱한 값의 평균으로 정의된다. 모집단의 분산은 σ^2로, 표본의 분산은 s^2로 나타낸다. 이를 식으로 표현하면 다음과 같다.

$$\sigma^2 = \frac{\sum_{i=1}^{n}(x_i - \mu)^2}{n}, \quad s^2 = \frac{\sum_{i=1}^{n}(x_i - \overline{x})^2}{n-1} \qquad \text{<식 2.4>}$$

<식 2.4>에서 표본 분산 s^2의 계산식에서 분모가 σ^2를 계산하는 식의 분모처럼 n이 아니라 $n-1$이라는 것에 유의하길 바란다. 이는 모집단 분산에 대한 표본 분산의 편향을 보정하기 위한 것으로 이에 대해서는 다음 장에서 더 자세히 설명하기로 하자.

분산의 제곱근인 표준편차는 특정 변수 X에 관하여 그 평균값을 중심으로 보았을 때 각 관측값이 평균적으로 어느 정도 평균으로부터 떨어져 있는지를 보여주는 통계량이다. 모집단의 표준편차 σ와 표본의 표준편차 s를 각각 식으로 표현하면 다음과 같다.

$$\sigma = \sqrt{\sigma^2}, \ s = \sqrt{s^2} \qquad \text{<식 2.5>}$$

분산과 표준편차는 각각 var 함수와 sd 함수를 이용하여 간단하게 산출할 수 있다.

```
> var(new.st$Life.Exp); sd(new.st$Life.Exp)
[1] 1.802
[1] 1.342
```

위에서 계산된 기대수명의 표본 분산과 표준편차는 각각 1.802와 1.342로 나타났다. 분산과 표준편차가 작으면 대부분의 데이터 값들이 평균을 중심으로 모여 있다는 것을 의미하는 반면, 분산과 표준편차가 클수록 데이터의 값들은 평균으로부터 더 멀리 퍼져 있다고 말할 수 있다. 일반적으로 기술통계 값들을 보고할 때에는 평균과 표준편차를 보고한다.

2.3.3 분포의 모양

분포의 모양은 관측치의 대칭성과 극단치의 존재 여부를 알려준다는 점에서 통계 분석에 있어 중요한 개념이라고 할 수 있다. 이러한 대칭성과 극단치의 존재 여부는 통계적 추론 방법을 결정하기 위한 기본 정보로 사용된다. 앞서 분포의 모양, 특히 skewness와 kurtosis를 통해 측정 변수의 특성을 파악하는 것을 살펴보았다. 이번에는 이러한 분포의 모양을 통계량으로 산출함으로써 측정 변수의 특성을 파악해보자. 이를 위해 - 조금 복잡하지만 - 적률(moments)이라는 개념을 간단하게나마 살펴볼 필요가 있다. 사실, 복잡한 수학적 정리나 과정은 생략하더라도 적률의 기본 개념을 이해하는 것은 통계 분석을 위해 반드시 필요하기 때문이다.

1) 적률과 평균, 분산

수학에서 적률은 어떤 함수의 모양을 표현하는 특정한 정량적 척도를 말한다. 통계학에서 적률의 개념은 고대 아르키메데스(Archimedes)가 힘의 모멘트(moment of force)라고 부르는 레버의 작동을 설명했던 물리학의 모멘트 개념에서 유래했다고 한다(Dodge, 2008). 이러한 수학적 적률의 개념을 차용하여 통계학에서는 적률을 분포의 모양을 설명하는 중요한 개념으로 사용한다. 조금 더 구체적으로 말해서 적률은 분포의 세 파라미터 즉 위치(location), 스케일(scale), 모양(shape) 등을 정량화한다. 분포의 위치는 질량의 중심(center of mass)이 X축 어디에 있는지를 나타낸다. 분포의 위치는 0으로부터 떨어져 있는 하나의 거리(distance)라고 이해해도 좋다. 예를 들어 데이터 셋 [1, 2, 3, 4, 5]의 5개의 개별 값들은 X축에서 0으로부터 각각 1, 2, 3, 4, 5 만큼 떨어져 있지만, 이들 모두의 평균 거리는 3으로 이 데이터 셋 분포의 위치(중심)는 3이 된다. 스케일은 분포가 얼마나 퍼져 있는지를 나타내는데, 즉 X축을 따라 개별 값들이 중심으로부터 얼마나 떨어져 있는지를 보여준다. 마지막으로, 분포의 모양은 분포의 전체 기하학적 구조를 나타내며 이때 분포의 모양은 대칭 혹은 비대칭이거나 꼬리가 두터운지 여부를 보여준다.

확률변수 X에 대한 적률은 차수(orders)라고 하는 증분 척도(incremental measures)에 따라 0부터 시작해서 상위 차수까지 정의된다. 따라서 μ'을 적률을 나타내는 표현이라고 할 때 k차 적률 μ_k'는 <식 2.6>과 같이 확률변수 X^k의 기댓값 $E(X^k)$으로 정의된다.

$$\mu_k' = E(X^k) \qquad \text{<식 2.6>}$$

이때 k차 적률 μ_k'를 분포의 모양에 따라 정의하면 다음과 같다. 먼저, 확률변수 X에 대한 0차 적률(Zeroth moment) μ_0'은 $E(X^0) = 1$이므로 위치, 스케일, 모양에 관계없이 항상 그 합이 1인 전체 분포가 된다. 또한 확률변수 X에 대한 1차 적률(first moment) μ_1'은 $E(X^1) = E[X^1] = E(X)$이므로 X의 기댓값, 즉 평균 $\overline{X}$가 된다. 따라서 확률변수 X에 대한 1차 적률은 다음과 같이 정리될 수 있다.

$$\mu_1{}' = E(X) = \frac{\sum x}{N} \qquad \text{<식 2.7>}$$

반면, 분산을 나타내는 2차 적률은 원적률(raw moment)이 아니라 평균으로부터의 거리를 고려하는 중심적률(central moment)로 계산된다. 분산을 나타내는 적률을 계산하기 위해 원적률 대신 중심적률을 이용하는 데에는 이유가 있다. 예를 들어 X와 Y라는 두 확률변수를 비교한다고 가정해보자. 만일 X가 취할 수 있는 값이 Y가 취할 수 있는 값보다 크다면, 각 변수의 개별 값들이 분포의 평균으로부터 얼마나 떨어져 있는지에 관계없이 무조건 X의 2차 적률이 더 커져 두 확률변수의 상대적인 분포를 비교할 수 없게 된다. 따라서 2차 이상의 상위 차수 적률에는 원적률 대신 중심적률을 이용하게 되는데, 확률변수 X에 대한 2차 중심적률은 $E[(X-\mu)^2] = V[X]$이므로 X의 분산이 된다. 따라서 확률변수 X에 대한 2차 중심적률과 이를 통한 모집단 분산과 표본 분산은 다음과 같이 정리될 수 있다.

$$\mu_2 = E[(X-\mu)^2] = \frac{\sum (x-\mu)^2}{N} = \frac{\sum (x-\overline{x})^2}{n-1} \qquad \text{<식 2.8>}$$

<식 2.8>의 2차 중심적률은 다시 아래와 같이 1차 원적률과 2차 원적률에 대해서도 나타낼 수 있다. 사실 이렇게 1, 2차 원적률에 대해 분산을 계산하는 것보다 2차 중심적률을 이용하는 것이 훨씬 간단한 것도 중심적률을 사용하는 이유이기도 하다.

$$\begin{aligned}
\mu_2 &= E[(X-\mu)^2] = E[(X-E[X])^2] \\
&= E[(X^2 + E(X)^2 - 2XE[X]] \\
&= E[X^2] + E[X]^2 - 2E[X]E[X] \\
&= E[X^2] - E[X]^2 \\
&= \mu_2{}' - (\mu_1{}')^2
\end{aligned} \qquad \text{<식 2.9>}$$

2) 표준화 적률과 skewness 계수

분포의 치우침 정도를 측정하는 척도인 skewness는 피어슨(Pearson, 1895)이 도입한 3차 중심적률의 계산을 기반으로 한다.[7] 그러면 분포의 skewness를 나타내는 3차 적률 μ_3을 구해보자. skewness를 중심적률에 대해 정의하면 아래 <식 2.10>과 같다.

$$\mu_3 = E[(X-\mu)^3] = \frac{\sum(x-\mu)^3}{N} \qquad \text{<식 2.10>}$$

앞서 설명한 것처럼 skewness는 정규분포를 중심으로 꼬리가 어느 쪽으로 어느 정도 치우쳐 있는지를 보여주는 지표이다. 이때 꼬리의 치우침은 왼쪽일 수도(negatively skewed) 혹은 오른쪽으로 치우칠 수도(positively skewed) 있다. 따라서 평균으로부터의 거리에 세제곱을 취함으로써 치우침의 방향을 확인할 수 있다. 만일 관찰값이 평균보다 작으면 μ_3의 값은 음수가 되고 관찰값이 평균보다 크면 μ_3의 값은 양수가 된다. 완전 대칭 분포의 경우 μ_3은 0이 된다. 그러나 측정 단위가 서로 다른 분포를 비교할 때, 중심적률을 이용한 skewness는 신뢰할 수 없는 측정값을 제공하게 된다. 실제 데이터 셋을 통해 이를 설명해보자. 먼저 rbeta 함수를 이용해 3차 중심적률 μ_3 값이 음수인 100개 사례를 가진 데이터 셋을 시뮬레이션한다. 그리고 이 데이터에 100을 곱하여 또 하나의 데이터 셋을 만든 후 각 데이터의 히스토그램을 생성해보자.

```
> set.seed(55)8)
> x <- rbeta(100, 5, 2)
> xx <- x*100
> hist(x); hist(xx)
```

7) 피어슨은 skewness 계수를 β_1으로, kurtosis 계수를 β_2로 표현했다.

8) R에서 시뮬레이션을 이용해 표본의 무작위 추출을 수행할 경우 결과는 매번 다르게 추출된다. 따라서 이를 방지하여 늘 동일한 결과를 얻기 위해 set.seed() 함수에 동일한 숫자를 입력하여 사용한다.

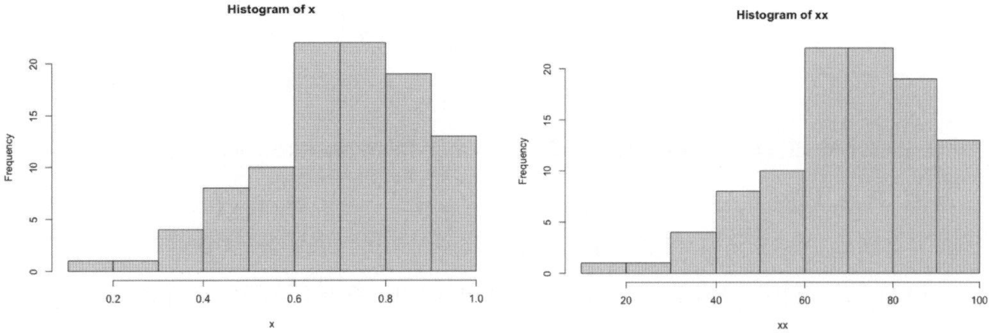

그림 2.25 시뮬레이션 데이터 x와 xx의 히스토그램

데이터 xx는 시뮬레이션 데이터 x의 값에 단순히 100을 곱한 것이기 때문에 이 둘의 생성된 히스토그램은 <그림 2.25>와 같이 정확히 동일하다. 그러면 이번엔 이들 데이터의 μ_3를 각각 산출해보자.

```
> N <- 100
> sum((x - mean(x))^3)/(n-1)
[1] -0.00358
> sum((xx - mean(xx))^3)/(n-1)
[1] -3583
```

위 결과에 따르면 x의 μ_3 값은 -.00358인 반면 xx의 μ_3 값은 −3583으로 나타났다. 즉, 이들 데이터는 같은 분포의 모양을 가졌음에도 불구하고 μ_3 값은 단위가 큰 xx가 훨씬 크게 나타났다는 것을 확인할 수 있다. 이를 통해 우리는 3차 적률 이상에서는 중심적률을 이용하는 것이 더 이상 합당한 방법이 아니라는 것을 알 수 있다. 이를 교정하기 위해서는 표준화 적률(standardized moments)이라는 또 다른 통계적 개념을 이용해야 한다. 표준화는 특정 값을 표준편차로 나누어줌으로써 그 값의 범위를 평균 0, 분산 1이 되도록 변환하여 서로 다른 단위의 관찰치들을 비교하는 데 사용되는 방법이다.[9] 따라서 skewness를 나타내는 3차 적률은 아래의 <식 2. 11>과 같이 표준화 적률을 이용한다.

9) 표준화에 대해서는 다음 장에서 더 자세히 살펴보기로 하자.

$$\tilde{\mu}_3 = \frac{E[(X-\mu)^3]}{\sigma^3} = \frac{1}{N}\frac{\sum(x-\mu)^3}{\sigma^3} \qquad \text{<식 2.11>}$$

<식 2.11>에서 도출된 skewness의 식을 Fisher-Pearson skewness 계수라고 하는데 많은 통계 프로그램에서는 이 공식을 기반으로 표본의 3차 표준적률을 통한 skewness 계수를 산출한다. 만일 계산된 skewness 계수가 양수이면 분포의 모양은 오른쪽으로 치우치는 반면, 음수이면 분포가 왼쪽으로 길게 늘어질 것이다. 또한 계산된 skewness의 값이 0에 가까우면 분포는 거의 대칭이라고 말할 수 있다. 그러면 이 식을 이용하여 위 예제의 skewness 계수를 산출하고 그 값을 psych 패키지의 skew 함수를 통해 도출한 값과 비교해보자.

```
> ss <- (x - mean(x))^3
> sd.3 <- (sd(x))^3
> ((sum(ss))/sd.3)*(1/n)
[1] -0.687

> skew(x)
[1] -0.687
```

위에 계산된 두 값을 보면 -.687로 동일하다. 즉 시뮬레이션된 분포의 꼬리는 왼쪽으로 끌려가 있는 모양임을 알 수 있다. 하지만 <식 2.11>을 통해 산출한 skewness 계수는 모집단의 미지의 추정량을 토대로 계산된 편향 추정치(biased estimate)이므로 표본의 skewness 계수는 모집단의 skewness 계수와 일치하지 않을 수 있으며, 특히 표본의 크기가 작은 경우 skewness 계수는 과대평가됨으로써 그 편향은 더 커질 수 있다. 아래 <식 2.12>는 표본 통계치를 기반으로 조정된 adjusted Fisher-Pearson skewness 계수 g_1과 g_1에 대해 표본크기가 조정된 skewness 계수 G_1를 산출하기 위한 식을 보여준다 (Doane, & Seward, 2011).

$$g_1 = \frac{n}{(n-1)(n-2)}\frac{\sum(x-\bar{x})^3}{s^3}, \quad G_1 = \frac{\sqrt{n(n-1)}}{n-2}g_1 \qquad \text{<식 2.12>}$$

만일, 표본크기 n이 커질수록 G_1의 adjustment factor는 1에 가까워져 결국 g_1과 G_1

은 모두 같은 값을 보여주게 된다. 그러면 이들 식을 이용하여 위 예제의 adjusted skewness 계수를 산출하고 그 값을 psych 패키지의 skew 함수를 통해 도출한 값과 비교해보자. skew 함수에서 type=1로 지정하면 g_1, type=2로 지정하면 G_1을 산출하게 된다. type을 아무것도 지정하지 않는 디폴트 값은 보정되지 않은 skewness 계수를 산출하게 된다.

```
> g_1 <- ((sqrt(n*(n-1)))/(n-2))*(((sum(ss))/n)/sd.3)
> g_1
[1] -0.698
> skew(x, type=1)
[1] -0.698

> G_1 <- (sqrt(n*(n-1))/(n-2))*g_1
> G_1
[1] -0.708
> skew(x, type=2)
[1] -0.708
```

위에 산출된 값들을 보면 -.698과 -.708로 동일하게 산출되었다. 이 값들은 skewness 계수의 편향 추정치 -.687에 비해 약간씩 크게 산출된 것을 알 수 있다. 그렇다면 skewness 계수가 어느 정도가 되어야 분포가 정규분포를 벗어나 치우친 분포를 보인다고 말할 수 있을까? 사실 이에 대해서는 모두 인정하는 합의된 기준이 존재하지 않는다. 그럼에도 불구하고 대부분의 연구자는 1.0 미만의 skewness 계수의 절대값을 약간의 비정규성으로, 1.0에서 약 2.3 사이의 값을 중간 정도의 비정규성으로, 2.3을 초과하는 값을 심각한 비정규성으로 분류하는 경향이 있다(Lei & Lomax, 2005). 이 기준을 따른다면 위 예제의 분포는 꼬리가 약간 왼쪽으로 끌려가 있지만 그리 심각한 정도의 비정규성을 보이지는 않는다는 결론을 내릴 수 있다. 이렇게 skewness 계수의 절대값을 사용하는 방법 이외에도 표본의 크기를 감안하여 skewness 계수를 *z*-score로 변환 후 그 *z*-score의 범위를 통해 정규성을 판단하는 방법도 있다.[10] skewness 계수의 *z*-score를 이용한 기준은 다음과 같다(Kim, 2013):

---

10) z-score에 대한 설명은 다음 장에서 더 자세히 다루도록 하자.

1. 작은 표본($n < 50$)의 경우 skewness에 대한 z-score 절대값은 1.96보다 작아야 함.
2. 중간 크기의 표본($50 < n < 300$)의 경우 3.29보다 작아야 함.
3. 큰 표본($n > 300$)의 경우, z-score를 고려하지 않고 히스토그램과 skewness 계수의 절대값을 기준으로 판단함.

skewness 계수를 z-score로 변환하는 방법은 비교적 간단하다. 아래 <식 2.13>과 같이 skewness 계수를 표준오차로 나누어 해당 skewness 계수의 z-score를 산출한다.

$$SE_{skewness} = \sqrt{\frac{6n(n-1)}{((n-2)(n+1)(n+3)}},\ Z_{skewness} = \frac{skewness}{SE_{skewness}} = \frac{-.687}{.241} = -2.85$$

<식 2.13>

산출된 skewness 계수의 z-score는 -.2.85이므로, 위의 기준에 따라 해당 데이터의 분포는 비록 꼬리가 왼쪽으로 끌려있기는 하여도 정규분포로부터 크게 벗어나지 않는다는 결론을 내릴 수 있다.

2) 표준화 적률과 kurtosis 계수

분포의 꼬리 두께 정도를 측정하는 척도인 kurtosis 계수는 피어슨(Pearson, 1895)이 도입한 4차 적률의 계산을 기반으로 한다. kurtosis 계수는 skewness 계수와 같이 표준화 적률을 이용한다. kurtosis를 4차 표준화 적률에 대해 정의하면 아래 <식 2.14>과 같다.

$$\widetilde{\mu_4} = \frac{E[(X-\mu)^4]}{\sigma^4} = \frac{1}{N}\frac{\sum(x-\mu)^4}{\sigma^4}$$ <식 2.14>

3제곱을 통해 방향(부호)를 유지하는 skewness 계수와는 달리, kurtosis 계수는 4제곱을 함으로써 그 값은 항상 양수가 나온다. 위에서 살펴본 바와 같이 만일 분포가 정규분포를 보인다면 어떤 확률변수의 2차 중심적률 μ_2는 σ^2, 3차 중심적률 μ_3은 0이다. 또한 4차 중심적률 μ_4는 $3\sigma^4$이다. 이를 증명하기 위해서는 적률생성함수(moment generating function)[11)]를 사용하여야 하는데 이는 다소 복잡하니 생략하기로 하고, 대신 아래 <식 2.15>을 사용하기로 하자. s를 적률의 차수를 나타낸다고 할 때, 만일 어떤 분포가 정규분포를 따른다면 아래 <식 2.15>을 만족해야 한다(Dodge, 2008). 따라서 μ_4는 $3\sigma^4$임을 알 수 있다.

$$\mu_s = (s-1)\sigma^2 . \mu_{s-2} = (4-1)\sigma^2 . \mu_2 = 3\sigma^2 . \sigma^2 = 3\sigma^4 \qquad \text{<식 2.15>}$$

μ_4는 $3\sigma^4$이므로 kurtosis 계수를 구하면 아래와 같은데, 이를 통해 우리는 어떤 분포가 정규분포를 따른다면 kurtosis 계수는 3이 된다는 사실을 알 수 있다.

$$kurtosis\ coefficient = \frac{\mu_4}{\sigma^4} = \frac{3\sigma^4}{\sigma^4} = 3 \qquad \text{<식 2.16>}$$

위 <식 2.16>를 통해 Fisher-Pearson kurtosis 계수 g_2를 구하면 아래와 같다.

$$g_2 = \frac{1}{n}\frac{\sum(x_i - \overline{x})^4}{s^4} - 3 = \frac{\frac{1}{n}\sum(x-\mu)^4}{[\frac{1}{n-1}\sum(x_i - \overline{x})^2]^2} - 3 \qquad \text{<식 2.15>}$$

이렇게 계산된 kurtosis 계수 g_2가 3보다 작으면, 즉 음수가 나오면 분포의 모양은 꼬리가 얇고(platykurtic), g_2가 3보다 크면, 즉 양수가 나오면 분포의 꼬리 모양은 두꺼워진다(leptokurtic). 물론 g_2가 0이 나온다면 분포의 모양은 정규분포를 보일 것이다(mesokurtic).[12)]

그러면, 시뮬레이션 데이터를 생성해서 위 공식을 사용하여 계산한 후 R의 함수를 이용한 결과와 비교해보자. 먼저 seq 함수를 이용하여 -5부터 5까지 100개의 표본의 무작위 추출하고 psych 패키지의 dt 함수를 이용하여 꼬리 모양은 두툼한 분포를 생성한 후 <식 2.15>를 이용하여 kurtosis 계수 g_2를 계산해보자. 이와 함께 psych 패키지의 kurtosi 함수를 이용하여 이 분포의 kurtosis를 산출해보자.

---

11) 적률생성함수는 확률변수의 분포를 구체화하는 함수를 말한다. 적률생성함수는 적률을 보다 쉽게 도출하고 특정 확률분포는 적률생성함수에 의해 고유하게 결정된다는 점에서 매우 유용하다.

12) 이렇게 kurtosis 계수에서 3을 뺀 값을 excess kurtosis라고 부른다.

```
> x <- seq(-5, 5, length.out = 100)
> lepto <- dt(x, 0.2)
> n <- 100
> m <- mean(lepto)
> (1/n)*(sum((lepto-m)^4))/((1/(n-1)*(sum((lepto-m)^2))))^2 - 3
[1] 2.398825

> kurtosi(lepto)
[1] 2.398825
```

위의 결과에서 확인할 수 있듯이 <식 2.15>를 이용하여 계산된 kurtosis 계수와 kurtosi 함수를 이용하여 도출한 kurtosis 계수는 2.3988로 동일하게 산출되었음을 알 수 있다.

skewness 계수와 마찬가지로 <식 2.15>을 통해 계산된 kurtosis 계수는 모집단의 미지의 추정량을 토대로 계산된 편향 추정치이므로 불편향 추정치인 adjusted Fisher-Pearson kurtosis 계수 G_2를 아래의 식을 통해 산출할 수 있다(Joanes & Gill, 1998). kurtosi 함수에서 type=2로 지정하면 G_2를 산출하게 된다. type을 아무것도 지정하지 않는 디폴트 값은 g_2을 산출하게 된다.

$$G_2 = \frac{n(n+1)}{(n-1)(n-2)(n-3)} \frac{\sum (x_{i} - \bar{x})^4}{s^4} - \frac{3(n-1)^2}{(n-2)(n-3)} \quad \text{<식 2.16>}$$

```
> (((n*(n+1))/((n-1)*(n-2)*(n-3)))*(sum((lepto-m)^4)/s^4)) - (3*(n-1)^2)/((n-2)*(n-3))
[1] 2.701023

> kurtosi(lepto, type = 2)
[1] 2.701023
```

위에 산출된 보정된 kurtosis 계수는 2.701로 동일하게 산출되었다. 이러한 결과로 볼 때 분석에 사용된 데이터의 분포는 꼬리가 정규분포의 꼬리보다 두꺼운 분포의 모양을 보여준다고 할 수 있다. 그렇다면 어느 정도의 kurtosis 계수를 정규분포로부터 심하게 벗어난 분포라고 말할 수 있을까? kurtosis 계수에 대한 기준 역시 모두 인정하는 합의된 기준이 존재하지 않는다. 일부 문헌(예: George & Mallery, 2019)에서는 kurtosis 계수가 ± 2를 넘지 않는 것을 수용 가능한 범위로 받아들이기도 하고 또 다른 연구자는

±1 미만의 값을 약간의 비정규성으로, ±1 ~ ±2.3을 중간 정도의 비정규성, ±2.3을 초과하는 값을 심각한 비정규성으로 분류하기도 한다(Lei & Lomax, 2005). 하지만 kurtosis 계수의 컷오프(cutoff) 기준은 skewness 계수와 마찬가지로 표본의 크기를 고려하여 kurtosis 계수를 *z*-score로 변환 후 그 *z*-score의 범위를 통해 정규성을 판단하는 방법이 합리적이다(Field, 2017). *z*-score를 이용한 kurtosis 계수의 수용 가능한 범위를 계산해보자. 아래 <식 2.17>과 같이 kurtosis 계수의 표준오차를 산출한 후 해당 kurtosis 계수의 *z*-score를 산출한다.

$$SE_{kurtosis} = 2\,SE_{skewness}\sqrt{\frac{n^2-1}{(n-3)(n+5)}} \approx .4776,$$

$$Z_{kurtosis} = \frac{kurtosis}{SE_{kurtosis}} = \frac{2.701}{.4776} \approx 5.655 \qquad \text{<식 2.17>}$$

앞서 살펴본 *z*-score를 이용한 기준(Kim, 2013)에 따르더라도, $n=100$일 경우 3.29보다 작아야 하는데 계산된 kurtosis 계수의 *z*-score는 약 5.655이므로 해당 분포를 정규분포로 받아들이기 어렵다는 결론을 내릴 수 있다.

지금까지 통계량을 사용하여 데이터의 패턴과 특징을 파악하는 방법을 살펴보았다. 이러한 기술통계를 위한 여러 통계량은 psych 패키지(Revelle, 2022)의 describe 함수를 이용하면 손쉽게 산출할 수 있다. describe 함수를 수행하기 전에 options(digits=3)을 이용하여 자릿수를 3자리로 조정하면 결과를 보다 편하게 볼 수 있다. 위의 new.st 데이터의 기대수명(Life.Exp) 변수에 대한 기술통계를 수행해보자.

```
> library(psych)
> options(digits=3)
> describe(new.st$Life.Exp)
   vars  n mean   sd median trimmed mad min  max range  skew kurtosis   se
X1    1 50 70.9 1.34   70.7    70.9 1.54  68 73.6  5.64 -0.15    -0.67 0.19
```

위와 같이 describe 함수를 통해 우리는 사례수, 평균, 표준편차, 절사평균(trimmed mean), 중앙절대편차(median absolute deviation: MAD), 최소값, 최대값, 범위, skewness, kurtosis, 표준오차 등과 같은 통계량을 출력할 수 있다. 여기서 절사평균과 MAD, 그리고 표준오차 등은 우리에게 아직은 낯선 개념일 수 있다. 표준오차는 다음 장에서 자세히 살펴보기로 하고 절사평균과 MAD를 간단히 설명하기로 하자. 먼저 절사평균(truncated mean)은 평균을 구할 때 극단치가 전체 평균값에 미치는 영향을 줄이기 위해 측정값의 일정 비율(5%~25%)이나 최댓값과 최솟값을 뺀 나머지 값들로 산출한 평균을 말한다. psych 패키지의 describe 함수에서는 데이터 양쪽의 10%를 제거한 후 계산된 평균값이 산출된다. 일반적으로 편차를 계산할 때에는 위에서 설명한 표준편차 방법, 즉 평균과 개별 관측값의 차이를 제곱한 값의 평균하는 방법을 사용한다. 하지만 MAD는 평균과 개별 관측값의 차이를 제곱하지 않고 절대값을 사용하여 편차를 계산한 편차를 말한다. 사실 평균과 개별 관측값의 차이를 제곱하는 방법을 사용하는 것이 옳은 것인지 아니면 절대값을 사용하는 것이 옳은 것인지에 대한 논쟁은 아주 오래된 논쟁이었다. 물론 오래전 여러 이유로 표준편차를 주장한 진영(예: Ronald Fisher)이 논쟁에서 승리하면서 표준편차가 현재에는 거의 과학의 모든 분야에서 가장 널리 사용되는 변동성 척도이지만 절대값 편차의 유용성에 대한 논쟁은 여전히 진행 중이다.[13] 사실 평균절대편차(median absolute deviation)와 중앙절대편차는 약자(MAD)가 같아 어느 것을 의미하는지 애매하지만 R에서 의미하는 MAD는 중앙절대편차를 지칭하는 것이 일반적이다.

13) 이러한 논의에 대한 자세한 리뷰는 고라드(Gorard, 2005)의 연구를 참고 하기 바란다.

Chapter 03

추론통계

"분석 결과에 관한 것 중 가장 흥미롭지 않은 것이 통계적 유의성이다."
- 진 글래스(Gene V. Glass)

우리 사회과학 연구자들의 궁극적인 관심은 우리 사회에서 관찰되는 현상의 (인과)관계를 기술하고, 설명하고, 예측하는 것이며, 이를 위해 연구자들은 사회 현상에 대한 자신의 이론을 구축하고 검증하기 위해 노력한다. 이들에게 있어 데이터를 통한 이론 검증은 필수적임에도 불구하고, 사회의 모든 구성원들에 대한 정보를 이론 검증을 위한 데이터로 사용하는 것은 현실적으로 불가능하다. 결국 우리는 이론 검증을 위해 모집단 전체의 데이터가 아닌 모집단에서 추출된 표본에 의존할 수밖에 없다. 모집단으로부터 수집된 데이터의 형태와 특징을 의미 있는 방식으로 기술하고, 표현하고, 요약하는 데이터 분석 방법을 기술통계라고 한다면, 추론통계(inferential statistics)는 즉각적인 데이터의 특성을 파악하는데 그치지 않고 모집단에서 추출한 표본의 측정값을 통해 모집단에 관한 더 의미 있는 결론에 도달하기 위한 방법을 말한다. 다시 말해, 추론통계는 모집단에서 추출한 표본의 측정값(통계량: statistic)을 사용하여 해당 모집단의 실제값(모수: parameter)에 대한 '추론'과 일반화를 수행한다. 하지만 우리가 추론통계를 통해 할 수 있는 질문은 "실제 모집단의 값은 무엇인가?"라기 보다는 "우리가 알아낸 값이 실제 모집단의 값에 어느 정도 근접해 있는 것일까?" 정도일 것이다. 도슨(Dawson, 2012)이 말한 것처럼 '우리가 정말 알아야 할 것은 우연히 발생할 수 있는 표본들 사이의 변동성 정도와 비정상적인 표본을 얻을 가능성'일 것이다. 따라서 표본의 변동성에 대한 논의, 즉 표본마다 추정치가 어떻게 다른지에 대한 논의가 전체 추론통계 이론의 기초일 뿐 아니라 우선적으로 다루어져야 할 중요한 내용이 될 것이다. 이러한 논의는 표집분포(sampling distribution)에서 시작된다.

3.1 표집분포와 중심극한정리

다음에서 볼 수 있듯이 표집분포는 통계 교재마다 다양하게 정의되고 있다.

- 모집단 N에서 크기가 n인 표본의 가능한 표본 통계량의 분포
- 동일한 모집단에서 특정 크기의 모든 표본에 대해 해당 통계량이 갖는 모든 값의 분포
- n개의 사례에 기초한 표본 통계량의 값들과 각각의 값에 관련된 확률 사이의 함수적 관계를 보여 주는 이론적인 확률분포
- 샘플링을 통해 얻어진 통계량의 분포
- 통계량에 의해 가정될 수 있는 가능한 값의 집합에 대한 확률 분포

이러한 여러 정의들을 간단하게 정리해보면 결국 '크기가 n인 확률표본에서 도출된 해당 통계량의 분포'라고 요약할 수 있다. 이를 보다 쉽고 직관적으로 이해해보자. 먼저, 우리가 관심을 갖는 어떤 모집단이 있고, 그로부터 무작위로 표본을 추출하여 해당 표본의 평균(혹은 분산)과 같은 표본 통계량을 계산한다고 가정해보자. 그런 다음 또 다시 다른 표본을 무작위로 추출하여 평균을 계산하고 기록한다고 가정하고 이 작업을 여러 번 반복하자. 각 표본에는 표본분포(sample distribution)라고 하는 각각의 고유한 분포가 있고, 이러한 분포의 각 관찰치는 모집단에서 무작위로 추출된 것들이다. 각 표본에서 기록한 값, 즉 표본 통계량도 이제 새로운 분포를 만들 수 있다. 여기서 각 표본의 관찰치 즉 표본 평균은 모집단의 단위가 아니라 표본의 통계량인 것이다. 이러한 표본 통계량들을 분포로 나타낸 것, 즉 '표본 통계량의 분포'를 표집분포라고 한다. 결국 표본분포와 표집분포는 비슷한 것 같지만 서로 다른 개념이다. <그림 3.1>은 이러한 표집분포를 이해하는 데 매우 유용하다.

우리가 추론통계를 사용하려는 근본적인 목적을 다시 한 번 떠올려보자. 우리가 모집단에 대한 특정 정보, 즉 평균(μ)을 알고 싶다고 가정해보자. 만일 우리가 μ를 알고 있다면 굳이 표본을 추출하여 그것을 추정할 필요가 있을까? 아마도 우리는 μ를 알 수 없기 때문에 모집단으로부터 표본을 추출하여 μ를 추정해야만 한다. 이것이 우리가 추론통계를 사용하는 근본적인 목적이다. 우리는 모집단에서 무작위로 추출한 표본만 가지고도 통계의 몇 가지 기본 원리를 이용하여 μ에 대한 추론을 할 수 있다. 표집분포는 μ에 대한 추론을 위해 중요한 출발점이 된다. 모집단에서 여러 번 반복하여 표본을 추출하는 경우 이론적으로는 각 표본의 $\overline{X}$는 그때 마다 약간씩 다르게 산출될 것이다. 하

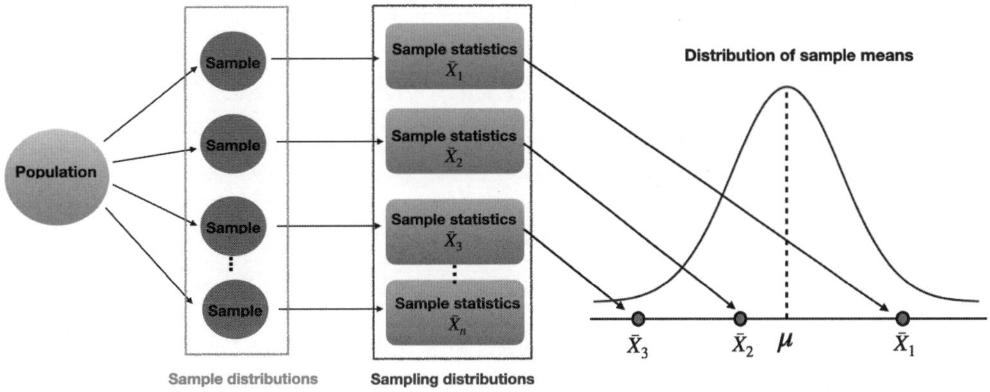

그림 3.1 표집분포의 개념

지만 우리가 표본 추출을 계속 반복하여 표본의 $\overline{X}$의 분포를 생성한다면 그 분포의 평균은 실제 모집단 평균 μ의 근처에 근사하려는 경향이 있기 때문에 μ를 추정하기 위해 $\overline{X}$의 표집분포를 사용할 수 있다. 따라서 $\overline{X}$의 표집분포의 평균과 분산을 알 수 있다면 모집단 평균 μ와 분산 σ^2을 근사하게 추정할 수 있을 것이다.

거의 모든 분포가 그렇듯이 이 분포에도 평균과 분산이 존재한다. 앞장에서 적률을 통해 표본의 평균과 분산을 계산하는 식을 도출했었다. 하지만 이를 전혀 이해하지 못한다고 가정하고 평균과 분산을 구해보자. 굳이 수리통계에 대한 깊은 이해를 갖고 있지 않더라도 간단한 수식을 사용하여 표집분포의 평균과 분산을 어렵지 않게 계산할 수 있다. 먼저 $\overline{X}$의 평균을 구해보자. 평균 μ와 분산 σ^2인 정상분포를 가진 모집단에서 n개의 표본 $X_{1,}X_{2,\cdots,}X_n$를 무작위 추출하였다고 할 때, X_n의 평균 $\overline{X}$는 다음 <식 3.1>과 같이 계산된다.

$$\overline{X} = \frac{1}{n}\sum_{i=1}^{n} X_i = \frac{X_1 + X_2 + \cdots + X_n}{n} \qquad \text{<식 3.1>}$$

따라서 $\overline{X}$의 평균은 다음과 같이 유도해볼 수 있다. $X_1, X_2, \cdots, X_n$이 동일한 분포에서 독립적으로 추출된 확률변수라고 가정하자. 따라서 정의에 따라 $E[X_i]$은 μ이고, $X = aV + b$이면 $E[X] = aE[V] + b$이므로, 다음의 <식 3.2>와 같이 $\overline{X}$의 기댓값은 μ이다.

$$E[\overline{X}] = E\left[\frac{1}{n}(X_1 + X_2 + \cdots + X_n)\right] \qquad \text{<식 3.2>}$$
$$= \frac{1}{n}E[X_1] + \frac{1}{n}E[X_2] + \cdots + \frac{1}{n}E[X_n]$$
$$= \frac{1}{n}(\mu + \mu + \cdots + \mu)$$
$$= \frac{1}{n}n\mu$$
$$= \mu$$

$\overline{X}$의 기댓값은 μ라는 사실을 통해 우리는 $\overline{X}$의 표집분포의 중심이 μ와 같기 때문에 μ를 추정하기 위해 표본 평균을 사용하는 것이 그리 편향되지 않은 방법이라는 것, 즉 $\overline{X}$는 μ의 불편추정량(unbiased estimator)임을 알 수 있다.

이번에는 $\overline{X}$의 분산을 구해보자. $var(X_i) = \sigma^2$이고 $X_1, X_2, \cdots, X_n$이 독립적인 확률변수라고 한다면, 정의에 따라, $var(X_i) = \sigma^2$이고, $X = aV + b$이면 상수 a에 대해 $var(X) = a^2 var(V)$이고, $var(X_1 + X_2) = var(X_1) + var(X_2)$이므로, 다음의 <식 3.3>과 같이 $\overline{X}$의 분산은 다음과 같이 유도된다:

$$var(\overline{X}) = var\left(\frac{X_1 + X_2 + \cdots + X_n}{n}\right) \qquad \text{<식 3.3>}$$
$$= var\left(\frac{1}{n}[X_1 + X_2 + \cdots + X_n]\right)$$
$$= \left(\frac{1}{n}\right)^2 var(X_1 + X_2 + \cdots + X_n)$$
$$= \left(\frac{1}{n^2}\right)[var(X_1) + var(X_2) + \cdots + var(X_n)]$$
$$= \left(\frac{1}{n^2}\right)[\sigma^2 + \sigma^2 + \cdots + \sigma^2]$$
$$= \left(\frac{1}{n^2}\right)[n\sigma^2]$$
$$= \frac{\sigma^2}{n}$$

흥미로운 것은 위의 <식 3.3>에 도출된 $\overline{X}$의 분산 σ^2/n을 보면 분모에 n이 있기 때문에 $\overline{X}$의 표집분포에서의 분산은 실제 모집단의 분산 σ^2보다 항상 $1/n$만큼 작을 수밖에 없다는 것을 알 수 있다. 일반적으로 크기가 큰 집단(모집단)에서의 분산은 그보다 훨씬 작은 집단(표본)에서의 분산보다 크다는 것을 생각해보면 이러한 사실을 직관적으로도 이해할 수 있다. 또한 우리는 위 식을 통해 $\overline{X}$의 표준편차는 $\sigma/\sqrt{n}$이라는 것을 알 수 있다. 이때 $\overline{X}$의 표준편차 $\sigma/\sqrt{n}$를 다른 말로 표준오차(standard error)라고 부르며 $\sigma_{\overline{X}}$로 표현된다. 그런데, 표준오차 공식을 유심히 살펴보면 우리는 두 가지 중요한 사실을 추론할 수 있게 된다. 먼저, 표준오차 공식에서 분모에 $\sqrt{n}$이 있기 때문에 표준오차의 크기는 부분적으로 표본 크기 n에 따라 달라진다는 것을 어렵지 않게 추측할 수 있다. 즉, 표본 크기가 증가함에 따라 표준오차는 감소하게 되는데, 이는 표본이 클수록 표본 평균이 모집단 평균에 근접하게 된다는 것을 예상할 수 있다. 따라서 표본이 클수록 모수에 대한 더 정확한 추정이 가능하게 될 것이다. 두 번째로, 표준오차 공식에서 분자에 σ가 있다는 사실은 모집단의 표준편차가 증가함에 따라 표준오차가 커지게 될 것이라는 것을 예상할 수 있게 한다. 이는 곧 모집단의 특정 현상의 변동성이 클수록 표본 평균을 통한 모집단 평균의 추정은 덜 정확해질 수 있다는 것을 의미한다.

지금까지 표집분포는 무엇인지 그리고 그것이 어떤 성질을 갖고 있는지 알아보았다. 표집분포의 성질을 간단하게 정리해보면, '평균이 μ이고 분산이 σ^2인 정규분포를 따르는 모집단에서 n크기의 독립적으로 추출된 확률표본의 평균 $\overline{X}$의 표집분포는 평균이 μ이고 분산이 σ^2/n인 정규분포를 따른다'는 것이다: $\overline{X} \sim N(\mu, \sigma^2/n)$. 이를 또한, $\overline{X}$의 평균은 μ를 추정하는 불편추정량이며, 이때 표집분포의 표준편차, 즉 표준오차는 $\sigma/\sqrt{n}$라는 것을 알 수 있다.

본격적으로 표집분포를 이용해 모수 추정하는 절차를 설명하기 전에 표집분포의 특성과 관련된 매우 중요한 정리인 중심극한정리(central limit theorem)를 살펴보자. 중심극한정리는 '평균 μ와 분산 σ^2인 정상분포를 가진 모집단에서 n개의 표본 $X_{1,} X_{2,} \dots, X_n$를 무작위 추출하였다고 할 때, 표본 크기 n이 증가할수록 $\overline{X}$의 표집분포는 평균이 μ이고, 표준편차가 $\sigma/\sqrt{n}$인 정규분포에 근사한다'는 수리통계학적 정리를 말한다. 다시 말하면, 중심극한정리에 따르면 표본 크기 n이 충분히 크다면 측정된 확률변수 'X_i의 실제 분포, 즉 모집단 분포의 형태와 관계없이' 표본 평균 $\overline{X}$의 표집분포는 정규분포에 수렴한다는 것이다. 이를 수식으로 표현하면 다음의 <식 3.4>와 같다.

$$\overline{X} \sim N\left(\mu, \frac{\sigma^2}{n}\right) \qquad \text{<식 3.4>}$$

사실 우리는 모집단의 분포 형태에 대해서 아는 것이 거의 없다. 따라서 보다 냉정하게 말하면 '평균 μ와 분산 σ^2인 정상분포를 가진 모집단에서 n개의 표본을 추출할 때' 라는 조건은 우리가 모수를 추정하는데 별 도움이 되지 않는다. 그러나 우리가 중심극한정리를 이용하면 모집단의 분포 형태를 모르더라도 보다 근접한 모수 추정이 가능하게 된다. 이런 점에서 라플라스(Pierre-Simon de Laplace)부터 코시(Augustin Louis Cauchy)이르기까지 오래전 중심극한정리를 발견하고 발전시킨 선대의 학자들에게 감사해야 할지도 모를 일이다.[14]

3.2 표준정규분포와 *z*-score

이제 우리는 중심극한정리를 통하여 모집단에서 무작위로 추출된 표본을 이용하여 모집단 평균에 대해 비교적 정확한 추정을 할 수 있다. 표준화 점수(standardized score)를 이용하면 이 추정치의 불확실성, 즉 이 추정치($\overline{X}$)가 실제 모집단의 평균(μ)으로부터 얼마나 떨어져 있는지를 수량화할 수 있다. 다시 말해, 우리가 표본 평균 $\overline{X}$의 표집분포가 정규분포를 따르고 그것의 표준편차(표본오차 $\sigma/\sqrt{n}$)를 알고 있다면, 특정의 모집단 평균이 주어졌을 때 크기가 n인 표본에서 표본 평균을 얻을 확률을 표준화 점수(standardized score), 즉 *z*-score를 통해 구할 수 있다. *z*-score는 추정치($\overline{X}$)와 실제 모집단의 평균(μ) 간의 차이를 표준화한 값으로, 즉 이들 간 차이를 표준오차에 대한 비율로 다시 표현함으로써 계산된다. 결국 *z*-score는 표준오차($\sigma_{\overline{X}}$)의 견지에서 추정치($\overline{X}$)가 실제 모집단의 평균(μ)에서 얼마나 떨어져 있는지 혹은 얼마나 다른지를 나타낸다고 할 수 있다. *z*-score를 구하는 식은 아래 <식 3.5>와 같다.

$$z = \frac{\overline{X} - \mu}{SE} = \frac{\overline{X} - \mu}{\sigma/\sqrt{n}} \qquad \text{<식 3.5>}$$

이렇게 계산된 *z*-score에 해당하는 적절한 확률값을 z-분포표를 통해 찾는다. *z*-score의 분포는 평균 μ가 0이고 분산 σ^2가 1인 표준정규분포(standard normal distribution)를

14) 중심극한정리에 대한 자세한 역사는 피셔(Fischer, 2010)의 책, *A history of the central limit theorem*을 참고하길 바란다.

따른다. 다시 말해, z-분포는 평균 μ가 0이고 분산 σ^2가 1인 정규분포, 즉 표준정규분포를 의미한다. 이렇게 정규확률변수 $X(X \sim N(\mu, \sigma^2))$를 표준정규확률변수 $Z(Z \sim N(0, 1))$로 변환하게 되면, 즉 정규분포를 평균이 0, 분산이 1이 되도록 표준정규분포로 표준화하게 되면 어떤 정규분포라도 그 확률값을 계산할 수 있다. 이러한 확률값을 계산해 놓은 것이 표준정규분포표 혹은 z-분포표이다. 결국 정규분포를 표준정규분포로 표준화하게 되면 특정 값이 발생할 확률을 굳이 정규분포의 복잡한 확률밀도함수를 사용하지 않고도 z-분포표를 이용하여 쉽게 계산할 수 있으며 서로 다른 단위를 가진 데이터를 비교할 수도 있다. 정규분포에서는 데이터 포인트가 x인 반면, 표준정규분포에서 데이터 포인트는 z 또는 z-score라고 한다. z-score는 개별 값(x)이 평균에서 얼마나 떨어져 있는지를 나타내는 표준 점수이다. 표준정규분포에서 z-score 값이 의미하는 것은 다음과 같다:

- z-score가 양수이면 개별 값 x가 평균보다 크다는 것을 의미
- z-score가 음수이면 개별 값 x가 평균보다 작다는 의미
- z-score가 0이면 개별 값 x가 평균과 같다는 것을 의미

표준정규분포는 정규분포의 특수한 경우이므로 정규분포의 기본 특성을 따른다. 따라서 표준정규분포 역시 경험적 규칙(empirical rule)에 적용을 받는다. <그림 3.2>은 표준정규분포와 경험적 규칙을 보여준다. 경험적 규칙이란 정규분포의 경우 거의 모든 관찰 데이터(99.7%)가 평균 μ로부터 $\pm 3\sigma$ 내에 존재한다는 통계적 규칙을 말한다. 경험적 규칙은 관찰치의 약 68%는 평균 μ로부터 $\pm 1\sigma$ 내에 존재하며, 관찰치의 약 95%는 평균 μ로부터 $\pm 2\sigma$ 내에 존재한다고 예측한다. 우리가 만일 정규분포의 평균과 표준편차를 알고 있다면 이 규칙을 이용하여 68%의 관찰값, 95%의 관찰값, 99%의 관찰값의 분포 및 범위를 파악할 수 있다. 간단한 예를 하나 들어보자. 어떤 모집단의 IQ 점수가 평균 100이고 표준편차가 15라고 가정해보자. 이때 IQ가 130 이상은 모집단의 상위 몇 %에 들까? 이를 추정하기 위해 복잡한 계산을 하지 않더라도 우리는 IQ 130은 평균으로부터 +2*sd 만큼 떨어져 있다는 것을 알기 때문에 이들은 상위 약 2.5%라는 것을 추정할 수 있다.

사실, 이러한 경험적 규칙을 처음으로 발견한 사람은 수학자 드 무아브르(Abraham De Moivre, 1667-1754)이다. 드 무아브르는 표준정규분포의 확률밀도함수(probability density function: PDF) 공식($f(z) = 1/\sqrt{2\pi}\, e^{-1/2z^2}$)을 처음으로 유도한 것으로도 알려졌는데, 정규분포 발견의 역사에 대해서는 의견이 분분하다. 일반적으로 정규분포를

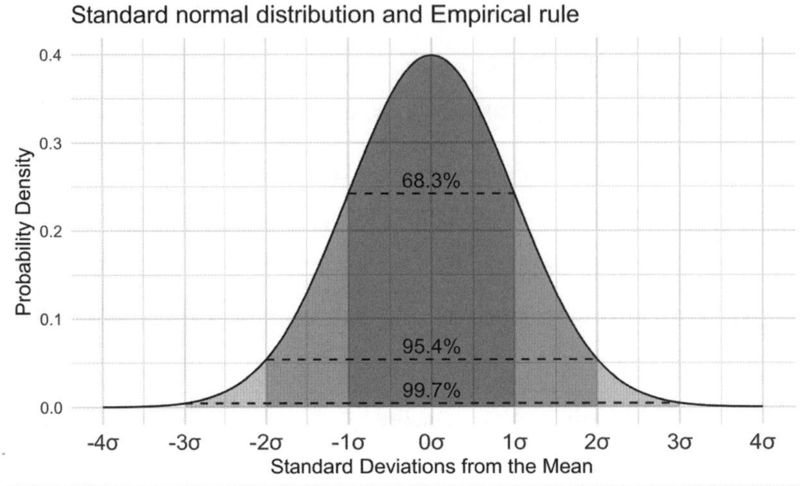

그림 3.2 표준정규분포와 경험적 법칙

(Source code from: https://commons.wikimedia.org/wiki/File:Standard_Normal_Distribution.png)

Gausian 분포 혹은 Laplace-Gauss 분포라고 부르기 때문에 이 분포를 가우스(Carl F. Gauss)나 라플라스(Pierre-Simon Laplace)에 의해 발견되었다고 생각할 수 있다. 그러나 피어슨(Pearson, 1924)은 정규분포의 최초 발견자는 드 무아브르로 '확률의 원칙(The Doctrine of Chances)' 제2판에 발표된 것이 처음이라고 주장한다.[15] 드 무아브르가 정규곡선을 구체적으로 '정규분포'라는 용어로 지칭했는지는 불분명하지만, 적어도 그가 이 곡선을 '정상(normal)'이라고 불렀던 것만큼은 사실이다(Pontes, 2018). 그 이유는 드 무아브르는 평균은 '정상적인 것'을 대표하며, 모든 사물은 평균과 같아야 한다고 주장하며 평균에서 벗어나는 것은 모두 오차로 간주하였다(Pontes, 2018 참고). 어쨌든 분포의 특정 구간의 확률값은 그 구간의 확률밀도함수에 대한 적분($\int_a^b f(z)dx$)을 통해 구할 수 있다. 하지만 이에 대한 적분을 수행하는 것은 매우 복잡하고 번거로운 일이 아닐 수 없다. 물론 R에서 적분함수 integrate을 통해 다음과 같이 확률 근사값을 구할 수 있는데, R을 이용하여 위 경험적 규칙의 $\pm 2 * sd$의 확률값을 계산하면 다음과 같다.

```
> f <- function(x) {1/sqrt(2*pi)*exp(-x^2/2)}
> area <- integrate(f, lower = -2, upper = 2)
```

---

15) 반면 드 무아브르는 자신의 결과를 이항계수(binomial coefficients)에 대한 대략적인 규칙 그 이상으로 해석하지 않았고, 특히 확률밀도함수의 개념이 부족했다는 점에서 드 무아브르가 정규분포의 최초 발견자라고 할 수 없다는 주장도 있다(Stigler, 1986).

```
> area
0.9544997 with absolute error < 7.6e-15
```

하지만 z-score와 z-분포표를 이용하면 이러한 번거로움 없이 어떤 관찰값이라도 그 확률을 추정할 수 있다. 다시 위의 IQ 예를 들어보자. 이번에는 IQ가 75이상일 확률은 전체 모집단에서 몇 %일까? <그림 3.3>의 [B]와 같이 계산된 z-score는 $z=(75-100)/15=-1.666$이므로 이를 z-분포표에서 확인을 하면 $p \approx .0485$, 약 4.85%이다.

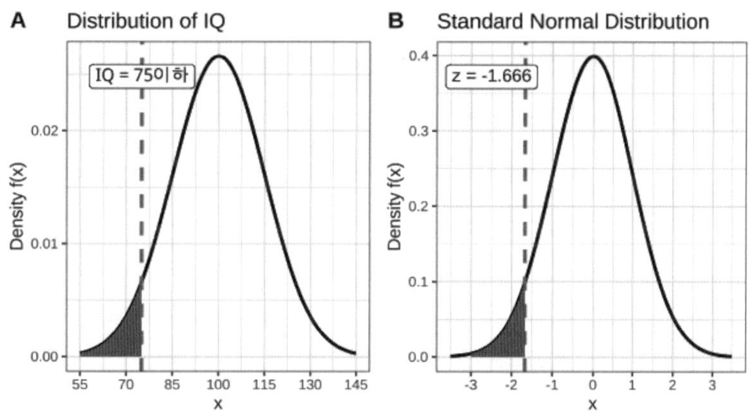

그림 3.3 IQ가 75 이상일 확률에 대한 z-score

이번에는 다중 표본의 예를 들어 z-score가 모집단의 평균을 추정하는데 어떻게 사용되는지 실마리를 찾아보자. 한 렌터카 회사가 자사의 웹사이트에서 렌터카를 빌리는 데 소요되는 시간은 평균 60초라고 주장한다. 그러나 그 회사의 웹사이트 게시판에는 차량을 렌트하는데 걸리는 시간이 너무 오래 걸린다는 소비자들의 불만이 폭주한다. 결국 이 회사의 사장은 고객들이 웹사이트에서 렌터카를 빌리는데 소요되는 실제 시간을 측정함으로써 고객들의 불만이 정당한 것인지를 밝히고자 하였다. 무작위로 36명의 고객들을 선정하여 측정된 평균 소요시간은 75초였다. 만일 모집단의 표준편차 σ가 30초라고 가정할 때, 누구의 주장이 옳다고 할 수 있는가? 회사? 아니면 고객?

먼저 36명의 표본을 통해 얻은 표본 평균 75초가 회사가 주장하는 60초와 어느 정도 떨어져 있는지를 z-score를 통해 확인해보자. 이때 z-score를 구하는 공식에서 분모는 표준오차($\sigma_{\bar{x}}$: SE)가 된다. 위의 <식 3.5>에 따라 계산된 z-score는 3이고, z-분포표에 따르면 이에 해당하는 확률값은 .00135이다.

$$z = \frac{\overline{X} - \mu}{SE} = \frac{\overline{X} - \mu}{\sigma / \sqrt{n}} = \frac{75 - 60}{30 / \sqrt{36}} = 3$$

R의 pnorm함수를 사용하여도 간단하게 z-score에 해당하는 p-value를 산출할 수 있다.

```
> pnorm(-abs(3))
[1] 0.001349898
```

따라서 $\overline{X} - \mu$가 0 이상인 표본을 얻을 확률은 대략 .00135로 <그림 3.4>의 [B]와 같이 평균이 75인 표본을 얻을 가능성은 거의 0에 가깝다. 다시 말해, 표본의 관찰된 평균 $\overline{X}$와 비교할 μ와의 거리는 매우 멀리 떨어져 있다. 결론적으로 렌터카 회사가 주장하는 소요 시간 평균 60초와 실제 관찰된 소요 시간 평균 75초가 같을 확률은 매우 낮으므로 회사의 주장을 반박할 수 있는 충분한 근거가 있다.

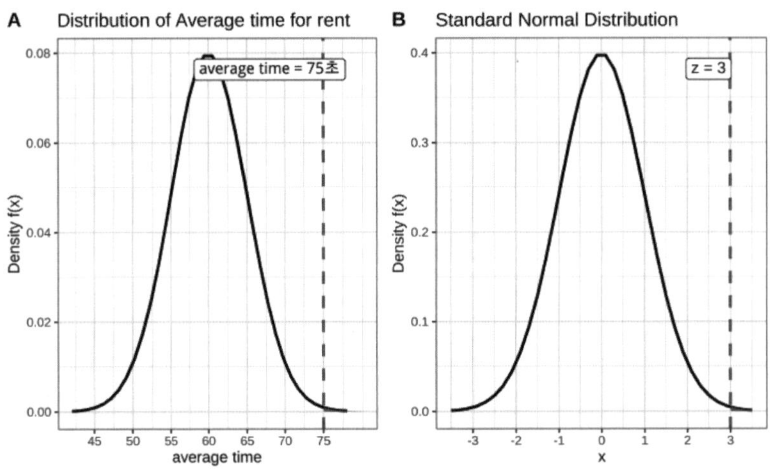

그림 3.4 렌터카 대여 소요 시간에 대한 z-score

3.3 영가설 검정

지금부터는 영가설 유의도 검정(null hypothesis significance testing: NHST)이라는 통계적 방법을 통해 모집단의 파라미터에 대한 추정을 수행해보자. NHST는 모집단에서 수집된 데이터의 표본을 사용하여 해당 모집단에 대한 가설을 평가하는 통계적 추론 절차로 정의된다. NHST는 피셔(Fisher, 1925)와 네이만과 피어슨(Neyman & Pearson, 1928) 등에 의해 제시된 이후 현재에 이르기까지 거의 100년에 걸쳐 대부분의 사회과학 연구자들에 의해 신화처럼 사용되어 왔다. NHST에 대한 문제점에 대해서는 다음 장에서 자세히 다루기로 하고 여기서는 NHST의 간단한 개념과 수행 절차를 살펴보도록 하자.

3.3.1 가설 설정

NHST를 수행하기 위한 첫 번째 단계는 가설을 설정하는 것이다. NHST란 수집된 데이터의 표본이 모집단에 대한 가설을 기각할 수 있는 충분한 증거를 제공하는지 여부를 결정하는 일련의 통계적 의사결정 절차이다. 이때 가설은 검증 가능한 예측을 담은 '진술'을 말하는데, 통계적 의사결정 측면에서 보면, 두 가지 가능한 진술, 즉 가설이 존재한다. 하나는 영가설(null hypothesis) 혹은 통계가설(statistical hypothesis)이고, 또 하나는 대안가설(alternative hypothesis) 혹은 연구가설(research hypothesis)이다. 방법론적 철학으로 보면 연구자들은 현상을 설명할 수 있는 가설인 연구가설을 설정하고 이에 반하는 주장인 영가설을 기각 혹은 반증하기 위해 연구를 수행한다. 다시 말해, 영가설은 이전의 이론과 연구결과에 근거해 우리가 해당 연구의 결과로 나타날 것이라고 믿는 그 어떤 것을 기반으로 설정된다. 물론 여기에는 연구자가 영가설을 반박하고 자신의 연구가설을 지지하는 증거를 찾으려는 의도도 반영된다고 할 수 있다.[16] 따라서 영가설은 대안가설과 완전히 상반되는 통계적 진술인 것이다. 영가설은 일반적으로 효과가 없거나(no effect), 차이가 없거나(no difference), 관계가 없는(no relationship) 등의 진술 형태를 취하며 H_0으로 표기된다. 대안가설은 영가설과 논리적인 반대의 진술이며 H_A로

16) 이와 같은 절차를 우리는 반증(falsification)이라고 부른다. 이에 대한 자세한 논의는 포퍼(Popper, 1963), 어프와 트래피모우((Earp & Trafimow, 2015), 오도너휴(O'Donohue, 2021) 등을 참고.

표기된다. 예를 들어, 연구자가 어떤 두 모집단의 평균 간의 차이가 존재하는지를 검증하는 경우, 다음과 같이 영가설과 대안가설이 설정될 것이다.[17)]

$$H_0 : \mu_1 = \mu_2 \text{ or } H_0 : \mu_1 - \mu_2 = 0$$
$$H_A : \mu_1 \neq \mu_2 \text{ or } H_A : \mu_1 - \mu_2 \neq 0$$

연구자가 만일 두 모집단의 평균 간의 차이에 대해 구체적인 방향을 가정하는 경우, 즉 한 모집단의 평균이 다른 모집단의 평균보다 큰지 혹은 작은지를 가정할 수 있는 경우도 있다. 만일 μ_1이 μ_2보다 크다고 가정한다면 다음과 같이 가설을 설정할 수 있을 것이다.

$$H_0 : \mu_1 \leq \mu_2 \text{ or } H_0 : \mu_1 - \mu_2 \leq 0$$
$$H_A : \mu_1 > \mu_2 \text{ or } H_A : \mu_1 - \mu_2 > 0$$

이렇게 두 모집단의 평균 간의 차이에 대해 구체적인 방향을 가정할 경우, 즉, 표본 평균이 모집단 평균보다 높거나 낮음을 보여주기 위해 설정하는 가설을 *one-tailed* 가설이라고 하며, 그렇지 않고 단지 두 모집단의 평균 간의 차이가 존재할 것인지만을 가정할 때 설정하는 가설을 *two-tailed* 가설이라고 한다. 대부분의 조사방법론 교재와 통계학 교재에서는 대안가설이 방향성이 있는지 혹은 방향성이 없는지에 따라 *one-tailed* 가설 혹은 *two-tailed* 가설을 선택하여 사용하도록 권고하고 있다. 그러나 적지 않은 논란에도 불구하고 엄격한 확률의 의미를 정립하기 위해서는 *two-tailed* 가설을 사용하는 것이 더 적절한 것으로 받아들여진다.[18)] 따라서 본 책에서 사용되는 특별히 언급되지 않는 한 *two-tailed* 가설을 사용하는 것으로 하자.[19)]

그럼 이제 위의 렌터카 예를 들어 가설을 설정해보자. 렌터카 회사가 주장하는 소요

---

17) 사실 연구자가 분석의 결과를 보고하는데 있어서는 영가설이 거의 언급되지 않지만 그 분석 과정에는 항상 영가설의 존재가 내포되어 있다는 사실을 잊지 말길 바란다.

18) 성격심리학으로 유명한 심리학자인 아이젱크(Eysenck, 1960)는 *one-tailed* 확률의 진술은 사실의 진술(statement of fact)이 아니라 단지 연구자의 견해를 진술(statement of opinion)한 것이기 때문에 *two-tailed* 확률 대신 사용되어서는 안되며, 만약 *one-tailed* 확률을 사용하려면, 데이터의 의미 있는 해석이 가능할 수 있도록 완전한 진술(full statement)이 담긴 주장이 전적으로 수반되어야 한다고 주장한다. 이에 대한 더 자세한 논의는 아이젱크(Eysenck, 1960)를 참고하길 바란다.

19) chi-squared test나 *F*-test의 경우 어쩔 수 없이 *one-tailed test*를 사용해야 하는데 이에 관해서는 뒤에서 다시 언급하기로 하자.

시간 평균 60초가 사실인지를 밝히기 위해서는 다음과 같이 영가설과 대안가설을 설정할 수 있을 것이다. 연구자는 이렇게 설정된 영가설을 통계적으로 기각하느냐 혹은 받아들이느냐의 의사결정을 하게 된다. 만일 우리가 위의 영가설을 기각할 수 있다면 렌터카 회사가 주장하는 소요 시간은 평균 60초가 아닐 수 있다는 충분한 근거가 있음을 주장할 수 있다. 그렇지만 영가설을 기각했다는 사실이 대안가설이 '참'임을 입증하는 것이 아니라는 것을 주지할 필요가 있다.[20)]

$$H_0 : \mu = 60,\ H_A : \mu \neq 60$$

3.3.2 유의수준 설정

연구 목적에 맞는 가설을 설정하였다면, 다음 단계는 영가설을 기각하기 위한 의사결정의 기준인 유의수준(α-level 혹은 *p*-value)를 설정하는 것이다. 유의수준이란 영가설이 참이라고 가정할 때 얻어진 결과보다 더 극단적인 결과가 실제로 어느 정도 관찰될지에 대한 확률이다. 더 쉽게 말하면, 이는 영가설이 참일 때 그 영가설을 기각할 확률을 말한다. 예를 들어, 유의수준이 95%라면 영가설이 참일 때 해당 가설의 결과가 일어날 확률이 5%미만($p < .05$)이라는 것을 의미한다. 어느 정도의 유의수준을 정해야 하는지에 대한 절대적인 규칙은 없지만 일반적으로 90%($\alpha = .10$), 95%($\alpha = .05$), 99%($\alpha = .01$) 중 하나를 유의수준으로 설정하게 된다. 사회과학의 경우 95%의 유의수준을 설정하는 것이 일반적인 관례이다. 하지만 이에 대해서도 절대적인 근거나 규칙은 없다는 것을 잊지 말길 바란다. 표본을 통해 관찰된 *p*-value(observed *p*-value)를 설정된 유의수준 혹은 *p*-value(critical *p*-value)와 비교함으로써 영가설을 기각하기 위한 의사결정을 수행한다. 만일 연구자가 95% 유의수준을 설정하였다면 관찰된 *p*-value가 .05보다 작거나 같으면 연구자는 영가설을 기각하는 반면, *p*-value가 .05보다 크면 영가설을 기각할 수 없다. <그림 3.5>는 영가설을 기각하기 위한 기각역(rejection area)과 임계 *p*-value(critical *p*-value)가 묘사된 평균 표준정규분포를 보여준다. 분포의 양쪽 꼬리에는 음영으로 표시된 기각역이 있다. 이들 각각의 꼬리에 있는 기각역의 면적은 α/2와 같으므로 이 두 음영 영역을 합친 면적은 α와 같다. 만일 표본을 통해 관찰된 *p*-value가 이 기각역 중 하

20) 이 같은 영가설에 대한 해석의 오해가 NHST의 중요한 문제점 중 하나이다. 이에 대해서도 다음 장에 더 자세하게 다루도록 하겠다.

나에 위치하는 경우 연구자는 영가설을 기각하는 통계적 의사결정을 내리게 된다. 반면, 관찰된 *p*-value가 기각역 밖에 들어가는 경우, 영가설을 기각하는 데 실패하게 된다.

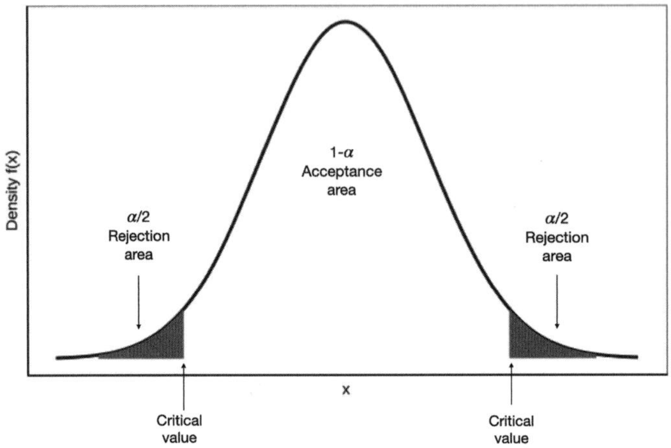

그림 3.5 영가설에 대한 기각 영역과 수용 영역

3.3.3 검정 통계량과 *p*–value 산출

NHST를 수행하기 위한 세 번째 단계는 검정 통계량(test statistic)과 *p*-value를 산출하는 것이다. 검정 통계량은 수행하는 분석에 따라 적절한 통계량을 선택하여 계산한다. 그런 다음 검정 통계량에 해당하는 확률값 *p*-value를 산출하게 된다.[21] 위의 렌터카 예제의 검정 통계량과 *p*-value는 이미 앞에서 산출하였지만 다시 한 번 이들을 산출해보자.

$$z = \frac{\overline{X} - \mu}{SE} = \frac{\overline{X} - \mu}{\sigma / \sqrt{n}} = \frac{75 - 60}{30 / \sqrt{36}} = 3$$

위와 같이 계산된 *z*-score는 3이고, *z*-분포 표에 따르면 이에 해당하는 *p*-value는 .00135이다.

---

21) 모든 추론통계에는 영가설을 검정하기 위한 검정 통계량이 필수적이다. 예를 들면, *z*-test의 경우는 *z*-score, *t*-test는 *t*-score, *F*-test는 *F*-score, χ^2-test는 χ^2-score 등을 각각 계산하여 그에 해당하는 확률값 *p*-value를 산출하게 된다.

3.3.4 영가설에 대한 의사결정

z-score를 이용한 NHST의 마지막 단계는 영가설에 관한 통계적 의사결정을 내리는 것이다. 즉, H_0을 기각할 것인지 받아들일 것인지를 결정해야 한다. 이러한 결정은 앞서 설명한 것과 같이 설정된 유의수준에 따른 임계값과 표본으로부터 관찰된(혹은 계산된) p-value와의 비교를 통해 이루어진다. <그림 3.6>은 설정된 유의수준, 즉 95% 신뢰수준에서 영가설을 기각하기 위한 기각역과 계산된 p-value가 표시된 평균 표준정규분포를 보여준다. 이때 임계값은 $z=1.96$으로 분포의 오른쪽 꼬리에 음영으로 표시된 기각역의 시작점이 된다. 관찰된 p-value는 $z=3$일 때 .00135로 기각역의 거의 끝부분에 위치한다는 것을 볼 수 있다. 이러한 결과를 바탕으로 연구자는 설정된 영가설 $H_0 : \mu = 60$을 기각함으로써 렌터카 회사가 주장하는 차량을 렌트하는데 소요되는 시간 평균 60초를 반박할 수 있는 충분한 근거가 있다는 결론을 내릴 수 있을 것이다.

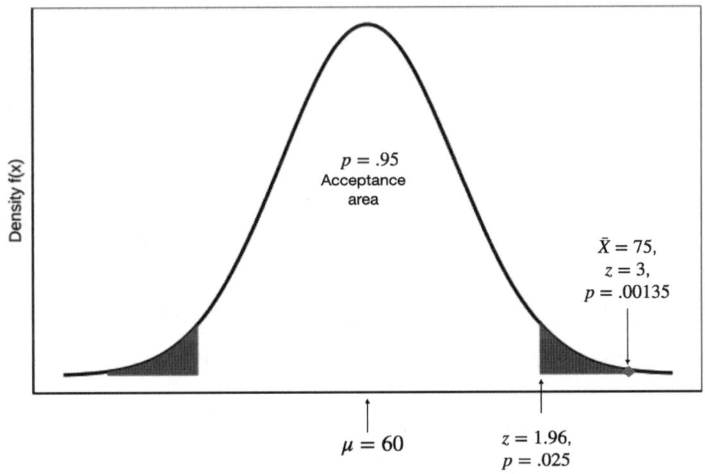

그림 3.6 검정 통계량과 p-value

지금까지 수행한 이러한 검증 과정을 단일 표본 z-test라고 부른다. 다시 한 번 z-test를 수행하는데 필요한 z-score를 계산하는 공식을 정리하면 아래 <식 3.6>과 같다.

$$z = \frac{\overline{X} - \mu}{\sigma_{\overline{X}}}, \quad \sigma_{\overline{X}} = \frac{\sigma_X}{\sqrt{n}} \qquad \text{<식 3.6>}$$

$\overline{X}$: 변수 X의 표본 평균

μ: 변수 X의 모집단 평균

$\sigma_{\overline{X}}$: 변수 X에 대한 평균의 모집단 표준오차

n: 표본 수

사실, *z*-test를 수행하기 위해서는 충족되어야 할 반드시 통계적 가정이 존재한다. 즉, *z*는 평균이 0이고 표준편차가 1인 정규분포를 따른다는 가정을 필요로 한다. 이를 $z \sim N(0, 1)$로 표현한다. 물론 모집단의 표준편차 σ에 대한 정보도 알아야 할 것이다. 우리는 이 공식을 통해 표본 수가 증가하게 되면 표준오차가 감소하게 되며, 결국 *z*-score가 커진다는 것을 직관적으로 알 수 있다. *z*-score가 커지게 되면 그 값이 임계값으로부터 점점 멀어져 영가설을 기각할 가능성이 더욱 커진다는 사실도 짐작할 수 있다. 다시 말해, *z*-score를 이용한 NHST는 표본의 수에 민감하다는 사실을 쉽게 알 수 있다. 물론 우리가 영가설이 거짓이라고 믿을 만한 충분한 이유가 있다면, 우리는 대안가설을 현실에 대한 보다 더 정확한 설명이라는 것을 논리적으로 받아들여야 할지 모른다. 그렇지만 표본에서 도출된 통계량은 모집단에서 추출된 많은 표본 통계량 중 하나에 불과하다. 이러한 점을 고려한다면 NHST의 결과를 단순히 있는 그대로 받아들이는 것에 대해 조심스럽게 접근할 필요가 있을 것이다. 사실, 표본의 통계량(예를 들면 $\overline{X}$)을 통해 모집단의 파라미터(예를 들면 μ)에 대한 추론을 시도할 때 연구자가 의사결정 과정에서 잘못된 결정을 내릴 위험성은 항상 존재한다. 이러한 불확실성은 표본이 모집단을 대표하지 않는 경우에 나타나는 표본오차로 인해 발생하며, 이로 인해 잘못된 결정을 내릴 수 있는 가능성은 언제든지 존재한다. 이때 발생하는 의사결정 오류의 유형을 제1종 오류(Type-I error) 혹은 제2종 오류(Type-II error)라고 한다. 지금부터 제1종 오류와 제2종 오류를 간단하게 설명해보자.

3.4 1종 오류와 2종 오류

우리는 통계적 의사결정 과정에서 발생할 수 있는 가능한 결과를 다음과 같이 두 가지 경우로 예상할 수 있다. 1) 거짓인 영가설을 기각하거나 2) 참인 영가설을 기각할 수

없는 경우이다. 이 두 경우 모두 우리의 결정은 문제가 없다. 하지만 만일 우리가 거짓인 영가설을 기각하지 않거나, 참인 영가설을 기각하였다면 우리의 결정은 올바른 결정이라고 할 수 없다. 이때 내려진 의사 결정을 우리는 각각 1종 오류와 2종 오류라고 부른다. 즉, 참인 영가설을 기각하게 되면 1종 오류를 범했다고 하는 반면, 거짓인 영가설을 기각하지 못하면 2종 오류를 범했다고 한다. 이를 매트릭스로 표현하면 <표 3.1>와 같다.

표 3.1 가설 검정 오류

		실제 현상(Reality)	
		H_0 참일 때	H_0 거짓일 때
의사 결정 (Decision)	H_0 기각	1종 오류(α)	옳은 결정(1-β)
	H_0 기각 안함	옳은 결정(1-α)	2종 오류(β)

<표 3.1>은 통계적 의사 결정과 실제 현상의 조합을 바탕으로 네 가지 다른 결과를 보여준다. 먼저 H_0이 실제로 참인 표의 첫 번째 열을 살펴보자. 이때 H_0을 기각하는 경우 우리는 잘못된 결정을 내린 것이고, 이러한 오류는 범하지 말아야 할 바람직하지 않은 실수일 것이다. 따라서 우리는 영가설을 기각하는 데 필요한 확률에 엄격한 기준을 적용함으로써 연구자들이 범하는 1종 오류를 최소화하려고 한다. 즉, 영가설을 기각하기 위해서는 95% 신뢰수준에서 *p*-값이 .05 이하로 나타나야 한다. 따라서 가설 검정을 수행할 때 1종 오류가 발생할 확률은 검정에서 선택한 유의수준인 α라고 할 수 있다. 만일 α = .05를 사용하여 가설을 검정하는 경우 영가설을 잘못 기각할 확률은 .05가 된다. 사실 1종 오류는 영가설을 기각하는 경우에만 발생할 수 있다. 만일 연구자가 영가설을 기각하였다면 그러한 결정에 오류(1종 오류)가 발생하지 않았는지 한번쯤 진지하게 고려할 필요가 있다. 어쨌든 검정의 *α-level*을 낮추어 영가설을 기각할 가능성을 낮춘다면 1종 오류가 발생할 확률을 낮출 수 있다. 하지만 이런 경우 또 다른 오류, 즉 2종 오류가 발생할 가능성은 커진다.

2종 오류는 연구자가 영가설을 기각하지 못했을 때 발생하게 된다. 물론 영가설이 참인데 그것을 기각하지 않았다면 연구자는 올바른 결정을 한 것이다. 그러나 영가설이 거짓일 경우, 2종 오류가 발생할 확률은 반드시 존재한다. 하지만 우리가 영가설이 거짓일 확률(또는 그것이 참일 확률)을 알 수 없기 때문에 2종 오류를 범할 확률을 추정 혹은 계산하는 것은 실제로는 불가능하다. 따라서 연구자는 데이터 수집 전에 2종 오류가

발생할 확률을 어느 정도 추정하여야 한다. 가설 검정에서 거짓인 영가설을 올바르게 기각할 확률을 통계 검정력(power, β)이라고 정의하며, 이러한 2종 오류가 발생할 확률을 추정하는 과정을 통계 검정력 분석(power analysis)이라고 한다.[22]

결국 우리는 1종 오류와 2종 오류는 사실 트레이드-오프(trade-off) 관계를 갖는다는 것을 알 수 있다. 1종 오류가 커지면 2종 오류가 적어지고, 그 반대도 마찬가지이다. 예를 들어, 표본 수를 늘리게 되면 표준오차가 작아져 1종 오류를 범할 가능성이 증가하는 반면 2종 오류를 범할 가능성은 낮아진다. 반대로 표본 수가 작아지면 표준오차가 커짐으로 2종 오류를 범할 가능성이 커지는 반면 1종 오류를 범할 가능성은 낮아진다. 결국 연구자에게 1종 오류와 2종 오류는 완전히 피할 수 없는 필연적 오류라고 할 수밖에 없지만 이 둘 중 어느 것이 더 위험한 것인지에 대해서는 의견이 분분하다.[23] 이 같은 논의와는 별도로, 가설 검정에 따른 의사결정에 특정 오류(1종 오류와 2종 오류 모두)가 발생할 가능성은 없었는지 한번쯤 진지하게 생각해보는 것이 이들 오류에 대한 연구자의 올바른 자세일 것이다.

3.5 z-score와 신뢰구간

연구자가 데이터를 분석하는 궁극적인 목적은 표본에서 얻은 정보로부터 모집단의 파라미터를 추론하는 것이다. 하지만, 사실 우리는 모집단 평균 μ에 대해 아는 것이 거의

22) 통계 검정력은 가설 검정에서 특정 효과크기를 탐지할 가능성(존재하는 효과를 찾을 확률)을 보여주는데, 일반적으로 80% 이상으로 설정된다. 통계 검정력 분석은 연구의 최소 표본 크기를 결정하는 데 도움이 된다. 이를 위한 소프트웨어로는 G*power를 많이 사용하는데 다음의 사이트에서 무료로 다운로드 받을 수 있다.
https://www.psychologie.hhu.de/arbeitsgruppen/allgemeine-psychologie-und-arbeitspsychologie/gpower

23) 비록 명확히 의도되지 않았음에도 자신의 연구가설을 입증하려는 연구자의 본능(?)을 고려한다면 1종 오류의 발생이 일상적인 반면, 측정오차에 대한 보정(correction for attenuation)의 문제를 고려하면 2종 오류의 위반이 더 일상적일 수 있다(Boster, 2002). 예를 들면, 신뢰할 수 있는 측정도구를 사용하면 2종 오류의 확률을 줄일 수 있다. 측정오차로 인해 측정값의 표준편차가 커지고 결국 통계량의 표준오차가 커지게 되어 결국 관찰된 (통계량은 작아지고) p-value는 커지게 된다. 따라서 다른 조건이 모두 동일하다면 보다 안정적인 측정도구를 사용하는 것이 더 작은 p-value를 산출하게 되어 2종 오류의 확률을 줄일 수 있다. 하지만 factorial ANOVA에서는 1종 오류가 일상적이며 더 큰 문제일 수 있다(Smith et al., 2002). 이에 대한 자세한 논의는 스미스와 동료들의 논문을 참고 하기 바란다(Smith et al., 2002).

없다. 그러나 이제 우리는 크기 n의 무작위 표본을 모집단에서 추출하여 계산된 통계량을 통해 μ의 범위를 어느 정도 추정할 수 있을 것이다. 위의 렌터카 예를 들어 z-score가 모집단의 평균을 추정하는데 어떻게 사용되는지 살펴보자. 먼저 실제 모집단 평균 μ의 범위를 추정하기 위해 신뢰구간(confidence interval: CI)이라는 새로운 통계 개념을 사용해보자. CI는 모집단의 평균(μ)이 어느 범위 안에 있는지를 확률적으로 보여주는 방법이다. 우리가 표본을 사용하는 목적이 모집단의 정보에 대한 추론이라고 한다면 표본의 평균을 통해 알려지지 않은 모집단 평균을 추정할 수 있다. CI는 표본 평균을 통해 모집단 평균에 대한 구간 추정치, 즉 모집단 평균이 존재할 가능성이 있다고 주장할 수 있는 최댓값과 최솟값을 확률적으로 제공한다. 위의 경험적 규칙에 따르면, 모집단에서 무작위로 추출된 표본을 추출하거나 확률 0.95 또는 95%의 μ가 $\overline{X}$의 +2*SE 내에 있다는 것도 참이어야 한다. 따라서 모집단에서 주어진 크기의 표본 100개를 추출하여 각 표본의 표본 평균을 계산한다면, 표본 중 약 95개에서는 μ가 $\overline{X}$의 +2*SE 내에 있을 것으로 예상할 수 있다. 이 논리는 표준오차가 2가 아닌 다른 표준오차 값까지 확장될 수 있다. 예를 들어, 68% 또는 약 0.68의 확률로 μ는 $\overline{X}$의 +1*SE 내에 있다. 그리고 보통 99.7%의 확률로 μ는 $\overline{X}$의 +3*SE 내에 있다. 따라서 *two-tailed test* 경우 신뢰구간을 산출하기 위해서 다음 <식 3.7>을 이용할 수 있다.

$$\overline{X} - (z_{\alpha/2} \times SE) > \mu > \overline{X} + (z_{\alpha/2} \times SE) \qquad \text{<식 3.7>}$$

이번에는 위의 렌터카 예제의 소요시간에 대한 95% 신뢰구간을 산출해보자. $\overline{X}$는 75이고 계산된 표준오차는 5이므로 95% 신뢰구간을 산출하기 위해서 95% 신뢰수준에서 z-score를 알아야 한다. 물론 앞서 언급한 경험적 규칙에 따라 95% 신뢰수준에서 μ가 $\overline{X}$의 +2*SE 내에 있다는 것을 알고 있지만, *z-table*을 통해 찾아낸 95% 신뢰수준에서의 정확한 z-score는 1.96이다. 따라서 다음과 같이 산출된 95% 신뢰구간은 65.2 ~ 84.8로 나타났다.

$$SE = \frac{30}{\sqrt{36}} = 5$$

$$\begin{aligned} &\overline{X} - (z_{\alpha/2} \times \sigma_{\overline{X}}) > \mu > \overline{X} + (z_{\alpha/2} \times \sigma_{\overline{X}}) \\ &= 75 - (1.96 \times 5) > \mu > 75 + (1.96 \times 5) = (65.2,\ 84.8) \end{aligned}$$

이러한 결과는 우리가 표본을 반복 추출하여 계산된 신뢰 구간의 95%는 실제 모집단 평균 μ는 65.2 ~ 84.8에 포함될 것이라는 것을 의미한다. 결론적으로, 렌터카 회사가 주장하는 소요 시간 평균 60초는 이 신뢰구간 밖에 존재하므로 회사의 주장을 신뢰할 만한 근거가 별로 없다.

사실, 모집단 평균을 추정하기 위한 하나의 수단으로서 신뢰구간은 그 해석과 관련하여 논란이 있다. 예를 들어, 95% 신뢰구간의 경우 우리는 다음과 같이 진술할 수 있다. "우리가 계산한 신뢰구간에 실제 모집단 평균이 포함될 확률은 95%이다." 혹은 "모집단 평균이 그 구간 내에 있을 확률이 95%이다." 어떤 차이가 있는가? 조금은 혼돈되지만, 95% 신뢰구간의 기본적인 의미를 쉽게 설명하면 다음과 같다. 모집단에서 표본을 '반복 추출하고', 각 표본의 평균에 대해 신뢰구간을 계산한다면 100개의 신뢰구간 중 모집단 평균을 포함하는 신뢰구간은 100개 중 95개라는 것이다. 아래의 <그림 3.7>은 100개의 신뢰구간 중 모집단 평균 $\mu = 60$을 포함하는 신뢰구간을 시뮬레이션을 보여준다.

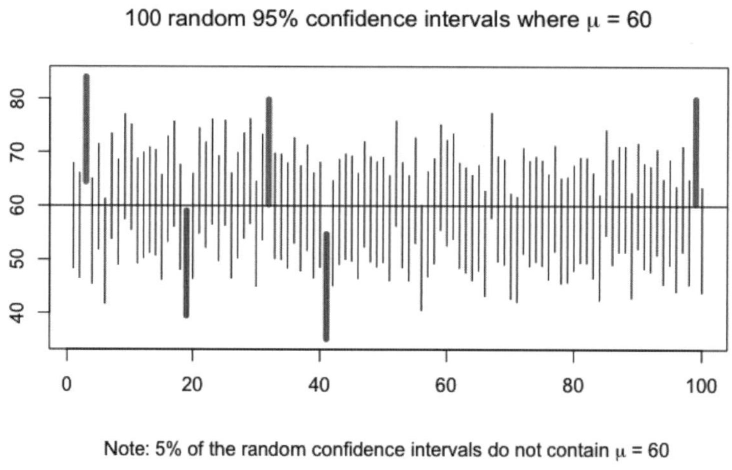

그림 3.7 관심 통계량에 대한 점 추정치 및 95% 신뢰구간

<그림 3.7>에서 추정할 모수는 모집단 평균이며, (일반적으로는 알 수 없지만) 가로선으로 표시되었다. 시뮬레이션은 수직 라인으로 표현되는 표본크기 $n = 36$인 100개의 95% 신뢰구간을 무작위로 추출하였다. 표본의 크기는 동일하지만 각 표본에 대해 표본편차 $\sigma = 30$을 적용하였기 때문에 모든 신뢰구간의 길이는 동일하다. 모집단 평균 $\mu = 60$을 포함하지 않는 신뢰구간은 굵은 선으로 표현되었다. 아래 시뮬레이션 결과는

100개의 신뢰구간 중 모집단 평균을 포함하는 신뢰구간은 95개로 나타났다. 결국 <그림 3-7>에서 보는 바와 같이 계산된 특정 95% 신뢰구간은 '가능한 모든 신뢰구간 중에서' 모집단 평균을 포함하는 구간일 수도 아닐 수도 있다(Sim & Reid, 1999). 다시 말해, 그 구간에는 모집단 평균이 포함되거나 포함되지 않는다. 만일 우리가 표본을 반복 추출하고 각각에 대해 95% 신뢰구간을 구해보면, 이들 신뢰 구간의 95%는 당연히 모집단 평균을 포함할 것으로 예상할 수 있다(O'Brien & Yi, 2016).

사실, 우리가 모집단 평균이 정확히 무엇인지 모른다 하더라도 어쨌든 그 값은 존재한다. 당연히 조사나 실험을 반복해도 그 값은 변하지 않을 것이다. 따라서 '모집단 평균이 특정 범위 내에 있을 확률'을 묻는 것은 엄격한 의미에서 옳지 않을 수 있다. 모집단 평균은 그 구간 내에 있을 수도 없을 수도 있다. 반면, 우리가 계산한 신뢰구간은 수집된 데이터에 따라 달라진다. 조사나 실험을 반복한다면 신뢰구간은 거의 매번 다르게 나타날 것이다. 따라서 이때는 계산된 '신뢰구간에 모집단 평균이 포함될 확률'에 대해 물어보는 것은 논리적으로 문제가 없다. 우리가 정확하게 말할 수 있는 것은 조사나 실험을 여러 번 수행할 때마다 신뢰구간이 모두 동일하지 않고, 계산된 신뢰구간이 모집단 평균을 포함할 확률은 95%일 것이며, 5%는 그 신뢰구간이 모집단 평균을 포함하지 않을 것이라는 것뿐이다. 우리는 특정 조사나 실험의 결과로 계산된 신뢰구간에 모집단 평균이 포함되었는지 여부는 알 수 없다. 결론적으로 '모집단 평균이 특정 구간 내에 있을 확률이 95%이다'라고 말하는 것은 옳지 않다. '우리가 계산한 신뢰구간에 실제 모집단 평균이 포함될 확률은 95%이다'라고 말하는 것이 옳다.

Chapter 04

t – test

"통계학자들은 고상하게 잘못된 질문을 하고 그 거짓말,
때로는 새빨간 거짓말에 대답하려 애쓴다. 그들은 이렇게 묻는다.
'A와 B의 효과가 다른가?' 우리가 알고 있는 세상의 모든 것들은 이렇게 대답한다.
'A와 B의 효과는 항상 다르다 - 적어도 어떤 소수점 이하 자리에서는'.
따라서 'A와 B의 효과가 다른가?'라고 묻는 것은 바보 같은 짓이다."
- 존 투키(John W. Tukey)

4.1 t–분포와 자유도

지금까지 z-분포를 통해 영가설 검증과 95% 신뢰구간 추정을 살펴보았다. 그러나 이를 실제 분석에서 사용하는 데에는 큰 어려움이 따른다. 즉, 이러한 분석을 위해서는 실제 모집단의 표준편차(σ)를 알고 있다는 가정이 필요함에도 불구하고 우리가 실제 모집단의 표준 편차 σ를 알고 있다는 것은 현실적으로 가능한 일이 아니다. 아마 z-test가 실제 상황에서는 거의 사용되지 않는 것도 이러한 이유에서 기인하는지도 모를 일이다. 하지만 다행히 '동일한 확률분포를 가진 확률변수 n개의 평균의 분포는 n이 충분히 크다면 정규분포에 가까워진다'는 중심극한정리를 통해 우리는 충분히 큰 표본을 가진 분포의 $\overline{x}$(표본 평균)와 s(표본 표준 편차)는 각각 μ(모집단 평균)와 σ(모집단 표준 편차)에 매우 근사한다는 것을 알 수 있다. 따라서, σ를 알 수 없는 경우, σ의 추정치로 s를 사용하는 것을 고려해볼 수 있다. 그러나 s가 어느 정도 σ에 가까운지 실제로 알 수 없기 때문에, σ의 추정치로 s를 사용하는 데에는 어느 정도의 불확실성이 필연적으로 존재할 수밖에 없다. s를 σ로 표현하는 데 있어 이러한 불확실성을 감안하면 표준화 점수는 이제 더 이상 표준정규분포(z-분포)를 따르지 않을 것이다. 결국 우리는 z-분포

대신 다른 대안적인 분포 즉, *t*-분포를 사용해야만 한다.

본격적으로 *t*-분포와 이를 이용한 *t*-test를 논의하기 전에 이에 대한 역사적 에피소드에 대해 짧게 살펴보자. 우리는 간혹 *t*-test를 분석 방법으로 사용한 논문이나 통계 교과서에서 *t*-test를 '*student t*-test'라고 지칭하는 것을 발견하게 된다. *student t*-test는 *t*-분포 혹은 *t*-test의 유래와 깊은 관련이 있다. *t*-test는 1900년대 초 아일랜드 더블린의 기네스 맥주 양조장에서 일하던 윌리엄 씰리 고셋(William Sealy Gosset)이라는 화학자에 의해 소개되었다. '*student*'는 사실 그의 필명이었다. 기네스의 사장인 클로드 기네스(Claude Guinness)는 그 즈음 생화학과 통계학을 기네스 산업 공정에 적용하기 위해 옥스포드와 캠브리지에서 최고의 졸업생을 영입하였다. 이 때 기네스에 입사한 고셋은 맥주의 품질을 개선하기 위한 실험을 수행하였고 그 방법으로 *t*-test를 고안하였다. 그는 그 결과를 *Biometrika*라는 학술지에 1908년 "평균의 확률오차(The probable error of a mean)"라는 논문을 발표하였다. 하지만, 기네스의 회사 방침은 영업 비밀 문제로 내부 연구원들이 연구 결과를 출판하는 것을 금지했고, 결국 고셋은 '*student*'라는 필명을 사용하여 그 논문을 발표하게 되었다. 그 이후 그 논문의 필자가 고셋이라는 것이 동료 통계학자들과 Biometrika의 편집장이었던 칼 피어슨(Karl Pearson)에게 알려졌지만, 지금까지도 *t*-test의 명칭을 '*student t-test*'로 사용해오고 있다.

그럼, 지금부터는 *t*-분포와 그것의 메커니즘에 대해 얘기해보기로 하자. 기본적으로 *t*-test 역시 데이터가 정규 분포를 따른다는 가정을 기반으로 한다. 따라서 단일 표본의 경우, 데이터 $x_{1,\cdots,}x_n$은 정규분포 $N(\mu,\sigma^2)$를 갖는 독립적 확률변수로 가정된다. 이 때, μ와 σ^2는 각각 모집단 평균과 모집단 분산을 나타낸다. 우리가 만일 $\mu=\mu_0$라는 영가설을 검정하고자 한다면, 표본 평균 $\bar{x}$와 표준 편차 *s*를 통해 모집단 평균 μ와 모집단 표준편차 σ를 추정해야 한다. 하지만, 앞서 언급한 것처럼, 실제 모집단의 표준 편차를 알고 있다는 것은 현실적으로 가능한 일이 아니다. 따라서 이때 우리는 *t*-분포라는 대안적인 분포를 사용하게 된다.

앞서 언급한 것처럼, *t*-분포는 모집단 표준 편차인 σ를 알 수 없을 때 표본 평균의 분포를 설명하는 데 유용하다. 이 새로운 분포가 왜 필요한지에 대한 이해를 돕기 위해 몇 가지 추론을 해보자. 우리는 중심극한정리 통해 관찰치가 독립적이고 모집단 분포가 극단적으로 치우치지 않는 한, 큰 표본은 평균의 표본 분포는 거의 정규분포에 가깝다는 것을 알 수 있다. 이때 표본의 표준편차인 s를 n의 제곱근으로 나눈($s/\sqrt{n}$), 즉 표준 정규 분포의 표준오차의 추정치는 신뢰할 수 있다는 것을 기억하자. 이 표준오차는 미지의 모수인 모집단 표준편차 σ에 대한 최선의 추정치라고 할 수 있다. 하지만 표본 크기가 상대적으로 작다면 어떨까? 결국 우리에게는 큰 표본과 작은 표본 모두에 잘 맞는 새로운 분포가 필요하다.

평균, 중앙값, 최빈값을 중심으로 대칭이며 종 모양을 갖는다는 점에서 *t*-분포는 정규분포와 유사하다고 할 수 있다. 그러나 *t*-분포는 정규분포에 비 더 두꺼운 꼬리를 갖는다. 이러한 *t*-분포의 두꺼운 꼬리는 σ의 추정치인 s에 대한 불확실성을 반영한다. 정규분포와 t-분포를 시각적으로 비교함으로써 이 두꺼운 꼬리의 의미를 이해해보자. <그림 4.1>에서 보는 바와 같이 *t*-분포의 정상 부분은 정규분포만큼 높지 않다는 것을 알 수 있다. 즉, *t*-분포의 정상 부분이 중간에 약간 눌리고 이때 눌린 부분이 꼬리 부분에 추가가 된다. 이는 *t*-분포는 관찰치가 정규분포에 비해 평균에서 ± 2 표준 편차에 떨어질 가능성이 더 크다는 것을 의미한다. 다시 말해, *t*-분포를 사용하여 생성된 신뢰 구간은 정규분포를 사용하여 생성된 신뢰구간보다 훨씬 더 넓어진다. *t*-분포의 확률밀도함수에 대한 것은 정규분포 보다 훨씬 복잡하므로 여기서 다루지 않겠지만, *t*-분포와 관련된 또 하나의 모수를 언급하는 것은 반드시 필요하다. 정규 분포와 마찬가지로 *t*-분포에도 평균과 분산이 있지만 '자유도(degree of freedom: df)'라는 또 하나의 파라미터가 있다. *t*-분포에서 자유도는 꼬리의 두께를 결정한다. <그림 4.1>에서 보듯이, 자유도가 증가하면 *t*-분포의 꼬리가 보다 평평해지고, 정규분포와 마찬가지로 중심에서의 분포가 더 피크를 이루며, 분포의 모양은 점차적으로 정규분포에 근접한다. 이는 곧 표본 크기가 클수록 σ의 추정치로서 표본 표준편차 s를 사용하는 것에 따른 불확실성이 감소된다는 사실을 반영한다. 실제로 *t*-분포를 보면, 95% 신뢰수준(*two-tailed*)에서 자유도가 120일

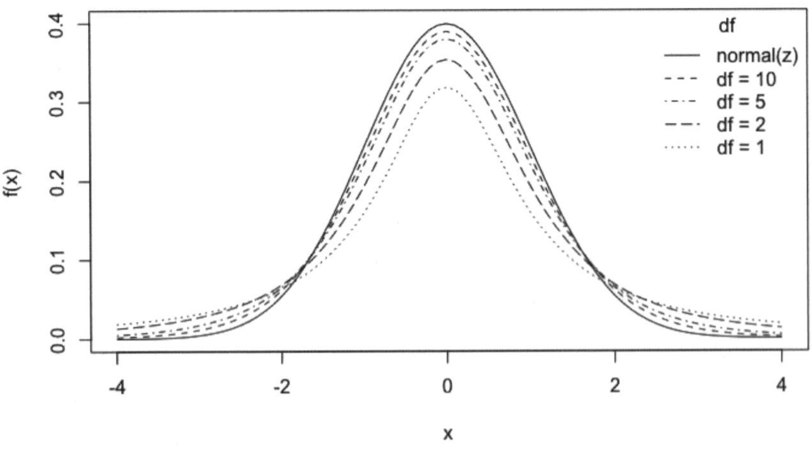

그림 4.1 *z*-분포와 *t*-분포의 비교

때 t-분포의 검정 통계치는 1.98, 자유도가 1,000일 때에는 검정 통계치가 1.962로서 정규 분포의 검정 통계치 1.96에 거의 수렴한다.

자유도는 데이터 표본에서 주어진 제약 조건을 위반하지 않고 자유롭게 변할 수 있는 독립적인 값의 최대 개수를 나타낸다. 자유도는 모수의 추정이나 통계 계산과 관련된 표본에서의 독립적인 정보 단위의 수를 의미하기도 한다(Eisenhauer, 2008). 사실 자유도는 생각보다 직관적으로 이해하기 난해한 개념이다. 하지만 자유도는 t-분포를 이용한 추론을 이해하기 위해서는 중요한 개념이므로 이에 대한 설명을 조금 더 하도록 하자. 자유도에는 우리가 보유한 독립적인 정보의 양이 추정할 수 있는 모수의 수를 제한한다는 개념을 포함한다. 여기서 말하는 독립적인 정보라는 의미를 좀 더 이해해보자. 독립적인 정보라는 의미가 단순히 표본의 크기를 말하는 것이라고 생각할 수도 있지만, 사실은 이보다 조금 더 복잡하다. 그 이유를 이해하기 위해서, 우리는 '자유롭게 변할 수 있는 독립적인 값'에 대해 좀 더 이야기 할 필요가 있다. 예를 들어, 1부터 10까지 10개의 값을 가진 데이터 세트가 있다고 하자. 이때 우리가 이 데이터 세트에서 아무 값도 추정하지 않는다면 각 값은 그 어떤 수치든 가능할 수 있다. 다시 말하면, 이때 데이터 세트의 각 값은 완전히 자유롭게 변할 수 있다. 그러나 표본 값 10개로 평균을 추정한다고 가정해보자. 이제 평균을 추정하기 위한 제약 조건을 갖게 된다. 즉, '데이터의 모든 값의 합계는 $n \times$평균과 같아야 하며, 여기서 n은 데이터 집합의 수이다.' 따라서 데이터 세트에 10개의 값이 있는 경우 10개의 값의 합계는 평균 × 10과 같아야 한다. 또한, 10개 값의 평균이 5.5인 경우, 이 제약 조건을 사용하려면 10개 값의 합계가 $10 \times 5.5 = 55$이어야 한다. 물론 이러한 제약 조건 하에서 데이터 세트의 첫 번째 값은 어느 값이든 자유롭게 변할 수 있다. 값이 어떻든 간에 10개 숫자의 합계는 여전히 55가 될 수 있다는 것이다. 어떤 값을 선택하든 모든 값의 합계가 55가 될 수 있으므로 두 번째 값도 자유롭게 변할 수 있다. 결국 처음 9개 값은 다음 예와 같이 어떤 값이든 가능하다.

40.3, -8.3, -37, -39, -1, 0, 2, -2, 100 혹은 1, 2, 3, 4, 5, 6, 7, 8, 9

그러나 10개의 값 합계가 모두 55이고 평균이 5.5인 경우에는 10번째 값은 절대 변할 수 없고 특정 값으로 고정되어야 한다. 40.3, -8.3, -37, -39, -1, 0, 2, -2, 100일 경우 10번째 값은 반드시 '10'이어야 한다. 또한 1, 2, 3, 4, 5, 6, 7, 8, 9인 경우에는 10번째 값은 반드시 '10'이어야 한다. 결국 마지막 숫자는 자유롭게 변할 수 없는, 즉 독립적인 정보가 아닌 나머지 값에 종속적인 정보이다. 이 경우, 평균을 추정하는 것은 변동성의 자유에 제약을 가해 마지막 값과 평균은 전적으로 서로에게 의존하게 된다. 따라서 여기서 '자유롭게 변할 수 있는 독립적인 값', 즉 자유도는 $10-1=9$가 된다.

'자유롭게 변할 수 있는 독립적인 값'의 의미를 이해했으니 이번에는 아이젠하워(Eisenhauer, 2008)가 설명한 것처럼 표본 분산을 계산하는 식을 통해 자유도를 이해해보자. 먼저, 5개의 관찰치를 가진 표본을 가정해보자. 이 표본에 대해 알려진 것이 전혀 없는 경우, 표본의 그 어떤 관찰치가 취할 수 있는 값에는 제약이 없다. 다시 말해, 다섯 개의 관찰치 모두 자유롭게 모집단에서 추출된 다른 관찰치들로 대체될 수 있다. 그러나 표본 분산을 계산하려면 먼저 표본 평균을 계산해야 한다. 만일 표본 평균이 10이라고 한다면, 5개의 관찰치 모두는 더 이상 모집단으로부터 무작위 추출을 통해 자유롭게 대체될 수 없다. 위의 예와 같이, $\overline{x}=10$이라고 한다면 $n\times$평균은 50이 된다. 이때 5개 관찰치의 합도 모두 50이 되어야 하므로 4개의 관찰치는 자유롭게 변할 수 있지만, 일단 4개의 관찰치가 정해진다면 마지막 관찰치는 기본적으로 결정된다. 따라서 표본 분산을 계산하는 데 우리가 사용할 수 있는 자유도는 4개뿐이며, 유효 표본 크기 역시 $df=n-1$, 즉 4로 감소되었다. 이를 통해 n이 아닌 $n-1$을 분모로 하여 표본 분산을 계산하는 이유를 설명할 수 있다.

이제 표본의 분산을 계산할 수 있는 자유도가 $n-1$인 이유를 알고 있으면 동일한 자유도가 *student t*-통계량에도 적용된다는 사실을 쉽게 이해할 수 있다. 즉, *t*-test의 경우 n 자유도는 평균을 추정하는데 사용되고, 나머지 $n-1$ 자유도는 분산을 추정하는데 사용된다. 결국 *t*-test에서의 자유도는 *p*-value와 *t*-value를 계산하는 데 사용되는 특정 *t*-분포를 정의한다고 할 수 있다.

4.2 단일표본 *t*-test

지금부터는 본격적으로 *t*-test에 대해 이야기해보자. *t*-test를 사용하는 기본적인 목적은 집단 간의 평균의 차이가 통계적으로 유의미한지 검증하는 것이다. 이러한 목적을 기반으로 *t*-test는 크게 단일표본 *t*-test(single sample *t*-test)와 이표본 *t*-test(two samples *t*-test)로 구분할 수 있다. 먼저 단일표본 *t*-test부터 살펴보자. 단일표본 *t*-test는 미지의 모집단 평균이 특정 값(혹은 표본 평균)과 다른지 여부를 확인하기 위해 사용되는 통계적 가설 검정 방법이다. 단일표본 *t*-test는 *z*-분포 대신 *t*-분포를 사용하고, 모집단의 표준편차 σ 대신 표본의 표준편차 s를 사용하여 표준오차를 계산하는 것 말고는 앞 장에서 논의한 단일표본 *z*-test와 거의 동일하다고 볼 수 있다. 표준오차를 계산하기 위한 공식은 다음 <식 4.1>과 같다.

$$SE = \frac{s}{\sqrt{n}} \qquad \text{<식 4.1>}$$

그러면, 단일표본 *t*-test와 관련된 간단한 예제를 풀어보도록 하자.[24] 어떤 회사가 매출 향상을 위해 영업사원 교육을 강화하기로 했다고 하자. 과거 판매 데이터에 따르면 이 회사의 월 평균 매출액은 영업사원 당 1,000만원이었다. 영업사원 교육 프로그램을 수행한 후, 무작위 추출한 25명의 영업사원의 월 평균 매출액은 평균 1,300만원, 표준편차는 150만원으로 나타났다. 이 회사의 영업사원 교육 프로그램은 효과가 있었는가? 이 문제를 *t*-test를 통해 밝혀보자. 앞서 언급한 것처럼, *t*-test를 사용하여 가설을 검정하는 것 역시 앞 장의 *z*-test와 동일하다. 신뢰구간과 영가설 검정 두 가지 방법을 모두 수행해보자.

먼저, 표본의 통계치를 이용하여 모집단 평균에 대한 95% 신뢰구간을 구해보자. *t*-분포 표에 따르면 $df = 24$일 때 95% 신뢰수준에서의 *t*-value($t_{\alpha/2}$)는 2.064이고, 표준오차는 30만원이다.

$$SE = \frac{15,00000}{\sqrt{25}} = 300,000$$

$$\overline{x} \pm (t_{\alpha/2} \times SE) = 13,000,000 \pm (2.064 \times 300,000)$$

따라서 모집단 평균에 대한 95% 신뢰구간은 12,380,800원 ~ 13,619,200원이다. 이러한 결과는 영업사원 교육 프로그램 이후 영업사원 월 평균 매출액이 교육 프로그램 이전 매출액(1,000만원)보다 증가했다는 근거가 충분하다는 것을 보여준다. 다시 말하면, 이 회사의 영업사원 교육 프로그램은 어느 정도 효과가 있었다고 말할 충분한 근거가 있다.

---

24) 출처: https://www.statisticshowto.com/probability-and-statistics/hypothesis-testing/one-sample-t-test/

이번에는 *t*-value를 이용하여 영가설 검정을 수행해보자. 먼저, 영업사원 교육 프로그램에 따른 월 평균 매출액에는 차이가 없다는 영가설과 대안가설은 다음과 같이 기술될 수 있다.

$$H_0 : \mu = 10,000,000$$

$$H_a : \mu \neq 10,000,000$$

앞서 *z*-test와 마찬가지로, 아래와 같이 표준오차를 산출한 후 관찰된 *t*-value(t_{obs})를 영가설이 기각되기 위한 *t*-검정통계량(t_{crit})과 비교함으로써 영가설을 검증하게 된다.

$$SE = \frac{15,00000}{\sqrt{25}} = 300,000,$$

$$t_{obs} = \frac{\overline{X} - \mu}{SE} = \frac{(13,000,000 - 10,000,000)}{300,000} = 10$$

t_{obs}은 10이며, *t*-분포표에 따르면 $df = 24$일때 t_{crit}은 $\alpha = .05$에서 2.064이다(*two-tailed*). 따라서 <그림 4.2>와 같이 t_{obs}은 기각역에 존재하므로 우리가 설정한 영가설은 95% 신뢰수준에서 기각될 수 있다. 즉, 이 회사의 영업사원 교육 프로그램은 효과가 있었다고 말할 충분한 근거가 있다.

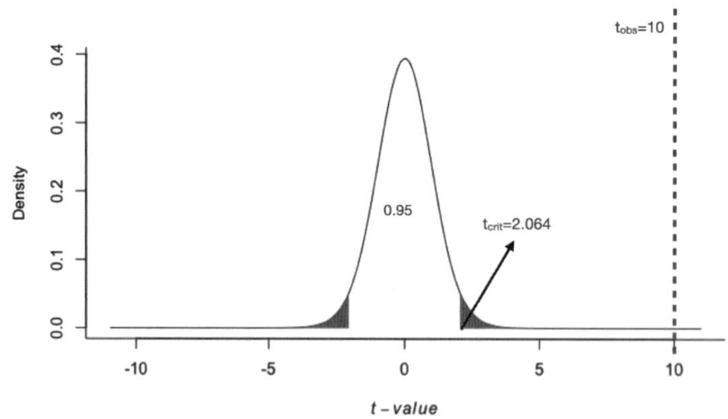

그림 4.2 *t*-분포 ($df = 24$, $\alpha = .05$, *two-tailed*)

이제 R의 datarium 패키지(Kassambara, 2019)의 mice 데이터를 이용하여 단일표본 *t*-test를 수행해보자. 이 데이터 세트는 생쥐 10마리의 몸무게를 담고 있다. 우리는 이 데이터의 생쥐 몸무게 평균이 생쥐의 모집단 평균 몸무게 25g과 다른지를 95% 신뢰수준에서 검증할 것이다. 영가설과 대안가설은 다음과 같이 설정될 수 있다.

$$H_0 : \mu = 25, \;\; H_a : \mu \neq 25$$

분석에 필요한 datarium 패키지를 먼저 로드하고, mice 데이터를 불러온다.

```
> library(datarium)
> data(mice)
> head(mice)
  name weight
1  M_1   18.9
2  M_2   19.5
3  M_3   23.1
4  M_4   20.1
5  M_5   20.3
6  M_6   23.4
```

t-test를 수행하기 전에 생쥐의 몸무게가 정상적으로 분포되어 있다고 가정하는 것이 타당한지 확인할 필요가 있다. 이를 위해 히스토그램과 Q-Q plot을 확인한다.

```
> par(mfrow=c(1,2))
> hist(mice$weight, breaks=seq(10,30,by=1), col="grey", border="white",
     prob=T, ylim=c(0,0.3))
> lines(density(mice$weight))
> qqnorm(mice$weight, pch = 1, frame = FALSE)
> qqline(mice$weight, col = "blue", lwd = 2)
```

<그림 4.3>의 그래프를 보면 일부 정규분포 가정과 일치하지 않는 비정상적인 사례가 보이기는 하지만 전반적으로 심각하게 정규성 가정이 위배된다고 보기는 어렵다. 추가로 psych 패키지(Revelle, 2022)의 describe 함수를 이용하여 데이터의 기술통계 값과

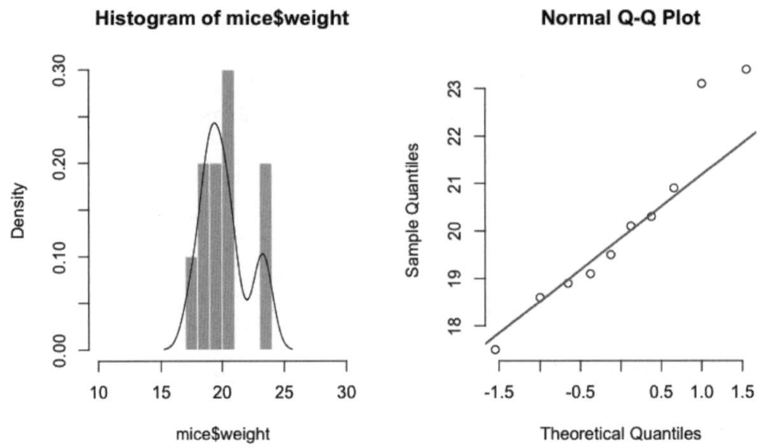

그림 4.3 생쥐 몸무게에 대한 히스토그램과 Q-Q 플롯

Shapiro-Wilk's test의 정규성 검정 결과를 기초로 정규성 가정의 위배 여부를 살펴보자. Shapiro-Wilk's test 외에도 K-S(Kolmogorv-Smirnov), Lilliefors(LF) test, Anderson-Darling(AD) 등 다양한 정규성 검정 방법이 있으나, 여러 연구들(e.g., Keskin, 2006; Razali, & Wah, 2011; Yazici, & Yolacan,2007)에 의하면 일반적으로 Shapiro-Wilk's test가 검정력이 가장 우수한 것으로 나타난다. 그러나 데이터 점수와 정상 점수(normal score) 간의 상관관계를 기반으로 하는 Shapiro-Wilk's test는 표본 크기에 민감하다. 작은 표본은 대부분 Shapiro-Wilk's 정규성 검정을 통과하지만 매우 큰 표본은 정규성 검정을 통과하지 못하는 경향을 보인다. 따라서 정규성 검정을 위해서는 정규성 통계량과 함께 다양한 플롯과 및 기술통계 값 등을 모두 고려하여 최종적으로 올바른 결정을 내리는 것이 중요하다.

```
> library(psych)
> describe(mice$weight)
   vars  n  mean  sd median trimmed  mad  min  max range skew kurtosis  se
X1    1 10 20.14 1.9   19.8   20.06 1.48 17.5 23.4   5.9 0.52    -1.08 0.6
> shapiro.test(mice$weight)

        Shapiro-Wilk normality test

data:  mice$weight
W = 0.92295, p-value = 0.3822
```

출력된 데이터의 기술통계 값을 보면, kurtosis 값(-1.08)이 음의 방향으로 약간 높은 것으로 보이지만 그리 심각한 수준은 아니다. Shapiro-Wilk's test의 검정 결과($W = .923$, $p = .382$) 역시 데이터의 분포가 정규 분포와 유의하게 다르지 않음으로써 정규성 가정이 충족되었음을 보여준다.

t-test는 R의 기본 함수인 t.test 함수를 이용하여 다음과 같이 간단하게 수행할 수 있다. 생쥐의 몸무게 평균이 25g과 다른지의 여부를 검증하는 것이 예제이므로 'mu = 25'로 설정 되었다.

```
> t.test(mice$weight, mu = 25)

        One Sample t-test

data:  mice$weight
t = -8.1045, df = 9, p-value = 0.00001995
alternative hypothesis: true mean is not equal to 25
95 percent confidence interval:
 18.78346 21.49654
sample estimates:
mean of x
    20.14
```

분석 결과, 관찰된 생쥐의 몸무게 평균(20.14g)은 생쥐 모집단의 평균 몸무게 25g과 통계적으로 유의미한 차이가 있는 것으로 나타났다[$t(9) = -8.104, p < .0001, two-tailed$]. 이러한 결과를 rstatix 패키지(Kassambara, 2021)의 ggdensity 함수를 이용하여 density plot을 시각화할 수 있다. 이를 위해서는 먼저 '파이프 기능'을 이용하여 *t*-test를 수행한 후 이를 벡터로 할당하여 이 벡터를 density plot을 생성할 때 사용해야 한다.[25] <그림 4.4>의 density plot에서 중앙의 점선은 관찰된 표본 평균을, 오른쪽의 실선은 가정된 모집단의 평균을 의미한다.

```
> library(rstatix)
> stat.test <- mice %>% t_test(weight ~ 1, mu = 25)
```

---

25) stat.test 벡터를 할당할 때 'weight ~ 1'은 weight라는 변수에 대한 단일표본 *t*-test를 수행할 때 사용되는 옵션이다.

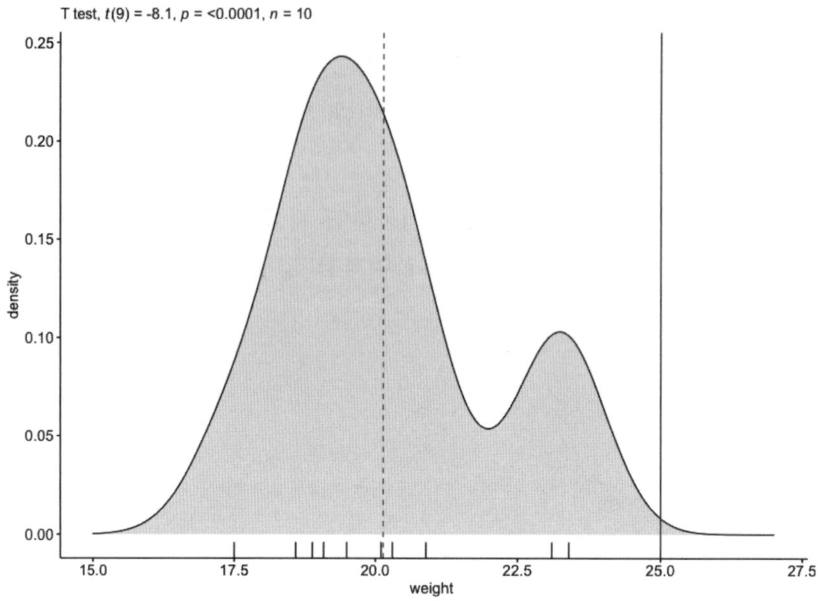

그림 4.4 t-test 결과에 대한 density plot

```
> ggdensity(mice, x = "weight", rug = TRUE, fill = "lightgray") +
+   scale_x_continuous(limits = c(15, 27)) +
+   stat_central_tendency(type = "mean", color = "red", linetype = "dashed") +
+   geom_vline(xintercept = 25, color = "blue", linetype = "dashed") +
+   labs(subtitle = get_test_label(stat.test,  detailed = TRUE))
```

4.3 이표본 *t*-test

단일표본 *t*-test가 표본의 평균과 모집단의 평균을 비교하기 위한 분석 방법이라고 한다면, 이표본 *t*-test는 두 표본의 평균을 비교하여 두 모집단의 평균 차이를 추론하는 것이 주 목적인 분석 방법이다. 즉, 이표본 *t*-test는 데이터 수집 설계 방법에 따라 다시 독립표본 *t*-test(independent samples *t*-test)와 대응표본 *t*-test(paired samples *t*-test) 혹은 종속표본 *t*-test(dependent samples *t*-test)로 구분될 수 있다. 독립표본 *t*-test는 비교되는 두 집단이 독립적이라는 것을 가정하는 반면, 대응표본 *t*-test는 그렇지 않다. 그러면 차례로 이들 분석 방법을 살펴보기로 하자.

4.3.1 독립표본 *t*-test

독립표본 *t*-test의 원리는 원칙적으로 단일표본 *t*-test의 그것과 크게 다르지 않다. <그림 4.5>는 이 둘의 차이를 직관적으로 보여준다. 독립표본 *t*-test는 정규분포를 이루는 두 집단 $N(\mu_1, \sigma_1^2)$, $N(\mu_2, \sigma_2^2)$에서 추출된 두 집단 $x_{11,\cdots,}x_{1n1}$과 $x_{21,\cdots,}x_{2n2}$의 평균 비교를 통해 μ_1과 μ_2의 차이를 검증하게 된다. 본격적인 독립표본 *t*-test의 원리를 알아보기 전에, 독립표본 *t*-test를 수행하기 위해 충족되어야 할 몇 가지 가정을 살펴보자.

독립표본 *t*-test를 수행하기 위해서는 다음과 같은 세 가지 가정이 충족되어야 한다. 첫 번째는 관찰된 데이터 값은 서로 독립적이어야 한다는 독립성 가정(independence assumption)이다. 즉, 한 관찰 값에 대한 측정치는 다른 관찰 값에 대한 측정에 영향을 주지 않아야 한다. 독립성 가정은 방법론적 이슈이므로 통계적으로 검증하는 것이 쉽지 않다. 독립성 가정이 심각하게 위반되었다면 이를 쉽게 교정하기는 쉽지 않다. 따라서 통계적으로 검증하고 그것이 위반되었을 때 교정하기 보다는 엄격한 설계를 통해 독립성 가정이 위배되는 것을 미연에 방지하는 것이 가장 최선책이다. 집단별로 플롯을 찍어 보거나 Durbin-Watson 통계량을 통해 자기상관성(autocorrelation)을 살펴보는 방법을 통해 간단하게 독립성 가정을 확인할 수 있다. 두 번째는 단일표본 *t*-test의 가정과 마찬가지로 정규성 가정이 충족되어야 한다.[26] 세 번째는 두 집단의 종속변수의 분산은 서로 같아야 한다는 등분산성(homogeneity of variances) 가정이다. 두 모집단의 분산 σ_1^2와 σ_2^2가 동일하다는 가정 하에, 독립표본 *t*-test가 수행되어야 한다. 등분산성을 검정하기 위한 방법으로는 Bartlett's test, Levene's test, Fligner-Killeen's test, Hartley's *f*-max test 등 다양한 방법이 존재한다. 이들 검정 방법은 각기 다른 특성을 지닌다. 예를 들면, 계산이 쉽고 직관적이라는 장점을 가진 Hartley's *f*-max test는 집단 간 표본 수가 동일하지 않은 경우 편향된 결과를 얻을 수 있다. Bartlett's test는 정규성이 확보된 경우 표본 수에 덜 민감한 Bartlett's test가 등분산 가정을 검정하는 강건한 방법일 수 있지만 정규성 여부에 민감하기 때문에 데이터가 정규분포를 따르지 않는 경우 잘못된 검정 결과를 얻을 가능성이 높다(Box, 1953). 이러한 이유로 사회과학 분야의 연구자들은 비정규성을 보이는 데이터에 강건한 Levene's test를 보다 선호하는 편이다 (Glass, 1966).

---

26) 하지만 어느 정도의 표본이 확보된다면 *t*-test에서 정규성 가정은 강건한 가정(robust assumption)이 아니라는 최근의 연구들(e.g., Boneau, 1960; Lumley, Diehr, Emerson, & Chen, 2002; Rochon, Gondan, & Kieser, 2012)이 발표되고 있으니 참고 바란다.

이때 우리가 테스트해야할 영가설은 모든 모집단 분산이 동일하다는 것이고, 대안가설은 이 둘의 모집단 분산이 다르다는 것이다.

$$H_0 : \sigma_1^2 = \sigma_2^2,\ H_A : \sigma_1^2 \neq \sigma_2^2$$

만일, 등분산 가정이 충족되지 않은 경우, 즉, 등분산성의 영가설이 기각되었을 경우에는 제1종 오류가 영향을 받을 수 있다. 그러면 등분산성 가정이 충족되지 않으면 어떤 결과가 나타날까? 등분산성 가정의 충족 여부는 표본의 크기에 따라 분석 결과에 다르게 영향을 미칠 수 있다. 두 표본의 크기가 거의 동일하다면, 등분산 가정의 위배가 분석 결과에 큰 영향을 미치지 않을 수 있다. 그러나 상대적으로 작은 표본인 경우에 등분산 가정이 충족되지 않으면 등분산성의 통계적 유의수준은 과소평가되어 제1종 오류가 나타날 가능성이 크다. 반면에 표본의 크기가 매우 큰 경우에는 통계적 유의성이 과대평가될 수 있어 제2종 오류가 발생할 가능성이 있다(Delacre, Lakens, & Leys, 2017). 제1종 오류의 증가는 긍정오류(false positives)의 가능성을 증가시키는 반면, 제2종 오류의 증가는 통계 검정력의 손실을 초래한다(Banerjee et al., 2009). 대부분의 통계학자들은 등분산성 가정이 충족되지 않았을 경우에는 Welch test(예: Welch, 1947)와 같은 비모수통계 방법(non-parametric method)이나 Yuen's *t*-test와 같은 robust 방법(예: Wilcox, 2005)을 사용하도록 권고하고 있다.[27)]

이제 간단한 예제를 통해 독립표본 *t*-test를 수행해보자. 예제를 위해 D 피자와 H 피자의 배달 시간을 관찰한 데이터를 이용하기로 하자. 데이터의 기본적인 통계 값은 다음 <표 4.1>과 같다.

---

27) 일부 통계학자들의 경우, 대부분의 사회과학 분야의 연구에서는 등분산 가정이 충족되는 것이 사실상 어렵기 때문에 student's *t*-test 대신 Welch's *t*-test를 기본으로 사용해야 한다고 주장한다(Delacre, M., Lakens, D., & Leys, C., 2017). 예를 들어, 디클레어와 동료들(Delacre, M., Lakens, D., & Leys, C., 2017)은 Welch's *t*-test는 등분산성 가정이 충족되지 않을 때 제1종 오류를 더 잘 통제할 수 있을 뿐만 아니라, 가정이 충족될 때에도 student's *t*-test에 비해 강건함(robustness)을 상실하지 않는다고 주장한다. 또한 이들은 시뮬레이션을 통해 Yuen's *t*-test의 경우 제1종 오류의 편향이 오히려 심하게 부풀려진다고 주장하면서, Welch's *t*-test를 기본으로 사용하는 것이 가장 안정적이라고 주장한다.

표 4.1 D 피자와 H 피자의 배달 시간

D Pizza	H Pizza
20.4	20.2
24.2	16.9
15.4	18.5
21.4	17.3
20.2	20.5
18.5	15.6
21.5	18.2
M(SD) = 20.23 (2.74)	M(SD) = 18.17 (1.76)

각각 7개의 관찰 데이터를 보면, D 피자의 평균 배달 시간($M = 20.23$, $SD = 2.74$)은 H 피자의 평균 배달 시간($M = 18.17$, $SD = 1.76$)보다 더 오래 걸리는 것을 알 수 있다. D 피자와 H 피자의 모집단 평균 배달 시간에는 통계적으로 유의미한 차이가 있는지를 검증할 가설은 다음과 같다.

$$H_0 : \mu_{Domino} = \mu_{Hut}, \quad H_0 : \mu_{Domino} \neq \mu_{Hut}$$

관찰된 데이터의 정규성과 등분산성이 모두 충족되었다는 가정 하에 독립표본 *t*-test를 수행해보자. 독립표본 *t*-test를 이용해 가설검정을 할 때 우리가 제일 먼저 계산을 해야 할 것은 *t*-value이다. 독립표본 *t*-test에서 *t*-value를 산출하기 위해 사용되는 표준오차는 두 집단의 평균차이의 표준오차(standard error of difference of means)가 된다. 표준오차 공식은 두 집단의 표본 수와 분산이 동일한지 여부에 따라 계산하는 공식은 달라진다. 아래 공식 <식 4.3>과 <식 4.4>는 모두 두 집단의 표본 수와 분산이 동일한 경우에 사용되는 표준오차 공식이다. 공식 <식 4.3>은 두 집단의 표본 수와 분산이 동일한 경우, <식 4.4>는 두 집단의 분산은 동일한데 표본 수가 다를 때의 공식이다. 두 공식 모두 표준오차를 산출하기 위해 통합표준편차(pooled standard deviation)를 표준편차로 사용하게 된다. 통합표준편차는 연구의 모든 집단이 동일한 표준편차를 갖고 있는 모집단에서 추출된 것으로 가정할 경우, 이들을 단일 표준편차를 추정하기 위한 방법이다. 통합표준편차는 집단의 개별 평균이 가중 평균(weighted average)으로 평균화하는 것이라고 할 수 있는데, <식 4.4>의 경우처럼 표본 수가 다른 경우 가중치는 표본 수가 더 큰 집단에 더 많은 가중치가 부여된다. 물론 두 집단의 표본 수와 분산이 동일한 경우에는 이 두 공식 어느 것을 사용하든 동일한 값들을 산출하게 된다.

$$t = \frac{\overline{X_1} - \overline{X_2}}{SE}, \qquad \text{<식 4.2>}$$

$$SE = SD_{pooled} \times \sqrt{\frac{2}{n}} = \sqrt{\frac{S_{X1}^2 + S_{X2}^2}{2}} \times \sqrt{\frac{2}{n}} \qquad \text{<식 4.3>}$$

$$SE = SD_{pooled}^{*} \times \sqrt{\frac{1}{n_1} + \frac{1}{n_2}} = \sqrt{\frac{(n_1 - 1)S_{X1}^2 + (n_2 - 1)S_{X2}^2}{n_1 + n_2 - 2}} \times \sqrt{\frac{1}{n_1} + \frac{1}{n_2}} \qquad \text{<식 4.4>}$$

위 예제의 경우에는 두 피자 브랜드 데이터의 표본 수와 분산은 동일한 것으로 가정하므로 <식 4.3> 공식을 사용하여 표준오차와 *t*-value를 구해보자. 이때 사용되는 자유도는 $df = n_1 + n_2 - 2$이다.

$$SE = \sqrt{\frac{2.74^2 + 1.76^2}{2}} \times \sqrt{\frac{2}{7}} \approx 1.23$$

$$t_{obs} = \frac{(20.23 - 18.17)}{1.23} \approx 1.675$$

계산된 t_{obs}은 1.674이며, $df = 7 + 7 - 2 = 12$로 *t*-분포표로 확인한 t_{crit}은 $\alpha = .05$에서 약 2.179이다(*two-tailed*). 따라서 <그림 4.5>와 같이 t_{obs} 1.674는 기각 영역 밖에 존재하므로 설정된 영가설을 기각할 수가 없다. 따라서 D 피자와 H 피자의 모집단 평균 배

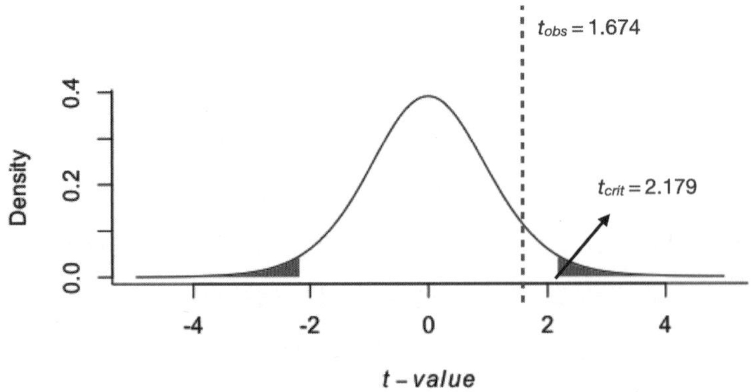

그림 4.5 D 피자와 H 피자의 배달 시간 차이에 대한 *t*-test

달 시간에는 95% 신뢰수준에서 통계적으로 유의미한 차이가 있다고 말할 근거가 충분치 않다.

이번에는 95% 신뢰구간을 활용하여 가설에 대한 추론을 해보자. 95% 신뢰수준에서 $df = 12$일 때 t_{crit}은 2.179이고, 두 집단의 평균 차이는 2.06분, 표준오차는 1.23분이다. 따라서 두 집단의 평균차이에 대한 95% 신뢰구간은 다음과 같다.

$$(\overline{X_1} - \overline{X_2}) \pm (t_{\alpha/2} \times SE) = 2.06 \pm (2.179 \times 1.23)$$

계산된 모집단 평균 차이에 대한 95% 신뢰구간은 [-0.63분, 4.74분]이다. 추정된 신뢰구간은 0을 포함하고 있으므로 두 피자 브랜드의 배달 소요시간의 차이 $(\mu_{Domino} - \mu_{Hut})$가 0이 아니라는 근거, 즉 두 피자 브랜드의 모집단 평균 배달 시간에는 통계적으로 유의미한 차이가 있다고 말할 근거가 충분치 않다.

지금까지 NHST를 바탕으로 한 *t*-test를 설명했지만 사실, 사회과학 분야에서 NHST는 많은 문제점과 함께 비판의 대상이 되어 왔다. 앞 장에서 언급한 것처럼, 거의 신화처럼 사용되어온 NHST는 결과 해석의 오류, 표본 크기에 대한 민감성, *p*-해킹(*p*-hacking)[28] 등 NHST가 갖는 많은 문제점에 대한 많은 비판과 대안이 제기되어 왔다.[29] 예를 들어, NHST 결과로 얻어진 *p* 값을 영가설이 참이라는 확률로 해석하는 오류는 사회과학 연구자들에게서 빈번하게 발견되는 오류이다. 즉, $p < .05$라는 의미는 영가설이 참일 때 해당 가설의 결과가 일어날 확률이 5%미만이라는 것을 의미함에도 불구하고, 이를 영가설이 참인 확률이 5%미만인 것으로 해석하는 경우가 종종 발견된다(이병관 외, 2020). 즉, *p* 값은 가설검정 결과가 유의한지에 대한 측정치가 아니라, 영가설이 참일 때, 검정 통계치의 조건적 확률을 말하는 것이지(Bakan, 1966), 효과의 크기를 보여주는 지표가 아니다(Cohen, 1994). 또한, *p* 값은 표본의 크기에 매우 민감하다. 만일 표본수가 적으면 *p* 값이 높아져 영가설을 기각할 수 없더라도 효과크기는 클 수 있고, 이러한 경우 제2종 오류는 증가하게 된다(이병관 외, 2020). 물론 반대의 경우, 즉 표본 수가 큰 경우에는 효과크기(effect size)가 작음에도 영가설을 기각하게 되는 제1종 오류를 범할 수 있다. '효과크기 제시', '신뢰구간 제시', '그래픽의 형태의 결과 제시', '통계적으로 유의미하지 않은 결과도 효과크기 제시' 등 NHST가 갖는 많은 한계를 보완할 수 있는

28) 통계적으로 유의미한 *p*-값(.05 또는 .01 이하)을 얻기 위해 의도적으로 표본 크기를 늘리는 행위를 말한다.

29) 이에 대한 보다 구체적인 논의는 이병관과 동료들(2020)의 연구를 참고하길 바란다.

다양한 대안이 제시되었다(이병관 외, 2015).

효과크기는 NHST의 중요한 대안임에 틀림이 없다. 효과크기는 '모집단에 현상이 존재하는 정도 혹은 영가설이 거짓인 정도'(Cohen, 1988), '효과의 실제적 유의성(practical significance) 보여주기 위한 측정치'(Kirk, 1996), '독립변수와 종속변수 사이의 관계가 얼마나 강한지를 나타내는 통계적 측정치'(Ferguson, 2016) 등으로 정의될 수 있다. 처음으로 '효과크기'라는 용어로 사용된 Cohen's *d*는 *t*-test에서 가장 널리 사용된다. Cohen's d는 <식 4.5>와 같이 모집단의 두 평균 간의 차이를 모집단 표준편차로 나눈 값으로 정의되는데, 데이터에서의 Cohen's *d*를 산출하기 위해서는 일반적으로 표준편차로 통합표준편차를 사용한다.[30] Cohen's *d*에 대한 해석은 상당히 직관적이라고 할 수 있는데, Cohen's *d*가 크다는 것은 두 평균 간의 차이가 크다는 것을 의미한다. 예를 들어, Cohen's *d*가 0.5라면 한 집단의 평균이 다른 집단의 평균보다 $0.5 \times SD$ 만큼 크다는 것을 의미한다. 일반적으로 산출된 Cohen's *d*에 대한 해석은 코헨(Cohen, 1988)의 가이드라인을 따른다: 작은 효과크기(d = 0.2), 중간 효과크기(d = 0.5), 큰 효과크기(d = 0.8).

$$\delta = \frac{\mu_1 - \mu_2}{\sigma},\ d = \frac{\overline{X_1} - \overline{X_2}}{SD_{pooled}} \qquad \text{<식 4.5>}$$

$$SD_{pooled} = \sqrt{\frac{2.74^2 + 1.76^2}{2}} \approx 2.303$$

$$d = \frac{\overline{X_1} - \overline{X_2}}{SD_{pooled}} = \frac{2.06}{2.303} \approx 0.895$$

위와 같이 예제의 효과크기를 산출해보면, 통합표준편차는 2.303, 두 집단 평균의 차이는 2.06이므로 Cohen's *d*는 약 0.895로 큰 효과크기를 보여준다. 그러나 Cohen's *d*는

30) 표본의 Cohen's *d*를 산출하기 위해서 어떤 표준편차를 사용해야 하는지에 대해서는 여러 논란이 있다. 예를 들면, 데이터의 등분산성 가정이 의심되는 상황에서는 통합표준편차보다는 통제집단(혹은 관심집단)의 표준편차를 Cohen's *d* 공식의 분모로 사용하여야 한다는 주장도 있다(Cumming, 2013). 표본의 Cohen's *d*를 산출하기 위해서 어떤 표준편차를 사용해야 하는가에 대한 구체적 논의는 커밍(Cumming, 2013)와 굴렛-펠라리어와 쿠시노(Goulet-Pelletier & Cousineau, 2018)를 참고하길 바란다.

편향추정치(biased estimate)이므로 표본의 d는 모집단의 δ와 일치하지 않을 수 있다(Goulet-Pelletier & Cousineau, 2018). 특히 표본의 크기가 작은 경우 Cohen's d가 과대평가됨으로써 그 편향은 더 커질 수 있다(Cumming, 2013).[31] 따라서 표본의 크기가 작은 경우, Hedges의 보정계수(correction factor)를 적용한 Cohen's d의 불편향추정치(unbiased estimate)인 Hedges' g를 사용하는 것이 권고된다(예: Goulet-Pelletier & Cousineau, 2018). 그러면 이제 Hedges' g를 산출해보자. 이를 위해서는 먼저 <식 4.6>을 이용하여 Hedges의 보정계수[$J(v)$]를 구한 후, <식 4.7>을 통해 Hedges' g를 산출한다.

$$J(v) = \frac{\Gamma(\frac{1}{2}v)}{\sqrt{\frac{v}{2}}\,\Gamma(\frac{1}{2}(v-1))} \quad \text{<식 4.6>}$$

$$g = J(v) \times d \quad \text{<식 4.7>}$$

$$v = n_1 + n_2 - 2,\ \ \Gamma(x) = (x-1)!$$

위의 <식 4.6>에서 v는 자유도, Γ는 $x-1$에 대한 팩토리얼(factorial)인 gamma 함수를 의미하는데, x가 소수일 경우 계산이 복잡하기 때문에 아래 <식 4.8>다음과 같은 근사(approximation) 보정계수를 이용한다. Hedges' g의 공식에서도 유추해볼 수 있듯이 자유도, 즉 표본 수가 증가할수록 보정계수는 1에 가까워지므로 Cohen's d와 Hedges' g의 값은 차이가 거의 없게 된다. 실제로 집단별 20 이상의 표본 수를 가질 경우 Cohen's d와 Hedges' g 값의 차이는 거의 무시할 만하다(Goulet-Pelletier & Cousineau, 2018). 그렇지만 표본 수에 상관없이 Hedges' g를 보고하거나 Cohen's d와 Hedges' g 모두를 보고하는 것이 좋다.

$$J(v) \approx (1 - \frac{3}{4v-1}) \approx 0.936 \quad \text{<식 4.8>}$$

위 공식을 사용하여 계산된 근사 보정계수는 0.936이므로, 최종적으로 산출된 Hedges' g는 $g = J(v) \times d \approx 0.936 \times 0.895 \approx 0.839$가 된다. 이러한 결과는 영가설 검정

31) Cohen's d의 불편향추정치에 대한 자세한 논의는 굴렛-펠라리어와 쿠시노(Goulet-Pelletier & Cousineau, 2018)를 참고하길 바란다.

결과를 고려한다면 매우 흥미로운 결과가 아닐 수 없다. 영가설 검정 결과에 따르면 두 피자 브랜드의 모집단 평균 배달 시간은 95% 신뢰수준에서 통계적으로 유의미한 차이가 있다고 말할 근거가 충분치 않다는 결론을 내릴 수 있지만, Cohen's *d*는 0.895, Hedges' *g*는 0.839로 모두 어느 정도의 큰 효과크기를 보여준다. 그렇다면 우리는 이러한 결과를 바탕으로 연구자는 어떤 결론을 내려야 할까? 예제 데이터의 표본 수가 매우 적고, NHST는 표본 수에 민감하다는 점을 고려한다면, 우리가 단순히 영가설 검정 결과를 기초로 결론을 내릴 경우 제2종 오류가 발생할 가능성이 높다. 적은 표본 수라는 한계를 고려할 때, 결국 우리는 두 피자 브랜드의 모집단 평균 배달 시간 차이에 대한 NHST의 결과에 대하여 유보적인 입장을 취할 수밖에 없을 것이다. 다시 말해, 데이터의 비교적 큰 효과크기를 고려한다면, 만일 표본 수가 증가된다면 또 다른 결론을 도출할 가능성을 배제할 수 없을 것이다.

4.3.2 대응표본 *t*–test

독립표본 *t*-test가 독립적인 두 집단 간의 평균 차이가 통계적 유의미한지를 검증하는 분석 방법이었다면, 대응표본 *t*-test는 서로 관련이 있는 한 쌍의 두 평균 차이에 대한 통계적 유의미성을 검증하는 분석 방법이다. 동일한 주제에 대해 동일한 변수를 다른 시간에 두 번 반복적으로 측정하기 때문에 비교가 되는 두 관찰치는 서로 종속적이다. 이러한 의미에서 대응표본 *t*-test는 반복측정 *t*-test(repeated measure *t*-test) 혹은 종속표본 *t*-test라고도 불린다. 예를 들어, 다이어트의 체중 감량에 대한 효과를 검증하기 위해 다이어트를 시작하기 전과 끝난 후의 개인의 체중을 비교하게 되는 경우가 있다. 비교는 동일한 실험 대상으로부터 동일한 변수(체중)를 두 번 측정하여 두 개별 값(다이어트 시작 전 체중과 끝난 후 체중) 간의 차이를 계산하게 되는데, 일반적으로 대응표본 *t*-test는 이렇게 반복 측정된 두 관찰치(체중)의 평균차이가 '0'인지 여부를 고려한다. <그림 4.6>을 통해 지금까지 살펴 본 세 가지 유형의 *t*-test의 개념적 차이를 쉽게 이해할 수 있다. 단일표본 *t*-test는 모집단 평균 μ와 표본의 평균 $\overline{X}$를 비교하는 것이라면, 독립표본 *t*-test는 두 독립적인 모집단의 평균 μ_1과 μ_2의 차이를 관찰된 표본의 두 평균 $\overline{X_1}$와 $\overline{X_2}$의 차이를 통해 검증하게 된다. 반면, 대응표본 *t*-test는 관심 모집단의 평균이 반복적으로 처치된 이후의 평균과의 차이, 즉 서로 쌍을 이루는 두 모집단 평균 간의 차

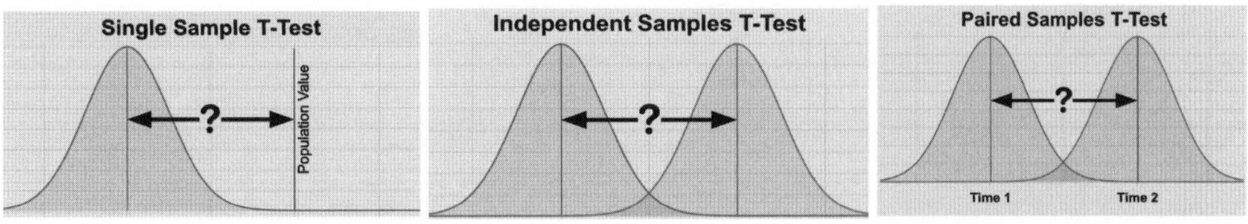

그림 4.6 세 유형의 t-test 비교 (source from: https://www.statstest.com/)

이 μ_D가 실제로 존재하는지를 X_D를 통해 검증하게 된다.

사실, 대응표본 t-test는 독립표본 t-test에 비해 통계 검정력의 측면에서 명백한 장점이 있다. 일반적으로, 대응표본 t-test는 동일한 집단이 시간의 흐름 혹은 처치의 유무에 따라 평균의 변화를 보이는지를 고려하기 때문에 오차항(error term)에서 개인차가 개입될 여지가 적다. 이렇게 오차항이 작아지면 결과적으로 t-value는 상대적으로 커지게 되어 통계 검증력이 증가하게 되는데, 이로써 제2종 오류를 줄일 수 있다. 또한 경제적 측면에서도 대응표본 t-test는 독립표본 t-test에 비해 장점이 있다. 예를 들면, 대응표본 t-test는 동일한 표본 수를 갖고도 독립표본 t-test보다 훨씬 큰 통계 검정력을 가질 수 있다.

자, 지금부터는 예제 데이터를 이용해 대응표본 t-test를 수행해보자. 여러분이 카페인이 인지 능력에 미치는 영향을 탐색하는 연구자라고 가정해보자.[32] 이를 밝히기 위해 10명의 실험 참가자들을 대상으로 커피를 마시기 전과 마신 후에 과제를 풀도록 하였다. 확률변수 X_1과 X_2는 각각 커피를 마시기 전과 후의 과제 점수이고, 점수가 높을수록 인지능력이 더 우수하다고 가정하자. 관찰된 데이터는 아래의 표와 같다.

표 4.2 커피 음용이 인지능력에 미치는 영향

피험자(i)	x_1 (before)	x_2 (after)	$d_i = x_1 - x_2$	$(d_i - \bar{d})^2$
1	4	5	1	0
2	3	4	1	0
3	5	6	1	0
4	6	7	1	0
5	7	8	1	0
6	6	7	1	0
7	4	5	1	0

32) 휴만과 동료들(Heumann, Schomaker, & Shalabh, 2016)의 예제를 수정하여 사용하였음.

8	7	8	1	0
9	6	5	-1	4
10	2	5	3	4
Sum			10	8

대응표본 *t*-test를 수행하는 절차는 이전의 단일표본 *t*-test나 독립표본 *t*-test와 유사하다. 먼저 영가설과 대안가설을 설정해보자. 아래의 공식에서 $\mu_D = \mu_1 - \mu_2$이며, $D = X_1 - X_2$이다.

$$H_0 : \mu_D = \Delta_0,\ H_A : \mu_D \neq \Delta_0$$

확률변수 D가 정규분포를 따를 때[$D \sim N(0, \sigma_D^2)$], 대응표본 *t*-test는 $\overline{D}$가 0인지(즉, $\mu_D = 0$인지)에 대한 단일표본 *t*-test를 수행하는 것과 동일하다고 할 수 있다. 따라서 D에 대한 평균과 표준오차, 그리고 t_{obs} 값은 다음과 같다.

$$\overline{D} = 1,\ SD_D = \sqrt{\frac{\sum(d_i - \overline{d})^2}{n-1}} = \sqrt{\frac{8}{9}} = 0.943$$

$$SE_{D=}\frac{s_D}{\sqrt{n}} = \frac{0.943}{\sqrt{10}} = 0.298$$

$$t_{obs} = \frac{\overline{D} - \mu_D}{SE} = \frac{(1-0)}{0.298} = 3.354$$

t_{obs}은 3.354이며, *t*-분포표에 따르면 $df = 9$일때 t_{crit}은 $\alpha = .05$에서 2.262이므로 (*two-tailed*), t_{obs}은 기각역에 존재한다. 따라서 설정된 영가설은 95% 신뢰수준에서 기각될 수 있다. 즉, 커피를 마시기 전에 비해 커피를 마신 후의 과제 점수는 통계적으로 유의미한 수준에서 차이가 있다면 이러한 결과가 나올 확률은 95%이다. 다시 말해 카페인은 사람들의 인지 능력에 영향을 미칠 수 있다고 말할 수 있는 충분한 근거가 있다.

이번엔, 모집단 평균에 대한 95% 신뢰구간을 구해보자. 위의 계산에 따르면, $df = 9$일 때 95% 신뢰수준에서의 *t*-value($t_{\alpha/2}$)는 2.262이고, 표준오차는 0.298이다. 따라서 모집단 평균에 대한 95% 신뢰구간은 다음과 같다.

$$\overline{D} \pm (t_{\alpha/2} \times SE) = 1 \pm (2.262 \times 0.298) \approx (0.326, 1.674)$$

분석 결과, 모집단 평균 차이에 대한 95% 신뢰구간은 약 [0.326, 1.674]로 0을 포함하고 있지 않다. 이는 위의 대응표본 *t*-test의 결과를 뒷받침하는 결과라고 할 수 있다. 그러면 개인의 인지 능력에 미치는 카페인의 효과크기는 어느 정도일까? 개념적으로, 두 측정값 간의 차이를 두 측정값 집단의 표준편차로 나눈다는 점에서 대응표본 *t*-test의 Cohen's d 역시 독립표본 *t*-test의 경우와 동일하게 계산된다. 그러나 대응표본 *t*-test의 경우 표준편차로 두 측정값 차이의 표준편차(SD_D)를 사용한다는 점이 다른 점이라고 할 수 있다. 따라서 확률변수 D가 정규분포를 따른다고 가정한다면 Cohen's d와 Hedges' g는 아래와 같이 산출된다. 따라서 우리는 개인의 인지 능력에 미치는 카페인의 효과크기는 상당히 크다고 결론을 내릴 수 있다.[33)]

$$d_D = \frac{\overline{D}}{SD_D} = \frac{1}{0.943} = 1.06,$$

$$J(v) \approx (1 - \frac{3}{4v-1}) = (1 - \frac{3}{36-1}) \approx 0.914,$$

$$g_D = J(v) \times d_D = 0.914 \times 1.06 \approx 0.970$$

4.4 R을 이용한 분석 예제

4.4.1 독립표본 *t*-test

늘 그렇듯이, 통계 패키지는 우리가 손수 분석에 필요한 통계량을 계산하고, 분포표를 뒤져, 최종 결론을 내려야 하는 수고를 덜어준다. 예제 데이터는 설득 커뮤니케이션의 대표적인 이론인 인지부조화 이론(cognitive dissonance theory)의 유명한 실험 중 하나인 1달러-20달러 실험(Festinger & Carlsmith, 1959) 데이터를 이용하기로 하자. 이 실

33) 대응표본 *t*-test의 경우, *t*-value를 이용하여 다음과 같이 Cohen's d를 쉽게 계산할 수 있다.
$$d_D = \frac{t}{\sqrt{n}} = \frac{3.354}{\sqrt{10}} \approx 1.06$$

험은 행동에 대한 최소한의 정당화(minimal justification)가 인지부조화를 만들어내고, 이것이 결국 태도변화에 어떤 영향을 미치는지를 검증한 실험이다. 페스팅어와 칼스미스(Festinger & Carlsmith, 1959)는 피험자로 모집된 대학생들을 아주 지루한 실험에 참여하게 했고, 그 후 이들 피험자들은 같은 실험을 위해 대기 중인 다른 참가자들에게 실험 참여를 독려하게 하기 위해 그 실험이 재미있는 실험이라고 거짓말을 하도록 요청받았다. 그 후, 연구자들은 각 피험자들의 실험에 대한 자신의 실제 태도를 측정하였다. 본 예제에서 두 실험 집단 중 한 집단은 20달러를 보상으로 받았고, 다른 한 집단은 1달러를 보상 받았다. 인지부조화 이론의 가설은 1달러만 제공받은 집단이 20달러를 받은 집단에 비해 자신들이 참여한 실험에 대해 보다 호의적인 태도를 보일 것으로 예측한다. 연구자들의 가설이 입증되었을까? 이를 $\alpha = .05$에서 독립표본 *t*-test를 사용하여 검증해보자. 이를 위해 설정된 영가설과 대안가설은 다음과 같다.

$$H_0 : \mu_{\$1} = \mu_{\$20}, \quad H_0 : \mu_{\$1} \neq \mu_{\$20}$$

먼저 분석을 수행할 실험 데이터 프레임을 만들자. 데이터 프레임은 id, 종속변수 attitude, 독립변수 condition 등 3개의 변수로 구성되어 있다.

```
> attitude <- c(3, 3, 4, 6, 5, 5, 5, 7, 8, 5, 4, 8, 2, 6, 4, 4, 6, 7, 5, 5, 1, 2, 5, 2, 3, 5, 4, 5,
                2, 3, 4, 4, 1, 2, 3, 3, 5, 1, 1, 3)
> condition <- rep(c("$1", "$20"), c(20,20))
> id <- seq(1:20)
> festinger <- data.frame(id, condition, attitude)
> str(festinger)
'data.frame':	40 obs. of  3 variables:
 $ id       : int  1 2 3 4 5 6 7 8 9 10 ...
 $ condition: chr  "$1" "$1" "$1" "$1" ...
 $ attitude : num  3 3 4 6 5 5 5 7 8 5 ...
```

이제 데이터 셋 festinger를 이용하여 독립표본 *t*-test를 수행해보자. ggpubr 패키지(Kassambara, 2020)를 이용하여 생성된 density plot과 Q-Q plot, 그리고 psych 패키지(Revelle, 2021)의 describeBy 함수를 통해 정규성 가정이 충족되었는지를 직관적으로 확인해보자.

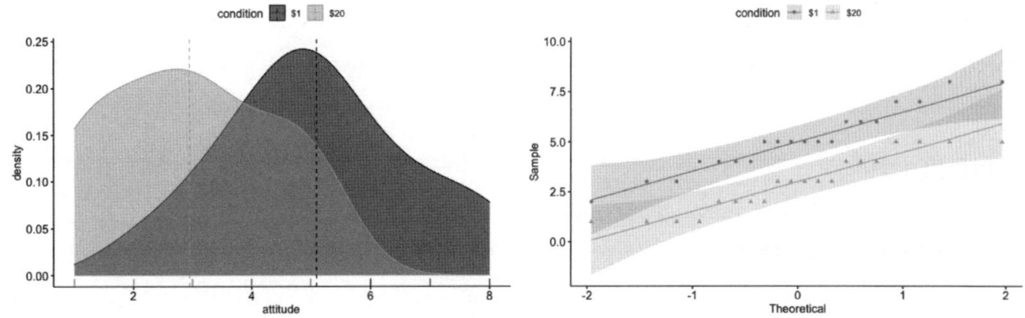

그림 4.7 $1 집단과 $20 집단의 density plot과 Q–Q plot

```
> festinger <- read.csv("festinger.csv", header = T)
> festinger$condition <- as.factor(festinger$condition)
> library(ggpubr)
> ggdensity(festinger, x = "attitude",
            add = "mean", rug = TRUE,
            color = "condition", fill = "condition",
            palette = c("black", "grey"))

> ggqqplot(festinger, x = "attitude",
            color = "condition", palette = c("#00AFBB", "#E7B800"), shape = "condition")

> describeBy(festinger$attitude, festinger$condition)

 Descriptive statistics by group
group: $1
   vars  n mean   sd median trimmed  mad min max range skew kurtosis   se
X1    1 20  5.1 1.62      5    5.06 1.48   2   8     6 0.13    -0.77 0.36
------------------------------------------------------------------
group: $20
   vars  n mean   sd median trimmed  mad min max range skew kurtosis   se
X1    1 20 2.95 1.43      3    2.94 1.48   1   5     4 0.08    -1.39 0.32
```

<그림 4.7>의 density plot을 살펴보면, $1 집단의 분포는 정상분포에 가까운 반면 $20 집단의 분포는 상대적으로 정상분포로 보기에는 다소 문제가 있어 보인다. describeBy 함수를 통한 기술통계 결과 역시 이를 뒷받침한다. 비록 심각한 수준은 아니지만, $20 집단의 kurtosis가 -1.39로 음의 방향으로 높은 것으로 나타났지만 극단적

으로 심각한 정도는 아니다. 최종적으로 nortest 패키지(Gross & Ligges, 2015)의 shapiro.test 함수를 이용하여 정규성 가정의 충족 여부를 살펴보자.

```
> library(nortest)
> by(festinger$attitude, festinger$condition, shapiro.test)
festinger$condition: $1

        Shapiro-Wilk normality test

data:  dd[x, ]
W = 0.9571, p-value = 0.4876

--------------------------------------------------------------------------
festinger$condition: $20

        Shapiro-Wilk normality test

data:  dd[x, ]
W = 0.89825, p-value = 0.03825
```

Shapiro-Wilk test 결과 역시 $20 그룹에 대한 정규성 가정을 완벽하게 충족시킨다고 말할 수 없다($W = .898$, $p = .0382$). 하지만 앞서 언급한 것처럼, 어느 정도의 표본 수가 확보된다면 정규성 가정은 강건한 가정이 아니므로 Shapiro-Wilk test 결과를 심각하게 받아들이지는 말자. 그럼 이어서 car 패키지(Fox & Weisberg, 2019)의 leveneTest를 이용해 등분산성 가정을 점검해보자.[34)]

```
> leveneTest(festinger$attitude, festinger$condition)
Levene's Test for Homogeneity of Variance (center = median)
      Df F value  Pr(>F)
group  1  0.0281  0.8677
      38
```

34) 예제 데이터의 정규성에 어느 정도 문제가 있으므로 Bartlett's test보다는 Levene's test가 더 안정적인 방법일 것이다.

Levene's test 결과는 두 모집단의 분산이 동일하다는 영가설이 기각되지 못해 ($F = .028$, $p = .868$), 데이터의 등분산성 가정에는 문제가 없다는 것을 보여주었다. 이제는 1달러를 받은 집단과 20달러를 받은 집단 간에 실험에 대한 태도가 통계적으로 유의미한 차이가 있는지에 대한 가설을 밝히기 위해 독립표본 *t*-test를 수행해보고, 그 효과크기를 산출해보자.

```
> t.test(attitude ~ condition, var.equal = T, data = festinger)

        Two Sample t-test
data:  attitude by condition
t = 4.4488, df = 38, p-value = 7.301e-05
alternative hypothesis: true difference in means between group $1 and group $20 is
not equal to 0
95 percent confidence interval:
 1.171665 3.128335
sample estimates:
 mean in group $1 mean in group $20
             5.10              2.95

> library(effectsize)
> cohens_d(attitude ~ condition, data = festinger)
Cohen's d |         95% CI
------------------------
1.41      | [0.70, 2.09]

- Estimated using pooled SD.
> hedges_g(attitude ~ condition, data = festinger)
Hedges' g |         95% CI
------------------------
1.38      | [0.69, 2.05]

- Estimated using pooled SD.
```

t-test 결과, $1 집단과 $20 집단의 평균 태도는 통계적으로 유의미한 차이를 보여주

었다[$t(38) = 4.45,\ p < .001,\ 95\%\ CI = 1.17 \sim 3.13,\ two-tailed$]. 즉, $1를 받은 사람들($M = 5.1,\ SD = 1.62$)은 $20를 받은 사람들($M = 2.95,\ SD = 1.43$)에 비해 지루한 작업에 대하여 보다 긍정적인 태도를 보여주었다고 할 수 있다. effectsize 패키지(Ben-Shachar, Lüdecke, & Makowski, 2020)를 이용한 효과크기 산출 결과 역시 이러한 주장을 뒷받침한다(Cohen's d = 1.41, Hedges' g = 1.38).

4.4.2 대응표본 *t*-test

이번에는 바우만, 세이퍼트-케셀, 존스(Baumann, Seifert-K essell, & Jones 1992)의 연구 일부를 예제 데이터로 R을 이용한 대응표본 *t*-test를 수행해보자. 이들은 안내된 읽기-사고 활동(Directed Reading-Thinking Activity: DRTA)과 소리 내어 생각하기(Think Aloud: TA)와 같은 독서 수행전략이 학생들의 독해력 향상에 효과가 있는지를 실험을 통해 살펴보았다. 이들의 연구에서는 초등학교 4학년 66명의 학생들이 하나의 통제 집단과 두 처치 집단 DRTA 집단과 TA 집단 중 하나에 무작위로 배정되었다. 각 집단의 참가자들은 각각의 처치를 받은 후 독해력 테스트가 수행되었다. 독해력 테스트는 참가 학생들의 독서 오류율, 즉 독서 중에 얼마나 많은 오류가 있었는지를 통해 평가되었다. 예제 데이터 'reading.csv'에는 DRTA 전략 수행 전후의 독해력 테스트 점수를 담고 있다. 지금부터 DRTA 전략 수행이 학생들의 독해력 향상에 효과가 있었는지를 대응표본 *t*-test를 이용하여 확인해보자. 이에 대한 가설은 다음과 같이 설정될 수 있다.

$$H_0 : \mu_D = \Delta_0,\ H_A : \mu_D \neq \Delta_0$$

먼저, 분석에 필요한 데이터 셋 'reading.csv'를 로드하자. 대응표본 *t*-test는 정규성 가정의 점검이 필요한데, 이를 위해 두 변수 pretest와 posttest의 차이를 계산하여 별도로 differences라는 벡터로 저장하였다. 이를 이용한 <그림 4.8>의 density plot과 Q-Q plot을 보면 정규성 가정의 위배 가능성은 나타나지 않았다. 또한 psych 패키지를 이용한 기술통계 결과와 nortest 패키지의 Shapiro-Wilk test 결과(W = .951, p = .327) 역시 정규성 가정이 충족되었음을 보여준다.

```
> reading <- read.csv("reading.csv", header = T)
```

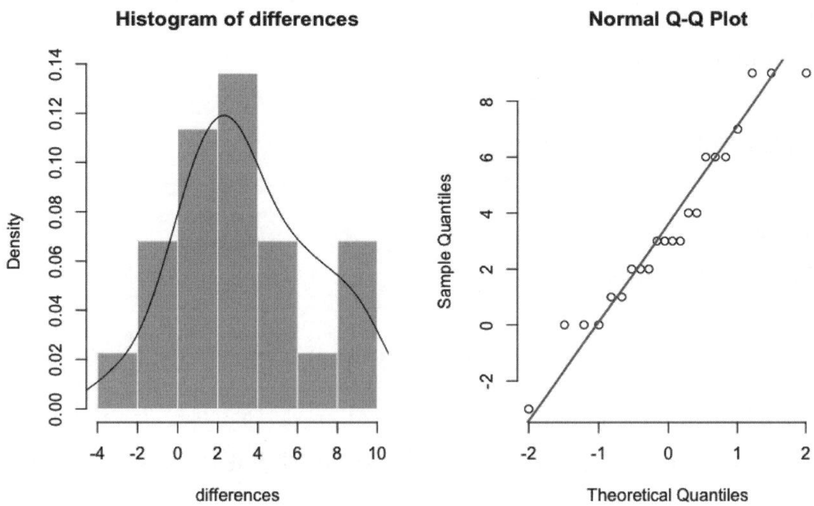

그림 4.8 읽기–사고 활동 프로그램 전후의 독서 오류율 변화에 대한 density plot과 Q–Q plot

```
> head(reading, 3)
  id group pretest posttest
1  1  DRTA       7        6
2  2  DRTA       7        6
3  3  DRTA      12        3
> differences <- reading$pretest - reading$posttest

> par(mfrow=c(1,2))
> hist(differences, col="grey", border="white", prob=T)
> lines(density(differences))
> qqnorm(differences, pch = 1, frame = FALSE)
> qqline(differences, col = "steelblue", lwd = 2)

> library(psych)
> describe(reading[,3:4])
         vars  n mean   sd median trimmed  mad min max range  skew kurtosis   se
pretest     1 22 9.73 2.69      9    9.44 1.48   6  16    10  0.81    -0.40 0.57
posttest    2 22 6.23 2.09      6    6.33 1.48   0  11    11 -0.68     2.26 0.45
> describe(differences)
   vars  n mean   sd median trimmed  mad min max range skew kurtosis   se
X1    1 22  3.5 3.25      3    3.44 3.71  -3   9    12 0.19    -0.82 0.69
```

```
> library(nortest)
> shapiro.test(differences)

        Shapiro-Wilk normality test

data:  differences
W = 0.95077, p-value = 0.3272
```

t.test를 이용하여 pretest 집단과 posttest 집단 간에 독서 오류율 변화가 통계적으로 유의미한 차이가 있는지에 대한 가설을 밝히기 위해 대응표본 *t*-test를 수행해보자. 이때 t.test 함수에 paired = TRUE 옵션을 추가한다. 대응표본 *t*-test 결과, pretest 집단과 posttest 집단 간 독서 오류율의 차이는 통계적으로 유의미한 것으로 나타났다 $[t(21) = 5.05,\ p < .001,\ 95\%\ CI = 2.06 \sim 4.94,\ two-tailed]$. 즉, DRTA 전략 수행이 학생들의 독해력 향상에 효과가 있다고 주장할 충분한 근거가 있다.

```
> t.test(reading$pretest, reading$posttest, paired = TRUE)

        Paired t-test

data:  reading$pretest and reading$posttest
t = 5.0548, df = 21, p-value = 5.267e-05
alternative hypothesis: true difference in means is not equal to 0
95 percent confidence interval:
 2.060046 4.939954
sample estimates:
mean of the differences
                    3.5
```

대응표본 *t*-test에서 효과크기 Cohen's *d*와 Hedges' *g*를 산출하기 위해서 데이터 세트를 현재 wide-form에서 long-form으로 변환한다. rstatix 패키지(Kassambara, 2021)를 이용하면 간단하게 데이터 세트를 long-form으로 변환할 수 있다. gather 옵션은 여러 열(column)을 하나의 열로 변환할 때 사용되는데, key와 value에는 변환된 데이터 세트의 새로운 열의 이름을 작성하고, 뒤 '...' 부분에는 하나의 열로 모으고 싶은 열들을 지정한다.[35)]

```
> library(rstatix)
> reading.long <- reading %>%
   gather(key = "group", value = "reading.error", pretest, posttest)
> head(reading.long, 3)
  id    group reading.error
1   1 pretest             7
2   2 pretest             7
3   3 pretest            12

> reading.long  %>% cohens_d(reading.error ~ group, paired = TRUE)
# A tibble: 1 × 7
  .y.           group1   group2  effsize    n1    n2  magnitude
* <chr>         <chr>    <chr>   <dbl>   <int> <int>  <ord>
1 reading.error posttest pretest  -1.08     22    22    large

> reading.long  %>% cohens_d(reading.error ~ group, paired = T, hedges.correction=T)
# A tibble: 1 x 7
  .y.           group1   group2  effsize    n1    n2  magnitude
* <chr>         <chr>    <chr>     <dbl> <int>  <int> <ord>
1 reading.error posttest pretest  -1.04     22    22   large
```

변환된 새로운 데이터 세트 reading.long을 이용하여 산출된 Cohen's *d*와 Hedges' *g*는 각각 1.08, 1.04로 상당히 큰 효과크기를 보여준다. 지금까지의 대응표본 *t*-test의 결과는 DRTA 전략이 학생들의 독해력 향상에 어느 정도 효과가 있었다고 주장할 충분한 근거가 있음을 보여주었다.

35) 반대로 long-form 데이터를 wide-form으로 변환하기 위해서는 spread를 사용한다.

Chapter 05

χ^2-test

"진실에 이르는 지름길은 없다.
오직 과학적 방법이라는 관문을 통해서만이
우주에 대한 지식을 얻을 수 있다."
- 칼 피어슨(Karl Pearson)

이전 장에서는 연속형 변수를 사용하여 표본 평균과 모집단 평균을 비교하거나, 성별과 같이 명목 수준으로 측정된 변수의 두 집단 간 평균을 비교하는 통계 방법, 즉 *t*-test를 살펴보았다. 하지만 우리는 가끔 - 어쩌면 생각보다 자주 - 교육수준과 소득수준과 같이 범주형 변수들의 관계를 탐색해야할 경우가 생긴다. 예를 들면, 사람들의 교육수준(예: 초졸, 중졸, 고졸, 대졸 이상)에 따라 소득수준(예: 저소득층, 중산층, 고소득층)은 차이가 나타나는지, 아니면 서로 독립적인지와 같은 범주형 변수들 간의 관계에 대해 관심을 가질 때가 많다. 이렇게 범주형 변수들이 서로 독립적인지 아닌지를 검정하는 통계 방법이 지금부터 다룰 χ^2-test(chi-squared test)라고 한다. χ^2-test(혹은 Pearson's χ^2-test)는 범주형 변수와 관련한 가설을 검정하는 데 가장 유용한 통계 방법 중 하나이다. 대부분의 통계방법과 달리 χ^2-test는 관찰된 차이의 유의성에 대한 정보를 제공할 뿐만 아니라 정확히 어떤 범주가 그 차이를 만들어냈는지에 대한 자세한 정보 역시 제공해준다(McHugh, 2013).

χ^2-test는 적합도 검정(test of goodness of fit)을 처음으로 소개한 칼 피어슨(Karl Pearson, 1900)[36)]의 논문(*On the criterion that a given system of deviations from the*

36) 칼 피어슨의 '칼'의 철자는 원래 'Carl'이었다. 피어슨이 독일 하이델베르크 대학에 있을 때, '칼'의 철자가 'Karl'로 잘못 쓰였지만, 피어슨은 자신의 독일에 대한 사랑과 당시 존경하던 칼 마르크스(Karl Marx)에 대한 찬사의 의미로 'Karl'을 유지하기로 결정했다고 한다. 칼 피어슨에 대한 역사적 사건에 대해서는 고루춘(Gorroochurn, 2016)을 참고하길 바란다.

probable in the case of a correlated system of variables is such that it can be reasonably supposed to have arisen from random sampling)에서 시작되었다. χ^2-test가 피어슨에 의해 고안되었다는 것은 분명한 사실이지만 χ^2-분포 자체는 피어슨보다 훨씬 이전에 도출되었다. χ^2-분포의 시작에 대해서는 1863년 독일 물리학자 에른스트 아베(Ernst Abbe, 1863), 1852년 프랑스 수학자 비에네메이(Irenée-Jules Bienayme), 1875년 독일 통계학자 헬메르트(Friedrich Robert Helmert) 등 여러 의견이 있지만, 이 분포가 χ^2 적합도 검정의 맥락에서 피어슨에 의해 독립적으로 재발견되었으며, 1900년에 출판된 피어슨의 위 논문에서 처음으로 χ^2-value에 대한 *p*-value, 즉 χ^2 분포표를 제공했다(Pearson, 1900, p.175)는 점에서 χ^2-test는 지금까지도 Pearson's χ^2-test라고 불린다(Gorroochurn, 2016). '*chi-square*'라는 이름은 궁극적으로 피어슨이 다변량 정규분포의 지수 항(term of exponential)을 나타내는 약어로 그리스 문자 χ(*Chi*)를 습관처럼 사용한데서 유래했다고 한다(Miller, n.d.).

χ^2-test가 피어슨(Pearson, 1900)에 의해 시작되었지만, 이후 χ^2-test 계열의 여러 분석 방법들은 1920년대 피셔(Fisher, 1924)에 의해 추가적인 발전을 하게 된다. 예를 들면, 단순 영가설을 검정하는 경우, 고전적인 Pearson's χ^2-test는 분포에 의존하지 않는다(distribution-free).[37] 이런 점에서 χ^2-test를 비모수 통계(non-parametric statistic)로 분류한다.[38] 이때 Pearson's χ^2-test는 파라미터를 알려진 것(known parameter)으로 가정하게 되는데, χ^2에서 미지의 파라미터(unknown parameter)는 추정치로 대체하게 된다. 1900에서 1924년까지 대부분의 연구자들은 이렇게 미지의 파라미터를 추정량으로 대체하는 것이 피어슨의 χ 제곱합의 극한분포(limiting distribution)[39]를 변화시키지 않을 것이며 여전히 χ^2 분포를 따를 것이라는 의견을 지지하고 있었다(Balakrishnan, Voinov, & Nikulin, 2013). 다시 말해, 영가설 하에서 파라미터를 추정할 때 자유도의

---

37) 'distribution-free'라는 의미는 분포가 필요 없거나 특정 분포를 따르지 않는다는 의미보다는 데이터가 주어진 확률 분포에서 추출된다는 가정에 의존하지 않는다는 의미로 받아들여야 한다. 실제로 χ^2 통계량은 χ^2 분포를 따르며 χ^2-test는 χ^2 분포를 사용하여 *p*-값을 계산한다. χ^2-test 역시 분포에 대한 가정을 하지만, 단지 모수 통계 검정보다 덜 제한적이다.

38) χ^2-test를 비모수적 검정 방법으로 분류하는 가장 중요한 이유는 앞 장에서 설명한 *z*-test나 *t*-test와 달리 χ^2-test는 평균이나 분산과 같은 파라미터에 의존하지 않는다는 것이다. 비모수 통계 검정은 다음 조건 중 하나가 데이터와 관련된 경우에 사용하게 된다(McHugh, 2013): 첫째, 모든 변수가 명목 혹은 서열척도로 측정된 경우. 둘째, 연구 집단의 표본 크기가 같지 않은 경우. 셋째, 원 데이터가 등간 또는 비율 수준에서 측정되었더라도 모수 통계 검정을 위한 가정인 정규성 가정 혹은 등분산성(equal variance 혹은 homoscedasticity) 가정 중 하나가 위반된 경우.

39) 극한분포(limiting distribution)는 표본의 크기가 $n \to \infty$인 경우의 확률분포라고 간단하게 이해하자.

수정이 필요하지 않다는 피어슨의 주장에 별 의문을 제기하지 않았다(Stigler, 2008). 하지만 피셔(Fisher, 1924)는 χ^2가 비정상적으로 분포될 수 있는 사례와 여러 이유를 제시하며, Pearson's χ^2-test의 자유도가 표본에서 추정된 파라미터의 수만큼 감소해야 한다는 점을 분명히 하였다. 즉, 표본 관찰치 수 n이 ∞로 가면 χ^2 통계량은 $r-1$ 자유도를 갖는 χ^2 확률분포를 따른다는 것이다(Fisher, 1924). 오늘날 자유도 보정을 통해 미지의 파라미터를 추정량으로 대체하는 Pearson's χ^2-test는 Pearson-Fisher test로 부른다(Balakrishnan, Voinov, & Nikulin, 2013). 역사적 사실이야 어쨌든 피어슨은 최초로 χ^2-test는 도입했고, 그로 인해 통계 방법론의 위대한 업적을 남긴 것만은 사실로 받아들여야 한다. 그럼 지금부터 χ^2-test를 수행을 위해 필수적인 χ^2-분포에 대해서 알아보자.

5.1 χ^2-분포

χ^2-분포를 설명하기 위해서 먼저 앞 장의 z-분포에서 다룬 표집분포의 표본 평균을 소환해보자. 만일 모집단이 평균이 μ이고 분산이 σ^2인 정규분포를 따른다면$[N(\mu, \sigma^2)]$, 이러한 모집단으로부터 n개의 무작위 추출된 $X_1, X_2, \cdots, X_n$의 표본 평균 $\overline{X}$는 평균이 μ이고 분산이 σ^2/n인 정규분포를 따른다. 이때 표준정규분포의 확률변수 z는 평균이 0이고 분산이 1인 정규분포를 따른다. 이러한 확률변수 Z가 평균이 0이고 분산이 1인 정규분포를 따를 때, 확률변수 χ^2는 정규분포를 따르는 확률변수 Z 집합의 제곱합을 말한다. 즉, 평균이 0이고 분산이 1인 변수 Z에 대한 표준정규분포에서 v개의 무작위 추출된 독립적인 확률변수 $Z_1, Z_2, \cdots, Z_v$가 있을 때, 이들의 제곱합을 Z라고 하면 아래 <식 5.1>과 같다.

$$Z = Z_1^2 + Z_2^2 + \cdots + Z_v^2 = \sum_{i=1}^{v} Z_i^2 \qquad \text{<식 5.1>}$$

이때, 확률변수 Z는 v개의 자유도를 갖는 χ^2-분포를 따르며 $Z \sim \chi^2(v)$로 표현한다. χ^2-분포는 <식 5.1>과 같이 서로 다른 값을 독립적으로 선택하는 과정이 여러 번 반복

된다고 가정한다. 예를 들어, 표준정규분포에서 변수 세 개를 무작위로 뽑았다고 가정해 보자.[40] 그 다음 이들 각각을 제곱한 후 모두 합하여 분포에 적용시킨다. 이런 방식으로 무수히 반복하여 얻어진 분포가 자유도 3인 χ^2-분포이다. 따라서 이 χ^2-분포의 기댓값, 즉 평균은 v이고 표준편차 $V(X)$는 $2v$가 된다. 이러한 제곱합을 고려하면 χ^2-분포의 일반적인 속성을 직관적으로 이해할 수 있다. χ^2는 제곱합이므로 절대 음수일 수 없다. 각 $Z=0$이면, 즉 자유도가 0이면 최소 χ^2 값이 얻어지므로 χ^2도 0이 된다. χ^2 값에는 상한이 없이 이론적으로는 ∞까지 갈 수 있다. 모든 Z 값이 매우 크면 χ^2 값도 커진다. 하지만 Z 값이 크다는 것은 정규분포의 평균으로부터 거리가 멀리 떨어져 있다는 것을 의미하기 때문에 매우 Z 값의 발생 확률은 상대적으로 낮으며, 따라서 큰 χ^2 값을 얻을 확률이 낮다는 것을 의미한다. 또한 무작위로 추출하는 개수, 즉 자유도가 증가함에 따라, χ^2 분포는 대칭에 가까워진다. <그림 5.1>은 자유도에 따른 χ^2 분포의 모양을 시뮬레이션한 결과를 보여준다.

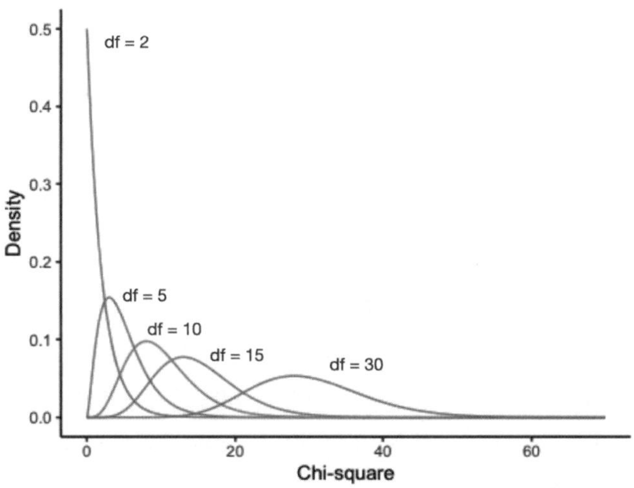

그림 5.1 자유도에 따른 χ^2 분포

일반적으로 χ^2-test는 χ^2 적합도 검정과 χ^2 독립성 검정(χ^2 test for independence)두 가지 분석 방법으로 나누어진다. χ^2 적합도 검정은 모집단 분포의 모양 또는 비율에 대한 가설을 검정하는 방법으로 관찰된 빈도의 분포가 기대빈도 패턴에 얼마나 적합한지 확인하는 분석 방법이다. χ^2 독립성 검정은 두 범주형 변수 사이의 관계에 대한 가설을

40) 이때 자유도 v는 3이 된다.

검정하거나 둘 이상의 모집단에 대한 비율 간의 차이에 대한 가설을 검정하는 분석 방법이다. 지금부터 이들 분석 방법을 차례로 살펴보자.

5.2 Pearson's χ^2 적합도 검정과 효과크기

5.2.1 Pearson's χ^2 적합도 검정

χ^2 적합도 검정은 표본 데이터가 특정 이론적 분포를 따를 가능성이 있는지 여부를 확인하기 위한 분석 방법이다. 연구자는 일련의 데이터 값이 어떻게 분포되는지에 대한 기본적인 아이디어(모집단의 분포)를 가지고 있다. χ^2 적합도 검정은 관찰된 데이터 값이 연구자가 갖고 있는 분포에 대한 아이디어에 충분히 적합한지 아니면 벗어나는지를 결정하게 해준다. 다시 말해, χ^2 적합도 검정은 모집단 분포의 모양 또는 비율에 대한 가설을 검정하고 관찰된 빈도의 분포가 연구자가 기대하는 빈도 분포의 패턴에 얼마나 적합한지 확인하는 데 사용된다. 이때 영가설은 각 범주에 나타나야 하는 모집단의 빈도(혹은 비율), 즉 기대빈도 (비율)를 구체화하게 되는데, 관찰된 빈도가 이 기대빈도로부터 어느 정도 떨어져 있는지를 통해 영가설의 기각 여부가 결정된다. 재미있는 예제를 통해 χ^2 적합도 검정을 수행해보자.

S 제과 회사에서 '포켓몬빵'에 3종의 포켓몬스터 '띠부씰(스티커)'을 넣어 출시하였다. S사는 제작된 전체 띠부씰의 30%를 피카츄, 60%를 파이리, 10%를 꼬부기로 제작했다고 주장한다. 철수는 띠부씰을 모으기 위해 포켓몬빵 100개를 랜덤하게 구매하였고, 이때 100개의 포켓몬빵 안에는 피카츄 50장, 파이리 45장, 꼬부기 5장이 들어 있었다. 그렇다면 제작된 띠부씰의 비율에 대한 S사의 주장은 맞는 것일까? 철수는 S사의 주장을 반박하기 위해 아래와 같이 95% 신뢰수준에서 χ^2 적합도 검정을 수행하였다. χ^2-test를 통한 영가설 검정은 앞 장의 *t*-test에서의 절차와 동일하다. 물론, 이는 앞으로 다룰 *F*-test의 영가설 검정의 절차와도 동일하다. 철수가 수행한 χ^2 적합도 검정의 절차를 하나씩 따라가 보자.

먼저, χ^2 적합도 검정을 위한 영가설과 대안가설을 다음과 같이 진술한다.

H_0 : 관찰된 띠부씰 비율의 분포는 S사가 주장한 띠부씰 제작 비율의 분포와 다르지 않을 것이다.

H_A : 관찰된 띠부씰 비율의 분포는 S사가 주장한 띠부씰 제작 비율의 분포와 다를 것이다.

j를 범주의 수, 기대비율을 π, 관찰비율을 p라고 할 때, 이를 다시 식으로 표현하면 아래와 같다.

$$H_0 : (p_j - \pi_j) = 0 \;\; for \;\; all \;\; j$$
$$H_A : (p_j - \pi_j) \neq 0 \;\; for \;\; all \;\; j$$

다음으로 기대비율과 관찰비율을 기초로 아래 <식 5.2>를 통해 χ^2 검정 통계량, 즉 χ^2-value를 산출한다.

$$\chi^2_{obs} = n\sum_{j=1}^{j}\frac{(p_j - \pi_j)^2}{\pi_j} \qquad \text{<식 5.2>}$$

만일, 검정 통계량 χ^2-value가 임계값 χ^2_{crit}보다 크다면 영가설을 기각하게 된다. 이는 관찰된 비율과 기대하는 비율이 모든 범주에서 같지 않다는 것을 의미한다. 하나 이상의 관찰비율과 기대비율 사이의 차이가 클수록 검정 통계량의 값이 커지며 영가설을 기각할 가능성이 증가한다. 만일 설정된 영가설 기각하지 못한다면 관찰비율과 기대비율이 모든 범주에서 거의 같음을 나타낸다.

$$\chi^2_{obs} = n\sum_{j=1}^{j}\frac{(p_j - \pi_j)^2}{\pi_j} = 100\sum_{j=1}^{3}\left[\frac{(.50-.30)^2}{.30} + \frac{(.45-.60)^2}{.60} + \frac{(.05-.30)^2}{.10}\right] \approx 19.58$$

산출한 χ^2-test 통계량, 즉 χ^2_{obs}-value는 19.58이며, 자유도는 $j-1$이므로 $df=2$이다. <그림 5.2>의 χ^2 분포표에 나타난 바와 같이, 95% 신뢰수준에서 $df=2$일 때 χ^2_{crit}은 7.378이고(*two-tailed*), χ^2_{obs} 19.58은 χ^2_{crit}보다 크기 때문에 우리는 설정된 영가설을 기각할 수 있다. 따라서 관찰된 띠부씰의 분포는 S사가 주장한 제작된 띠부씰 비율의 분포와 상당히 다르다고 볼 수 있다. 이러한 결과는 철수가 S사의 주장을 반박할 수 있는 충분한 근거가 된다.

	P							
DF	**0.995**	**0.975**	**0.20**	**0.10**	**0.05**	**0.025**	**0.02**	**0.01**
1	0.0000393	0.000982	1.642	2.706	3.841	5.024	5.412	6.635
2	0.0100	0.0506	3.219	4.605	5.991	7.378	7.824	9.210
3	0.0717	0.216	4.642	6.251	7.815	9.348	9.837	11.345
4	0.207	0.484	5.989	7.779	9.488	11.143	11.668	13.277
5	0.412	0.831	7.289	9.236	11.070	12.833	13.388	15.086
6	0.676	1.237	8.558	10.645	12.592	14.449	15.033	16.812
7	0.989	1.690	9.803	12.017	14.067	16.013	16.622	18.475
8	1.344	2.180	11.030	13.362	15.507	17.535	18.168	20.090
9	1.735	2.700	12.242	14.684	16.919	19.023	19.679	21.666

그림 5.2 χ^2 분포표

5.2.2 **효과크기**

χ^2 적합도 검정의 효과크기는 다음 <식 5.3>과 같이 계산할 수 있다. 여기서 N은 총 표본크기이고 J는 변수의 범주 수를 나타낸다.

$$Effect\ size = \frac{\chi^2}{N(J-1)} \qquad \text{<식 5.3>}$$

이 효과크기 통계량의 범위는 0에서 +1 사이이며, 여기서 0은 표본 비율과 영가설 비율 사이에 차이가 없다는 것을, 즉 효과가 없음을 나타낸다. 양수 값은 표본 비율과 영가설 비율 사이의 최대 차이를 나타내며, 값이 클수록 효과크기가 크다는 것을 의미한다. 일반적으로 효과크기의 해석은 *t*-test의 효과크기와 마찬가지로 코헨(Cohen, 1988)의 가이드라인을 따른다. 위 예제의 경우 효과크기는 다음과 같이 .098로 계산되며 이는 작은 효과로 해석된다.

$$Effect\ size = \frac{\chi^2}{N(J-1)} = \frac{19.58}{100(3-1)} = \frac{19.58}{200} \approx .098$$

5.3 χ^2 독립성 검정과 효과크기

5.3.1 χ^2 독립성 검정

두 번째 χ^2-test는 모집단의 두 범주형 변수 사이의 관계에 대한 가설 혹은 둘 이상의 모집단에 대한 비율 간의 차이에 대한 가설을 검정하는 χ^2 독립성 검정이다. χ^2 독립성 검정은 χ^2 적합도 검정의 확장으로 볼 수 있지만, 기댓값 혹은 기대비율이 선험적인 χ^2 적합도 검정과 달리 χ^2 독립성 검정의 경우 기댓값 혹은 기대비율은 표본 데이터에서 추정해야 한다. 이병관과 동료들(Lee et al., 2006)이 수행한 텔레비전 광고에서 노인이 묘사되는 역할을 국가 간 비교한 연구를 예로 χ^2 독립성 검정을 살펴보자. 연구자들은 문화적 차이로 인해 텔레비전 광고에서 등장하는 노인의 역할은 한국과 미국에서 서로 다르게 표상될 것이라는 가설을 설정하고, 내용분석을 통해 다음과 같이 데이터를 수집했다.

표 5.1 미국과 한국의 텔레비전 광고에 나타난 노인의 역할(Lee et al., 2006)

Role	US		Korea		Row Total
	Frequency	Percent (%)	Frequency	Percent (%)	
Major role	76	36.5	143	86.1	219
Minor role	108	52.0	23	13.9	131
Background role	24	11.5	0	0	24
Column Total	208		166		374

<표 5.1>와 같은 표를 분할표(contingency table 혹은 cross-tab table)라고 하는데, 제시된 예제 데이터의 경우 범주형 변수가 두 개이므로 two-way contingency table이라고 부른다. 두 변수의 열과 행 각 조합을 셀(cell)이라고 하며, 이 예제에는 $R\times C=3\times 2=6$로 총 6개의 셀이 포함되어 있다. 분할표의 각 셀에는 해당 셀의 관찰치 수(혹은 빈도)와 비율(%) 등 두 가지 정보가 제시된다. 예를 들어, 미국 광고의 'Major role'의 경우 76개의 관찰치가 있고 이 비율은 전체 미국 광고의 36.5%에 해당한다.

영가설과 대안가설은 다음과 같이 설정된다:

H_0: 모집단에서 국가 간 차이와 텔레비전 광고에 등장하는 노인들의 역할의 비율은 독립적일 것이다. 즉, 미국의 텔레비전 광고에 등장하는 노인들의 역할의 비율은 한국의 텔레비전 광고에 등장하는 노인들의 역할의 비율과 차이가 없을 것이다.

H_A: 모집단에서 국가 간 차이와 텔레비전 광고에 등장하는 노인들의 역할의 비율은 관련이 있을 것이다. 즉, 미국의 텔레비전 광고에 등장하는 노인들의 역할의 비율은 한국의 텔레비전 광고에 등장하는 노인들의 역할의 비율과 차이가 있을 것이다.

E_{ij}를 각 셀의 기대빈도, O_{ij}를 각 셀의 관찰빈도라고 할 때, χ^2_{obs} 값은 아래 <식 5.4>를 통해 산출된다.

$$\chi^2_{obs} = \sum_{i=1}^{R}\sum_{j=1}^{C}\frac{(O_{ij}-E_{ij})^2}{E_{ij}} \quad \text{<식 5.4>}$$

여기서, 기대빈도는 열 합계에 행 합계를 곱한 값을 총 합계로 나눈 값으로 계산된다. 예를 들어 미국 광고의 'Major role'의 기대빈도의 경우, 열 합계는 208, 행 합계는 219, 총 합계는 374이므로, $(208 \times 219)/374 \approx 121.80$이 된다. 이러한 방식으로 계산된 기대빈도는 아래 <표 5.2>와 같다.

표 5.2 미국과 한국의 텔레비전 광고에 나타난 노인의 역할의 관찰빈도와 기대빈도

Role	US		Korea		Row Total
	Observed Frequency	Expected Frequency	Observed Frequency	Expected Frequency	
Major role	76	121.80	143	97.20	219
Minor role	108	72.86	23	58.14	131
Background role	24	13.35	0	10.65	24
Column Total	208		166		374

<표 5.54>의 기대빈도와 관찰빈도를 바탕으로 아래와 같이 산출한 χ^2_{obs} 값은 약 96.14이다.

$$\chi^2_{obs} = \sum_{i=1}^{R}\sum_{j=1}^{C}\frac{(O_{ij}-E_{ij})^2}{E_{ij}}$$

$$= \sum_{i=1}^{3}\sum_{j=1}^{2}\left[\frac{(76-121.80)^2}{121.80}+\frac{(108-72.86)^2}{72.86}+\frac{(24-13.35)^2}{13.35}+\frac{(143-97.20)^2}{97.20}+\frac{(23-58.14)^2}{58.14}+\frac{(0-10.65)^2}{10.65}\right]$$

$$\approx 96.14$$

χ^2 독립성 검정을 위한 자유도는 *df* = (number of rows – 1)/(number of columns – 1)로 계산되므로, 위 예제의 자유도는 $df = (3-1)/(2-1) = 2$가 된다. <그림 5.1>의 χ^2 분포표에 나타난 바와 같이, 95% 신뢰수준에서 $df = 2$일 때 χ^2_{crit}은 7.378이므로 설정된 영가설을 기각할 수 있다[$\chi^2(2) = 96.14,\ p < .05,\ two-tailed$]. 즉, 모집단에서 국가 간 차이와 텔레비전 광고에 등장하는 노인들의 역할의 비율은 독립적이라는 영가설을 기각하게 되어, 미국의 텔레비전 광고에 등장하는 노인들의 역할의 비율은 한국의 텔레비전 광고에 등장하는 노인들의 역할의 비율과 차이가 있다고 주장할 충분한 근거를 갖는다.

5.3.2 효과크기

χ^2 독립성 검정의 효과크기를 측정하기 위해서는 일반적으로 Cohen's ω(오메가)와 Cramér's *V*가 사용된다. 먼저, Cohen's ω는 2×2 분할표의 경우에 사용되는데, 2×2 범주형 상관관계 계수인 *Phi* 계수(ϕ coefficient)로부터 산출된다. 예를 들어 <표 5.3>과 같은 2×2 분할표의 각 셀의 빈도를 f_{11}, f_{10}, f_{01}, f_{01}라고 할 때, *Phi* 계수는 다음 <식 5.5>를 통해 산출된다.

표 5.3 2×2 분할표

Role	$Y=1$	$Y=0$	Total
$X=1$	f_{11}	f_{10}	$f_{1\bullet}$
$X=0$	f_{01}	f_{00}	$f_{0\bullet}$
Total	$f_{\bullet 1}$	$f_{\bullet 0}$	f

$$\phi = \frac{(f_{11} f_{00} - f_{10} f_{01})}{\sqrt{f_{1\cdot} f_{0\cdot} f_{\cdot 0} f_{\cdot 1}}} \quad \text{<식 5.5>}$$

만일 관찰된 2×2 빈도가 $f_{11} = 3$, $f_{10} = 4$, $f_{01} = 5$, $f_{00} = 6$라고 할 때, *Phi* 계수는 아래와 같이 약 -.025가 된다.

$$\phi = \frac{(f_{11} f_{00} - f_{10} f_{01})}{\sqrt{f_{1\cdot} f_{0\cdot} f_{\cdot 0} f_{\cdot 1}}} = \frac{(3\times 6) - (5\times 4)}{\sqrt{(3+5)\times(3+4)\times(6+5)\times(6+4)}} \approx -.025$$

Cohen's ω는 아래 <식 5.6>과 같이 *Phi* 계수 *C*를 통해 계산된다.

$$\omega = \sqrt{\frac{C^2}{(1-C^2)}} = \sqrt{\frac{-.025^2}{(1-(-.025^2))}} \approx .025 \quad \text{<식 5.6>}$$

효과크기에 대한 코헨(Cohen, 1988)의 기준에 따르면, $\omega = .10$은 작은 효과크기, $\omega = .30$은 중간 효과크기, $\omega = .50$은 큰 효과크기로 해석된다. 따라서 위 <식 5.6>에서 계산된 Cohen's ω는 .025로 매우 작은 효과크기를 보이는 것으로 해석될 수 있다.

2×2 이상의 분할표(예: 2×3)의 χ^2 독립성 검정의 효과크기를 측정하기 위해서는 1946년 스웨덴 통계학자 하랄드 크라메르(Harald Cramér)에 의해 제안된 Cramér's *V*를 사용한다. Pearson's χ^2에 기반을 둔 Cramér's *V*는 Pearson's χ^2의 최댓값 범위가 표본의 크기와 분할표의 크기(셀의 수)에 따라 다르다는 문제를 해결하기 위해 그 값을 0과 1 사이로 표준화한 계수이다. 이로써 Cramér's *V*는 표본크기뿐만 아니라 분할표의 차원과도 독립적인 계수라고 할 수 있다. Cramér's *V* 값이 1에 가까울수록 두 변수 사이의 연관성이 강함을, 0에 가까울수록 두 변수 사이의 연관성이 없다는 것을 의미한다. Cramér's *V*는 다음 <식 5.7>을 이용해 계산된다.[41] 여기서 n은 총 표본의 크기이고 $\min(c-1, r-1)$은 열과 행 중 작은 범주의 수를 말한다.

$$V = \sqrt{\frac{\chi^2/n}{\min(c-1, r-1)}} \quad \text{<식 5.7>}$$

41) 2×2 분할표의 경우 Cramér's *V*는 2×2 범주형 상관관계 계수인 Phi 계수의 절대값과 동일하다.

그러면, 위 예제의 Cramér's V를 구해보자. 총 표본크기는 374, χ^2-value는 96.14, 작은 범주의 자유도는 $2-1=1$일 때 Cramér's V 아래와 같이 계산된다.

$$V=\sqrt{\frac{\chi^2/n}{\min(c-1,r-1)}}=\sqrt{\frac{96.14/374}{(2-1)}}\approx .507$$

Cramér's V의 해석 역시 코헨(Cohen, 1988)의 효과크기에 대한 기준을 따른다. Cramér's V의 코헨(Cohen, 1988)의 효과크기에 대한 해석은 아래 <표 5.4>와 같다.[42)]

표 5.4 Cramér's V에 대한 해석

*df**	negligible	small	medium	large
1	0 < .10	.10 < .30	.30 < .50	≥ .50
2	0 < .07	.07 < .21	.21 < .35	≥ .35
3	0 < .06	.06 < .17	.17 < .29	≥ .29
4	0 < .05	.05 < .15	.15 < .25	≥ .25
5	0 < .05	.05 < .13	.13 < .22	≥ .22

<표 5.4>의 코헨(Cohen, 1988)의 효과크기에 대한 기준에 대한 해석에 따르면, $df^*=1$일 때 산출된 Cramér's V=.507이므로 국가 간 차이와 텔레비전 광고에 등장하는 노인들의 역할의 관계는 큰 효과크기를 보인다는 결론을 내릴 수 있다. 위 <표 5.4>의 코헨(Cohen, 1988)의 효과크기에 대한 기준은 $df^*=5$까지만 제시하고 있어 df^*가 5를 넘는 경우는 위의 표를 이용하여 효과크기를 해석할 수 없다. 이러한 경우에는 Cramér's V를 Cohen's ω로 변환하여 효과크기를 해석할 필요가 있다(Cohen, 1988). ϕ'가 Cramér's V의 값, $\min(c-1,r-1)$이 분할표의 작은 차원의 자유도를 나타낼 때, Cramér's V의 Cohen's ω 변환 식은 아래 <식 5.8>과 같다(Cohen, 1988, p. 223).[43)]

---

42) *df**는 작은 범주의 자유도를 의미한다.

43) Cramér's V와는 달리, 이론적으로 Cohen's ω는 상한값을 갖지 않는다는 점을 주의할 필요가 있다. 코헨(Cohen, 1988)은 효과크기에 대한 가이드라인은 형식적인 기준으로 사용해야지, 너무 수치 그대로 받아들이지 말 것을 경고하고 있다. 코헨(Cohen, 1988)은 이에 대해 다음과 같이 기술하고 있다. "늘 그렇듯이, 가장 좋은 가이드라인은 특정 문제 또는 특정 분야에서 다뤄지는 강도(magnitude)에 대한 특별한 감각을 개발하는 것이다(p.224)."

$$\omega = \phi' \sqrt{\min(c-1,\ r-1)}$$ <식 5.8>

변환된 Cohen's ω는 $\omega = .10$은 작은 효과크기, $\omega = .30$은 중간 효과크기, $\omega = .50$은 큰 효과크기로 해석된다. 위의 예제의 경우, Cramér's V는 .507, 작은 범주의 자유도는 1이므로 변환된 Cohen's ω의 값은 아래와 같이 .507로 계산되어 큰 효과크기를 가졌음을 알 수 있다.

$$\omega = \phi' \sqrt{\min(c-1,\ r-1)} = .507\sqrt{1} = .507$$

5.4 χ^2-test의 통계적 가정과 Fisher's exact test

5.4.1 χ^2-test의 통계적 가정

χ^2-test를 수행하기 위해서는 다음의 두 가정이 충족될 필요가 있다. 첫째는 독립성 가정이다. 즉, 개별 관찰치는 다른 모든 관찰치와 독립적이어야 한다. 여기서 독립적이라는 것은 관찰 대상(혹은 피험자) 당 하나의 관찰치가 존재해야한다는 것을 의미하는데, 이는 각 집단(수준)의 관찰 대상들은 서로 연관되지 말아야 한다는 것을 의미한다. 또한, 개별 관찰 대상은 오직 하나의 셀에만 존재해야 하는데, 즉 각 관찰 대상들은 어떤 방식으로든 쌍(pair)을 이루지 말아야 한다. 예를 들어, 하나의 관찰 대상이 시간의 흐름에 따라 사전/사후 측정을 받는 경우는 허용되지 않는다.

둘째는 χ^2-test를 수행하는 데 최소로 필요한 표본의 크기를 지정하기 위한 것으로, 기대빈도에 대한 최소 빈도가 충족되어야 한다는 가정이다. 즉, χ^2가 큰 표본에서의 극한분포로 설정되었기 때문에, 영가설이 참일 때 χ^2 통계량이 양이 χ^2 분포를 따른다는 것을 증명하려면 기대빈도는 충분히 크다는 가정이 충족되어야 한다(Cochran, 1952, 1954). 이 가정은 분할표가 2×2인지 혹은 2×2보다 큰지에 따라 다른 기준이 적용된다. 먼저 2×2보다 큰 분할표의 경우, 기대빈도가 5미만인 셀이 전체 셀의 20%를 넘지 않고, 모든 개별 기대빈도는 1보다 커야 한다(Yates, Moore & McCabe, 1999).[44)] 2×2 분할표의 경우에는 모든 기대빈도는 5보다 커야한다는 주장에 대해 코크란(Cochran,

1952, 1954)은 이러한 기준은 자의적일뿐만 아니라 너무 보수적하기 때문에 이를 적용하면 χ^2 검정에서 상당한 통계적 검정력을 잃을 수도 있다고 주장한다.[45] 최소 기대빈도에 대한 코크란(Cochran, 1954)의 권고 사항을 정리하면 다음과 같다:

(1) 정규분포 또는 포아송 분포와 같은 단봉분포(unimodal distributions)의 χ^2 적합도 검정의 경우 최소 기대빈도는 1 이상이 되어야 한다.

(2) 2×2 분할표의 총 표본크기 N이 20 미만이거나, $20 < N < 40$이면서 가장 작은 기대빈도가 5 미만이면 Fisher's exact test를 사용한다. 만일 $N > 40$인 경우에는 Yates' correction for continuity χ^2-test를 사용한다.

(3) 자유도가 1보다 큰 분할표의 경우, 만일 5보다 작은 기대빈도가 전체 셀의 20%를 넘는다면(예: 5개 셀 중 1개 이상 혹은 10개 셀 중 2개 셀 이상) Fisher's exact test를 사용한다.

χ^2-test의 통계적 가정에 대한 지금까지의 논의에 따르면, 표본의 크기에 대한 가정을 충족하지 못한 경우 통상적인 χ^2-test를 수행하는 것은 문제가 있다. 이러한 χ^2-test의 대안적 방법으로 우리는 Yates' correction for continuity χ^2-test 혹은 Fisher's exact test를 사용할 수 있다. 가상의 2×2 분할표를 통해 이들 방법들을 차례로 살펴보자. <표 5.5>의 가상 분할표는 흡연 행동에 따라 스포츠 수행 여부가 다른지를 검증하기 위해 수집된 데이터이다. 각 셀의 괄호 안의 수는 기대빈도를 나타낸다.

표 5.5 흡연 행동에 따른 스포츠 수행에 대한 가상 분할표

		Sports Activity				Row Total	
		Yes		No			
Smoking behavior	Smoker	2 (2.69)	a	3 (2.31)	b	5	R_1
	Non-smoker	5 (4.31)	c	3 (3.69)	d	8	R_2
Column Total		7	C_1	6	C_2	13	N

44) 일반적으로 이 가정은 표본 크기가 적어도 셀 수에 5를 곱한 것과 같거나 크면 충족될 가능성이 높다.

45) 코크란(Cochran, 1954)은 일부 기대빈도가 5보다 훨씬 낮은 경우에도 χ^2 표가 정확한 분포에 대한 충분한 근사치를 제공한다고 주장한다. 더 자세한 논의는 코크란(Cochran, 1954)의 논문을 참고 바란다.

5.4.2 Yates' correction for continuity

Yates' correction for continuity χ^2-test는 영국의 통계학자 프랭크 예이츠(Yates, 1934)에 의해 제안된 χ^2 보정 방법으로, χ^2 값을 보다 보수적으로 만들어 이론적 확률 분포로부터의 근사 오차(error in approximation)를 보정하기 위한 방법이다. 근사 오차를 줄이기 위해 아래 <식 5.9>와 같이 각 관찰빈도와 기대빈도의 차이에서 0.5를 빼서 Pearson's χ^2 값을 수정하게 되는데, 이를 통해 얻은 χ^2 값은 감소하고 따라서 p-value가 증가하게 되어 영가설을 기각하는데 있어 보다 보수적이 된다.

$$\chi^2_{Yates} = \sum_{i=1}^{R}\sum_{j=1}^{C}\frac{(\mid O_{ij} - E_{ij} \mid - 0.5)^2}{E_{ij}} \qquad \text{<식 5.9>}$$

그러면, <표 5.57>의 분할표에 대한 Pearson's χ^2 값과 Yates' correction for continuity를 각각 구해보자. <표 5.5>의 기대빈도와 관찰빈도를 바탕으로 아래와 같이 산출한 χ^2_{obs} 값은 약 .623이다.

$$\begin{aligned}\chi^2_{obs} &= \sum_{i=1}^{R}\sum_{j=1}^{C}\frac{(O_{ij} - E_{ij})^2}{E_{ij}} \\ &= \sum_{i=1}^{2}\sum_{j=1}^{2}\left[\frac{(2-2.69)^2}{2.69} + \frac{(3-2.31)^2}{2.31} + \frac{(5-4.31)^2}{4.31} + \frac{(3-3.69)^2}{3.69}\right] \\ &\approx .623\end{aligned}$$

<식 5.9>를 이용해 아래와 같이 χ^2_{Yates}를 구하면 약 .047이 된다.

$$\begin{aligned}\chi^2_{Yates} &= \sum_{i=1}^{R}\sum_{j=1}^{C}\frac{(\mid O_{ij} - E_{ij} \mid - 0.5)^2}{E_{ij}} \\ &= \sum_{i=1}^{2}\sum_{j=1}^{2}\left[\frac{(\mid 2-2.69 \mid - 0.5)^2}{2.69} + \frac{(\mid 3-2.31 \mid - 0.5)^2}{2.31} + \frac{(\mid 5-4.31 \mid - 0.5)^2}{4.31} + \frac{(\mid 3-3.69 \mid - 0.5)^2}{3.69}\right] \\ &\approx .047\end{aligned}$$

이렇게 계산된 Pearson's χ^2 값과 Yates' corrected χ^2 값을 비교해보면 Yates' corrected χ^2 값이 상대적으로 훨씬 작은 값을 갖는 매우 보수적인 통계량이라는 것을 알 수 있다. 결국 Yates' corrected χ^2 값이 작아지면 영가설을 기각하기 위한 p-value는 커지므로 Pearson's χ^2-test에 비해 상대적으로 영가설을 기각할 가능성이 작아진다는 것을 쉽게 짐작할 수 있다. 이러한 Yates' correction의 효과는 작은 표본크기를 가진 데이터에 대해 통계적 유의성을 과대평가하는 것(제1종 오류)을 방지하는 측면에서 유용할 수는 있지만, 불행하게도 Yates' correction은 χ^2 값이 과도하게 보정되는 경향이 있다. 이 경우 제2종 오류, 즉 영가설이 기각되어야 할 때 기각시킬 수 없는 지나치게 보수적인 결과를 초래할 수 있다. 따라서 많은 연구(예: Camilli & Hopkins, 1979; Larntz, 1978)에서 Yates' correction은 비록 표본크기가 매우 작은 경우에라도 사용하지 말아야 한다는 주장들이 제기되어 왔다. 이에 대한 대안으로 작은 표본 크기의 χ^2 독립성 검정에 사용되는 대표적인 분석 방법은 Fisher's exact test이다.

5.4.3 Fisher's exact test

Fisher's exact test는 표본의 크기가 작을 때 주로 사용되지만, 모든 표본 크기의 유의도 검정에도 사용될 수 있다. 로널드 피셔의 이름을 딴 Fisher's exact test는 *Statistical Methods for Research Workers* 5판(Fisher, 1934, p. 99)에 처음 제시되었다(Gorroochurn, 2016).[46] Fisher's exact test는 영가설로부터의 편차에 대한 유의성에 대해 근사값에 의존하지 않고 정확한 p-value를 계산할 수 있기 때문에 exact test라는 이름 붙여졌다고 한다. 그러면, Fisher's exact test를 수행하는 절차를 간단하게 살펴보도록 하자.

Fisher's exact test의 p-value는 초기하 분포(hypergeometric distribution)를 따른다. 복원추출(with replacement)을 하는 이항 분포(binomial distribution)와 유사한 분포인 초기하 분포는 작은 수의 모집단 N에서 n개의 표본을 비복원(without replacement) 추출할 때 발생할 가능성을 계산한 이산확률 분포(discrete probability distribution)를 말한다. 만일 모집단 N에 M개의 흰 공과 $N-M$개의 검은 공이 있다고 하자. 이때, 추출한 n개의 공에서 x개의 공이 흰 공일 확률은 M개의 흰 공에서 x개 추출할 경우의 수 $\binom{M}{x}$

46) 예이츠(Yates, 1934)도 피셔와 거의 동시에 exact test에 관한 내용을 출판했지만, 예이츠는 exact test에 관한 중요한 아이디어는 피셔가 제안한 것이라고 서술했다는 점에서 exact test의 최초는 피셔(Fisher, 1934)라고 할 수 있다. 이에 대한 자세한 논의는 고루촌(Gorroochurn, 2016)을 참고하길 바란다.

와 $N-M$개의 검은 공에서 $n-x$개 추출할 경우의 수 $\binom{N-M}{n-x}$를 곱한 것을 가능한 모든 경우의 수 $\binom{N}{n}$로 나눈 것 이므로[47] 이를 식으로 정리하면 아래 <식 5.10>과 같다.[48]

$$P(X=x)=\frac{\binom{M}{x}\binom{N-M}{n-x}}{\binom{N}{n}},\ \text{where}\ \ x=0,1,2,\cdots,M \qquad \text{<식 5.10>}$$

이러한 분포를 초기하 분포라고 하며, 이때 확률변수 X는 초기하 분포를 따른다고 하며 다음과 같이 나타낸다.

$$X \sim Hypergeometric(n,\ M,\ N) \qquad \text{<식 5.11>}$$

<표 5.57>의 2×2 분할표에서 각 셀을 각각 a, b, c, d로, 각 행의 합을 각각 R_1, R_2로, 각 열의 합을 각각 C_1, C_2, 총 표본크기를 N이라고 할 때, 각 셀의 확률 역시 초기하 분포를 따르기 때문에 다음 <식 5.12>와 같이 조합을 통해 계산될 수 있다.

$$p=\frac{\binom{a+b}{a}\binom{c+d}{c}}{\binom{N}{C_1}}=\frac{\binom{a+b}{b}\binom{c+d}{d}}{\binom{N}{C_2}} \qquad \text{<식 5.12>}$$

<식 5.12>는 다시 아래 <식 5.13>과 같이 factorial(!)로 표현할 수 있다.

$$p=\frac{R_1!\ R_2!\ C_1!\ C_2!}{a!\ b!\ c!\ d!\ n!} \qquad \text{<식 5.13>}$$

---

47) 라플라스(Laplace)의 확률 정의에 따라 어떤 사건의 발생 확률은 그것이 일어날 수 있는 경우의 수 대 가능한 모든 경우의 수의 비율로 계산된다.

48) 경우의 수를 계산하기 위해서는 조합(combination)을 이용한다. 예를 들어, $\binom{n}{r}$는 n개에서 r개를 뽑는 조합의 수를 나타내며, ${}_nC_r$과 같이 표현한다. 이는 다시, $\frac{n!}{(n-r)!}$과 같이 factorial(!)로 바꿀 수 있다. factorial(!)은 1부터 어떤 양의 정수 n까지 정수를 모두 곱한 것을 말하며 $n!$로 나타낸다. 예를 들어 $2!=2$이고, $4!=24$가 된다.

이렇게 계산된 p-value를 컷오프(cut-off) p-value라고 하는데, Fisher's exact test의 p-value는 2×2 분할표의 가능한 다른 모든 조합의 p-value 중 컷오프 p-value보다 작은 모든 p-value의 합으로 계산된다. 먼저, <식 5.13>을 이용하여 위 예제의 컷오프 p-value를 구해보자. factorial 계산이 다소 번거로우니 R의 factorial 함수를 이용하여 계산하자.

$$p_{cutoff} = \frac{R_1!\ R_2!\ C_1!\ C_2!}{a!\ b!\ c!\ d!\ n!} = \frac{5!\ 8!\ 7!\ 6!}{2!\ 3!\ 5!\ 3!\ 13!}$$

```
> RC <- c(5, 8, 7, 6)
> RC.fact <- prod(factorial(RC))
> cell.n <- c(2, 3, 5, 3, 13)
> cell.n.fact <- prod(factorial(cell.n))
> p.cutoff <- RC.fact/cell.n.fact
> p.cutoff
[1] 0.3263403
```

계산된 p_{cutoff} 값은 약 .3263으로 나타났다. 이번에는 <표 5.57>의 2×2 분할표에서 행의 합과 열의 합을 기준으로 총 6개의 가능한 조합과 그에 대한 p-value를 계산하면 아래와 같다.[49]

$$\begin{bmatrix} 0\,5 \\ 7\,1 \end{bmatrix},\ p = .0047;\ \begin{bmatrix} 1\,4 \\ 6\,2 \end{bmatrix},\ p = .0816;\ \begin{bmatrix} 2\,3 \\ 5\,3 \end{bmatrix},\ p = .3263;\ \begin{bmatrix} 3\,2 \\ 4\,4 \end{bmatrix},$$
$$p = .4079;\ \begin{bmatrix} 4\,1 \\ 3\,5 \end{bmatrix},\ p = .1632;\ \begin{bmatrix} 5\,0 \\ 2\,6 \end{bmatrix},\ p = .0163$$

계산된 p-value 중 p_{cutoff}보다 작은 p-value의 합은 $0047 + .0816 + .3263 + .1632 + .0163 \approx .5921$이므로 계산된 p_{exact}-value는 .5921이 된다. 따라서 '흡연 행동과 스포츠 수행은 독립적이며 이들 변수 사이에 유의미한 관계가 없다'는 <표 5.5>의 2×2 분할표에 대한 영가설은 95% 신뢰수준에서 기각될 수 없다($p > .05$).

---

49) <표 5.5>의 2×2 분할표에서 a의 값은 해당 행의 합 R_1이 5이므로 5를 넘을 수 없다.

5.5 R을 이용한 분석 예제

5.5.1 Pearson's χ^2 적합도 검정

factoextra 패키지(Kassambara & Mundt, 2020)의 housetasks 데이터를 이용해 Pearson's χ^2 적합도 검정을 수행해보자. 이 예제 데이터는 기혼 여성의 노동 시장으로의 통합을 다룬 연구 데이터의 일부로 원 데이터는 독일 5개 도시의 아이가 없는 223쌍의 신혼부부들의 총 13개의 가사 노동 분담에 대한 데이터를 담고 있다. 응답자들은 각각의 가사 노동에 누가 더 책임이 있는지를 응답하였다. 예제로 사용된 데이터는 13개의 가사 노동의 종류와 가사 노동을 담당하는 4개의 주체로 구성되어 있다. 먼저 분석할 데이터를 불러오도록 하자.

```
> library(factoextra)
> data(housetasks)
> str(housetasks)
'data.frame':    13 obs. of  4 variables:
 $ Wife       : int  156 124 77 82 53 32 33 12 10 13 ...
 $ Alternating: int  14 20 11 36 11 24 23 46 51 13 ...
 $ Husband    : int  2 5 7 15 1 4 9 23 75 21 ...
 $ Jointly    : int  4 4 13 7 57 53 55 15 3 66 ...
```

본 R 예제에서는 가사 노동을 담당하는 각 주체의 가사 노동에 대한 책임이 통계적인 차이가 있는지 검증해보자. 따라서 영가설과 대안가설은 다음과 같이 설정된다.

> H_0 : 가사 노동을 담당하는 각 주체의 가사 노동에 대한 책임은 동등하게 분포되어 있을 것이다.
>
> H_A : 가사 노동을 담당하는 각 주체의 가사 노동에 대한 책임은 동등하게 분포되어 있지 않을 것이다.

설정된 가설을 검정하기 위해 로드된 housetasks 데이터를 apply 함수를 이용해 각 주체의 가사 노동량 빈도분포를 생성하여 works 라는 벡터로 저장한다.

```
> works <- apply(housetasks, 2, sum)
> works
       Wife   Alternating     Husband     Jointly
        600           254         381         509
```

출력된 결과를 보면 가사 노동에 대한 책임은 Wife라는 응답자가 600명으로 가장 많은 것으로 나타난 반면, Husband라는 응답자는 381명으로 상대적으로 적은 것으로 나타났다. 가사 노동은 공동의 책임(Jointly)이라는 응답자는 두 번째로 많은 509명으로 나타났다. 바 플롯을 통해 이를 시각적으로 살펴볼 수 있다.

```
> barplot(works)
```

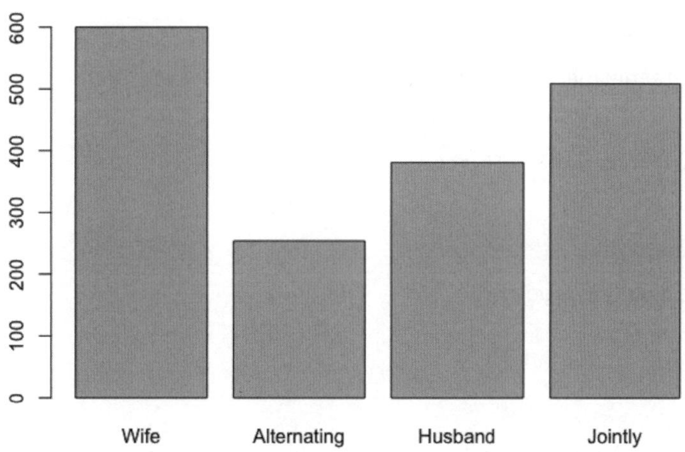

그림 5.3 가사 노동 담당 주체에 대한 bar plot

R에서 χ^2 적합도 검정을 수행하기 위해서는 R 기본 함수인 chisq.test를 사용한다.

```
> chisq.test(works)

        Chi-squared test for given probabilities

data:  works
X-squared = 156.82, df = 3, p-value < 2.2e-16
```

χ^2 적합도 검정의 효과크기에 대한 측정치 Cohen's ω는 rcompanion 패키지(Mangiafico, 2023)의 cohenW 함수를 사용한다. cohenW 함수를 사용하려면 데이터의 관찰빈도와 기대빈도의 비율이 필요하다. 이를 산출하기 위해서는 chisq.test 결과를 chisq.results라는 벡터로 반환한 후 그 벡터에서 관찰빈도와 기대빈도의 비율을 각각 추출한다.

```
> chisq.results <- chisq.test(works)
> observed <- chisq.results$observed
> expected <- prop.table(chisq.results$expected)
> observed; expected
       Wife  Alternating     Husband       Jointly
        600          254         381           509
       Wife  Alternating     Husband       Jointly
       0.25         0.25        0.25          0.25
> library(rcompanion)
> cohenW(observed, p=expected)
Cohen w
 0.2999
```

출력된 결과에 따르면, 관찰된 p-value가 .001보다 작으므로 설정된 영가설을 기각한다. 또한 Cohen's ω는 약 .30으로 이는 효과크기에 대한 코헨(Cohen, 1988)의 기준에 따라 중간 정도의 효과크기를 갖는 것으로 해석된다. 따라서, χ^2 적합도 검정 분석 결과는 가사 노동을 담당하는 각 주체의 가사 노동에 대한 책임은 동등하게 분포되어 있지 않다는 강력한 근거를 제공한다[$\chi^2(3) = 156.82,\ p < .001,\ two-tailed,$ Cohen's $\omega = .30$].

5.5.2 Pearson's χ^2 독립성 검정

χ^2 독립성 검정 예제를 위해 vcd 패키지(Meyer, Zeileis, & Hornik, 2023)의 Arthritis 데이터를 사용하도록 하자. Arthritis 데이터는 특정의 처치가 관절염(arthritis) 환자의 개선에 긍정적인 영향을 미치는지 여부를 파악하기 위한 임상 결과를 담고 있다. Arthritis 데이터 셋은 84개의 관찰치와 5개의 변수가 있는 데이터 프레임으로 구성되었다. 구체적인 변수의 설명은 아래와 같다.

ID: 환자 ID
Treatment: 처치(Placebo, Treated)
Sex: 환자의 성별(Female, Male)
Age: 환자의 연령
Improved: 관절염 개선 정도(None, Some, Marked)

이제 분석할 데이터를 불러오도록 하자.

```
> library(vcd)
> data("Arthritis")
> str(Arthritis)
'data.frame':	84 obs. of  5 variables:
 $ ID       : int  57 46 77 17 36 23 75 39 33 55 ...
 $ Treatment: Factor w/ 2 levels "Placebo","Treated": 2 2 2 2 2 2 2 2 2 2 ...
 $ Sex      : Factor w/ 2 levels "Female","Male": 2 2 2 2 2 2 2 2 2 2 ...
 $ Age      : int  27 29 30 32 46 58 59 59 63 63 ...
 $ Improved : Ord.factor w/ 3 levels "None"<"Some"<..: 2 1 1 3 3 3 1 3 1 1 ...
```

앞서 설명한 바와 같이 χ^2 독립성 검정은 두 범주형 변수 사이에 유의한 관계가 있는지를 확인하는 데 사용된다. 위 예제의 경우 특정 처치가 환자의 관절염 개선에 긍정적인 영향을 미치는지 여부를 파악하기 위해 χ^2 독립성 검정을 사용할 수 있다. 이를 위한 영가설과 대안가설은 다음과 같이 설정된다.

H_0 : 모집단에서 처치의 유무는 환자의 관절염 개선과 독립적일 것이다. 즉, 모집단에서 처치의 유무는 환자의 관절염 개선과 유의적인 관련이 없을 것이다.

H_A : 모집단에서 처치의 유무는 환자의 관절염 개선과 독립적이지 않을 것이다. 즉, 모집단에서 처치의 유무는 환자의 관절염 개선과 유의적인 관련이 있을 것이다.

설정된 가설을 검정하기 위해 vcd 패키지의 **assocstats** 함수를 사용해보자. **assocstats** 함수를 사용하여 χ^2-test를 수행하기 위해서는 먼저 분석할 분할표를 빈도분포표(table)이나 행렬(matrix) 형태로 만들어야 한다. vcd 패키지(Meyer, Zeileis, & Hornik, 2023)의 **xtabs** 함수는 ~Improved + Treatment와 같이 공식 형태로 분할표의 변수를 입력함으로써 손쉽게 데이터를 table 형태의 분할표로 만들 수 있다.[50] **xtabs** 함수를 이용하여 만든 table 형태의 분할표를 Art라는 벡터로 반환한 뒤 **assocstats** 함수를 이용하여 χ^2-test를 수행한다. **assocstats** 함수는 Contingency Coeff.나 Cramér's V와 같은 효과크기 측정치를 함께 산출해주는 장점이 있다.

```
> Art <- xtabs(~Improved + Treatment, data = Arthritis)
> assocstats(Art)
                    X^2 df  P(> X^2)
Likelihood Ratio 13.530  2 0.0011536
Pearson          13.055  2 0.0014626

Phi-Coefficient   : NA
Contingency Coeff.: 0.367
Cramer's V        : 0.394
```

도출된 결과에 따르면, 치료 유형과 관절염 증상의 개선은 독립적이라는 영가설을 기각되었다[$\chi^2(2) = 13.055,\ p = .001,\ two-tailed,$ Cramér's $V = .394$]. 즉, 제공된 특정 처치의 유무에 따라 환자의 관절염 증상의 개선은 통계적으로 유의한 차이가 나는 것으로 나타났다. 또한 Cramér's V는 .394로 비교적 큰 효과크기를 갖는 것으로 나타났다. 따라서 이러한 결과를 토대로 우리는 제공된 특정 처치가 환자들의 관절염 개선에 유의적인 효과가 있을 것이라는 강력한 증거를 확인할 수 있다.

---

50) 일반적으로 xtabs 함수는 데이터 프레임 또는 매트릭스 형태의 데이터에서 작동한다.

데이터의 관찰빈도와 기대빈도를 산출하기 위해서는 chisq.test 결과를 chisq.results 라는 벡터로 반환한 후 그 벡터에서 관찰빈도와 기대빈도의 비율을 각각 추출한다.

```
> chisq.results <- chisq.test(Art)
> chisq.results$observed
          Treatment
Improved Placebo Treated
  None        29      13
  Some         7       7
  Marked       7      21

> chisq.results$expected
          Treatment
Improved   Placebo   Treated
  None   21.500000 20.500000
  Some    7.166667  6.833333
  Marked 14.333333 13.666667
```

모자이크 플롯을 이용하면 위 분할표를 시각적으로 표현할 수 있는 플롯을 생성할 수 있다. 모자이크 플롯은 전체 정사각 도형을 분할표의 행과 열의 빈도에 비례하는 직사각 도형으로 나누어 두 변수의 비율(관계)을 시각적으로 표현하는 방법이다. 두 변수의 경우, 열 너비는 수평 축에 표시된 변수의 각 수준에 있는 관찰치 수에 비례하며, 행의 길이는 첫 번째 변수의 각 수준 내에서 두 번째 변수의 관찰치 수에 비례한다. vcd 패키지(Meyer, Zeileis, & Hornik, 2023)의 모자이크 플롯은 분할 방향, 음영 지정, 레이블 지정, 간격, 범례 등 여러 세부 사항에 대한 광범위한 옵션을 제공한다. 아래와 같이 vcd 패키지(Meyer, Zeileis, & Hornik, 2023)의 mosaic 함수를 이용하여 Arthritis 데이터의 분할표를 모자이크 플롯으로 시각화해보자.

```
> mosaic(Art, gp = shading_max)
```

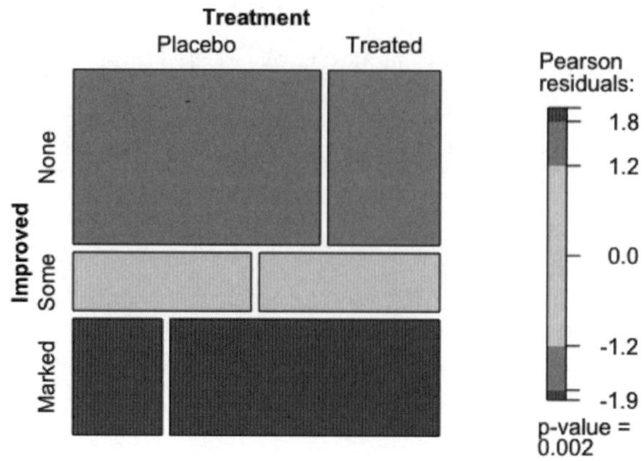

그림 5.4 치료 유형과 관절염 증상 개선의 연관성에 대한 모자이크 플롯

옵션 gp를 gp = shading_max와 같이 지정하면 플롯의 색상이 90%에서 99%까지의 통계적 유의수준에서 유의한 잔차를 나타내는데, 99% 신뢰수준에 대해 더 강한 음영을 표시하도록 지정하게 된다. 예제의 경우, 범례에 표시된 것처럼 χ^2 독립성 모델에 대한 잔차는 그리 크지 않지만 treatment와 improved 사이의 연관성은 매우 유의하다는 것을 알 수 있다. 생성된 모자이크 플롯의 treatment에 의한 첫 번째 분할과 음영을 보면(None), 위약(placebo)을 투여 받은 사람들의 높은 비율이 관절염 증상의 개선을 경험하지 않은 것으로 나타났다. 반면 treatment에 의한 마지막 분할과 음영을 보면(Marked), 특정 처치(treated)를 받은 많은 사람들이 현저한 개선을 보고했다는 것을 쉽게 알 수 있다.

끝으로 이 책에서는 자세히 다루지 않지만, 일반적으로 서열척도로 측정된 두 변수 간 관계의 연관성을 검정하기 위해서는 Pearson's χ^2 독립성 검정보다는 Goodman and Kruskal's γ 계수를 사용한다. 여기서는 Goodman and Kruskal's γ에 대한 자세한 설명과 절차는 생략하기로 하고 R을 통한 분석만을 살펴보자.[51] Goodman and Kruskal's γ는 vcdExtra 패키지(Friendly, 2023)의 GKgamma 함수를 통해 수행할 수 있다. 위 예제 데이터의 Improved와 Treatment를 서열척도 변수라고 가정하고 Goodman and Kruskal's γ를 수행해보자.

```
> library(vcdExtra)
```

51) Goodman and Kruskal's γ에 대한 더 자세한 설명과 논의는 굿맨과 크러스컬(Goodman & Kruskal, 1954)과 매송과 로텔로(Masson & Rotello, 2009)를 참고하길 바란다.

```
> GKgamma(Art)
gamma          : 0.612
std. error   : 0.126
CI             : 0.364 0.859
```

도출된 결과에 따르면 Goodman and Kruskal's γ 계수는 .612로 나타났다[95% CI: .364, 0.859]. Goodman and Kruskal's γ 계수의 범위는 -1과 1 사이로 1은 완벽한 양의 상관관계, -1은 완벽한 음의 상관관계, 0은 두 변수 사이에 연관성이 없음을 의미한다. 따라서 도출된 결과는 제공된 특정 처치의 유무와 환자의 관절염 증상의 개선은 통계적으로 유의한 수준에서 관련이 있음을 보여준다.

5.5.3 Fisher's exact test

흡연과 전문 운동선수 사이에 통계적으로 유의한 연관성이 있는지 여부를 확인하는 2×2 분할표를 만들어 Fisher's exact 검정을 수행해보자. 2×2 분할표로 흡연 여부는 "Smoker"와 "Non-smoker", 전문 운동선수 여부는 "Athlete"와 "Non-athlete"로 총 35명에 대한 데이터가 코딩되었다.

```
> dat <- matrix(c(6,12,12,5), nrow=2, byrow=T,
        dimnames=list(c("Non-smoker","Smoker"), c("Athlete","Non-athlete")))
> dat
              Athlete    Non-athlete
Non-smoker       6           12
Smoker          12            5
```

먼저 vcd 패키지(Meyer, Zeileis, & Hornik, 2023)의 mosaic 함수를 이용하여 생성된 분할표를 모자이크 플롯으로 시각화해보자.

```
> mosaic(dat, gp = shading_max)
```

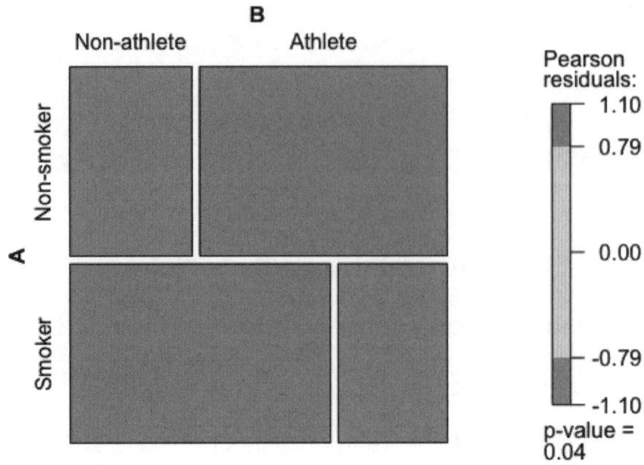

그림 5.5 흡연과 전문 운동선수 사이의 연관성에 대한 모자이크 플롯

생성된 모자이크 플롯을 보면, 흡연자의 비율이 운동선수보다 운동선수가 아닌 사람들 사이에서 더 높다는 것을 알 수 있다. 반면, 비흡연자의 비율은 운동선수가 비운동선수에 비해 상대적으로 높다는 것을 확인할 수 있다.

먼저, R의 기본 함수인 chisq.test를 이용해 2×2 χ^2 독립성 검정을 수행해보자.

```
> chisq.test(dat)

        Pearson's Chi-squared test with Yates' continuity correction

data:  dat
X-squared = 3.4808, df = 1, p-value = 0.06208
```

출력된 결과를 보면, 자동으로 Yates' continuity correction이 수행된 것을 알 수 있다. Yates' correction for continuity의 결과는 $p = .062$로 95% 신뢰수준에서 흡연과 전문 운동선수 사이에 통계적 연관성에 관한 영가설을 기각할 수 없는 것으로 나타났다. 앞서 언급한 것처럼, Yates' correction for continuity는 매우 보수적인 통계량을 제공하기 때문에 이 방법을 사용하는 것이 권장되지는 않는다. 따라서 대안적인 방법으로 Fisher's exact test를 수행해보자. 이를 위해서는 R의 기본 함수인 fisher.test를 사용한다.

```
> fisher.test(dat)
```

```
        Fisher's Exact Test for Count Data

data:  dat
p-value = 0.04371
alternative hypothesis: true odds ratio is not equal to 1
95 percent confidence interval:
 0.03888003 1.05649145
sample estimates:
odds ratio
 0.2189021
```

출력된 결과를 보면, p-value가 약 .044로 나타나 95% 신뢰수준에서 영가설을 기각할 수 있다. 이는 위의 Yates' correction for continuity의 결과와 다른 결과를 보여준다. 따라서 우리는 흡연 습관과 전문 운동선수 여부의 두 범주형 변수 사이에 유의미한 연관성이 있다는 근거를 확인할 수 있다.

그렇지만, Fisher's exact test를 위해 R의 기본 함수인 **fisher.test**를 사용하는 것에는 약간의 문제가 있다. 먼저 위의 **fisher.test** 결과를 자세히 살펴보자. **fisher.test** 결과는 p-value 외에 odds ratio(OR)에 대한 정보도 제공한다. Odds는 확률의 또 다른 표현으로, 어떤 사건이 일어날 확률과 일어나지 않을 확률의 비율로 정의된다. 어떤 사건이 일어날 확률을 p라고 한다면 그 사건에 대한 odds는 $p/(1-p)$로 구해진다. 원인의 상대적 효과를 수량화하는 통계량인 OR은 주어진 요인에 노출된 집단의 odds에 노출되지 않은 집단의 odds의 비율로 계산된다(Dodge, 2008). 집단 E는 특정 요인에 노출된 집단, NE를 특정 요인에 노출되지 않은 집단이라고 할 때, OR을 수식을 표현하면 아래 <식 5.14>와 같다.

$$OR = \frac{odds\ of\ group\ E}{odds\ of\ group\ \mathrm{NE}} \qquad \text{<식 5.14>}$$

위 예제인 흡연과 전문 운동선수 사이의 연관성을 예를 들어 OR을 계산해보자. 예제의 2×2 분할표는 아래 <표 5.6>과 같다.

표 5.6 흡연과 전문 운동선수 사이의 연관성에 대한 비율

		Athlete	
		Athlete	Non-Athlete
Smoking behavior	Non-smoker	6 [a]	12 [c]
	Smoker	12 [b]	5 [d]

2×2 분할표의 경우 OR은 아래 <식 5.15>와 같이 계산된다.

$$\widehat{OR}=\frac{\frac{a}{b}}{\frac{c}{d}}=\frac{a\times d}{b\times c} \qquad \text{<식 5.15>}$$

따라서 위 예제의 OR은 $(6\times 5)/(12\times 12)\approx .208$이 된다.[52] OR의 값이 1보다 크다는 것은 해당 집단이 특정 요인에 노출되었을 때 확률이 그렇지 않은 경우의 확률보다 크다는 것을 나타낸다. 이러한 경우에는 두 사건이 긍정적인 연관성을 갖는다고 볼 수 있다. 또한 OR이 1인 경우, 두 사건의 확률이 동일하다는 것을 의미한다. 반대로, OR이 1보다 작으면 두 사건은 음의 연관성이 있다고 볼 수 있다. 계산된 OR에 따르면, 흡연자는 비흡연자에 비해 전문 운동선수일 가능성이 약 0.2배 더 크다고 해석될 수 있다.

R에서 fisher.test 결과는 OR 값과 함께 OR에 대한 95% 신뢰구간에 대한 정보 역시 제공해준다. 예를 들어 추정된 OR이 1인 경우, 즉 95% CI가 1을 포함한 경우 영가설은 기각되지 못한다. 하지만 때때로 fisher.test 결과의 *p*-value와 OR에 대한 신뢰구간과 일치하지 않는 경우가 나타난다. 즉, 위에서 출력된 결과와 같이, *p*-value는 .044로 나타나 95% 신뢰수준에서 영가설을 기각할 수 있는 반면, OR에 대한 신뢰구간은 [0.03888003, 1.05649145]로 신뢰구간에 1을 포함함으로써 영가설을 기각할 수 없게 된다. 이러한 문제는 신뢰구간에 대한 계산과 영가설 검정(*p*-value)의 계산이 다르기 때문에 발생한다. 다시 말하면, 신뢰구간에 대한 계산이 분포의 동일한 크기(혹은 weight)를 가진 양쪽 꼬리 두 개를 사용한 가설 검정을 기반으로 하는 것에 비해 영가설 검정은 왼쪽 꼬리와 오른쪽 꼬리의 가변 가중치를 기반으로 사용하기 때문인 것이다(Fay,

---

52) R의 fisher.test의 OR은 .219인 반면 계산된 OR은 .208로 다른 결과가 나타나는 이유는 R의 fisher.test는 unconditional MLE(표본 OR)대신 conditional Maximum Likelihood Estimate (MLE)를 사용하기 때문이다.

2010).[53] 페이(Fay, 2010)의 exact2x2 패키지는 이러한 문제를 해결한 블레이커(Blaker, 2000)의 방법[54]을 기초로 제작된 Fisher's exact test 수행을 위한 패키지이다. exact2x2 패키지(Fay, 2010)의 fisher.exact 함수를 이용하여 Fisher's exact test를 수행해보자.

```
> library(exact2x2)
> fisher.exact(dat, alternative = "two.sided")

        Two-sided Fisher's Exact Test (usual method using minimum likelihood)

data:  dat
p-value = 0.04371
alternative hypothesis: true odds ratio is not equal to 1
95 percent confidence interval:
 0.0435 0.9170
sample estimates:
odds ratio
 0.2189021
```

fisher.exact 함수를 이용한 Fisher's exact test 결과, *p*-value와 OR의 CI의 결과가 일치하는 것을 볼 수 있다.

2×2 분할표라면 경우에 따라서 Fisher's exact test 대신 Barnard's exact test(Barnard, 1947)를 사용할 수도 있다.[55] Barnard's exact test는 2×2 분할표의 경우 상당히 강력한 2×2 χ^2 검정 방법으로 고려되기도 한다(Berger, 1994; Lydersen et al., 2009; Mehta & Senchaudhuri, 2003). Barnard's exact test는 DescTools 패키지(Signorell, 2022)의 BarnardTest 함수를 이용하여 수행된다.

---

53) Fisher's exact test는 OR을 통해서 *p*-value를 계산하지 않는다는 점을 잊지 말자. Fisher's exact test의 *p*-value와 OR의 신뢰구간의 상이함에 대한 더 자세한 논의는 페이(Fay, 2010)의 연구를 참고하길 바란다.

54) 블레이커(Blaker, 2000)의 exact test에서는 *p*-value를 관찰된 꼬리의 확률과 관찰된 꼬리 확률보다 작은 반대쪽 꼬리 확률의 합으로 정의한다. 더 자세한 논의는 블레이커(Blaker, 2000)와 페이(Fay, 2010)의 연구를 참고.

55) Barnard's exact test에 대한 더 자세한 논의는 바너드(Barnard, 1947), 버거(Berger, 1994), 메타와 센카드후리(Mehta & Senchaudhuri, 2003), 라이더슨과 동료들(Lydersen et al., 2009) 등의 연구를 참고.

```
> library(DescTools)
> BarnardTest(dat)

        CSM Exact Test

data:  6 out of 18 vs. 12 out of 17
test statistic = NA, first sample size = 18, second sample size = 17, p-value = 0.04135
alternative hypothesis: true difference in proportion is not equal to 0
sample estimates:
difference in proportion
               -0.372549
```

BarnardTest 함수를 이용한 Barnard's exact test 결과, $p = 0.041$로 95% 신뢰수준에서 영가설을 기각할 수 있는 것으로 나타났다. 이러한 결과는 Fisher's exact test의 결과와 크게 다르지 않은 것으로 보인다.

Chapter **06**

One-way between subject ANOVA

"통계학자는 쓸모없는 물질로부터 금을 만들어내는 연금술사가 아니다.
오히려 그 물질이 가치 있는 것을 정확히 얼마만큼 담고 있는지를 측정하고,
그것을 추출할 수 있는 능력을 가진 화학자에 더 가깝다."
- 로널드 피셔(Ronald A. Fisher)

지난 *t*-test 장에서는 하나 혹은 두 모집단에서 추출된 임의 표본 데이터를 분석하기 통계분석 방법을 살펴 보았다. 그러나 많은 연구 설계에는 셋 이상의 모집단에서 추출된 임의 표본 데이터를 분석해야 하는 경우가 포함된다. 다시 말해, 여러 연구 상황에서 세 집단 이상의 평균 차이를 분석할 경우가 생기는데, *t*-test는 이러한 분석을 수행하는 데에는 비효율적인 방법이다.[56] 따라서 이번 장에서는 셋 이상의 모집단에서 추출한 임의 표본 데이터를 분석하기 위한 통계 모형 혹은 이와 관련된 통계적 추정 절차인 analysis of variance(이후 ANOVA로 표기)에 대해 살펴보자. ANOVA의 궁극적인 목적은 특정 결과 변수에 대해 세 집단 이상의 평균이 서로 통계적인 차이가 있는지 여부를 확인하는 것이다. 즉, ANOVA는 종속변수(결과변수)에 대해 관찰된 집단의 평균 차이가 독립변수(처치)에 따른 실제 차이인지 혹은 '우연'에 의한 차이인지를 확인하는 것이다. 구체적인 ANOVA의 원리와 분석 절차를 설명하기 전에 ANOVA의 간단한 역사를 살펴보자.

그 뿌리가 1800년경 분산을 추정하기 위해 최소 제곱법을 사용한 라플라스(Pierre-Simon Laplace)와 가우스(Johann C. F. Gauss)까지 거슬러 올라간다고 하더라도, ANOVA는 현대 통계학의 아버지라 불리는 통계학자 피셔(Ronald A. Fisher)에 의해

56) 이러한 셋 이상의 집단 간 평균의 분석에서 왜 여러 번의 t-test를 수행하면 안 되는지에 대해서는 추후 살펴보기로 하자.

개발되었다는 데에는 이견이 없다.[57] 피셔는 1918년 '*The Correlation between relatives on the supposition of mendelian inheritance*'라는 논문에서 분산이라는 용어를 처음으로 소개하고, 이에 대한 공식적인 분석을 제안했다. 1922년 '*The Goodness of Fit of Regression Formulae and the Distribution of Regression Coefficients*'라는 논문에서 χ^2-분포와 회귀 계수의 분포를 처음으로 탐색했던 피셔는 이 연구를 통해 표본으로부터 데이터를 분석하는 완전히 새로운 관점인 '분산의 비율(ratio of variances)'을 제시하게 된다(Osterlind, 2019). 이 비율은 나중에 ANOVA의 검정통계량인 '*F*-ratio'라고 불리게 되었고, ANOVA를 피셔의 '*F*'를 따서 '*F*-test'라고도 부른다. 피셔는 1924년 토론토에서 열린 국제수학회의(International Mathematical Congress)에서 분산의 분석 절차를 요약 발표한 이후, 1925년 저서 '*Statistical Methods for Research Workers*'에서 실제 적용 절차를 보다 상세히 설명하면서 ANOVA와 *F*-ratio를 세상에 널리 알리게 되었다(Hald, 2008).

t-test와 마찬가지로 연구가 어떻게 설계되었는지에 따라 ANOVA도 몇 가지로 구분된다. 먼저, 하나의 독립변수와 종속변수가 있을 때 one-way ANOVA가 사용되는데, 이는 독립변수의 집단이 서로 독립적인지 종속적인지(집단의 종속변수가 반복 측정되었는지)에 따라 각각 one-way between subject ANOVA와 one-way within subject ANOVA로 구분된다. 즉, 여기서 말하는 'one-way'라는 의미는 독립변수의 수를 말한다. 만일 두 개의 독립변수를 갖고 있고 이들 독립변수의 모든 집단들이 모두 독립적이라면 two-way between subject ANOVA가, 반면에 이들 독립변수의 모든 집단들이 서로 종속적이라면 two-way within subject ANOVA가 사용될 것이다. 하지만, 두 개의 독립변수를 가진 모형에서 한 변수는 집단들이 독립적인 동시에 또 다른 변수가 종속적인 집단으로 설계되었다면 two-way mixed ANOVA가 사용된다. 당연히 3개의 독립변수가 있다면 three-way, 4개라면 four-way 등 계속해서 ANOVA의 용어가 독립변수의 수에 맞게 사용된다.[58] ANOVA에서 독립변수를 하나의 요인(factor)이라고도 하는데 이렇게 둘 이상의 요인들의 조합에서 집단 간의 차이를 관찰하고 비교하는 연구 설계를 통칭하

---

57) 실험설계의 무선배정(randomization), 모수(parameter), 최대우도(maximum likelihood), 유의성 검정(significance test) 등 피셔는 현대 통계학에 실로 지대한 영향을 미쳤다. 특히, 피셔의 철학은 '사용의 편의성' 혹은 '실용성'의 측면에서 베이지안(bayesian) 관점과 빈도주의(frequentist) 관점 사이에서 일련의 교묘한 절충을 보여주었다는 점에서 전통적인 빈도주의적 관점과 차별될 수 있다. 이에 대한 구체적인 논의는 에프론(Efron, 1998)의 논문을 참고하길 바란다.

58) 물론 둘 이상의 종속변수를 갖는 연구 설계가 있을 수 있다. 이때 사용되는 ANOVA 분석 방법을 MANOVA(multivariate analysis of variance)라고 한다.

여 요인설계(factorial design)라고 부른다. 이 책에서는 one-way between subject ANOVA, one-way within subject ANOVA, two-way between subject ANOVA, two-way within subject ANOVA, two-way mixed ANOVA 등을 다루도록 한다.

6.1 One-way between ANOVA의 구조와 원리

one-way between subject ANOVA는 셋 이상의 모집단에서 추출한 임의 표본 데이터의 특정 결과변수(종속변수)에 대해 독립적인 세 집단 이상의 평균이 서로 통계적인 차이가 있는지 여부를 확인하는 것이다. 이는 다음의 <식 6.1>과 같은 수학적 모형의 방정식으로 표현될 수 있다. 이 단순 방정식은 표본의 개별 관찰치는 그것이 속해 있는 집단 j의 모집단 평균에 일정 정도의 무작위 오차를 더한 값과 같다는 것을 의미한다. 왜냐하면 어떤 오차도 측정에 관여되지 않았다고 가정한다면 개별 관찰치는 집단의 평균과 같을 것이기 때문이다. 물론 이 식이 실제 데이터를 사용한 ANOVA를 수행하기 위한 공식이 아니라 가정으로서 ANOVA의 일반화된 형태(generalized form)라고 할지라도, 이 공식은 ANOVA의 분석 절차를 이해하기 위해 매우 중요하다.

$$Y_{ij} = \mu_j + e_{ij}, \qquad i = 1, \cdots, n_j,\ j = 1, \cdots, k, \qquad \text{<식 6.1>}$$

Y_{ij}: 종속변수 Y에 대한 집단 j의 i번째 측정값

μ_j: 종속변수 Y에 대한 집단 j의 모집단 평균

e_{ij}: 집단 j의 i번째 측정값과 집단 j의 평균과의 차이(오차)

위의 <식 6.1>에서 μ_j는 각 집단의 평균값으로 이 평균값은 각각의 처치에 따라 다르게 나타날 것으로 가정되는데 이 차이가 곧 처치효과(treatment effects)가 된다. k 모집단 간에 발생할 수 있는 유일한 차이는 '처치' 효과를 통해서만 가능하므로 영가설과 대안가설은 다음과 같이 설정된다.

$$H_0 : \mu_1 = \mu_2 = \cdots = \mu_k,\ k = \text{독립변수의 집단 수}$$

$$H_a : \text{at least two } \mu \text{ are different}$$

또한 <식 6.1>을 전체 모집단 평균(grand mean) μ에 대해서 정리하면 다음의 <식 6.2>와 같이 나타낼 수 있다.

$$Y_{ij} = \mu + (\mu_j - \mu) + e_{ij}, \quad i = 1, \cdots, n_j, \ j = 1, \cdots, k, \qquad \text{<식 6.2>}$$

$$Y_{ij} = \mu_j + e_{ij}\text{이므로, } Y_{ij} = \mu + (\mu_j - \mu) + (Y_{ij} - \mu_j)$$

$$\therefore Y_{ij} = \overline{Y} + (\overline{Y_j} - \overline{Y}) + (Y_{ij} - \overline{Y_j})$$

<식 6.2>에 따르면, 개별 관찰치 Y_{ij}는 전체 평균(μ)에 처치효과 즉 전체 평균과 각 집단 평균의 차이($\mu_j - \mu$)와 집단의 평균과 개별 관찰의 차이($Y_{ij} - \mu_j$)의 합과 같다. 왜냐하면, Y_{ij}가 속해 있는 집단의 모든 관찰치가 같고(개인차가 0), 그 집단의 평균이 다른 집단의 평균과 같다면(처치효과가 0), 개별 관찰치 Y_{ij}는 전체 평균과 같기 때문이다. 재미있는 예제를 통해 이를 좀 더 쉽게 설명해 보자.

*Mr. G*는 텔레비전의 폭력적 만화 영화 시청이 아이들의 폭력성에 어떤 영향을 미치는지에 관심을 가지고 흥미로운 실험 연구를 수행하였다. *Mr. G*는 12명의 아이들을 각각 통제집단, 폭력적이지만 처벌이 뒤따르는 만화 영화(이후 vp) 노출 집단, 폭력적이지만 처벌이 없는 만화 영화(이후 vnp) 노출 집단 등 3개의 집단에 4명씩 무선 배정하고 각 자극물에 노출시킨 후 그들의 폭력성을 측정하였다. 폭력성 변수는 아이들이 운동장에서 친구들을 얼마나 때리는지를 통해 측정되었다. *Mr. G*는 ANOVA를 통해 각 집단 간 폭력성의 평균이 유의미한 차이가 있는지를 분석하였다. 이에 대해 설정된 영가설과 대안가설은 다음과 같다.

$$H_0 : \mu_{control} = \mu_{vp} = \mu_{vnp}$$

$$H_a : \text{ at least two } \mu \text{ are different}$$

실험 결과, 아이들의 폭력점수 전체 평균과 각 집단의 폭력점수 평균, 그리고 표준편차는 <표 6.1>와 같다.

표 6.1 시청 만화 영화 유형에 따른 폭력 점수의 평균과 표준편차

format	*N*	*M*	*SD*
control	4	5	.82
vp	4	6	2.16
vnp	4	10	.82
Total	12	7	2.59

<표 6.1>에 따르면, 폭력 점수 전체 평균은 7, 통제집단의 평균은 5, vp 집단의 평균은 6, 그리고 vnp 집단의 평균은 10이다. 만일 vp에 노출된 어떤 아이의 폭력점수가 6이라고 가정하고 위의 <식 6.3>을 적용하면 다음과 같다. 즉, 폭력 점수 전체 평균에 집단 평균과의 차이인 -1을 더하고, 해당 아이의 폭력점수와 그 아이가 속한 집단의 평균과의 차이 0을 더하면 이 아이의 관찰된 폭력 점수는 6이 된다는 사실을 통해 위의 <식 6.3>을 이해할 수 있다.

$$Y_{ij} = \overline{Y} + (\overline{Y_j} - \overline{Y}) + (\overline{Y_{ij}} - \overline{Y_j}) \quad \text{<식 6.3>}$$

$$6 = 7 + (6 - 7) + (6 - 6) = 6$$

이제는 위의 <식 6.3>을 이용하여 본격적으로 ANOVA를 수행해보자. 위의 <식 6.3>은 우변의 $\overline{Y}$를 좌변으로 넘겨 변동(variation)에 대한 개념으로 다시 표현될 수 있다. 이는 다음 <식 6.4>와 같다.

$$Y_{ij} - \overline{Y} = (\overline{Y_j} - \overline{Y}) + (\overline{Y_{ij}} - \overline{Y_j}) \quad \text{<식 6.4>}$$

<식 6.4>에서 좌변의 $Y_{ij} - \overline{Y}$는 전체 변동을, 우변의 $(\overline{Y_j} - \overline{Y})$와 $(\overline{Y_{ij}} - \overline{Y_j})$는 각각 집단 간에서 발생하는 변동과 집단 내에서 발생하는 변동이다. 이를 제곱합으로 나타내면 아래 <식 6.5>와 같다. 따라서 우리는 <식 6.5>와 같이 종속변수 Y의 전체 변동의 제곱합(total sum of squares: SS_{total})은 집단 간에서 발생하는 변동의 제곱합(between-groups sum of squares: $SS_{between}$)과 집단 내에서 발생하는 변동의 제곱합(within-groups sum of squares 혹은 sum of squares of error: SS_{within})의 합으로 이루어져 있다는 것을 쉽게 이해할 수 있다.[59)]

$$\Sigma(Y_{ij}-\overline{Y})^2 = \Sigma(\overline{Y_j}-\overline{Y})^2 + \Sigma(\overline{Y_{ij}}-\overline{Y_j})^2$$ <식 6.5>

$$SS_{\text{total}} = \text{SS}_{\text{between}} + \text{SS}_{\text{within}}$$

앞서 언급한 *F*-value(혹은 *F*-ratio)는 종속변수의 전체 변동을 이루는 서로 다른 변동 간의 상대적 비율, 즉, SS_{within}에 대한 $SS_{between}$의 비율을 말한다. 따라서 *F*-value가 커지면 커질수록 집단 내에서 발생하는 변동(individual differences: 개인차)에 비해 집단 간에서 발생하는 변동(처치에 의한 차이)이 커지므로 보다 유의미한 처치효과(treatment effects)를 발견할 가능성이 커진다고 할 수 있다. 결국 ANOVA의 기본적인 절차는 이러한 다양한 변동의 성분을 분리하는 것(partitioning)이 핵심이라고 할 수 있다. 위의 예제 데이터의 변동 성분을 분리해 보고 이를 통해 *F*-value를 구해보도록 하자. <표 6.2>는 예제 데이터의 계산된 제곱합들을 보여준다. <표 6.2>에 따르면, SS_{total} = 74, $SS_{between}$ = 56, SS_{within} = 18이므로 74 = 56 + 18가 된다.

표 6.2 시청 만화 영화 유형에 따른 폭력 점수 데이터와 제곱합

subject (i)	Group (j)	Y_{ij}	Group mean ($\overline{Y_j}$)	Grand mean ($\overline{Y}$)	Total $(Y_{ij}-\overline{Y})^2$	Between $(\overline{Y_j}-\overline{Y})^2$	Within $(Y_{ij}-\overline{Y_j})^2$
1	control	4	5	7	9	4	1
2	control	5	5	7	4	4	0
3	control	6	5	7	1	4	1
4	control	5	5	7	4	4	0
5	vp	6	6	7	1	1	0
6	vp	6	6	7	1	1	0
7	vp	7	6	7	0	1	1
8	vp	5	6	7	4	1	1

59) 이들의 총 변동량을 계산하기 위해 제곱합(sums of squares: SS)을 사용하게 되는데 ANOVA의 계산은 이 제곱합을 기반으로 한다.

9	vnp	9	10	7	4	9	1
10	vnp	8	10	7	1	9	4
11	vnp	10	10	7	9	9	0
12	vnp	13	10	7	36	9	9
					SSTotal = $\Sigma(Y_{ij}-\overline{Y})^2$ = 74	SSbetween = $\Sigma(\overline{Y_j}-\overline{Y})^2$ = 56	SSwithin = $\Sigma(Y_{ij}-\overline{Y_j})^2$ = 18

계속 반복하지만, F-value는 SS_{within}에 대한 $SS_{between}$의 비율을 말한다. 정확히 말하면 F-value는 집단 내에서 발생하는 평균 변동에서 집단 간에 발생하는 평균 변동의 비율이다. 평균 변동 성분, 즉 평균 제곱합(mean sum of square)은 아래 <식 6.6>과 같이 제곱합을 그 성분의 자유도로 나눈 것으로 계산된다. 결국 집단 간 분산은 클수록, 집단 내 분산은 작을수록 F-value는 커진다. 예제의 경우, $MS_{between}=56/2=28$, $MS_{within}=18/9=2$이다. 따라서 예제의 F-value는 $MS_{between}/MS_{within}=28/2\approx 14$이다.

$$F=\frac{MS_{between}}{MS_{within}}$$

$$MS_{between}=\frac{SS_{between}}{df_{between}},\ df_{between}=k-1$$

$$MS_{within}=\frac{SS_{within}}{df_{within}},\ df_{within}=n-k \qquad \text{<식 6.6>}$$

t-value가 t-분포를 따르듯 산출된 F-value는 F-분포[60]를 따른다. 두개의 독립인 확률변수 Y_1, Y_2가 각각 자유도가 ν_1, ν_2이고 χ^2-분포를 따른다고 할 때($Y_i\sim\chi^2_{\nu i}$), 이들의 비율 $Z=Y_1/\nu_1/Y_2/\nu_2$의 분포를 <식 6.7>과 같이 자유도가 v_1, ν_2를 가진 F-분포라고 한다.[61]

60) 조지 스네데코(George W. Snedecor, 1882~1974)는 이 분포를 피셔의 공로에 대한 헌정의 의미로 'F-분포'로 명명하였다. 이런 이유로 F-분포는 Snedecor's F distribution 혹은 Fisher-Snedecor distribution라고도 불린다.

61) 여기서 우리는 '왜 두 성분의 변동을 비교하는 방법으로 보다 쉬운 방법인 두 변동의 차이를 사용하면 안 되는지'를 생각함으로써 F-분포에 대해 직관적인 이해를 높일 수 있다. 두 변동의 비교

$$F = \frac{Y_{1/}\nu_1}{Y_{2/}\nu_2} \sim F(\nu_{1,}\nu_2) \qquad \text{<식 6.7>}$$

그러면 F-분포는 어떤 특성을 갖고 있는지 간단하게 살펴보자. 먼저, F-value는 항상 양의 값을 갖는다. 왜냐하면, F-value를 산출하기 위한 계산식에서 우리는 제곱합을 사용하게 되는데 제곱합은 절대 음수 값을 만들지 않기 때문이다. 이러한 측면에서 ANOVA는 수학적으로는 항상 단측 검정(one-tailed test) 방법이라고 말할 수 있다. 하지만 이론적으로 ANOVA는 집단 간 평균의 차이가 있는지의 여부만 알려주는 것이지 특정 집단 간 차이의 패턴, 즉 차이의 방향성을 검증할 수는 없다. 앞부분에서 논의한 바와 같이, ANOVA는 옴니버스 검정 방법이라는 것을 잊지 말자. 두 번째, 두 변동의 차이가 없을수록, 즉 두 변동이 거의 같을수록 F-value는 1에 가까워진다. 당연히 두 변동의 차이가 크게 나면 날수록 F-value는 1에서 멀어질 것이다. 물론 F-value의 분모가 분자 보다 크면 클수록 0에 가까워지며, 분자가 크면 클수록 양의 방향으로 계속해서 커질 것이다. 따라서 우리는 F-value의 분포, 즉 F-분포가 일반적으로 <그림 6.1>과 같이 0에서 ∞로 오른쪽으로 치우쳐진(right-skewed) 모양이라는 것을 쉽게 상상할 수 있다. 사실, ANOVA의 가설검정 측면에서 보면 F-value가 1보다 작은 경우, 즉 집단 간 변동과 집단 내 변동이 같거나 집단 간 변동이 집단 내 변동보다 작은 경우는 우리의 관심이 아닐 것이다. 따라서 <그림 6.1>의 왼쪽 음영이 관찰된 F-value, 오른쪽 음영부분이 영가설 검정을 위한 기각 영역이 된다.[62]

를 위해 두 변동의 차이를 사용하면 안 되는지에 대한 가장 큰 이유는 비교하려는 두 변동 소스의 단위가 다를 수 있고, 집단 간 변동과 집단 내 변동의 자유도 역시 다르기 때문에 두 변동의 차이가 과장될 수 있다. 따라서 두 변동의 비교에 있어 변동의 단위와 자유도를 반영하여야 한다. 제곱합을 구하는 과정을 고려해보면, 단위가 크면 클수록 그 제곱합은 더 크게 산출되며, 자유도가 크면 클수록 그 제곱합 역시 더욱 커질 수밖에 없다. 이러한 특성들 때문에, 두 변동의 비교를 위해서는 변동의 단위와 자유도를 반영할 수 있도록 고안된 분산의 분포인 χ^2분포와 그 두 독립적인 χ^2 변수의 비율에 대한 분포인 F-분포를 사용하게 된다.

62) <그림 6.1>의 경우, 관찰된 F-value가 기각 영역 밖에 위치하므로 영가설을 기각하는데 실패하게 된다.

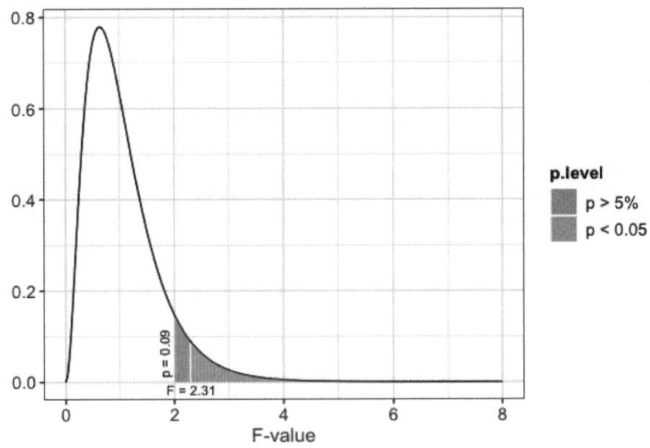

그림 6.1 F-분포와 F-value

이제는 계산된 F-value를 통해 예제의 가설검정을 해보자. ANOVA의 가설검정은 t-test와 마찬가지로 계산된 F-value를 F-critical value와 비교함으로써 수행되는데, F_{crit} value는 F-분포 표를 통해 집단 간 자유도와 집단 내 자유도에 해당하는 값을 찾는다.[63] 예제의 경우, 자유도가 각각 2와 9일 때, $\alpha = .05$에서 F_{crit}은 4.26이다. 계산된 F_{obs}은 14이며, F-분포 표로 확인한 F_{crit}은 $\alpha = .05$에서 4.26이므로 <그림 6.2>와 같이 설정된 영가설을 기각할 수 있다. 따라서 서로 다른 텔레비전 만화영화 유형의 시청에 따른 아이들의 모집단 평균 폭력점수에는 95% 신뢰수준에서 통계적으로 유의미한 차이가 있다고 말할 근거가 충분하다.

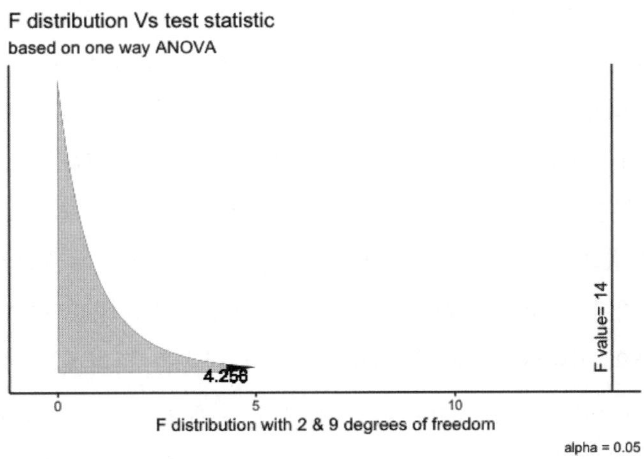

그림 6.2 시청 만화 영화 유형에 따른 폭력성 차이에 대한 영가설 검정

63) F-분포 표에서 critical value를 찾기 위해서는 집단 간 자유도에 해당하는 분모 열과 집단 내 자유도에 해당하는 분자 열을 교차하는 값을 찾아야 한다.

도출된 결과를 표로 정리하면 아래 <표 6.3>과 같다.

표 6.3 시청 만화 영화 유형에 따른 폭력성 차이에 대한 ANOVA table

Source	*SS*	*df*	*MS*	*F*	*p*
Between	56	2	28	14	.002
Within	18	9	2		
Total	74	11			

6.2 효과크기

앞서 *t*-test에서 자세히 설명했듯이, ANOVA 역시 단순히 통계적 유의미성에 대한 결론만으로는 충분하지 않다. ANOVA에서도 효과크기를 산출하고 보고하여야 한다. ANOVA의 경우, 효과크기를 보고하기 위해 다양한 측정치가 사용된다. 이 중에서 ANOVA에서 가장 일반적으로 사용되는 η^2, *partial* η^2, ω^2, *generalized* η^2 등의 효과크기 측정치를 살펴보기로 하자. 앞서 기술한 바와 같이 효과크기 측정치는 표본 크기에 독립적이고 모집단 간 차이의 크기 혹은 설명변수와 반응변수 간의 관계를 정량화하는 표준화된 지수를 말한다. 효과크기 측정치는 크게 표준화 평균차(standardized mean differences)와 연관성 척도(measures of strength of association) 혹은 설명된 분산비(proportion of variance explained) 등 두 가지 범주로 나눌 수 있다(Olejnik & Algina, 2003; Richardson, 1996). 이러한 표준화 평균차 계열의 효과크기를 *d* 계열(*d* family), 그리고 설명된 분산비의 효과크기를 *r* 계열(*r* family)로 구분하기도 한다(Rosenthal, 1994). *d* 계열의 효과크기는 관찰치 간의 차이를 그 관찰치의 표준편차로 나눈 값을 기반으로 하는데, 지난 *t*-test 장에서 살펴보았던 Cohen's *d*가 대표적이다. 반면, *r* 계열의 효과크기는 집단의 차이에 의해 설명되는 분산의 비율을 나타내는데[64], Pearson's *r*의 R^2와 지금부터 설명할 η^2가 대표적인 *r* 계열의 효과크기 측정치이다.

η^2는 다음의 <식 6.8>과 같이 독립변수 X로 정의된 집단 간 차이의 변동($SS_{between}$)

64) 예를 들어, 상관관계 *r*이 .5이라면 (R^2가 .25이므로) 종속변수 분산의 25%가 집단 간의 차이로 설명됨을 의미한다.

을 종속변수 Y의 전체 변동(SS_{total})을 나눈 비율로 정의된다:[65]

$$\eta^2 = \frac{SS_{between}}{SS_{\text{total}}} \qquad \text{<식 6.8>}$$

결국 이 비율, 즉 η^2는 전체 변동에서 처치에 의한 변동이 어느 정도인가를 보여준다고 할 수 있다. 만일, η^2가 .20이라면 종속변수의 총 분산의 20%가 집단의 차이(혹은 처치효과)에 의해 설명된다는 것을 의미한다. η^2는 one-way ANOVA에서는 매우 효율적인 방법이기는 하지만, 둘 이상의 요인이 사용되는 다중-요인(multi-factor) ANOVA 설계에서는 적용의 문제가 있다. 특히, η^2는 서로 다른 연구 간에 해당 변수의 효과크기를 비교하는 데에는 문제가 있다. 왜냐하면, 어떤 연구의 총 변동은 해당 연구의 설계에 따라 달라지며, 추가 변수를 조작하면 총 변동은 자연히 증가하기 때문에 연구 간 효과크기를 쉽게 비교할 수 없기 때문이다(Lakens, 2013). 따라서 서로 다른 연구 간에 A라는 동일 변수의 효과크기를 비교하기 위해서는 추가로 조작된 변수 B에서 기인한 변동들(예: B의 주효과 및 A와 B의 상호작용효과)을 제거한 후(partial out) 해당 변수의 효과크기를 산출하여 비교하는 것이 논리적이다(Cohen, 1973). 이러한 이유로 여러 학자에 의해 η^2의 대안으로 다음의 <식 6.9>에 의해 산출되는 η_p^2(partial eta square)의 사용이 권고되기도 한다(예: Cohen, 1973; Kennedy, 1970). 물론 one-way between subject ANOVA의 경우 η^2와 η_p^2의 결과는 동일하다. 그러나 다중-요인(multi-factor) ANOVA 설계에서는 당연히 η_p^2이 η^2보다 큰 값이 산출되기 때문에 η_p^2를 η^2로 잘못 인식하고 효과크기를 보고하게 되면 결과적으로 효과크기 추정치가 부풀려질 수 있다. 사실, 사회과학 연구자들이 널리 사용하는 통계 패키지인 SPSS는 효과크기 측정치로 η^2가 아닌 η_p^2를 제시하기 때문에 η_p^2를 η^2로 잘못 보고하는 사례가 빈번히 발생하기 때문에 연구자들은 이에 대해 주의를 기울일 필요가 있다.[66] η_p^2는 처치효과의 제곱합과 셀 내 피험자 제곱합(subjects-within-cells sum of squares: $SS_{s/Cell}$)의 합에 대한 처치효과 제곱합의

---

65) η^2 계수는 원래 피어슨(Karl Pearson)이 범주형 변수와 연속형 변수 간의 관계를 측정하는 척도로 제안되었고, 이후 커린저(Kerlinger, 1964), 코헨(Cohen, 1966), 프리드만(Friedman, 1968) 등 후대 학자에 의해 다시 재도입되었다(Kennedy, 1970).

66) SPSS의 알고리즘에 의해 발생될 수 있는 η_p^2를 η^2로 잘못 보고하는 문제에 대한 자세한 논의는 리바인과 헐렛(Levine & Hullett, 2002)의 연구를 참고하기 바란다.

비율로 계산된다. one-way between ANOVA의 경우 $SS_{s/Cell}$은 SS_{within}이 된다. 이를 식으로 표현하면 아래 <식 6.9>와 같다.

$$\eta_p^2 = \frac{SS_{between}}{SS_{between} + SS_{s/Cell}} \quad \text{<식 6.9>}$$

위의 예제의 경우, 산출된 η^2와 η_p^2 측정치는 다음과 같다. 따라서 아이들의 폭력 점수 총 분산의 약 75.7%가 이이들이 시청한 만화영화의 유형에 의해서 설명된다고 결론 내릴 수 있다. 이 정도의 효과크기라면 대부분의 사회과학 연구에 있어 상당히 큰 효과로 해석될 수 있을 것이다.

$$\eta^2 = \frac{SS_{between}}{SS_{\text{total}}} = \frac{56}{74} \approx .757$$

$$\eta_p^2 = \frac{SS_{between}}{SS_{between} + SS_{s/Cell}} = \frac{56}{56+18} \approx .757$$

그러나 η_p^2는 동일한 평균값을 비교한다고 하더라도 between subject ANOVA의 결과와 within subject ANOVA의 결과가 다르게 나타난다. within subject ANOVA 편에서 다시 자세히 설명하겠지만, within subject 설계의 경우에는 집단 내 변동(SS_{within})은 다시 피험자에게서 기인하는 변동(SS_{subject})과 오차 제곱합(SS_{error})으로 나누어지기 때문에 동일한 평균값의 비교임에도 불구하고 between subject ANOVA의 η_p^2보다 within subject ANOVA의 η_p^2가 더 크게 나타난다. 또한 between subject ANOVA이라도 다중-요인 설계에서 blocking factors나 공변량(covariates)이 포함되는 경우에도 η_p^2의 크기에 영향을 미친다.67) 따라서 몇몇 연구자들(예: Bakeman, 2005; Lakens, 2013; Olejnik & Algina, 2003)은 η_p^2 대신에 η_G^2(generalized eta squared)의 사용을 권고하고 있다. 물론, one-way between subject ANOVA의 경우 η^2, η_p^2, η_G^2의 결과는 모두 동일하게 나타난다. η_G^2를 산출하는 식은 아래와 같다. 이 식에서 SS_{effect}는 효과크기 측정치가 계산될 요인의 제곱합, SS_{within}은 SS_{within}혹은 SS_{error}와 같은 집단내 제곱합을 의미한다. δ의

67) 이에 대한 자세한 논의는 올레즈닉과 앨지나(Olejnik & Algina, 2003)의 연구를 참고하길 바란다.

경우, 효과크기를 산출하려는 요인이 조작된 요인(manipulated factor)이라면 $\delta = 1$, 측정된 요인(measured factor)일 경우에는 $\delta = 0$으로 놓는다. 이는 아래 <식 6.10>과 같다.

$$\eta_G^2 = \frac{SS_{effect}}{\delta^* SS_{effect} + \Sigma SS_{measured} + SS_{within}} \quad \text{<식 6.10>}$$

위의 <식 6.10>을 통해 η_G^2를 산출하면 .757로 위의 η^2나 η_p^2의 측정치와 동일하다.

$$\eta_G^2 = \frac{SS_{effect}}{\delta^* SS_{effect} + \Sigma SS_{measured} + SS_{\text{subject/cov}}} = \frac{56}{1^* 56 + 0 + 18} \approx .757$$

끝으로 설명할 효과크기 측정치는 ω^2이다. η^2가 처치의 효과크기를 추정하는 직관적인 방법이기는 하지만 *t*-test의 Cohen's *d*와 마찬가지로 η^2 역시 모집단이 아닌 표본 데이터에 적용되는 편향 추정치이기 때문에 항상 효과크기를 과대평가하는 경향이 있다. Cohen's *d*에 대한 보정 추정치인 Hedges' *g*와 마찬가지로, η^2와 η_p^2의 보정 추정치로서 각각 ω^2와 ω_p^2의 사용이 권고된다(예: Bakeman, 2005; Olejnik & Algina, 2003). ω_G^2 (generalized omega squared)의 계산은 연구 설계에 따라 꽤 복잡해질 수 있다.[68] 계산식이 복잡한 반면에 편향 추정치(η_G^2)와 불편 추정치(ω_G^2)의 차이가 그리 크지 않으므로, ω_G^2 산출을 위해 통계 패키지를 이용하지 않고 손으로 직접 계산해야 한다면 η_G^2를 보고하는 것도 큰 문제가 되지 않는다(Lakens, 2013). η^2와 ω^2의 경우 .01 이하는 작은 효과크기, .06은 중간 효과크기, .14 이상은 큰 효과크기로 해석하는 반면, η_G^2과 ω_G^2의 해석은 코헨(Cohen, 1988)의 가이드라인을 따른다. 이를 식으로 나타내면 아래 <식 6.11>, <식 6.12>과 같다.

$$\omega^2 = \frac{df_{effect}^* (MS_{effect} - MS_{error})}{SS_{\text{total}} + \text{MS}_{\text{error}}} \quad \text{<식 6.11>}$$

$$\omega_p^2 = \frac{df_{effect}^* (MS_{effect} - MS_{error})}{df_{effect}^* MS_{effect} + (N - df_{effect})^* MS_{error}} \quad \text{<식 6.12>}$$

---

68) ω_G^2에 대한 계산식은 올레즈닉과 앨지나(Olejnik & Algina, 2003)의 연구를 참조.

위의 식들을 이용해 예제의 ω^2와 ω_p^2를 산출하면 다음과 같다. one-way between subject ANOVA의 경우에는 ω^2와 ω_p^2의 추정 값은 모두 동일하다.

$$\omega^2 = \frac{df_{effect}*(MS_{effect} - MS_{error})}{SS_{\text{total}} + MS_{error}} = \frac{2*(28-2)}{74+2} \approx .684$$

$$\omega_p^2 = \frac{df_{effect}*(MS_{effect} - MS_{error})}{df_{effect}*MS_{effect} + (N - df_{effect})*MS_{error}} = \frac{2*(28-2)}{(2*28)+((12-2)*2)} \approx .684$$

지금까지 ANOVA에서 사용되는 몇 가지 효과크기 측정 방법들을 살펴보았다. 효과크기는 앞서 언급한 NHST가 가진 여러 문제들에 대한 대안으로 연구자들이 반드시 보고해야 할 통계량으로 권고되고 있다(Wilkinson & Task Force on Statistical Inference, 1999). NHST가 가진 여러 문제들과 관련하여 1999년 미국심리학회(American Psychological Association: APA)의 과학학술위원회는 통계추론에 대한 태스크포스 팀을 구성하여 NHST의 폐기 여부에 대해 논의하였다. 위원회는 비록 NHST를 폐기하라는 권고를 하지는 않았지만, NHST를 이용한 연구 결과의 분석에서는 반드시 NHST를 보완할 수 있는 여러 방법들을 함께 제시하도록 권고하였는데, 그 중, 효과크기 제시는 NHST의 중요한 대안으로 받아들여진다. 특히 여러 학자들은 NHST 결과 '통계적으로 유의미하지 않은 결과에도' 효과크기를 제시하도록 권고하고 있다(Cohen, 1994; Nickerson, 2000; Wilkinson & Task Force on Statistical Inference, 1999). 이렇게 효과크기가 중요한 통계량임에도 불구하고 그 값은 실험의 설계, 독립변수의 선택과 수준 수, 종속변수, 표본이 추출된 모집단 등에 따라 달라질 수 있기 때문에 그 해석에는 연구자의 각별한 주의가 필요하다. 또한 효과크기를 해석할 때 작은 값과 큰 값에 대한 상대적 해석이 필요하다. 일반적으로 ω^2는 다른 효과크기 측정치보다 작게 산출되는데, 그렇다고 해서 그 효과를 사소한 것으로 치부해서는 안 된다. 또한 어떤 연구에서는 매우 작은 효과라도 해당 이론을 지지하거나 반박하는 중요한 근거가 될 수 있다. 코헨(Cohen, 1988)이 제시한 가이드라인은 중요한 효과와 중요하지 않은 효과 사이의 명확한 경계가 아니라는 것을 명심할 필요가 있다.

6.3 사후-검정과 계획 비교

지금까지 ANOVA의 일반적인 원리를 살펴보고, 예제를 통해 one-way between subject ANOVA를 수행해 보았다. 그런데 여기서, 우리는 한 가지 어리석지만 중요한 의문을 가질 수 있다. '이 분석을 위해 우리가 지금까지 다루었던 독립표본 *t*-test를 통해 각 집단 간 폭력점수의 평균을 비교할 수는 없을까?' 예를 들면, 우선 통제집단과 vp 집단을 비교하고, 그 다음에는 통제집단과 vnp 집단을 비교하고, 끝으로 vp 집단과 vnp 집단을 비교하는 세 번의 독립표본 *t*-test를 수행하면 어떨까? 일단, 정답은 '안 된다'이다. 여러 번의 독립표본 *t*-test를 수행할 때 생기는 가장 큰 문제는 바로 제1종 오류가 부풀려질 수 있다는 것이다.[69] 다시 말하면, 이들 세 집단의 모집단 평균이 모두 동일하더라도 다중 독립표본 *t*-test 결과는 이들이 모두 동일하지 않다고 '잘못 주장할 확률'이 보다 높아진다는 것이다.

하지만 왜 그런 것일까? 그 이유는 비교적 단순한데, 일반적으로 한 번의 가설검정에서 95% 신뢰수준일 경우 제1종 오류율은 0.05로 설정되기 때문이다. 결국 같은 데이터에서 여러 번의 가설 검정을 수행할 경우 이러한 제1종 오류율은 계속해서 증가한다. 제1종 오류율이 계속해서 증가할 수밖에 없는 이유를 예를 들어 보다 직관적으로 설명해보자. 위의 예처럼 세 집단의 쌍으로 이루어진 세 번의 영가설($\mu_{control} = \mu_{vp}$, $\mu_{control} = \mu_{vnp}$, $\mu_{vp} = \mu_{vnp}$)을 순차적으로 검증한다고 생각해보자. 만일 95% 신뢰수준에서 $\mu_{control} = \mu_{vp}$이 참이라고 한다면 이 결정이 올바르지 않을 확률은 $1-\alpha=.95$이다. $\mu_{control} = \mu_{vnp}$이 참이라고 한다면 이 결정이 올바르지 않을 확률 역시 $1-\alpha=.95$가 된다. $\mu_{vp} = \mu_{vnp}$의 경우도 마찬가지일 것이다. 따라서 독립표본 *t*-test에서 세 영가설을 모두 참이라고 가정하면 세 영가설을 모두 올바르게 기각하지 않을 확률은 확률의 곱셈법칙[70]에 따라 세 확률의 곱인 (0.95)(0.95)(0.95) = 0.857과 같다. 결국, 세 집단의 모집단 평균이 모두 동일하더라도 이들이 모두 동일하지 않다고 잘못 주장할 확률, 즉 제1종 오류율은 $1-.857=.143$으로 5%가 아닌 14.3%로 증가하게 된다. 이러한 제1종 오류의 인플레이션은 집단의 수가 많아지면 더욱 악화된다. 예를 들어, 5개의 집단에 대

69) 다중 비교들의 특정 집합에서 제1종 오류를 범할 확률을 말한다. 데이터가 서로 연관되어 있다는 점에서 데이터 집합을 '패밀리'라고 보며 이를 집단오차율(family-wise error rate)라고 부른다.

70) 확률의 곱셈법칙에 따르면, n개의 사건이 서로 독립적이면 이들 사건이 모두 발생할 확률은 각 사건의 확률의 곱과 같다. 예를 들어, 세 개의 독립적인 사건 A, B, C가 있을 때 모든 사건이 발생할 확률은 P(A, B, C) = P(A)P(B)P(C)이다.

해 다중 독립표본 *t*-test를 수행한다면 비교해야 하는 집단의 쌍이 9개이므로 제1종 오류가 발생할 확률은 37%가 된다($1-.95^9=1-.63=.37$). 이 정도의 제1종 오류율은 절대 받아들일 만한 것이 못 된다는 것에는 모두 동의할 것이다. 그러나 *t*-test에 대한 ANOVA의 이러한 장점은 한계가 되기도 한다. ANOVA의 결과는 셋 이상의 집단 간 평균의 전반적인 차이(global difference)가 있는지에 대해서는 보여줄 수는 있지만, 우리는 여전히 개별 집단 간 평균차이에 대해 관심을 가질 수 있다. 사실, ANOVA는 이에 대해서는 우리에게 그 어떤 정보도 주지 않는다.[71] 결국, ANOVA 수행 후에도 개별 쌍의 평균 차이를 추가적으로 분석하여 이러한 한계를 보완해야 한다. 이러한 분석을 위해서는 사후-검정(post-hoc tests)과 선험적 분석(*a priori* comparison) 혹은 계획 비교(planned comparison) 등 같이 두 가지 접근방법이 있다. 지금부터 이 둘을 간단히 살펴보기로 하자.

6.3.1 사후-검정

사후-검정은 관심 집단의 모든 개별 쌍에 대한 비교를 수행한다. 이러한 이유로 사후-검정을 쌍별비교(pairwise comparison)라고도 부른다. 일반적으로 개별 집단들이 어떻게 다를지에 대한 실제 가설이 충분치 않거나 이론적 추론이 불가능할 때 사후-검정을 사용한다. 사후-검정에는 매우 다양한 방법들이 사용된다. 이 중 일반적으로 널리 사용되는 Fisher's *LSD*(least significant difference), Tukey's *HSD*(honestly significant difference), Bonferroni test를 살펴보도록 하자.

Fisher's *LSD*(least significant difference)는 1935년 Fisher에 의해 개발된 최초의 쌍별비교(pairwise comparison)라고 할 수 있다(Williams & Abdi, 2010). Fisher's *LSD*는 보정되지 않은 *t*-test를 여러 번 수행함으로써(uncorrected multiple t-tests) 비교할 두 집단 간의 평균 차이가 통계적으로 유의적인지를 판단하는 방법이다. 단, Fisher's *LSD*는 ANOVA를 통한 가설검정 결과 영가설이 기각된 경우에만 수행하여야 한다. 왜냐하면, 옴니버스 ANOVA에서 영가설이 기각되었다는 것은 우리가 제1종 오류를 5% 이내로 범한 것이라는 것을 의미하며, 이러한 결과를 토대로 추가적인 개별 쌍의 평균 차이를 검증하는 것은 문제가 되지 않는다는 것이다. 즉, 집단별 제1종 오류율은 옴니버스 영가

71) 이러한 측면에서 ANOVA는 또 다른 용어인 옴니버스(omnibus) ANOVA라고도 불린다.

설이 참이라는 가정에 기초하지만 그것이 사실이 아니라고 믿을 만한 충분한 이유가 있다면, 개별 집단의 비교에서 발생하는 오류율은 중요하지 않을 것이다. 다시 말해, 옴니버스 ANOVA의 결과가 통계적으로 유의미한 경우에만 쌍별비교를 시행하는 한 발생할 수 있는 최대 제1종 오류율은 5%를 넘지 않는다.[72] 이런 의미에서 Fisher's *LSD*를 Fisher's protected *t*라고도 부르기도 한다.[73]

Fisher's *LSD*는 다음의 2단계로 수행된다. 첫 번째 단계에서는 글로벌 영가설 검정, 즉 옴니버스 ANOVA를 수행한다. 만일 옴니버스 ANOVA 수행 결과 글로벌 영가설을 기각할 수 없다면, Fisher's *LSD*를 수행하지 않는다. 옴니버스 ANOVA 수행 결과 글로벌 영가설을 기각했다면, 다음으로 모든 쌍별 비교를 수행한다. 쌍별 비교를 위해 아래의 공식을 이용해 *LSD* 값을 계산하여 계산된 *LSD* 값과 개별 집단의 평균 차이와 비교한다. Fisher's *LSD*는 *t*-분포를 따르기 때문에 이 식에서 $t_{\alpha/2}$는 *t*-분포에서 집단 내 자유도에 해당하는 t_{crit} 값을 사용한다. 이는 아래 <식 6.13>과 같다.

$$LSD = t_{\alpha/2}\sqrt{MS_{error}(\frac{1}{n_1}+\frac{1}{n_2})} \qquad \text{<식 6.13>}$$

이때, 두 집단의 평균 차이가 산출된 *LSD* 값보다 큰 경우만을 통계적으로 유의미한 차이로 고려한다. 만일 어떤 두 집단의 평균 차이가 산출된 *LSD* 값보다 작다면 이 집단 간 평균 차이는 통계적으로 유의미하지 않은 것으로 결론을 내리게 된다. 위 예제를 가지고 Fisher's *LSD*를 이용한 사후검정을 해보자. 옴니버스 ANOVA 수행 결과 글로벌 영가설이 기각되었기 때문에, 바로 *LSD* 값을 산출한다. $MS_{error} = 2$이고 모든 집단의 피험자 수는 4로 모두 동일하며, 95% 신뢰수준에서 *within df* = 9일 때 $t_{\alpha/2}$는 2.262이므로 *LSD*는 2.262가 된다. 이 결과에 따라 control 집단과 vp 집단의 평균 차이가 1로 산출된 *LSD* 값보다 작으므로 이 쌍의 집단 간 평균 차이는 통계적으로 유의미하지 않다는 결론을 내릴 수 있다. 나머지 control-vp, vp-vnp 쌍의 집단 평균 차이는 각각 5와 4로 이 차이들은 통계적으로 유의미하다고 할 수 있다. 위의 <식 6.13>을 이용하여 *LSD*를 계산하면 아래와 같다.

---

72) 이에 대한 자세한 논의는 카디날과 에이켄(Cardinal & Aitken, 2006)의 저서를 참고하길 바란다.
73) 이러한 'protected'의 의미는 뒤집어서 말하면 Fisher's *LSD*가 *K* 집단의 수가 셋보다 클 때에는 제1종 오류율을 '보호'하지 못한다는 것을 의미하는 것이라고 꼬집기도 한다(Seaman, Levin, & Serlin, 1991 참고).

$$LSD = t_{\alpha/2}\sqrt{MS_{error}(\frac{1}{n_1}+\frac{1}{n_2})} = 2.262*\sqrt{2*(\frac{1}{4}+\frac{1}{4})} \approx 2.262$$

사실, 통계 검정력과 제1종 오류율은 상보(trade-off) 관계가 있다. 즉, 제1종 오류가 증가하면 통계 검정력이 증가하는 반면, 제1종 오류가 감소하면 통계 검정력도 떨어진다(Ryan, 1980; Seaman, Levin, & Serlin, 1991). 따라서 이 둘 간의 최적의 지점을 찾아 사후검정 방법을 선택하는 것이 합리적일 수 있다. 글로벌 영가설이 기각되고, 등분산성과 정규성과 같은 통계적 가정이 충족되며, 동일 표본을 갖는다면 사후검정 방법의 우선적 선택 기준은 통계 검정력이 될 것이다. 만일 비교되는 집단의 수 k = 3이라면 Fisher's *LSD*가 상당히 큰 통계 검정력을 갖는다는 점에서 좋은 사후검정 방법일 수 있다. 하지만, k > 3일 때에는 제1종 오류율을 허용 가능한 수준으로 통제할 수 없기 때문에 Fisher's *LSD*를 사용하는 것은 문제가 있다.[74] 이러한 점에서 Tukey's *HSD*(Honestly Signifcant Diferences)는 통계 검정력은 비록 떨어지지만 Fisher's *LSD*에 대한 대안으로 많이 권고되고 있다(Jaccard, Becker, & Wood, 1984).

존 투키(John W. Tukey)의 이름을 따서 명명된 Tukey's *HSD*는 q 검정통계량의 표집분포인 스튜던트화 범위 분포(studentized range distribution)를 기반으로 사후검정을 수행하는 방법이다.[75] t-분포와 유사한 스튜던트화 범위 분포는 정규분포를 따르는 독립적이고 동일한 분포를 가진(independent and identically distributed: *iid*) 확률변수에 대한 스튜던트 범위의 확률 분포를 말한다. 스튜던트화 범위는 표본 표준편차의 단위로 측정된 표본에서 가장 큰 데이터와 가장 작은 데이터 간의 차이를 말한다. 스튜던트화 범위 분포의 모양은 상황에 따라 다른데, 예를 들어 두 평균이 동일한지 여부를 검정하는 경우에는 t-분포와 유사하지만, 비교하는 평균의 수가 많을수록 임계값(critical value)가 커진다. t-test와 마찬가지로 Tukey's *HSD*는 다음의 세 가지 가정이 충족되어야 한다: 1) 관찰치가 독립적일 것, 2) 각 집단의 분포가 정규분포를 따를 것, 3) 집단 간의 분산이 동일할 것.

다른 집단비교 통계량과 마찬가지로 Tukey's *HSD* 역시 집단 내 변동에 대한 집단

---

74) 라이언(Ryan, 1980)은 비록 비교되는 집단의 수 k = 3이라고 하더라도 모든 비교 집단 쌍의 평균차이가 없다는 영가설이 충족되지 않는 한 Fisher's LSD를 사용해서는 안 된다고 주장하기도 한다.

75) 초기 Tukey's *HSD*는 동일 표본수에서의 비교를 전제하였지만 후에 Tukey-Kramer 방법으로 서로 다른 표본수에서도 비교 가능하도록 보완되었다. 이런 이유로 Tukey's *HSD*는 Tukey-Kramer 방법으로도 불린다. 만일 비교 대상의 표본 수가 서로 다른 경우, 각 쌍별 비교에 대해 추정된 표준편차를 계산하여 사용하여야 한다.

간 변동의 비율이다. 결국, 각 검정 방법의 차이는 단지 각각의 방법에서 사용되는 용어들이 어떻게 정의되고 계산되는지에 있다. Tukey's *HSD*의 경우, 집단 간 변동인 분자는 비교할 집단 간 평균 차이이며, 분모는 표준오차항으로, 집단 내 변동의 추정치이다. *q* 검정통계량을 산출하는 공식은 다음 <식 6.14>와 같다.

$$q_{observed} = \frac{\overline{X}_{Largest} - \overline{X}_{Smallest}}{\sqrt{\frac{MS_{error}}{n}}} \quad \text{<식 6.14>}$$

대부분의 가설 검정과 마찬가지로 계산된 *q* 값을 *q*-분포표를 통해 찾은 *q* 임계값과 비교하여 두 집단 간 평균 차이가 통계적으로 유의미한지 확인할 수 있다. 만일 계산된 *q* 값이 *q* 임계값보다 큰 경우는 통계적으로 유의미한 차이가 있다는 결론에 도달하게 된다. 이 절차는 계산된 *q* 값이 *q* 임계값보다 작을 때까지 반복하게 된다. <식 6.14>를 통해 위 예제의 사후검정을 수행해보자.

$$q_{observed} = \frac{\overline{X}_{vnp} - \overline{X}_{control}}{\sqrt{\frac{MS_{error}}{n}}} = \frac{10-5}{\sqrt{\frac{2}{4}}} \approx 7.071$$

$$q_{observed} = \frac{\overline{X}_{vnp} - \overline{X}_{vp}}{\sqrt{\frac{MS_{error}}{n}}} = \frac{10-6}{\sqrt{\frac{2}{4}}} \approx 5.657$$

$$q_{observed} = \frac{\overline{X}_{vp} - \overline{X}_{control}}{\sqrt{\frac{MS_{error}}{n}}} = \frac{6-5}{\sqrt{\frac{2}{4}}} \approx 1.414$$

집단 수 *k*가 3이고 집단 내 자유도가 9일 때 *q*-분포표를 통해 찾은 *q* 임계값은 3.95이므로 control 집단과 vp 집단의 평균 차이는 통계적으로 유의미하지 않은 반면, 나머지 control-vp, vp-vnp 쌍의 집단 평균 차이는 통계적으로 유의미하다고 할 수 있다.

이 절차는 또한 *HSD* 값을 통하여 가설 검정을 할 수도 있다. <식 6.15>를 이용하여 *HSD* 값을 산출한 후, 가장 큰 차이를 보이는 두 평균값의 차이가 계산된 *HSD* 값과 비교하여 큰 경우는 통계적으로 유의미한 차이가 있다는 결론에 도달하게 된다. 이 절차는 두 집단의 평균 차이가 계산된 *HSD* 값보다 작을 때까지 반복하게 된다.

$$HSD = q_{critcal} * \sqrt{\frac{MS_{error}}{n}} \quad \text{<식 6.15>}$$

$$HSD = 3.95 * \sqrt{\frac{2}{4}} \approx 2.793$$

$$\overline{X}_{vnp} - \overline{X}_{control} = 10 - 5 = 5$$

$$\overline{X}_{vnp} - \overline{X}_{vp} = 10 - 6 = 4$$

$$\overline{X}_{vp} - \overline{X}_{control} = 6 - 5 = 1$$

위 예제의 경우 계산된 *HSD* 값은 2.793이므로 control 집단과 vp 집단의 평균 차이를 제외한 나머지 control-vp, vp-vnp 쌍의 집단 평균 차이는 통계적으로 유의미하다고 결론 내릴 수 있다. 이러한 사후검정 결과는 Tukey's *HSD*와 Fisher's *LSD*가 큰 차이를 보이지 않는다. Tukey's *HSD*는 2.793으로 Fisher's *LSD*의 2.262보다 보수적임을 알 수 있다. 즉, (예제의 경우) Tukey's *HSD*를 수행하여 사후검정을 수행할 경우 두 집단의 평균 차이는 Fisher's *LSD*를 수행할 때보다 약 .53 이상은 더 커야 그 차이가 통계적으로 유의미할 수 있다는 것을 알 수 있다.[76)]

카를로 본페로니(Carlo Bonferroni: 1892~1960)의 이름을 딴 Bonferroni test는 사후-검정에서 여러 번의 쌍별 비교를 수행할 때 α-level, 즉 *p*-value를 보정함으로써 필연적으로 발생되는 문제인 제1종 오류의 인플레이션을 해결할 수 있는 또 하나의 방법이다. 위에서도 살펴본 바와 같이, 만일 어떤 연구자가 사후-검정을 위해 20번의 유의도 검정을 수행한다면 각 검정에서의 *p*-value는 더 이상 0.05가 아니라 약 0.64가 되어야 한다.[77)] 따라서 모든 테스트에서 α-level을 0.05로 유지하기 위해 각 개별 테스트의 *p*-value를 보정해야 한다. Bonferroni test는 이러한 보정(Bonferroni correction 혹은 adjust)을 통해 개별 쌍별 비교를 수행할 때 전체 비교 쌍의 α-level을 0.05 수준으로 유지하면서도 다중 비교를 할 수 있는 간단한 사후-검정 방법이라고 할 수 있다. Bonferroni 보정 방법은 비교적 간단한데, 아래의 <식 6.16>과 같이 원하는 α-level을 비교하려는

---

76) 만일 비교하는 집단의 사례수가 동일하지 않은 경우 Tukey-Kramer 방법을 사용할 것이 권장된다. 던넷(Dunnett, 1980)은 Tukey-Kramer 방법이 다른 사후-검정 절차보다 강력하며, 집단별 제1종 오류율을 보호할 수 있는 가장 적절한 방법이라고 주장했다. 하지만 등분산성이 가정되지 않는 상황에서는 Tukey-Kramer 검정이 제대로 수행되지 않는다는 주장도 있다. 따라서 등분산성이 가정된다면 Tukey-Kramer 방법은 집단의 사례수가 동일하지 않은 경우 매우 강력한 사후-검정 방법일 수 있다. 이에 대한 더 자세한 논의는 던넷(Dunnett, 1980), 스톨린(Stoline, 1981), 재커드와 동료들(Jaccard, Becker, & Wood, 1984)의 논문을 참고 바란다.

77) $1-(1-.05)^{20} = 0.6415$

집단 쌍의 수로 나눔으로써 새로운 α-level을 산출할 수 있다. 위의 예제의 경우, 세 집단의 사후-검정이므로 3회의 유의도 검정을 수행하게 된다. 따라서 개별 유의도 검정에서의 새롭게 적용될 *p*-value는 $0.05/3 \approx 0.017$이 된다. 이는 결국, Bonferroni 보정 후에 쌍별 유의도 검정에서 두 평균 간에 통계적으로 유의미한 차이가 있다고 말하기 위해서는 *LSD* *p*-value(.0049)가 'p < .017'을 만족해야 한다는 것을 의미한다.

$$\text{new } \alpha\text{-level} = \frac{\alpha_{desired}}{j} \qquad \text{<식 6.16>}$$

$\alpha_{desired}$: desired overall α-level

j: the number of pairwise comparisons in the family

<식 6.16>을 이용하여 위 예제의 Bonferroni 보정을 통한 사후-검정을 수행해보자. 먼저 각 집단간 Fisher's LSD를 수행한 후 산출된 *p*-value는 아래와 같다. 앞서 말한 것처럼 Bonferroni 보정은 매우 간단하다. 새롭게 적용될 *p*-value를 구하기 위해서는 원하는 α-level을 비교하려는 집단 쌍의 수로 나누었지만, 이번에는 Fisher's LSD *p*-value에 비교할 쌍의 수를 곱하면 된다. 예를 들어, 통제집단과 vnp 집단(vnp-con)의 LSD *p*-value는 .00074이므로 Bonferroni 보정 후 *p*-value는 $.00074 \times 3 = .00222$가 된다. 즉, Bonferroni 보정 후 *p*-value는 LSD *p*-value보다 상당히 증가했음을 알 수 있다.

```
Posthoc multiple comparisons of means : Fisher LSD
    95% family-wise confidence level

$con
           diff    lwr.ci       upr.ci       pval
vnp-con     5    2.737843   7.262157   0.00074 ***
vp-con      1   -1.262157   3.262157   0.34344
vp-vnp     -4   -6.262157  -1.737843   0.00311 **

---
Signif. codes:  0 '***' 0.001 '**' 0.01 '*' 0.05 '.' 0.1 ' ' 1
```

다음의 <식 6.17>을 이용하면 Bonferroni 보정 후 95% 신뢰구간도 산출할 수 있다. 여기서 $t_{\alpha',v}$는 v 자유도일 때 t-분포를 따르는 *t*-value이다. 여기서 v 자유도는 pooled variance의 자유도를 말한다(집단 수 × 개별 집단의 자유도). 위의 예제로 Bonferroni 보정을 통해 통제집단과 vnp 집단의 95% 신뢰구간도 구해보자.

$$\bar{y}_i - \bar{y}_j\ t_{\alpha',v}\sqrt{s_p^2(\frac{1}{n_i}+\frac{1}{n_j})}$$ <식 6.17>

α' : $\frac{1}{2}(\alpha/c)$, c: the number of pairwise comparisons in the family

s_p^2 : pooled variance

먼저 Bonferroni 보정을 통한 95% 신뢰구간을 구하기 위해서는 s_p^2를 산출해야 한다. 앞선 장에서 살펴 본 바와 같이 s_p^2 산출식을 이용하면 다음과 같이 s_p^2는 약 2가 된다.

$$s_p^2 = \frac{\sum(n_i-1)s_i^2}{\sum(n_i-1)} = \frac{3(.82^2)+3(2.16^2)+3(.82^2)}{9} \approx 2$$

$\alpha' = \frac{1}{2} \times \frac{.05}{3} \approx 0.0083$일 때, *df* = 9에서 보정된 *t*-value 임계값은 약 2.933이다. 따라서 Bonferroni 보정을 통한 통제집단과 vnp 집단의 95% 신뢰구간은 다음과 같다.

$$\bar{y}_i - \bar{y}_j \pm t_{\alpha',v}\sqrt{s^2(\frac{1}{n_i}+\frac{1}{n_j})} = (10-5) \pm 2.933 \times \sqrt{2 \times (\frac{1}{4}+\frac{1}{4})} \approx [2.0667 \sim 7.933]$$

위의 Fisher's LSD에서 산출된 통제집단과 vnp 집단의 95% 신뢰구간(2.738 ~ 7.262)과 비교하면 Bonferroni 보정을 통한 신뢰구간은 매우 넓어졌음을 알 수 있다.

Bonferroni 보정 방법은 논리가 명확하고 그 수행이 비교적 간단하다는 점에서 많은 연구자들의 사랑을 받는 사후-검정 방법으로 이용되어 왔다. 하지만 '늘 그렇듯이' Bonferroni 보정 방법에 대한 논란 역시 많은 것이 사실이다. 이에 대한 여러 논란 중에서도 가장 핵심은 Bonferroni 보정 방법이 다중 비교 수행 시 제1종 오류가 과도하게 부풀려지는 것을 해결할 수 있지만 이와 동시에 제2종 오류가 그만큼 증가하게 된다는 점이다. 특히 비교 쌍이 많은 경우 이러한 2종 오류의 인플레이션은 심하게 일어난다. 예를 들어 우리가 6개 집단에 대한 사후-검정을 한다고 가정하면, 비교해야할 쌍의 수는 $C(6,2) = 6!(2!*(6-2)!) = 6!(2!*4!) = 15$가 된다. 따라서 이때 개별 유의도 검정에서의 새롭게 적용될 p-value는 $0.05/15 \approx .003$이 된다. 이는 결국, Bonferroni 보정 후에 쌍별 유의도 검정에서 두 평균 간에 통계적으로 유의미한 차이가 있다고 말하기 위해서는 *LSD* p-value가 '$p < .003$'을 만족해야 한다는 것을 의미한다. 즉, 이러한 경우 두 집단의 평균 차이가 실제로 유의미한 차이가 있음에도 불구하고 유의하지 않은 것으로 잘못 결론을 내릴 수 있는 오류를 발생시킬 수 있다는 것이다. 따라서 비교 쌍이 작은 경우에는 위에서 살펴본 Tukey's *HSD*보다 효과적일 수 있지만, 비교 쌍이 많은 경우 Bonferroni 보정 방법의 사용에는 많은 주의가 필요하다.[78)]

6.3.2 계획 비교

지금까지 일반적으로 널리 사용되는 몇 가지 사후-검정 방법을 살펴보았다. 사실 사후-검정은 분석에 포함된 개별 집단의 모든 쌍의 평균 차이를 비교하기 때문에 효율성 측면에서는 그리 좋은 방법이라고 할 수 없다. 어쩌면 우리는 모든 쌍의 비교가 아닌 일부 특정 쌍의 평균 비교만 관심이 있을 수도 있다. 만일 연구자가 분석에 포함된 집단 간의 차이가 어떻게 다를지에 대한 이론이나 가설이 존재한다면 굳이 분석에 포함된 개별 집단의 모든 쌍의 평균 차이를 비교하는 사후-검정을 수행할 필요가 없다. 이 경우 우리는 선험적 비교(*a priori* comparison) 혹은 계획 비교(planned comparison)라는 대안적 방법을 수행할 수 있다.[79)] 사후-검정과 계획 비교는 특정 집단 간의 차이가 데이터 수집 이전에 예측되었는지 아니면 분석 결과를 보고 결정하는지에 대한 철학적인 차이와 함께 통계적인 측면에서도 차이를 보인다. 계획 비교는 비교해야할 쌍이 많지 않기 때문에 사후-검정에서 발생하는 집단별 오류가 심각한 문제가 될 가능성이 없다. 만약 우리가 10개 집단의 쌍별 비교를 한다고 가정하면, 총 10(9)/2 = 45번의 비교를 통해 유의미한 차이를 발견하여야 한다. 하지만 집단 1과 집단 2의 평균을 비교하고 집단 3과 집단 4를 합친 평균과 집단 5의 평균을 비교하는 것과 같이 2회의 쌍별 비교를 사전에 계획했다고 가정하면 연구자가 특정 데이터에서 두 개의 영가설을 검정할 때 발생하

---

78) 이에 대한 대안으로 Holm(1979)이 제안한 순차적 본페로니 절차(sequential Bonferroni procedure), 즉 Holm-Bonferroni 보정 방법을 사용하기도 한다. Holm-Bonferroni 보정 방법은 Bonferroni 보정 방법에 비해 통계적 검정력(power)의 손실이 덜 하다. 하지만 이 방법 역시 Bonferroni 보정 방법이 갖는 제2종 오류의 문제로부터 완벽하게 자유롭지는 않다.

79) 선험적 비교가 이론이나 가설에 기초하여 미리 계획된다는 점에서 계획 비교로 불리기도 한다. 개념의 혼선을 피하기 위해 저자는 이러한 두 용어를 계획 비교로 통일하기로 한다.

는 우연한 차이의 확률이 적어도 45가지 중에서 하나의 차이를 찾을 확률보다 월등히 작기 때문에, 계획 비교를 수행할 때 1종 오류가 부풀려지는 것에 대해 덜 걱정해야 하는 것은 타당하다. 즉, 계획 비교의 경우 한 쌍의 비교를 위한 영가설에 관한 결정은 다른 비교를 위한 영가설에 관한 결정에 영향을 받지 않는다.[80] 이러한 이유로 계획 비교는 일반적으로 사후-검정보다 더 좁은 신뢰 구간을 생성하고, 더 강력하며, 1종 오류 발생 가능성이 더 낮다. 또한 사후-검정의 경우 옴니버스 *F*-test 결과가 통계적으로 유의미하지 않으면 수행될 필요가 없는 것에 반해, 계획 비교는 옴니버스 *F*-test 결과와 관계없이 수행된다.

그렇다고 해서 계획 비교가 쌍별 비교에서 무조건적인 이점만 있는 것은 아니다. 앞서 언급한 것처럼, 계획 비교는 연구를 설계하는 동안, 즉 데이터가 수집되기 전에 계획되어야 한다는 전제 조건이 반드시 충족되어야 한다. 또한 이러한 조건이 충족되더라도 분석을 위한 비교 쌍의 수가 너무 많다면 여전히 1종 오류의 인플레이션으로부터 자유롭지 않다. 어쨌든 적은 수의 쌍에 대한 비교를 수행한다면 계획 비교는 사후-검정의 좋은 대안일 수 있다. 지금부터 간단하게 계획 비교를 수행하는 방법을 알아보자.

계획 비교는 단순 대조(simple or pairwise contrasts)와 복잡 대조(complex or non-pairwise contrasts)로 나눌 수 있다. 단순 대조는 두 집단의 평균을 비교하는 경우를 말하며, 복잡 대조는 세 집단 이상의 평균을 포함하는 비교를 말한다. 그러나 계획 비교는 단 두 개의 평균만을 비교할 수 있기 때문에 복잡 대조를 수행할 때에는 여러 집단을 하나의 평균값으로 계산된 값을 이용하여 비교해야 한다. 계획 비교를 위해 제일 먼저 해야 할 일은 대조 계수(contrast coefficients)를 통해 비교에 관여하지 않는 집단의 평균을 제거하고 비교할 집단의 평균을 지정하는 것이다. 여기서 대조는 평균의 가중치 조합(weighted combination)을 말한다. 통계적으로 대조는 다음 <식 6.18>과 같이 정의된다.

$$\psi_i = \sum c_j \mu_j = c_1\mu_1 + c_2\mu_2 + \cdots + c_j\mu_j \qquad \text{<식 6.18>}$$

여기서 대조 계수(혹은 가중치)를 나타내는 c_j는 특정 대조 ψ_i(*psi*: 프사이)를 정의하기 위해 사용되며 양수, 0, 음수 값을 갖는다. μ_j는 모집단 평균을 나타낸다. 즉, 대조는 단순히 집단 평균의 특정한 조합이며, 연구자가 비교할 평균에 따라 달라진다. 예를 들

80) 계획 비교와 사후-검정의 차이에 대한 자세한 논의는 두라파우(DuRapau, 1988), 퀴네(Kuehne, 1993), 헤이즈(Hayes, 2020) 등을 참고하길 바란다.

어, 비교할 집단에 계수를 설정하여 제거할 집단은 0의 계수를, 비교할 집단은 각각 -1과 +1을 계수로 지정함으로써 비교를 수행할 수 있다. 만일 3개의 집단에서 집단 1과 집단 3을 비교하고자 한다면 다음 <식 6.19>와 같이 단순 대조를 구성할 수 있다.

$$\psi_1 = (+1)\mu_1 + (0)\mu_2 + (-1)\mu_3 = \mu_1 - \mu_3 \qquad \text{<식 6.19>}$$

ψ_i, 즉 μ_1과 μ_3의 차이가 유의미한 차이를 보이는지를 검증하기 위해 다음과 같은 가설을 설정하게 된다.

$$H_0 : \psi_1 = 0, \quad H_A : \psi_1 \neq 0$$

만일, 집단 1의 평균과 집단 2와 집단 3의 평균과의 비교를 수행하기 위해서는 다음 <식 6.20>과 같이 복잡 대조를 구성하고 이에 대한 가설을 설정한다.

$$\psi_2 = (-1)\mu_1 + (1/2)\mu_2 + (1/2)\mu_3 = (1/2)(\mu_2 + \mu_3) - \mu_1 \qquad \text{<식 6.20>}$$
$$H_0 : \psi_2 = 0, \quad H_A : \psi_2 \neq 0$$

계획 비교에서 가설검정을 수행하기 위해서는 *t*-검정 통계량을 사용한다. 대조에 대한 *t*-value와 표준오차를 산출하는 공식은 다음 <식 6.21>과 같다.

$$t = \frac{\hat{\psi}}{s_{\hat{\psi}}}, \quad s_{\hat{\psi}} = \sqrt{MS_{error}\sum_{j=1}^{j}\left(\frac{c_j^2}{n_j}\right)} \qquad \text{<식 6.21>}$$

위 <식 6.21>에서 대조의 표준오차 $s_{\hat{\psi}}$에는 대조계수 c_j와 집단내 분산의 평균인 MS_{error}가 포함된다. 사실, 단순 대조에는 비교에 포함되지 않는 집단의 평균이 포함되지 않음에도 표준오차 계산에서는 전체를 대상으로 한 MS_{error}가 포함된다. 이는 등분산성 가정이 충족된다면 표준오차 계산에 전체를 대상으로 한 MS_{error}가 포함하는 것은 문제가 되지 않기 때문이다.[81]

81) 표준오차 계산을 위해 MS_{error}를 사용하는 것의 장점은 오차의 자유도가 2개 집단이 아닌 3개 집단을 기반으로 하기 때문에 오차 분산의 추정치가 더 정확해지고 그에 따른 검정력이 증가한다.

지금부터 위에서 사용한 *Mr. G* 연구의 예제를 통해 계획 비교를 수행해보자. 먼저 통제집단과 vnp 집단의 평균을 비교해보자. 이에 대한 영가설은 다음과 같이 설정된다.

$$H_0 : \hat{\psi} = (-1)\mu_{control} + (0)\mu_{vp} + (1)\mu_{vnp} = 0$$

통제집단의 평균에는 -1을, vnp 집단의 평균에는 1을, 그리고 vp 집단의 평균에는 0을 부여하고 이를 모두 합하여 $\hat{\psi}$를 구하면 다음과 같다.

$$\begin{aligned}\hat{\psi} &= \sum c_j \overline{Y_j} = (-1)(\overline{Y}_{control}) + (0)(\overline{Y}_{vp}) + (1)(\overline{Y}_{vnp}) \\ &= -1(5) + 1(10) + 0(6) \\ &= -5 + 10 = 5\end{aligned}$$

앞에서 계산된 MS_{error}는 2이므로, $s_{\hat{\psi}}$, *t*-값은 다음과 같이 계산된다.

$$\frac{c_j^2}{n_j} = \frac{(-1)^2 + (0)^2 + (1)^2}{4} = \frac{1}{2}$$

$$s_{\hat{\psi}} = \sqrt{MS_{error} \sum_{j=1}^{j} \left(\frac{c_j^2}{n_j}\right)} = \sqrt{2 * \frac{1}{2}} = 1, \; t = \frac{\hat{\psi}}{s_{\hat{\psi}}} = \frac{5}{1} = 5$$

앞서 언급한 바와 같이, *t*-test를 하기 위한 자유도는 MS_{error}와 관련된 자유도이므로 *df* = 9가 된다. 95% 신뢰수준에서 자유도 9일 때 *t*-critical 값은 2.262이므로 설정된 영가설을 기각할 수 있다. 따라서 통제집단의 평균과 vnp 집단의 평균은 통계적으로 유의미한 차이를 보인다는 충분한 근거가 있다는 것을 알 수 있다.

이번에는 통제집단의 평균과 나머지 두 집단(vp 집단과 vnp 집단)의 평균 차이를 검증하는 복잡 대조 비교를 수행해보자. 이에 대한 가설은 다음과 같이 설정된다.

$$H_0 : \hat{\psi} = (-1)\mu_{control} + (1/2)\mu_{vp} + (1/2)\mu_{vnp} = 0$$

통제집단의 대조계수는 -1을, 나머지 두 집단의 대조계수는 각각 1/2를 부여하고 이

하지만 등분산성 가정이 충족되지 않을 경우 표준오차 계산을 위해 MS_{error}를 사용하는 것은 *t*-검정의 결과를 왜곡시킬 가능성이 있다. 이에 대한 자세한 논의는 마이어와 동료들(Myers, Well, & Lorch Jr, 2013)을 참고하길 바란다.

를 모두 합하여 $\hat{\psi}$를 구하면 다음과 같다.

$$\begin{aligned}\hat{\psi} &= \sum c_j \overline{Y_j} = (-1)(\overline{Y}_{control}) + (1/2)(\overline{Y}_{vp}) + (1/2)(\overline{Y}_{vnp}) \\ &= (-1)(5) + (1/2)(10) + (1/2)(6) \\ &= -5 + 5 + 3 = 3\end{aligned}$$

앞에서 계산된 MS_{error}는 2이므로, $s_{\hat{\psi}}$, t-값은 다음과 같이 계산된다.

$$\frac{c_j^2}{n_j} = \frac{(-1)^2 + (1/2)^2 + (1/2)^2}{4} = .375$$

$$s_{\hat{\psi}} = \sqrt{MS_{error} \sum_{j=1}^{j} \left(\frac{c_j^2}{n_j} \right)} = \sqrt{2^{*}.375} \approx .612, \; t = \frac{\hat{\psi}}{s_{\hat{\psi}}} = \frac{3}{.612} \approx 4.902$$

95% 신뢰수준에서 자유도 9일 때 *t*-critical 값은 2.262이므로 설정된 영가설을 기각할 수 있다. 따라서 통제집단의 평균과 vp와 vnp 집단의 평균은 통계적으로 유의미한 차이를 보인다는 충분한 근거가 있다고 할 수 있다.

6.4 One-way between ANOVA 수행을 위한 통계적 가정

대부분의 통계 분석 방법과 마찬가지로 one-way between ANOVA를 수행하기 위해서도 충족되어야 할 몇 가지 통계적 가정이 있다. 앞서 살펴 본 독립표본 *t*-test를 수행하기 위해서 충족 되어야 할 세 가지 가정이 one-way between ANOVA에도 똑같이 적용된다. 첫 번째는 관찰된 데이터 값은 (표본 내 그리고 표본 간 모두) 서로 독립적이어야 한다는 독립성 가정이다. 즉, 한 관찰 값에 대한 측정치는 다른 관찰 값에 대한 측정에 영향을 주지 않아야 한다는 말이다. 일반적으로 between ANOVA에서 독립성 가정은 1) 엄격한 실험 설계를 통해 각각의 집단에 피험자를 무선할당(random assignment)함으로써, 그리고 2) 엄격한 실험 통제를 통해 피험자를 서로 분리하여 한 집단에 대한 관찰값이 다른 집단에 대한 관찰값에 미치는 영향을 통제함으로써 충족될 수 있다.

F-ratio는 제1종 오류와 제2종 오류의 측면에서 독립성 가정에 매우 민감하며, 이러한 영향은 표본이 클수록 더 심각해질 수 있다(Glass, Peckham, & Sanders, 1972와 Keppel & Wickens, 2004 참고). 독립성 가정이 심각하게 위반되는 경우에는 이를 쉽게 교정할 방법이 거의 없다. 따라서 독립성 가정은 방법론적 이슈이므로 통계적으로 검증하는 것보다는 엄격한 설계를 통해 독립성 가정을 확보하는 것이 가장 최선책이다. 물론 간단하게 독립성 가정을 확인하기 위해서는 집단별로 플롯을 생성하여 확인하거나 Durbin-Watson 통계량을 통해 자기상관성을 살펴보는 방법을 사용할 수 있다.

두 번째는 *t*-test의 가정과 마찬가지로 정규성 가정이 충족되어야 한다. 즉, 모집단에서 독립변수의 각 집단에 대한 종속변수 *Y*의 관찰값은 정규분포를 따른다는 것이다. 하지만 *t*-test와 마찬가지로 ANOVA에서 정규성 가정은 강건한 가정이 아니라는 것이 최근 많은 연구들의 주장이다. 예를 들어 어느 정도 크기의 표본이 확보되고 정규성이 극단적으로 위배되지 않는 한 정규성 가정의 위반이 *F*-ratio에 거의 영향을 미치지 않는다는 것이다. 하지만 ANOVA가 모든 조건에서 정규성 가정에 강건한 것이 아니기 때문에 연구자는 ANOVA 수행에 있어 정규성의 충족 여부에 여전히 관심을 기울일 필요가 있다. 예를 들면, 등분산성이 충족되지 않았을 경우(예: Blanca et al., 2018; Harwell et al., 1992), 그리고 skewness와 kurtosis가 심각하게 정규성에서 심각하게 벗어난 경우(예: Glass, Peckham, & Sanders, 1972; Harwell et al., 1992) ANOVA 분석 결과에 영향을 미칠 수도 있기 때문이다.[82)]

일반적으로 ANOVA에서 정규성 가정이 위배되었을 경우 데이터를 정규화로 변환(data transformation)하여 분석하거나 Kruskal-Wallis test와 같은 비모수적 분석(nonparametric analysis) 방법을 사용할 수 있다.[83)] 데이터를 변환하여 분석하는 방법은 1종 오류를 적절하게 통제하는 것 말고는 비모수적 분석에 비해 별로 장점이 없다. 일반적으로 특정 데이터에 적합한 변환이 어떤 것인지 판단하기가 어려우며, 데이터 변환을 수행하였더라도 그 결과를 해석하기가 매우 어려운 경우가 많다. 실제로 데이터 변환보다는 Kruskal-Wallis test와 같은 비모수적 분석을 더 많이 사용하게 되는데, 이는

82) skewness와 kurtosis의 극단적인 편향이 어떻게 ANOVA 분석에 영향을 미치는지에 대한 상반된 연구결과가 존재한다. 글래스와 동료들(Glass, Peckham, & Sanders, 1972)은 kurtosis는 제 1종 오류에 영향을 미치는 반면, skewness는 거의 영향을 미치지 않는다고 주장하였다. 반면에 하웰과 동료들(Harwell, Rubinstein, Hayes & Olds, 1992)는 skewness가 kurtosis보다 더 많은 영향을 미친다는 상반된 연구 결과를 보여주었다. 이에 대한 추가적인 논의는 블랑카와 동료들(Blanca et al., 2017)을 참고하길 바란다.

83) ANOVA에서 정규성 가정을 테스트하는 방법은 *t*-test와 같은 방법으로 수행되기 때문에 이번 장에서는 이를 다루지 않도록 한다.

데이터를 변환하여 분석하는 방법에 비해 쉽고 그 해석도 보다 명확하기 때문이다. 표본 데이터가 심각하게 비정규성을 보이지 않더라도 실제 모집단 분포를 알 수 없거나 표본 데이터가 비정규성을 보인다고 믿을 만한 충분한 이유가 있는 경우, Kruskal-Wallis test가 최선의 선택일 수 있다(Lantz, 2013). 하지만 Kruskal-Wallis test 역시 한계가 존재한다. 이 방법은 연속형 데이터를 순위 데이터로 변환함으로써 정보 손실이 필연적으로 발생하게 된다. 또한 집단간 동질성 가정이 충족되지 않는 경우 Kruskal-Wallis test의 검정 결과는 *F*-test보다 더 심각한 영향을 받게 된다. 따라서 정규성 가정이 위배되더라도 집단간 동질성 가정이 충족되지 않으면 굳이 Kruskal-Wallis test를 사용해서 얻는 이득이 별로 없다(Vargha & Delaney, 1998).

세 번째는 세 집단의 종속변수의 분산은 서로 같아야 한다는 등분산성 가정이다. 등분산성 가정 역시 지난 *t*-test장에서 살펴보았다. ANOVA의 경우에는 각 모집단의 분산 σ_1^2, σ_2^2, ... σ_k^2가 동일하다는 가정 하에, one-way between ANOVA가 수행되어야 한다. 이때 등분산성 가정을 테스트하기 위한 가설은 다음과 같다.

$$H_0 : \sigma_1^2 = \sigma_2^2 = \cdots = \sigma_k^2$$

$$H_A : \sigma_i^2 \neq \sigma_j^2 \text{ for at least one pair } (i, j)$$

t-test와 마찬가지로 등분산성을 검정하기 위한 방법으로는 Bartlett's test, Levene's test, Fligner-Killeen's test, Hartley's f-max test 등 다양한 방법이 존재한다. 앞서 언급한 바와 같이 이들 검정 방법은 각기 다른 특성을 지니지만, 일반적으로 사회과학 분야에서는 비정규성을 보이는 데이터에 보다 강건한 Levene's test를 보다 선호하는 편이다 (Glass, 1966). 등분산 가정이 충족되지 않은 경우, 즉, 등분산성의 영가설이 기각되었을 경우에는 제1종 오류가 영향을 받을 수 있다. 등분산성 가정이 충족되지 않았을 경우에는 Welch test(예: Welch, 1947)와 같은 비모수통계 방법(non-parametric method)이나 Yuen's *t*-test와 같은 *robust* 방법(예: Wilcox, 2005)을 사용하도록 권고된다.

6.5 R을 이용한 분석 예제

웹페이지의 구성 양식에 따른 충동구매를 탐색한 아딜라와 동료들(Adelaar et al., 2003)의 연구를 예를 들어 one-way between ANOVA를 수행해보자. 아딜라와 동료들(Adelaar et al., 2003)은 텍스트, 이미지, 동영상 등 세 가지 형식으로 만들어진 음악 CD 판매 웹페이지에 피험자들을 무선 배정하고 각 웹페이지에 노출된 후 그들의 충동구매 의도를 측정하였다. 연구자들은 웹페이지의 구성 양식에 따라 충동구매 의도가 달라지는가를 밝히기 위해 ANOVA를 통해 각 웹페이지의 구성 양식 간 충동구매 의도의 평균이 유의미한 차이가 있는지를 분석하였다.[84] 이를 위해 설정된 영가설과 대안가설은 다음과 같다.

$$H_0 : \mu_{text} = \mu_{\text{image}} = \mu_{video}$$

$$H_a : \text{ at least two } \mu \text{ are different}$$

6.5.1 데이터 로딩 및 기술통계

본 예제를 위해 사용된 데이터 media는 총 3개의 변수로 구성되어 있다. 첫 번째 변수인 subjects는 실험 참가자의 id이다. 두 번째 변수인 format은 텍스트, 스틸 이미지, 동영상 등 세 가지 조건으로 조작되었다. 연구자들은 실험 참가자들을 세 가지 조건 중 하나에 30명씩 무작위로 할당하였다. 마지막으로 impulse는 각 조건에 할당된 실험 참가자들의 충동구매 의도로 측정되었다. 각 집단에 따른 기술통계 값들은 다음과 같이 psych 패키지의 describeBy 함수를 이용해 산출할 수 있다.

```
> str(media)
'data.frame':     90 obs. of  3 variables:
 $ subjects: int  1 2 3 4 5 6 7 8 9 10 ...
 $ format  : chr  "text" "text" "text" "text" ...
 $ impulse : num  15.4 18 14.4 16 15.9 ...
```

84) 실제 이들의 연구에서 사용된 데이터를 본 예제의 의도에 맞게 수정하여 사용하였다.

```
> library(psych)

> describeBy(media$impulse, media$format)
Descriptive statistics by group
group: image
   vars  n  mean   sd median trimmed  mad   min   max range skew  kurtosis   se
X1    1 30 17.47 1.35  17.09   17.37 1.25 15.18 20.54  5.36 0.59     -0.66 0.25
--------------------------------------------------------------------------------
group: text
   vars  n  mean   sd median trimmed  mad   min   max range skew  kurtosis   se
X1    1 30 15.57 1.46  15.37   15.44 1.36 13.23 19.89  6.66 0.87      0.61 0.27
--------------------------------------------------------------------------------
group: video
   vars  n  mean sd median trimmed  mad   min   max  range  skew  kurtosis   se
X1    1 30 18.55  1   18.7   18.62 1.12 16.33 20.09  3.76  -0.43    -0.84 0.18
```

산출된 각 조건별 평균과 표준차는 아래의 <표 6.1>과 같다.

표 6.1 웹사이트 형식에 따른 충동구매 의도의 평균과 표준편차

format	M	SD
text	15.57	1.46
still image	17.47	1.35
video	18.55	1.00

우리가 예상할 수 있는 것처럼 세 웹사이트 형식에 따른 충동구매 의도의 평균은 텍스트, 스틸 이미지, 동영상 순으로 높게 나타났다.

이번에는 ggpubr 패키지를 이용해 관찰된 데이터에 대한 박스플롯을 생성해보자. ggpubr 패키지는 R 프로그래밍 초보자를 위해 ggplot2 기반의 그래프를 쉽게 생성하기 위해 개발된 패키지이다.

```
> library(ggpubr)
Loading required package: ggplot2
```

```
> ggboxplot(media, x = "format", y = "impulse",
+           add = "jitter", shape = "format")
```

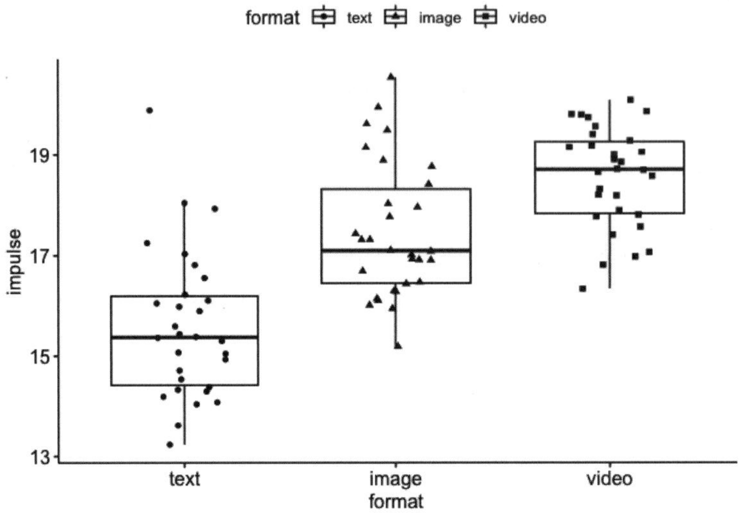

그림 6.3 웹사이트 형식에 따른 충동구매 의도의 박스플롯

생성된 박스플롯은 세 웹사이트 형식에 따른 충동구매 의도는 텍스트, 스틸 이미지, 동영상 순으로 높아지고 있음을 알 수 있다. 산출된 기술통계 값과 박스플롯을 고려하면 텍스트 집단에서 하나의 극단치가 보이는 것을 제외하고는 세 집단 모두에서 정규성을 유지하고 있는 것으로 보인다.

6.5.2 **통계적 가정 검증과 효과크기**

본격적으로 one-way between ANOVA를 수행하기에 앞서 분석을 위해 충족되어야 할 통계적 가정을 테스트 해보자. 먼저 정규성 가정에 대한 테스트를 수행하도록 한다. 데이터에 극단치가 존재하는지는 rstatix 패키지의 identify_outliers() 함수를 사용하여 쉽게 식별할 수 있다.

```
> library(rstatix)

> media %>%
+   group_by(format) %>%
+   identify_outliers(impulse)
# A tibble: 1 × 5
  format  subjects  impulse is.outlier  is.extreme
  <chr>      <int>    <dbl>     <lgl>       <lgl>
1 text          10     19.9     TRUE        FALSE
```

앞의 박스플롯에서 확인한 것과 같이 텍스트 집단에서 하나의 극단치가 발견되기는 하나 매우 심각한 수준의 극단치는 아닌 것으로 판단된다. 일반적으로 정규성 가정은 ANOVA 모형 잔차를 분석한 Q-Q plot과 Shapiro-Wilk test 등 두 가지 방법을 사용하여 확인할 수 있다. Q-Q plot은 quantile probability plot으로 불리며 관찰된 데이터의 확률분포와 표준정규분포를 서로 비교하는 플롯을 말한다. 이때 비교를 위해 분포의 두 데이터의 분위수들(emprical quantile vs. theoretical quantile)을 이용하기 때문에 Quantile-Quantile plot으로 부르게 되었다. 즉, X축에는 theoretical quantile을, Y축에는 관찰된 표본의 quantile을 플롯에 찍었을 때 이 두 분포가 얼마나 차이가 있는지를 통해 정규성을 파악하게 된다. 만일 두 데이터가 동일한 분포를 갖는다면 플롯에서 기울기 1을 갖는 회귀선을 갖게 된다. 이런 경우 관찰된 데이터는 완벽한 정규분포를 갖는다고 할 수 있다.[85)]

Q-Q plot을 그리기 위해서는 먼저 ANOVA 모형을 피팅을 한 후 그 모형에 대한 플롯을 그리게 된다. Q-Q plot은 ggpubr 패키지의 ggqqplot 함수를 이용한다.

```
# Build the linear model
> model  <- lm(impulse ~ format, data = media)

# Create a QQ plot of residuals
> ggqqplot(residuals(model))
```

85) Q-Q plot의 기본 특성은 이 두 분포의 관계가 선형 함수일 경우 해당하지만 때로는 Q-Q plot의 위치와 기울기는 항상 일정하지는 않다. Q-Q plot에 대한 보다 자세한 설명은 윌크와 나다데시칸(Wilk & Gnanadesikan, 1968)의 논문을 참고 바란다.

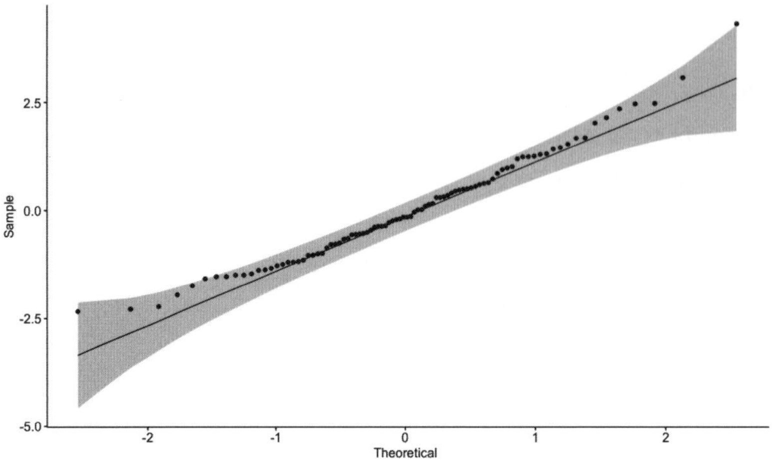

그림 6.4 웹사이트 형식에 따른 충동구매 의도에 대한 Q-Q plot

물론 각 집단별로 Q-Q plot을 그려 정규성을 파악하는 방법도 가능하다. 이 방법은 집단의 수가 적고 집단별 사례수(데이터 포인트)가 많은 경우에 사용하면 좋다.

```
> ggqqplot(media, "impulse", facet.by = "format")
```

Q-Q plot을 생성해 본 결과, 데이터의 모든 점들이 기준선(음영 부분)에 위치하고 있는 것을 볼 수 있다. 물론 텍스트 집단의 한 점이 기준선 밖에 위치하고 있는데, 이는 위의 박스플롯 결과와 일치한다. 이러한 결과에 따라 우리는 데이터의 정규성 가정에는 큰 문제가 없다는 결론을 내릴 수 있다. 이 결론은 Shapiro-Wilk test를 통해서도 확인할 수 있다.

Shapiro-Wilk test는 표본 $x_{1,}$ ⋯, x_n이 정규분포인 모집단에서 나왔다는 영가설을 테스트하는 통계 방법이다.[86] 즉, 계산된 *p*-value가 선택한 α-level보다 작으면 영가설이 기각되고, 이때 수집된 데이터는 정규분포를 따르지 않는다는 근거를 갖는다고 할 수 있다. 반면, *p*-value가 선택한 α-level보다 크면 데이터는 정규분포인 모집단에서 나왔다는 영가설을 기각할 수 없다. 즉, 수집된 데이터는 정규분포를 따른다는 충분한 근거가 있다. 사실, Shapiro-Wilk test를 해석하는 데 있어 주의를 기울여야 하는 사항이 있

86) Shapiro-Wilk test의 검정통계량 W는 다음과 같다. $W = \sum_{i=1}^{n} a_i y_i / \sum_{i=1}^{n} (y_i - \overline{y})^2$. Shapiro-Wilk test에 대한 자세한 논의는 샤피로와 윌크(Shaphiro & Wilk, 1965)의 논문을 참고하길 바란다.

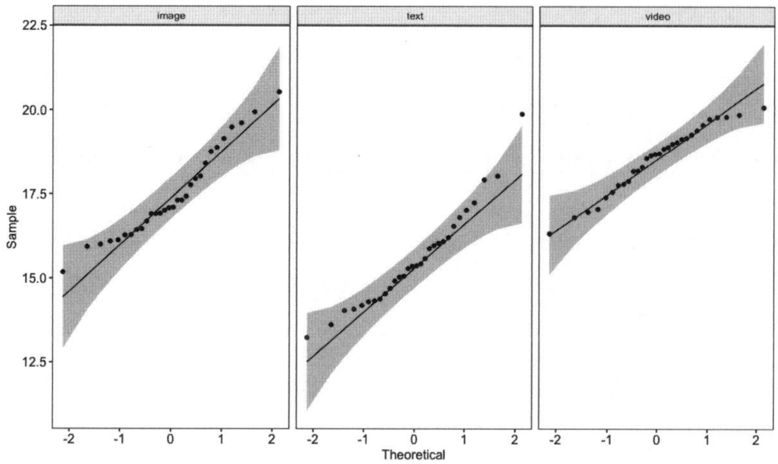

그림 6.5 웹사이트 형식에 따른 충동구매 의도에 대한 집단별 Q-Q plot

다. 대부분의 NHST와 마찬가지로 Shapiro-Wilk test 역시 표본 크기에 매우 민감하게 반응한다. 예를 들어 표본 크기가 매우 큰 경우, Shapiro-Wilk test의 결과는 영가설을 기각하려는 성향이 강하게 나타난다. 이는 곧 정규성으로부터 사소한 이탈에도 문제가 있다는 잘못된 결론을 내릴 수 있는 위험을 초래할 수 있다. 즉, 너무 사소한 이탈이기 때문에 실질적인 유의성이 없음에도 불구하고 통계적으로 유의미한 수준에서 영가설이 기각됨으로써 연구자는 관찰된 데이터가 정규분포를 따르지 않는다는 잘못된 결론을 내릴 수 있다. 따라서 Shapiro-Wilk test를 이용해 정규성 가정을 검증하기위해서는 효과 크기에 대한 추가 조사를 하거나 Q-Q plot을 통해 시각적 판단도 함께 고려해야 한다.

```
> media %>%
+   group_by(format) %>%
+   shapiro_test(impulse)
# A tibble: 3 × 4
  format variable   statistic      p
  <chr>  <chr>          <dbl>  <dbl>
1 image  impulse        0.945  0.125
2 text   impulse        0.947  0.143
3 video  impulse        0.961  0.320
```

Shapiro-Wilk test의 결과, 모든 집단의 *p*-value는 .05보다 큰 값이 나왔으므로 95% 신뢰수준에서 영가설을 기각할 없다. 따라서 수집된 데이터는 정규분포를 따른다는 충분한 근거를 갖는다.

이번에는 등분산성 가정을 테스트를 수행해보자. 앞서 언급한 것처럼 일반적으로 등분산성 가정은 Levene's Test를 이용한다. 만일 ez 패키지의 ezANOVA 함수를 이용하여 ANOVA를 수행한다면 별도로 Levene's Test를 수행할 필요가 없다.

```
> media %>%
+   levene_test(impulse ~ format)
# A tibble: 1 × 4
    df1   df2    statistic      p
  <int> <int>      <dbl>    <dbl>
1     2    87       1.04    0.358
```

위의 출력된 결과에 따르면 Levene's Test의 검정 통계량의 p-value는 .358로 이는 95% 신뢰수준에서 영가설을 기각하는데 실패한다. 즉, 집단 간 분산은 유의미한 차이가 있다고 말할 근거가 희박하다. 따라서 우리는 분석 데이터에서 분산의 동질성을 가정할 수 있다.

데이터의 정규성 가정과 등분산성 가정에 대한 테스트 결과, 이들 가정에는 문제가 없다는 것을 확인하였다. 이제는 세 웹사이트 형식에 따른 충동구매 의도가 통계적으로 유의미한 차이가 있는지에 대한 가설을 밝히기 위해 one-way between ANOVA를 수행해보자. R에서는 ANOVA를 수행하기 위해 다양한 패키지의 함수가 사용되지만 여기서는 ez 패키지의 ezANOVA 함수를 사용하기로 하자. ezANOVA 함수는 ez라는 말 그대로 사용법이 매우 쉽다. 특히 ezANOVA 함수를 이용하여 ANOVA를 수행하면 별도로 Levene's test나 효과크기(generalized η^2)를 따로 수행할 필요가 없이 함수 결과로 Levene's test와 generalized η^2를 산출해주기 때문에 매우 편리하다. dv 옵션에는 종속변수를, between 옵션에는 독립변수를 지정하기만 하면 된다. 하나 주의할 것은 ezANOVA 함수의 코드를 작성할 때, id 변수를 wid에 지정해주어야 하는데, wid에 지정되는 변수는 항상 factor 형식의 변수가 되어야 한다. 본 예제에서는 subjects 변수가 id 변수로 지정되었다. 단일 값의 경우 변수 이름만으로 지정할 수 있지만, 만일 여러 개의 변수를 지정할 경우 .() 목록으로 지정해야 한다. 또한 아래의 예처럼 return_aov 옵션을 T로 지정하여 aov 객체로 저장하여 ezANOVA 함수의 실행 결과를 벡터로 반환해주는 것이 좋다. 이는 추후 사후검정을 수행하거나 또 다른 추가적인 분석을 수행하는데 이용될 수 있다.

```
> library(ez)

> media$subjects <- factor(media$subjects)

> media$format <- factor(media$format)

> impulse <- ezANOVA(media,
+                 wid=.(subjects),
+                 dv=.(impulse),
+                 between=.(format),
+                 detailed=TRUE,
+                 return_aov=T)
Coefficient covariances computed by hccm()

> impulse
$ANOVA
  Effect DFn DFd      SSn      SSd        F            p p<.05     ges
1 format   2  87 136.5974 144.1611 41.21771 2.555082e-13     * 0.48653

$`Levene's Test for Homogeneity of Variance`
  DFn DFd      SSn      SSd       F         p p<.05
1   2  87 1.473811 61.72746 1.03861 0.3582926
$aov
Call:
  aov(formula = formula(aov_formula), data = data)

Terms:
                  format Residuals
Sum of Squares  136.5975  144.1611
Deg. of Freedom        2        87

Residual standard error: 1.287254
Estimated effects may be unbalanced

> media.aov <- impulse$aov
```

이제 출력된 결과를 해석해보도록 하자. 먼저 Levene's test 결과를 확인하도록 한다. ezANOVA 함수를 사용하여 산출된 Levene's test 결과는 $F(2, 87) = 1.04$, $p = .358$로 앞서 수행했던 Levene's test 결과와 동일하게 나타나 데이터의 등분산성 가정이 충족되었음을 확인할 수 있다. 다음으로 ANOVA 결과를 보면, $F(2, 87) = 41.22$, $p < .001$로 99% 신뢰수준에서 설정된 영가설을 기각할 수 있다. 따라서 서로 다른 세 웹사이트 형식에 따른 충동구매 의도는 99% 신뢰수준에서 통계적으로 유의미한 차이가 있다고 말할 충분한 근거가 있다. 산출된 효과크기 $\eta_G^2 \approx .487$로 피험자의 구매의도 총 분산의 약 48.7%가 웹사이트 형식에 의해서 설명된다고 할 수 있다. effectsize 패키지를 이용하면 다음과 같이 η_G^2와 ω^2를 추정할 수 있다($\omega^2 = 0.47$). effectsize 패키지를 이용하여 효과크기를 산출하기 위해서는 앞서 생성된 aov를 벡터로 저장한 media.aov를 사용한다. effectsize 패키지는 효과크기 추정치와 함께 이에 대한 95% 신뢰구간을 산출해준다.

```
> eta_squared(media.aov)
For one-way between subjects designs, partial eta squared is equivalent to eta
squared.
Returning eta squared.
# Effect Size for ANOVA

Parameter | Eta2 |       95% CI
-------------------------------
format    | 0.49 | [0.36, 1.00]

- One-sided CIs: upper bound fixed at [1.00].

> omega_squared(media.aov)
For one-way between subjects designs, partial omega squared is equivalent to omega
squared.
Returning omega squared.
# Effect Size for ANOVA

Parameter | Omega2 |       95% CI
```

```
--------------------------------
format       |    0.47 | [0.34, 1.00]

- One-sided CIs: upper bound fixed at [1.00].
```

표 6.5 웹사이트 형식에 따른 충동구매 의도에 대한 ANOVA table

Source	SS	df	MS	F	p	η_G^2	η_G^2 95% CI
Format	136.60	2	68.30	41.22	< .001	.49	[0.36, 1.00]
Residuals	144.16	87	1.66				
Total	280.76	89					

6.5.3 사후-검정

옴니버스 ANOVA 결과 통계적으로 유의미한 수준에서 설정된 영가설을 기각하였으므로 개별 집단 간의 평균 차이를 추가적으로 분석할 필요가 있다. 이를 위한 사후-검정은 Tukey's *HSD*를 수행해보자. R에서 Tukey test를 수행하기 위해서는 앞서 저장된 aov 벡터 media.aov를 사용해야 한다. 이때 사용되는 함수는 R base 함수인 TukeyHSD 함수가 사용된다.

```
> TukeyHSD(media.aov)
  Tukey multiple comparisons of means
    95% family-wise confidence level

Fit: aov(formula = formula(aov_formula), data = data)

$format
                    diff        lwr        upr     p adj
text-image     -1.894572 -2.6870957 -1.102048 0.0000005
video-image     1.086877  0.2943535  1.879401 0.0043554
video-text      2.981449  2.1889254  3.773973 0.0000000
```

Tukey's *HSD*를 이용한 사후-검정 결과를 보면, 세 집단의 모든 개별 쌍의 평균 차이는 통계적으로 유의미한 수준에서 영가설을 기각할 수 있다. Tukey's *HSD*를 수행하기 위해 다양한 패키지가 존재하지만, 저자의 경험으로 보면 multcomp 패키지를 사용하는 것이 매우 유용하다. 물론 이때 산출된 결과 역시 TukeyHSD 함수를 이용한 결과와 동일하다.

```
> library(multcomp)

> tukey.media <- glht(media.aov, linfct = mcp(format = "Tukey"))

> summary(tukey.media)

          Simultaneous Tests for General Linear Hypotheses
Multiple Comparisons of Means: Tukey Contrasts
Fit: aov(formula = formula(aov_formula), data = data)
Linear Hypotheses:
                       Estimate Std. Error   t value  Pr(>|t|)
text - image == 0     -1.8946      0.3324    -5.70    < 1e-04 ***
video - image == 0     1.0869      0.3324     3.27    0.00426 **
video - text == 0      2.9814      0.3324     8.97    < 1e-04 ***
---
Signif. codes:  0 '***' 0.001 '**' 0.01 '*' 0.05 '.' 0.1 ' ' 1
(Adjusted p values reported -- single-step method)
```

지금까지 one-way between subject ANOVA의 원리와 절차 등에 대해 살펴보았다. 이러한 between subject 설계에서는 하나의 처치에 대해 한 명의 피험자는 하나의 단일 관찰치를 가지기 때문에 각 집단 간에는 독립성이 유지된다. 하지만 때로는 한 명의 피험자가 세 개 이상의 처치에 대해 반복적으로 노출된 후 그 반응들을 측정해야 하는 실험을 설계해야 할 때가 종종 발생한다. 이렇게 측정된 관찰치들을 분석하는 분석 방법을 one-way within subject ANOVA 혹은 반복측정 ANOVA라고 한다. 다음 장에서는 within subject ANOVA의 원리와 수행 절차를 살펴보도록 하자.

Chapter 07

One-way within subject ANOVA

"시간에 대한 단 한 가지 진리가 있다면 어떤 일이든
동시에 일어나지 않는다는 것이다."
- 앨버트 아인슈타인(Albert Einstein)

앞서 one-way between subject ANOVA에 대해 살펴보았다. 이번 장에서는 one-way within subject ANOVA(이후 one-way within ANOVA)를 다루기로 한다. within subject 설계에서는 한 명의 피험자가 세 개 이상의 처치에 대해 반복적으로 노출된 후 그 반응들이 측정되며, 이렇게 측정된 관찰치들을 분석하는 분석 방법을 one-way within subject ANOVA 혹은 반복측정 ANOVA라고 한다. 이때 관찰된 집단 간 측정치는 서로 상관관계를 보이게 되는데 이런 의미에서 within ANOVA를 상관 표본 ANOVA (ANOVA for correlated samples)라고 부르기도 한다.[87] between ANOVA가 independent *t*-test의 확장이라면 within ANOVA는 dependent *t*-test의 확장이라고 이해해도 좋을 것이다. 당연히 between ANOVA와 마찬가지로 독립변수가 하나인 one-way within ANOVA와, 독립변수가 둘 이상인 고차원(higher-order)의 요인을 가지면 two-way within ANOVA로 설계된다. 만일 세 개의 독립변수가 있고 이들 독립변수의 모든 집단들의 관찰치들이 서로 종속적이라면 three-way, 4개의 독립변수가 있으면 four-way 등 계속해서 ANOVA의 용어가 독립변수의 수에 맞게 사용된다. 이번 장에서는 one-way within ANOVA를 살펴보기로 하자.

87) within ANOVA의 이러한 특성은 뒤에서 다룰 within ANOVA의 중요한 통계적 가정인 구형성 검정(sphericity assumption)과 관련이 있다.

7.1 One-way within ANOVA의 구조와 원리

one-way within ANOVA의 수학적 구조와 원리를 다루기 전에 먼저 within subject 설계를 보다 잘 이해할 수 있도록 두 가지 상황을 살펴보자. 첫 번째는 개별 피험자 혹은 분석 단위가 시차를 두고 3회 이상의 관찰을 통해 관찰된 측정치를 비교하는 상황이다. 예를 들어, <그림 7.1>과 같이 6개월 간 다이어트 프로그램이 체중 감소에 미치는 영향을 조사하기 위해 세 개의 개별 시점(다이어트 프로그램 시행 전, 프로그램 시행 3개월 후, 프로그램 시행 6개월 후)에서 각각 체중을 측정할 수 있다. 이를 통해 각 시점에서의 평균 체중이 유의한 차이를 보이는지를 확인함으로써 해당 다이어트 프로그램이 체중 감소에 어떤 영향을 미치는지 검증할 수 있다.

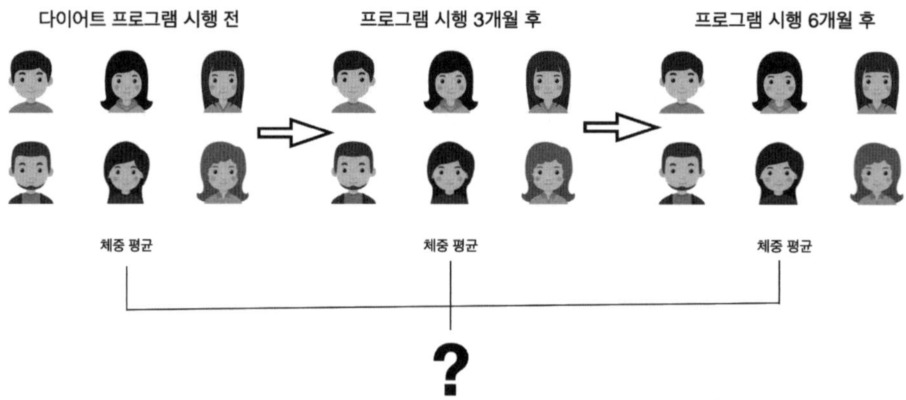

그림 7.1 within subject 설계 I

또 다른 상황은 실험 참가자가 셋 이상의 처치에 노출되고 이러한 각 처치에 대한 반응을 비교하는 것이다. <그림 7.2>와 같이 연구자는 실험 참가자들을 서로 다른 종류의 케이크(초콜릿, 카라멜, 레몬)를 시식 후 각각의 맛에 대한 선호도를 평가하게 하고 평가된 선호도의 평균을 비교할 수 있다.

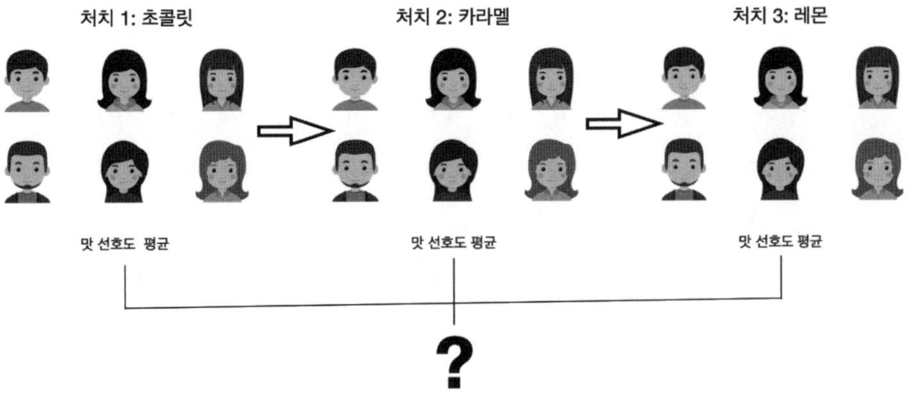

그림 7.2 within subject 설계 II

여기서 중요한 점은 이 두 연구 설계 모두 동일한 실험 참가자들이 동일한 종속변수에 대해 세 번 이상 측정된다는 것과 따라서 반드시 시간이 개입된다는 것이다. 지금부터는 one-way within ANOVA를 수행하기 위한 구조와 원리를 살펴보도록 하자.

실험 참가자 n을 모집단에서 추출된 확률표본이라고 가정할 때, 표본의 개별 관찰치는 Y_{ij} 다음의 <식 7.1>과 같이 표현될 수 있다.

$$Y_{ij} = \mu + \alpha_j + \pi_i + \varepsilon_{ij} \qquad \text{<식 7.1>}$$

Y_{ij}: 종속변수 Y에 대한 집단 j의 i번째 관찰값

μ: 전체 모집단 평균(overall population mean 혹은 grand population mean)

α_j: 독립변수 A의 조건(처치) j에 대한 효과, $\alpha_j = \mu_j - \mu$

π_i: i번째 실험 참가자 관련 효과, $\pi_i = \mu_i - \mu$

e_{ij}: 집단 j에서의 i번째 실험 참가자에 대한 잔차오차, $e_{ij} = Y_{ij} - (\mu + \pi_i + \alpha_j)$

위의 <식 7.1>에서 볼 수 있듯이, one-way within ANOVA의 모델은 집단내 변동이 π_i와 e_{ij}로 나누어지는 것만 제외하면 one-way between ANOVA와 동일하다. π_i는 개별 실험 참가자들이 전체 모집단 평균에 대한 변동성을 보여준다. <식 7.1>을 전체 모집단 평균 μ에 대해서 정리하면 다음의 <식 7.2>와 같이 나타낼 수 있다.

$$Y_{ij} = \mu + (\mu - \mu_j) + (\mu - \mu_i) + [Y_{ij} - (\mu + \alpha_j + \pi_i)],$$

$$i = 1, \cdots, n_j,\ \ j = 1, \cdots, k, \qquad \text{<식 7.2>}$$

$$\text{각각}\ \alpha_j = \mu_j - \mu,\ \pi_i = \mu_i - \mu\text{이므로,}$$

$$Y_{ij} = \mu + (\mu - \mu_j) + (\mu - \mu_i) + [Y_{ij} - (\mu + (\mu_j - u) + (\mu_i - \mu)]$$

$$Y_{ij} = \mu + (\mu - \mu_j) + (\mu - \mu_i) + [Y_{ij} - \mu - (\mu_j - u) - (\mu_i - \mu)]$$

$$Y_{ij} = \mu + (\mu - \mu_j) + (\mu - \mu_i) + [(Y_{ij} - \mu_j) - (\mu_i - \mu)]$$

$$\therefore\ Y_{ij} = \overline{Y} + (\overline{Y} - \overline{Y_j}) + (\overline{Y} - \overline{Y_i}) + [(Y_{ij} - \overline{Y_j}) - (\overline{Y_i} - \overline{Y})]$$

이번에는 최소제곱법을 사용하여 <식 7.1> 모델의 파라미터(μ, α_j, π_i, ε_{ij})와 이에 대한 표본 추정치를 각각 추정해보자.

$$\alpha_j = \mu_j - \mu = \sum(\overline{Y_j} - \overline{Y})^2$$

$$\pi_i = \mu_i - \mu = \sum(\overline{Y_i} - \overline{Y})^2$$

$$\varepsilon_{ij} = (Y_{ij} - \mu_j) - \pi_i = \sum(Y_{ij} - \overline{Y_j})^2 - \sum(Y_i - \overline{Y})^2 \qquad \text{<식 7.3>}$$

<식 7.3> 추정치를 이번에는 제곱합으로 표현해보자. 먼저 Y의 전체 변동의 제곱합(SS_{total})은 $SS_{\text{total}} = \sum(Y_{ij} - \overline{Y})^2$으로 표현되며, 위 <식 7.3>의 각 추정치는 다음과 같이 표현될 수 있을 것이다.

$$SS_A = \sum(\overline{Y_j} - \overline{Y})^2$$

$$SS_{within} = \sum(Y_{ij} - \overline{Y_j})^2$$

$$SS_{\text{subject}} = \sum(\overline{Y_i} - \overline{Y})^2$$

$$SS_{error} = \sum(Y_{ij} - \overline{Y_j})^2 - \sum(Y_i - \overline{Y})^2 \qquad \text{<식 7.4>}$$

<식 7.4>에서 볼 수 있듯이 Y의 전체 변동의 제곱합 SS_{total}은 다음과 같이 요인 A 변동의 제곱합 SS_A, 실험 참가자 변동의 제곱합 SS_{subject}, 그리고 오차 변동의 제곱합 SS_{error}의 합으로 이루어져 있다.

$$\begin{aligned} SS_{\text{total}} &= SS_A + SS_{within} \\ &= SS_A + (SS_{\text{subject}} + SS_{error}) \\ &= SS_A + [(SS_{\text{subject}} + (SS_{within} - SS_{\text{subject}})] \end{aligned} \qquad \text{<식 7.5>}$$

위의 <식 7.5>를 보면, one-way within ANOVA와 one-way between ANOVA의 차이를 명확하게 확인할 수 있다. one-way between ANOVA에서 SS_{total}은 $SS_{between}$과 SS_{within}로 분리될 수 있는데 반해, one-way within ANOVA에서 SS_{within}은 다시 피험자 변동과 오차 변동, 즉 SS_{subject}과 SS_{error}로 분리된다. 이론적으로는, one-way within ANOVA 설계에서 각 집단은 동일한 실험 참가자로 구성되어 있기 때문에 집단 간의 변동에는 개인차가 개입될 수 없고 오로지 실험 처치에 의한 것인 반면, 특정 조건 내의 모든 실험 참가자에게 동일한 처치를 가했기 때문에 특정 집단 내의 참가자 간의 변동은 실험 처치와 관련이 없는 무작위 변동과 개인차로부터 발생한다. 이러한 이유로 집단내 변동 즉 SS_{within}은 SS_{subject}과 SS_{error}로 분리될 수 있다. 이를 도식화하면 아래 <그림 7.3>과 같다.

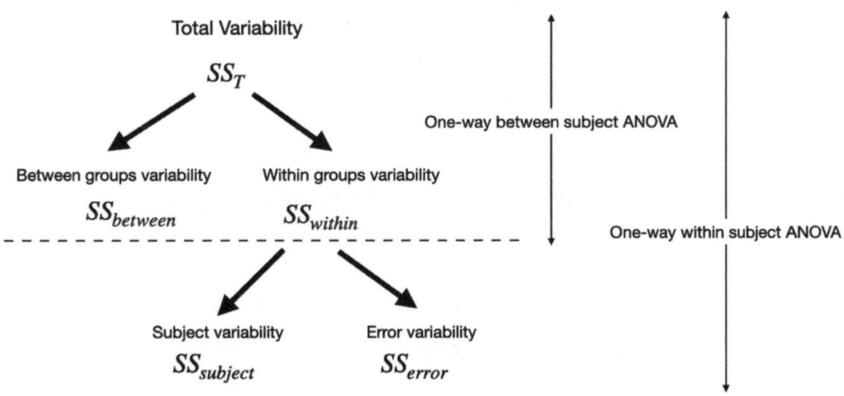

그림 7.3 One–way between subject ANOVA와 one–way within subject ANOVA

<그림 7.3>에 나타난 것처럼 실험 참가자 간의 개인차로 인한 변동(SS_{subject})을 집단 내 변동(SS_{within})에서 제거하는 것은 one-way within ANOVA의 큰 장점이 된다. one-way between ANOVA와 마찬가지로 처치 효과를 추정하기 위해서는 처치에 의한 변동의 크기를 오차에 의한 변동의 크기에 대한 비율인 F-value를 사용한다. SS_{within}에

서 SS_{subject}를 제거함으로써 상대적으로 오차에 의한 변동량 SS_{error}는 작아지므로 F-value의 값이 증가하고, 따라서 영가설을 기각하기 위한 통계 검정력의 증가로 이어지는 효과가 있다. one-way between ANOVA에 비해 one-way within ANOVA가 갖는 또 하나의 장점은 경제성이다. one-way within ANOVA 설계에서 각 집단은 동일한 실험 참가자로 구성되어 있고 이들에 대한 반복적인 측정이 수행되기 때문에 one-way between ANOVA 설계에 비해 더 적은 표본 수가 필요하다.

물론 one-way within ANOVA 설계가 장점만 있는 것은 아니다. one-way within ANOVA 설계의 가장 큰 단점은 실험 참가자를 여러 번 반복해서 처치에 노출시킴으로써 발생하는 순서 효과(order effects)이다. 순서 효과는 관찰된 변화에서 처치 효과만을 정확하게 추정하는 것을 어렵게 만들어 연구의 타당도에 부정적인 영향을 미친다. 예를 들어, 동일 실험 참가자들에게 계속적인 처치를 가함으로써 시간이 지남에 따라 피로로 인해 측정값이 감소하거나 혹은 처치에 대한 학습으로 인해 측정값이 증가할 수 있다. 이때 관찰된 변화가 처치에 의한 것인지 아니면 처치 이외의 다른 요인(피로도 혹은 학습)에 의한 것인지 분리해내기가 거의 불가능하다. one-way within ANOVA 설계의 또 하나의 단점은 이월 효과(carry-over effects)이다. 이월 효과 역시 처치 효과를 정확하게 추정하는 것을 방해하는 주요한 요소인데, 이전의 처치가 후속 처치에 대한 반응에 영향을 미치는 것을 말한다. 예를 들어, 어떤 연구자가 세 개의 약물 A, B, C가 사람들의 특정 과제 수행 시간에 미치는 영향에 관심이 있다고 하자.[88] 이 연구자는 각 실험 참가자에게 20분 간격으로 해당 약물을 차례대로 주입한 후 특정 과제를 수행케 한 후 그에 소요된 시간을 측정하는 within ANOVA 설계를 채택하였다. 이 상황에서는 잠재적 이월 효과가 발생할 수 있는데, 즉 최초 주입된 A 약물이 B 약물 주입 후 관찰되는 반응에 여전히 남아 영향을 미칠 수 있다는 것이다. 물론 C 약물 주입 후 관찰되는 반응에도 여전히 A 약물과 B 약물의 잔여 효과가 개입하는 것을 배제할 수 없다. 이러한 단점들을 잘 통제할 수만 있다면 one-way within ANOVA는 매우 효과적이고 경제적인 설계 방법이라고 할 수 있을 것이다.

그럼 지금부터는 예제를 통해 실제로 어떻게 one-way within ANOVA가 수행되는지 살펴보도록 하자. <그림 7.1>과 같이 새로운 다이어트 프로그램이 체중 감소에 미치는 영향을 조사하기 위해 one-way within ANOVA 설계를 했다고 가정하자. 6명의 실험 참가자를 대상으로 다이어트 프로그램을 시행하기 전, 프로그램 시행 3개월 후, 프로그

88) 이 예는 그린왈드의 논문(Greenwald, 1976)에서 가져 왔음.

램 시행 6개월 후 각각 세 개의 개별 시점에서 그들의 체중을 측정하였다. 각 시점에서의 평균 체중이 유의한 차이를 보이는지를 확인함으로써 해당 다이어트 프로그램이 체중 감소에 어떤 영향을 미치는지 검증할 수 있다. 이때, 영가설과 대안가설은 다음과 같이 설정될 수 있다.

$$H_0 : \mu_{pre} = \mu_{month \cdot 3} = \mu_{month \cdot 6}$$
$$H_a : \text{ at least two } \mu \text{ are different}$$

실험 결과 관찰된 데이터는 아래의 <표 7.1>과 같다. 설정된 영가설을 검증하기 위해 먼저 SS_{total}을 비롯한 모든 변동 제곱합들을 구해보자.

표 7.1 다이어트 프로그램 수행 후 체중 변화

Subject	Diet Program			
	pre_program	month_3	month_6	Subject Means
1	93	75	76	81.33
2	103	88	94	95.00
3	94	89	82	88.33
4	100	94	86	93.33
5	101	83	82	88.67
6	93	89	78	86.67
Monthly Means	97.33	86.33	83.00	
Grand Means: 88.89				

전체 평균 $\overline{Y}$는 88.89, $\overline{Y_{A_1}} = 97.33$, $\overline{Y_{A_2}} = 86.33$, $\overline{Y_{A_3}} = 83.00$ 이므로,

$$SS_{\text{total}} = \sum_{i=1}^{n}\sum_{j=1}^{a}(Y_{ij} - \overline{Y_T})^2 = (93-88.89)^2 + (103-88.89)^2 + \cdots + (78-88.89)^2 \approx 1197.77$$

$$SS_A = n\sum_{j=1}^{a}(\overline{Y_j} - \overline{Y_T})^2 = 6[(97.33-88.89)^2 + (86.33-88.89)^2 + (83-88.89)^2] \approx 674.88$$

$$SS_{\text{suject}} = a\sum_{k=1}^{b}(\overline{Y_i} - \overline{Y})^2 = 3[(81.33-88.89)^2 + (95-88.89)^2 + \cdots + (86.67-88.89)^2] \approx 358.44$$

$$SS_{within} = \sum_{j=1}^{a}\sum_{i=1}^{n}(Y_{ij} - \overline{Y_j})^2 = (93-97.33)^2 + (103-97.33)^2 + \cdots + (78-83)^2 \approx 522.67$$

$SS_{error} = SS_{within} - SS_{\text{Subject}}$[89]이므로, $SS_{error} = 522.67 - 358.44 = 164.22$

아래와 같이 두 개의 SS_A, SS_{subject}, SS_{error} 모두 더하면 약 1197.54로 계산된 전체 제곱합과 동일하다는 것을 통해 우리는 제곱합의 계산이 모두 올바르게 수행되었다는 것을 알 수 있다.

$$SS_{\text{total}} = SS_A + SS_{\text{subject}} + SS_{error} = 674.88 + 358.44 + 164.22 \approx 1197.54$$

이렇게 계산된 제곱합을 통해 아래와 같이 평균 변동량(MS) 값을 계산한 후 그에 대한 F-value를 계산하자.

$$MS_A = \frac{SS_A}{df_A} = \frac{674.88}{3-1} \approx 337.44,\ df_A = k-1 = 3-1 = 2$$

$$MS_{error} = \frac{SS_{error}}{df_{error}} = \frac{162.22}{(3-1)(6-1)} \approx 16.42,$$

$$df_{error} = (k-1)(n-1) = (3-1)(6-1) = 10$$

$$F = \frac{MS_A}{MS_{error}} = \frac{337.44}{16.42} \approx 20.55$$

이제는 계산된 F-value를 통해 예제의 가설검정을 해보자. F-분포 표를 통해 확인한 F_{crit}-value는 자유도가 각각 2와 10일 때, $\alpha = .05$에서 F_{crit}-value는 4.1028이다. 위에서 계산된 F_{obs}은 20.55이므로 설정된 영가설을 기각할 수 있다. 즉, 새로운 다이어트 프로그램 시행하기 전, 프로그램 시행 3개월 후, 프로그램 시행 6개월 후 각각 실험 참가자들의 평균 체중은 95% 신뢰수준에서 통계적으로 유의미한 차이가 있다고 말할 근거가 충분하다. 따라서 새로운 다이어트 프로그램은 사람들의 체중 감량에 효과가 있었다고 결론을 내릴 수 있다. 이러한 결과를 ANOVA summary table로 나타내면 아래 <표 7.2>와 같다.

89) 혹은 $SS_{error} = SS_T - SS_A - SS_{\text{Subject}}$

표 7.2 One-Factor Repeated Measures ANOVA Summary Table

Source	*SS*	*df*	*MS*	*F*
A	674.88	2	337.44	20.55
Subject	358.44	5	71.69	
Error	164.22	10	16.42	
Total	1197.54	17		

7.2 효과크기

one-way within ANOVA의 효과크기 역시 one-way between ANOVA에서 사용되는 효과크기와 동일하게 계산되고 해석된다. 다만, within ANOVA 설계에서는 집단 내 변동이 실험 참가자로 인한 변동과 오차에 인한 변동으로 분리되고, 이로써 계산에 사용되는 오차의 변동이 매우 작으므로 효과크기 측정치 η_p^2는 between ANOVA 설계에 비해 상대적으로 높게 나타난다. 또한 one-way between ANOVA의 경우 η^2, η_p^2 η_G^2 등의 세 효과크기 측정치의 결과가 동일한 반면, one-way within ANOVA에서는 η^2와 η_G^2는 η_p^2와 다른 값을 보인다. 먼저, η^2는 다음과 같이 계산된다.

$$\eta^2 = \frac{SS_A}{SS_{\text{total}}} = \frac{674.88}{1197.54} \approx 0.564$$

앞서 언급한 바와 같이 η^2는 전체 변동에서 처치에 의한 변동이 어느 정도인가를 보여준다. 예제에서 η^2가 .564이므로 이는 실험 참가자들의 체중 변화 총 분산의 약 56.4%가 처치효과, 즉 새로운 다이어트 프로그램에 의해 설명된다는 것을 의미한다.

η_p^2는 처치효과의 제곱합과 오차의 제곱합의 합에 대한 처치효과 제곱합의 비율로 계산된다.

$$\eta_p^2 = \frac{SS_A}{SS_A + SS_{error}} = \frac{674.88}{674.88 + 164.22} \approx 0.804$$

산출된 η_p^2 측정치를 보면 η_p^2는 η^2에 비해 상당히 높게 나타났음을 알 수 있다. 앞서 one-way between subject ANOVA에 설명했듯이 η_p^2는 동일한 평균값을 비교한다고 하더라도 between subject ANOVA의 결과와 within subject ANOVA의 결과가 다르게 나타난다. 이는 within subject 설계의 경우에는 집단 내 변동(SS_{within})은 다시 실험 참가자에게서 기인하는 변동(SS_{subject})과 오차 변동(SS_{error})으로 나누어지기 때문에 이러한 결과가 나타나는 것이다. 이 경우 '클수록 좋다(bigger-is-better)'는 관점에서는 η_p^2가 바람직해 보일 수 있지만, 개별 연구들을 비교해야 하는 메타분석 연구의 경우 비교 가능성 측면에 있어서는 η_p^2를 효과크기로 보고하는 것은 문제가 있다(Bakeman, 2005). 예를 들어, one-way within subject ANOVA 설계를 통해 연령이 미치는 어떤 영향을 추정한다고 가정해보자. 이 때 서로 다른 연령(예: 3-7세와 8-11세 아동) 집단의 실험 참가자를 가진 두 연구의 효과크기는 η_p^2을 사용하여 서로 비교될 수 없다. 왜냐하면 η_p^2 효과크기 추정치에서는 실험 참가자의 효과가 분모에서 제거되기 때문이다.[90] 따라서 within subject ANOVA 설계에서는 η_p^2 대신에 η_G^2(generalized eta squared)의 효과크기 추정치 사용이 권고된다(Bakeman, 2005; Olejnik & Algina, 2003).

위의 예제에서 η_G^2를 산출하는 식은 아래와 같다. 효과크기를 산출하려는 요인은 조작된 요인이므로 $\delta = 1$으로 설정된다.[91] 또한 본 예제에서는 측정된 요인이 없으므로 $\Sigma SS_{measured} = 0$이 된다. 또한 SS_{within}은 다시 SS_{subject}와 SS_{error}로 분리된다. 따라서 within ANOVA에서 η_G^2는 η^2와 동일한 측정치를 갖는다.

$$\eta_G^2 = \frac{SS_A}{\delta^* SS_A + \Sigma SS_{measured} + SS_{within}} = \frac{SS_A}{SS_A + SS_{subject} + SS_{error}}$$

$$= \frac{674.88}{674.88 + 358.44 + 164.22} \approx .564$$

---

90) 이에 대한 자세한 논의는 올레즈닉과 앨지나(Olejnik & Algina, 2003)의 연구를 참고하길 바란다.

91) one-way between ANOVA와 마찬가지로 효과크기를 산출하려는 요인이 조작된 요인(manipulated factor)이라면 $\delta = 1$, 측정된 요인(measured factor)일 경우에는 $\delta = 0$으로 설정한다.

끝으로 η^2와 η_p^2의 불편향 추정치인 ω^2와 ω_p^2를 산출해보자. 공식은 아래와 같다. 앞서 언급한 바와 같이 η_G^2의 불편향 추정치인 ω_G^2는 η_G^2와의 차이가 그리 크지 않은 반면 계산이 상당히 복잡하기 때문에, ω_G^2 대신에 η_G^2를 보고해도 무방하다(Lakens, 2013).

$$\omega^2 = \frac{df_{effect}*(MS_{effect} - MS_{error})}{SS_{\text{total}} + MS_{error}} = \frac{2*(337.44 - 16.42)}{1197.54 + 16.42} \approx .529$$

$$\omega_p^2 = \frac{df_{effect}*(MS_{effect} - MS_{error})}{df_{effect}*MS_{effect} + (N - df_{effect})*MS_{error}} = \frac{2*(337.44 - 16.42)}{(2*337.44) + ((18-2)*16.42))} \approx .685$$

one-way between ANOVA와 마찬가지로 η^2와 ω^2의 경우 .01 이하는 작은 효과크기, .06은 중간 효과크기, .14 이상은 큰 효과크기로 해석하는 반면, η_G^2과 ω_G^2의 해석은 코헨(Cohen, 1988)의 가이드라인을 따른다. 이러한 가이드라인을 바탕으로 지금까지의 산출된 모든 효과크기를 고려할 때 새로운 다이어트 프로그램이 사람들의 체중 감량에 미치는 효과는 상당한 수준의 효과가 있는 것으로 추정된다. 하지만, 앞서 언급한 바와 같이, 효과크기가 해당 이론을 지지 혹은 반박하는데 있어 중요한 근거일 수 있지만, 제시된 해석 가이드라인에 따라 효과크기를 결정하는 것에는 신중을 기할 필요가 있다.

7.3 사후-검정과 계획 비교

one-way within ANOVA 설계에서의 사후-검정과 계획 비교 역시 one-way between ANOVA 설계에서의 그것과 크게 다르지 않다. 하지만 one-way within ANOVA 설계에서는 뒤에서 자세히 설명할 구형성 가정(sphericity assumption)의 충족 여부에 따라 쌍별다중비교(pairwise multiple comparisons)를 위해 어떤 테스트가 적절한지 결정된다. 예를 들어, 대부분의 집단간 실험 설계에서 권장되는 Tukey's *HSD*의 경우, 몇 가지 제한적 가정이 충족되어야만 분석 결과의 타당성을 갖는다. 즉, 모집단의 정규성 가정과 함께 비교될 평균 쌍 간의 모든 차이가 동일한 모집단 분산을 가져야 한다는 가정이[92]

92) 이러한 가정이 곧 구형성 가정이다.

충족되어야 한다(Maxwell, 1980). 사실 대부분의 연구자들은 이러한 가정이 within ANOVA 설계에서 매우 중요한 가정이라는 것을 알고 있으며, 이 가정이 위배되었을 경우 Greenhouse and Geisser(G-G) 보정이나 Huynh and Feldt(H-F) 보정과 같은 보정 절차가 있다는 것 또한 알고 있다. 그러나 많은 연구자들이 사후-검정과 같은 다중 비교를 수행할 때 그러한 보정 접근법이 문제가 될 수 있다는 것에는 그다지 관심을 갖질 않는다. 즉, 전체 데이터 셋에 대해 계산된 보정 계수(correction factor)는 전체 분석에서는 잘 적용되지만 데이터의 일부만을 기반으로 한 검증에는 잘 적용되지 않기 때문에 다중 비교 수행에는 문제가 있을 수 있다. 예를 들어 맥스웰(Maxwell, 1980)의 시뮬레이션 연구에 따르면, 반복 측정 설계에서 구형성 가정이 위배되었을 때, 공통 분산 추정치를 사용하는 Tukey's test를 사용할 경우 모집단 평균 차이가 없을 때 제1종 오류의 확률이 과대하게 부풀려지는 것이 발견되었다. 보익(Boik, 1981) 역시 구형성 가정이 충족되지 않을 경우 일반적인 일변량 *F*-test는 편향된 결과를 산출하게 되며, 가정에 대해 매우 사소한 수준의 위반에도 *F*-test에서 매우 큰 편향을 일으킨다는 것을 보여주었다.[93) 따라서 다중비교를 수행할 때 α-level을 보정함으로써 제1종 오류의 인플레이션을 해결하는 검정 절차인 Bonferroni test는 within ANOVA 설계에서의 이러한 분포에 대한 가정을 피할 수 있을 뿐만 아니라 통계적으로 더 강력하다는 점에서[94) 합리적인 대안으로 권고되고 있다(Boik, 1981; Castañeda, Levin, & Dunham, 1993; Keselman, Keselman, & Shaffer, 1991; Maxwell, 1980).[95)

반복측정 ANOVA 설계에서 선험적 계획비교는 일반적으로 단순 paired *t*-test가 권고된다(Boik, 1981; Keselman, Rogan, & Games, 1981; Wickens & Keppel, 2004). 이는 일반적으로 집단간 설계에서의 계획비교에서는 통계 검정력 손실 때문에 단순 *t*-test를 사용하지 말 것을 권고하는 것과는 다른 것이라고 할 수 있다. within ANOVA 설계에서 계획비교를 위해 단순 paired *t*-test를 사용할 수 있는 것에는 다음과 같은 두 가지 이유가 있다. 첫째는 within ANOVA 설계에서는 동일한 수의 실험 참가자가 관련되어 있기 때문에 두 조건(처치)만 비교해도 표본 크기의 손실이 없다는 것이다. 두 번째, 구

93) 불행하게도, within ANOVA 설계에서 구형성 가정을 검증하기 위해 사용되는 Mauchley's test가 제공하는 기준은 구형성으로부터의 미세한 이탈에 대한 정보를 제공해주지 않는다(Boik, 1981). 그럼에도 불구하고 구형성 가정의 충족 여부를 확인할 수 없다면 반복 측정 ANOVA를 위해 일반적인 일변량 *F*-test를 수행하는 것은 문제가 있다.

94) 실제로 맥스웰(Maxwell, 1980)의 연구에 따르면, Bonferroni 방법은 불균형 설계의 경우에 있어서도 반복 측정의 횟수가 증가할 때 다변량 검정보다 통계적으로 더 강력하다는 것을 보여주었다.

95) Bonferroni test의 절차는 앞서 one-way between subject ANOVA에서 자세히 다루었으므로 이 장에서는 생략하기로 한다.

형성 가정이 위반되었을 경우 between ANOVA 설계에서와 같이 통합오차항(pooled error term)을 사용하면 그 오차항이 비교에 따라 너무 작거나 커지기 때문에 선험적 계획비교를 위해서는 통합오차항을 사용하는 것보다는 반복 측정값 중 각 대조에 대한 별도의 실험 오차(experimental error) 추정치를 사용하는 것이 좋다(Boik, 1981). one-way within ANOVA 설계에서의 사후-검정과 계획비교에 대한 실제 실행은 뒤의 R 예제에서 자세히 다루기로 하자.

7.4 Within subjects ANOVA 수행을 위한 통계적 가정

Within subjects ANOVA 분석을 위해서는 독립성 가정, 정규성 가정, 구형성 가정 등 세 가지 가정이 충족되어야 한다. 앞서 언급한 바와 같이 독립성 가정은 방법론적인 가정이며 within subjects ANOVA 설계는 정규성 가정에 대해 강건하다. 다만, between subjects ANOVA와는 달리 within subjects ANOVA 분석을 위해서는 구형성 가정이 충족되어야 한다. 이 가정이 위배되면 *F*-value를 인공적으로 크게 만들어 영가설을 과도하게 기각(over-rejection)함으로써(Box, 1954) 제1종 오류가 부풀려진다(Keselman, Algina, & Kowalchuk, 2001; Rogan, Keselman, & Mendoza, 1979). 지금부터 구형성 가정은 무엇인지 그리고 어떻게 그 가정을 검정하는지 자세하게 살펴보도록 하자.

구형성 가정은 between subjects ANOVA의 등분산성 가정에 비유할 수 있는데, 관련된 조건(처치)의 모든 조합 간의 차이의 분산이 같지 않은 경우 이 가정이 위배되었다고 말할 수 있다. 앞서 사용했던 데이터인 아래의 <표 7.3>을 예를 들어 설명해보자. 왼쪽 열은 각 조건(처치)에 따른 평균과 분산이며, 오른쪽은 각 조건의 조합 간(pre_program - month_3, pre_program - month_3, month_6 - month_3) 점수 차이와 그에 대한 평균과 분산이다. 간단하게 말해서 구형성 가정은 이러한 각 조합 간 점수 차이의 분산이 동일하다는 가정을 말한다. 즉, 구형성 가정이 충족되기 위해서는 각 조합 간 점수 차이의 세 분산인 44.8, 12.67, 41.07 등이 모두 통계적으로 동일해야한다. 따라서 구형성은 처치-차이 분산의 동질성(homogeneity of the treatment-difference variances)이 있느냐를 의미한다고 할 수 있다(Keselman, Algina, & Kowalchuk, 2001).

표 7.3 다이어트 프로그램 수행 후 체중 변화

Subject	Diet Program					
	pre_program	month_3	month_6	pre_program – month_3	pre_program– month_6	month_3– month_6
1	93	75	76	18	17	-1
2	103	88	94	15	9	-6
3	94	89	82	5	12	7
4	100	94	86	6	14	8
5	101	83	82	18	19	1
6	93	89	78	4	15	11
Mean	97.33	86.33	83.00	11	14.33	3.33
Variance	20.27	43.07	41.20	44.80	12.67	41.07

머리가 조금 복잡하겠지만 수학적인 표현을 통해 구형성의 개념을 살펴보자. within subjects ANOVA 모델 $Y_{ij} = \mu + \alpha_j + \pi_i + \varepsilon_{ij}$에 대해 $\mu + \alpha_j = \mu_{ij}$이고 π_i와 ε_{ij}는 각 조건(혹은 시점)에 따라 일정한 것으로 가정되므로 각각 $Var(\varepsilon_{ij}^2) = \sigma_\varepsilon^2$, $Var(\pi_{ij}^2) = \sigma_\pi^2$이다(Davis, 2002). 따라서 각 관찰값의 분산과 공분산은 <식 7.6>과 같다:

$$
\begin{aligned}
&Var(Y_{ij}) = Var(\mu + \alpha_j + \pi_i + \varepsilon_{ij}) = \sigma_\pi^2 + \sigma_\varepsilon^2\ , \\
&Cov(Y_{ij}, Y_{i'j}) = 0, \text{ for } i \neq i'\ , \\
&Cov(Y_{ij}, Y_{ij'}) = \sigma_{\pi,}^2\ , \text{ for } j \neq j'
\end{aligned}
\qquad \text{<식 7.6>}
$$

이때, 서로 다른 실험 참가자들의 관찰값 Y_{ij}와 $Y_{i'j}$의 공분산은 0이며, 같은 실험 참가자들의 관찰값 Y_{ij}와 $Y_{ij'}$의 공분산은 σ_π^2이다. 즉, within subjects ANOVA 모델의 모든 확률변수는 독립적이지만 한 실험 참가자에 대해 반복적으로 측정된 관찰값들은 서로 상관관계가 있다. 따라서 Y_{ij}와 $Y_{ij'}$의 상관관계 $\rho = \frac{\sigma_\pi^2}{\sigma_\pi^2 + \sigma_\varepsilon^2}$일 때, 모집단 공분산 행렬과 상관관계는 다음과 같다.

$$\Sigma=\begin{pmatrix}\sigma_\pi^2+\sigma_\varepsilon^2 & & \sigma_\pi^2\\ & \ddots & \\ \sigma_\pi^2 & & \sigma_\pi^2+\sigma_\varepsilon^2\end{pmatrix}=(\sigma_\pi^2+\sigma_\varepsilon^2)\begin{pmatrix}1 & & \rho\\ & \ddots & \\ \rho & & 1\end{pmatrix} \qquad \text{<식 7.7>}$$

<식 7.7>의 공분산 행렬과 같이 대각 원소와 비대각 원소가 각각 동일한 공분산 행렬을 혼합 대칭(compound symmetry) 혹은 균일성(uniformity) 속성을 가진다고 하며, 이 공분산 구조는 관찰치 사이의 간격에 관계없이 반복적으로 측정된 관측치 조합 간의 상관관계가 동일하다는 것을 의미한다. 사실 이 가정은 너무 제한적이라고 할 수 있는데, 특히 반복측정 요인이 시간인 경우 이 가정을 충족하는 것은 비현실적인 경우가 많다. 실제로 사회과학 분야, 특히 심리학 기반의 실험 연구에서는 구형성 가정이 충족되지 않는 경우가 적지 않다. 이러한 이유는 많은 심리학 기반의 실험 연구의 경우 인접한 요인들의 측정치(예: 4요인의 경우 f1-f2, f2-f3, f3-f4)는 그렇지 않은 측정치(예: f1-f3, f1-f4, f2-f4)보다 더 높은 상관관계가 있으며, 이러한 측정치 간의 상관관계는 측정치가 서로 멀리 떨어져 있을수록 감소한다(Danford, Hughes & McNee; Rogan, Keselman, & Mendoza, 1979). 실제로 맥콜과 아펠바움(McCall & Appelbaum, 1973)은 '나이 또는 시간'을 요인으로 사용하는 대부분의 종단 연구에서 이러한 가정(측정치 차이의 공분산 패턴)이 충족되지 않음을 발견하였다.[96] 따라서 이러한 공분산 행렬의 대칭성과 균일성(혼합 대칭)은 구형성이라는 보다 일반적인 상황의 특별한 경우이며 이는 영가설을 검정하는 데 사용되는 F-통계량에는 충분하지만 필수조건은 아니다(Huynh & Feldt, 1970). 즉, within subjects ANOVA 설계에서 F-test를 위한 필요충분조건은 상관관계가 있다고 가정된 관련된 처치 수준의 모든 조합에 대한 차이 분산의 동일성이며 이를 구형성이라고 한다.[97]

구형성의 조건을 표현하는 여러 대안적 방법이 존재하지만 다음의 <식 7.8>과 같이 수학적 방법으로 표현될 수 있는데, 위에서 언급한 바와 같이 변수 간의 모든 쌍별 차이 $(Y_{ij}-Y_{ij'})$의 분산($Var(Y_{ij}-Y_{ij'})$)은 동일하다는 조건, 즉 등가 조건(equivalent con-

---

96) 이에 대한 더 자세한 논의는 댄포드와 동료들(Danford, Hughes & McNee), 맥콜과 아펠바움(McCall & Appelbaum, 1973) 그리고 케젤만과 동료들(Keselman, Algina, & Kowalchuk, 2001)의 논문을 참고바란다.

97) 모델의 타당성을 위해 동일한 분산과 공분산이 필요충분조건은 아니지만, 분산이 동일하다면 공분산도 역시 동일하다는 것을 의미한다(Huynh & Feldt, 1970). 하지만 실제 상황에서는 이렇게 혼합 대칭을 갖지 않는 공분산 행렬이 발생하는 상황을 설명하기 어려운 경우가 많음에도 월렌스타인(Wallenstein, 1982)은 실용적인 목적을 위해 within subjects ANOVA에 필요한 가정은 동일한 분산 및 공분산의 가정이 충족되어야 한다고 주장한다.

ditions)이 성립한다(Davis, 2002).

$$Var(Y_{ij} - Y_{ij'}) \text{ is constant for all } j, j'. \qquad \text{<식 7.8>}$$

또한, 분산·공분산 정의에 따라[98] $Var(Y_{ij} - Y_{ij'})$는 <식 7.9>와 같이 표현될 수 있다.

$$Var(Y_{ij} - Y_{ij'}) = Var(Y_{ij}) + Var(Y_{ij'}) - 2Cov(Y_{ij}, Y_{ij'}) \qquad \text{<식 7.9>}$$

만일 공분산 행렬의 혼합 대칭이 충족된다면, $Var(Y_{ij})$와 $Cov(Y_{ij}, Y_{ij'})$는 모든 i와 j에 대해 일정하다. 따라서, <식 7.9>에 따라 <식 7.8>의 등가 조건이 충족된다. 이때 우리는 해당 데이터에 대해 구형성 가정이 충족되었다고 말할 수 있다.

일반적으로 구형성 가정을 검증하는 방법으로 Mauchly's test(Mauchly, 1940)를 사용한다. Mauchly's test는 W라는 검정 통계량을 산출하여 아래의 영가설과 같이 비교되는 모든 조건의 평균 간 차이의 분산이 동일한지를 검정하게 된다.

$$H_0 : \sigma^2_{B-A} = \sigma^2_{C-A} = \sigma^2_{C-B}$$

H_A : The variances of the score differences between each pair are not all equal.

통계 패키지를 사용하지 않고 Mauchly's W를 일일이 계산하기는 조금 복잡하지만 아래의 행렬 공식을 통해 간단하게 살펴보자. Mauchly's W는 다음의 <식 7.10>을 통해 산출한다(Huynh & Feldt, 1970). 이때, S는 X의 표본 공분산 행렬을, $p = k-1$로 k는 처치의 수이며, C는 검정할 within-subject 효과와 관련된 직교 대조 행렬(orthogonal contrast matrix)[99]을 말한다.

$$W = \frac{\det(CSC')}{[trace(CSC')/p]^p} \qquad \text{<식 7.10>}$$

---

98) $Var(X+Y) = Cov(X+Y, X+Y)$
$= Cov(X,X) + Cov(X,Y) + Cov(Y,X) + Cov(Y,Y)$
$= Var(X) + Var(Y) + 2Cov(X,Y)$

99) 이 행렬을 헬머트 행렬(Helmert matrix)이라고 한다.

먼저, 위 예제의 공분산 행렬을 구해보자.

```
> rm <- read.csv("rm.csv")
> cov(rm[,-1])
              pre     month_3  month_6
pre      20.266667    9.266667    24.4
month_3   9.266667   43.066667    21.6
month_6  24.400000   21.600000    41.2

> S <- data.matrix(cov(rm[,-1]))

              pre     month_3  month_6
pre      20.266667    9.266667    24.4
month_3   9.266667   43.066667    21.6
month_6  24.400000   21.600000    41.2
```

$k=3$일 때 직교 대조 행렬 C는 다음과 같다.

```
> C <- rbind(c(1/sqrt(2), -1/sqrt(2), 0), c(1/sqrt(6), 1/sqrt(6), -2/sqrt(6)))
> C
          [,1]       [,2]       [,3]
[1,] 0.7071068 -0.7071068  0.0000000
[2,] 0.4082483  0.4082483 -0.8164966
```

따라서 CSC'는 다음과 같이 산출된다.

```
> CSc <- C%*%S%*%t(C)
> CSc
          [,1]      [,2]
[1,] 22.400000 -8.198374
[2,] -8.198374 10.444444
```

최종적으로 Mauchly's W는 다음과 같이 산출된다.

```
> library(psych)

> p <- 3-1
> W <- det(CSc)/((tr(CSc)/p)^p)
> W
[1] 0.6182751
```

산출된 Mauchly's W에 대해 chi-squared test를 통해 설정된 영가설 검정을 수행한다. chi-squared 통계량을 구하기 위한 식은 아래와 같다. 이를 이용해 chi-squared 통계량을 구하기 위한 함수를 작성하여 산출된 χ^2 값은 1.933이었다. $df = 2$일 때 $\chi^2_{critical}$ 값은 5.99이므로

$$d = 1 - \frac{((2*(k-1)^2) + (k-1) + 2)}{(6*(k-1)*(n-1))}$$

$$\chi^2 = -(n-1)*d*\log(W)$$

$$df = \frac{k*(k-1)}{2} - 1$$

```
mauchly.chi = function(k, n, W) {
  d <- 1 - ((2 * ((k - 1)^2)+(k - 1)+2)/(6*(k - 1)*(n - 1)))
  a <- -(n-1)*d*log(W)
  b <- (k*(k - 1)/2) - 1
  names(a)=c("Mauchly.chi^2")
  names(b)=c("df")
  print(c(a, b))
}

> mauchly.chi(3, 6, W)
Mauchly.chi^2        df
     1.923287   2.000

> pchisq(q=1.923287, df=2, lower.tail=FALSE) # P-Value is .3671
[1] 0.3822641
```

이를 이용해 chi-squared 통계량을 구하기 위한 함수에 의해 산출된 $\chi^2_{observed}$ 값은 약 1.923이었다($p = .382$). $df = 2$일 때 $\chi^2_{critical}$ 값은 5.99로 영가설을 기각할 수 없으므로 모든 조건의 평균 간 차이의 분산이 다르다고 말할 수 없다. 따라서 이 데이터의 구형성 가정이 충족되었다고 말할 수 있게 된다. 이러한 결과는 아래와 같이 R의 기본 함수인 mauchly.test를 사용하여 도출된 결과와 일치하는 것을 확인할 수 있다.

```
> diet <- data.matrix(rm[,-1])

> mauchly.test(lm(diet ~ 1), X = ~ 1)

        Mauchly's test of sphericity
        Contrasts orthogonal to
        ~1

data:  SSD matrix from lm(formula = diet ~ 1)
W = 0.61828, p-value = 0.3823
```

Mauchly's test를 사용하는데 있어 몇 가지 주의를 기울일 필요가 있다. Mauchly's test는 표본 크기가 작은 경우 검정력이 낮게 나타나는 경향이 있다. 반면 표본 크기가 큰 경우에는 *F*-test에 대한 효과가 무시할 정도임에도 불구하고 Mauchly's test에서 유의성을 보일 가능성이 높다. 또한 Mauchly's test는 이상치에 매우 민감할 뿐만 아니라 정규성으로부터의 작은 이탈에도 민감한 것으로 나타났다. 특히 Mauchly's test는 얇은 꼬리 분포의 경우 보수적으로 나타나며, 두터운 꼬리 분포의 경우에는 덜 보수적으로 나타나기도 한다. 이러한 특성 때문에, Mauchly's test의 실용성에 의문이 제기되기도 한다.

구형성 가정이 충족되지 않으면 *F*-test 결과를 신뢰할 수 없게 된다. 즉, 영가설의 기각율이 영가설이 참일 때의 α 수준보다 크게 되어 영가설을 과도하게 기각할 가능성이 높다. 따라서 Mauchly's test를 통한 구형성 가정이 충족되지 않은 경우, Greenhouse-Geisser나 Hyun-Feldt 보정을 통해 자유도를 보정하는 추가적인 절차를 사용하도록 권고된다. 먼저 Greenhouse-Geisser 보정을 간단하게 살펴보자. Greenhouse-Geisser 보정은 그린하우스와 게이저(Greenhouse & Geisser, 1959)가 박스(Box, 1954)의 초기 연구를 보다 정교화하여 *F*-분포의 자유도를 보정하는 방법을 제안한 것이다. 박스(Box,

1954)는 산출된 통계량 ε이 0과 1 사이에 존재하며 데이터가 완벽히 구형성을 충족할수록 1에 근접한다고 주장하였다. 하지만 이러한 박스의 접근법은 통계량 ε을 추정하기 위해 모집단 공분산 행렬을 사용해야하지만 불행히도 우리는 이 행렬을 알 수가 없다는 점에서 제한적이다. 결국 ε을 추정하려면 표본 공분산 행렬을 모집단 공분산 행렬의 추정치로 변환해야 하는데, 그린하우스와 게이저(Greenhouse & Geisser, 1959)는 표본 공분산 행렬을 이용하여 $\hat{\varepsilon}$을 추정하는 절차를 제안하였다.[100] 구형성이 충족되면 $\hat{\varepsilon}$가 1에 근접하고. 그렇지 않은 경우에는 $\hat{\varepsilon}$은 1보다 작게 된다. 아래의 <식 7.11>은 Greenhouse-Geisser 보정을 위해 $\hat{\varepsilon}$을 추정하는 공식이다.

$$\hat{\varepsilon} = \frac{trace(CSC')^2}{p^* trace[(CSC')'^* CSC']} \quad \text{<식 7.11>}$$

```
> GG.E <- ((tr(CSc))^2)/(p*tr(t(CSc)%*%CSc))
> GG.E
[1] 0.7237331
```

이 공식에 따라 추정된 $\hat{\varepsilon}$는 약 .724으로 나타났다. 추정된 $\hat{\varepsilon}$를 통해 F-분포의 자유도는 아래의 식을 이용해 보정된다.

$$df_{treatment} = \hat{\varepsilon}(k-1), \; df_{error} = \hat{\varepsilon}(k-1)(n-1)$$

```
> df.condition <- GG.E*(k-1)
> df.error <- GG.E*(k-1)*(n-1)
> df.condition; df.error
[1] 1.447466
[1] 7.237331

> pf(20.55, df.condition, df.error, lower.tail = FALSE)
[1] 0.001546893
```

100) 표본 공분산 행렬을 모집단 공분산 행렬의 추정치로 변환하는 자세한 절차는 애브디(Abdi, 2010)를 참고하길 바란다.

```
> pf(20.55, 2, 10, lower.tail = FALSE)
[1] 0.000287009
```

따라서 만일 위의 예제의 구형성이 위배되었다고 가정한다면 F-test 결과는 $F(1.447, 7.237) = 20.55$, $p = .0015$로 수정되어야 한다. 구형성이 충족되지 않았을 때 F-값이 부풀려진다는 것을 고려할 때, Greenhouse-Geisser 보정은 자유도를 낮춤으로써 보정 전 $p = .00028$이 $p = .00154$로 p-값이 보다 보수적으로 설정된다는 사실을 알 수 있다.

하지만 Greenhouse-Geisser 보정은 자유도가 지나치게 낮게 보정됨으로써 제2종 오류의 가능성이 증가하는 경향이 있다. 특히 Box's ε이 큰 경우($\varepsilon < .75$) Greenhouse-Geisser 보정은 심각하게 편향되는 것으로 알려져 있다(Huynh & Feldt, 1970). 따라서 이에 대한 대안으로서 후엔과 휄트(Huynh & Feldt, 1970)가 제안한 Hyun-Feldt 보정의 사용이 권고된다. 일반적으로, 특히 추정된 ε이 0.75 미만인 경우, Greenhouse-Geisser 보정을, ε이 0.75보다 클 경우 Hyun-Feldt 보정을 사용하는 것이 권장된다. 그러나 실제로 두 보정 모두 매우 유사한 보정을 생성하기 때문에 추정된 ε이 0.75보다 크면 둘 중 어느 것을 사용하여도 무방하다. 그러면 이번에는 Hyun-Feldt 보정을 살펴보도록 하자. Hyun-Feldt 보정을 위해서는 $\hat{\varepsilon}$을 이용하여 $\tilde{\varepsilon}$를 먼저 추정하여야 한다. $\tilde{\varepsilon}$를 산출하기 위한 공식은 $p = k - 1$일 때 아래 <식 7.12>와 같다.

$$\tilde{\varepsilon} = \frac{((n^*(p)^*\hat{\varepsilon}) - 2)}{(p^*((n-1) - (p^*\hat{\varepsilon})))} \qquad \text{<식 7.12>}$$

```
> HF.E <- ((n*(p)*GG.E)-2)/(p*((n-1)-(p*GG.E)))
> HF.E
[1] 0.9408491
```

위 계산에 따라 예제의 추정된 $\tilde{\varepsilon}$는 약 .941으로 나타났다. 추정된 $\tilde{\varepsilon}$를 통해 F-분포의 자유도를 보정한다.

$$df_{treatment} = \tilde{\varepsilon}(k-1),\ df_{error} = \tilde{\varepsilon}(k-1)(n-1)$$

```
> df.condition <- HF.E*(k-1)
```

```
> df.error <- HF.E*(k-1)*(n-1)

> df.condition; df.error
[1] 1.881698
[1] 9.408491

> pf(20.55, df.condition, df.error, lower.tail = FALSE)
[1] 0.0004107423
```

만일 구형성이 위배되었다고 가정하고 Hyun-Feldt 보정 결과를 반영하였을 경우, F-test 결과는 $F(1.882, 9.408) = 20.55$, $p = .0004$로 보정되어야 한다. Greenhouse-Geisser 보정 결과와 비교해보면 GG $p = .0015$, HF $p = .0004$로 Greenhouse-Geisser 보정에 비해 덜 보수적임을 알 수 있다.

7.5 R을 이용한 분석 예제

R 분석 예제에서 사용된 데이터 셋은 datarium 패키지에 내장된 데이터로, 사람들의 다이어트 수행이 자존감에 긍정적인 영향을 미치는지를 탐색한 가상 데이터이다. 이 데이터 셋에는 10명의 실험 참가자들의 다이어트 시작 전부터 세 시점(다이어트 시작 전, 다이어트 시행 3개월 후, 다이어트 시행 6개월 후)까지의 자존감 점수가 반복적으로 측정되었다. 실험 참가자의 각 시점에서의 자존감 점수 평균이 통계적으로 유의미한 차이가 있는지를 분석하기 위해 아래와 같은 영가설과 대안가설이 설정되었고 분석을 위해 one-way within subject ANOVA가 수행되었다.

$$H_0 : \mu_{time\ 1} = \mu_{time\ 2} = \mu_{time\ 3}$$
$$H_a : \text{ at least two } \mu \text{ are different}$$

7.5.1 데이터 로딩 및 기술통계

본 예제를 위해 사용된 데이터 self_esteem.csv는 실험 참가자의 id, time.1, time.2, time.3 등 총 4개의 변수로 구성되어 있다. within subjects ANOVA를 수행하기 위해서는 하나의 행에는 독립변수를, 또 하나의 행에는 종속변수가 코딩된 형태 즉 세로로 긴 형태인 long format으로 데이터 셋을 변환하여야 한다. rstatix 패키지(Kassambara, 2021)를 이용해 데이터 셋을 변환하고 기술통계 값들을 산출할 수 있다. long format으로 데이터 셋을 변환하기 위해서는 gather 함수를 사용하는데, 이때 key에는 독립변수를, value에는 종속변수를 지정하여 이전 데이터 셋의 3개 변수를 value에 하나의 변수로 모아준다.

```
> self_esteem <- read.csv("self_esteem.csv")

> str(self_esteem)
'data.frame':        10 obs. of  4 variables:
 $ id     : int  1 2 3 4 5 6 7 8 9 10
 $ time.1: num  4.01 2.56 3.24 3.42 2.87 ...
 $ time.2: num  5.18 6.91 4.44 4.71 3.91 ...
 $ time.3: num  7.11 6.31 9.78 8.35 6.46 ...

> library(rstatix)

> long.self_esteem <- self_esteem %>%
     gather(key = "time", value = "score", time.1, time.2, time.3) %>%
     convert_as_factor(id, time)

> head(long.self_esteem, 3)
  id   time    score
1  1 time.1 4.005027
2  2 time.1 2.558124
3  3 time.1 3.244241

> library(kableExtra)
```

```
> long.self_esteem %>%
    group_by(time) %>%
    get_summary_stats(score, type = "mean_sd") %>%
    kbl() %>%
    kable_paper("hover", full_width = F)
```

time	variable	n	mean	sd
time.1	score	10	3.140	0.552
time.2	score	10	4.934	0.863
time.3	score	10	7.636	1.143

산출된 기술통계 결과에 따르면, 측정된 실험 참가자들의 자존감 평균은 다이어트 시작 전($M_{time\ 1}$ = 3.14, SD = .552), 다이어트 시행 3개월 후($M_{time\ 2}$ = 4.934, SD = .863), 다이어트 시행 후 6개월 후($M_{time\ 2}$ = 7.636, SD = 1.143) 등 시간의 흐름에 따라 증가된 것을 확인할 수 있다. ggpubr 패키지(Kassambara, 2020)를 이용해 아래와 같이 박스 플롯을 생성할 수 있다.

```
> library(ggpubr)
Loading required package: ggplot2

> ggboxplot(long.self_esteem, x = "time", y = "score", add = "jitter")
```

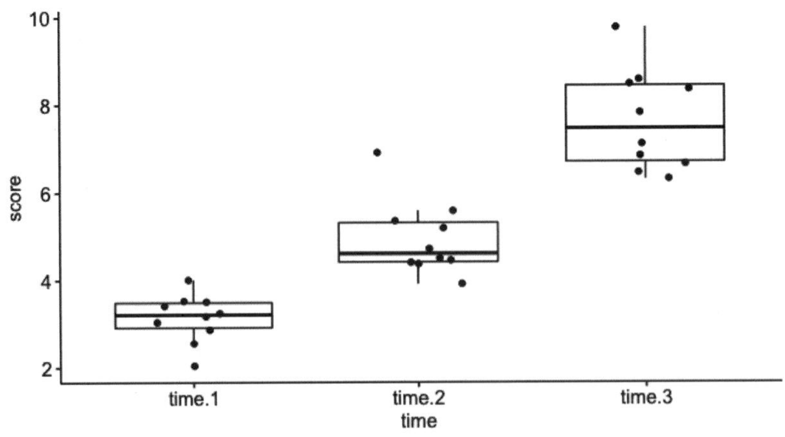

그림 7.4 다이어트 수행에 따른 자존감 변화에 대한 박스 플롯

7.5.2 통계적 가정 검정과 효과크기

계속 반복하지만 ANOVA 분석을 위한 함수는 매우 다양하다. 이번에는 rstatix 패키지(Kassambara, 2021)의 anova_test 함수를 이용한 ANOVA 분석을 수행해보자. anova_test 함수를 사용하면 파이프 연산자 친화적인 프레임워크(pipe-friendly framework)를 통해 보다 손쉽게 다양한 유형의 ANOVA 분석을 수행할 수 있다. dv 옵션에는 종속변수 score, within 옵션에는 독립변수 time를 지정하였다. ezANOVA 함수와 마찬가지로, wid에는 id 변수인 id를 지정해준다. ezANOVA 함수와 달리 anova_test 함수에서는 제곱합을 계산하는 방식으로 type III가 기본 값으로 설정된다.

```
> anova_test(data = long.self_esteem, dv = score, wid = id, within = time) ->
self.esteem.result

> self.esteem.result
ANOVA Table (type III tests)

$ANOVA
  Effect DFn DFd      F        p       p<.05   ges
1   time  2  18   55.469   2.01e-08      *     0.829

$`Mauchly's Test for Sphericity`
  Effect      W      p p<.05
1   time   0.551  0.092

$`Sphericity Corrections`
  Effect  GGe      DF[GG]      p[GG]   p[GG]<.05  HFe      DF[HF]      p[HF]    p[HF]<.05
1 time   0.69   1.38, 12.42  2.16e-06      *      0.774   1.55, 13.94  6.03e-07       *
```

출력된 결과를 해석하기에 앞서 within subject ANOVA의 통계적 가정인 구형성에 대한 검정 결과를 확인해보자. 이를 위해서는 Mauchly's test 결과를 확인하도록 한다. 산출된 Mauchly's test 결과는 $p = .092$로 95% 신뢰수준에서 데이터의 구형성 가정이 충족되었음을 확인할 수 있다.

정규성 가정은 QQ-plot을 통해 가정 충족 여부를 시각적으로 검토하고 Shapiro-Wilk

test를 통해 통계적 검정을 수행한다. 이번에는 QQ-plot 생성을 위해 car 패키지(Fox & Weisberg, 2018)의 qqPlot 함수를 사용해보자. qqPlot 함수의 envelope 옵션은 QQ-plot의 신뢰구간을 표현해주는데 95% 신뢰수준이 기본 값으로 설정되어 있다.

```
> library(car)
> qqPlot(score ~ time, data=long.self_esteem, layout=c(1, 3), envelope=list(style="lines"))
```

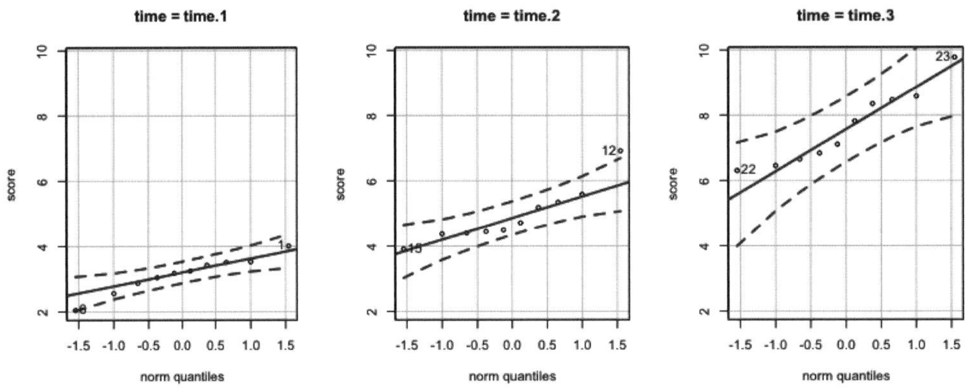

그림 7.5 다이어트 수행에 따른 자존감 변화에 대한 QQ-plot

```
> long.self_esteem %>%
+   group_by(time) %>%
+   shapiro_test(score) %>%
+   kbl(digits = 3) %>%
+   kable_paper("hover", full_width = F)
```

time	variable	statistic	p
time.1	score	0.967	0.859
time.2	score	0.876	0.117
time.3	score	0.923	0.380

생성된 QQ-plot을 보면, time 2의 12번째 케이스가 약간 문제가 있어 보이지만 전반적으로 데이터의 정규성에는 큰 문제가 없어 보인다. 이러한 결과는 Shapiro-Wilk test 결과에서도 동일하게 나타나는데, 세 조건 모두 정규성 가정이 충족되었다고 말할 수 있는 충분한 근거가 있다.

위 분석 결과에 따르면 설정된 영가설을 기각할 충분한 근거가 있음을 알 수 있다 [$F(12, 18) = 55.469$, $p < .001$]. 즉, 실험 참가자들의 다이어트 시작 전, 다이어트 시행 3개월 후, 다이어트 시행 6개월 후 등 세 시점의 자존감 점수 평균은 통계적으로 유의미한 차이가 있다고 말할 수 있다. 따라서 연구자는 사람들의 다이어트 수행이 자존감에 긍정적인 영향을 미친다고 주장할 충분한 근거가 있다. 산출된 효과크기 $\eta^2_G = .829$로 매우 큰 효과크기를 보였다.

표 7.4 다이어트와 자존감에 대한 평균, 표준편차, ANOVA

Source	Time 1		Time 1		Time 1		*F*	$\eta^2 g$
	M	*SD*	*M*	*SD*	*M*	*SD*		
Self-esteem	3.14	.552	4.934	.863	7.636	1.143	55.47***	.829

Note. Type III Sum of Squares, $\eta^2 g$ indicates generalized eta-squared. *** $p < .001$

7.5.3 사후-검정

Within subject ANOVA 설계에서는 사후-검정을 위해 Bonferroni adjusted test를 수행한다. 이를 위해 rstatix 패키지(Kassambara, 2021)의 pairwise_t_test 함수를 사용해보자. 함수의 p.adjust.method 옵션에 "bonferroni"로 설정하여 Bonferroni adjusted test를 수행할 수 있다. 테스트 결과는 역시 kableExtra 패키지(Zhu, 2021)의 kbl 함수를 이용하여 표로 출력할 수 있다. kbl 함수에서 digits = 3으로 설정하여 출력된 값들의 자릿수를 소수점 이하 3자리로 제한하였다.

```
> long.self_esteem %>%
+   pairwise_t_test(score ~ time, paired=TRUE, p.adjust.method = "bonferroni") %>%
+   kbl(digits = 3) %>%
+   kable_paper("hover", full_width = F)
```

.y.	group1	group2	n1	n2	statistic	df	p	p.adj	p.adj.signif
score	time.1	time.2	10	10	-4.968	9	0.001	0.002	**
score	time.1	time.3	10	10	-13.228	9	0.000	0.000	****
score	time.2	time.3	10	10	-4.868	9	0.001	0.003	**

within ANOVA 설계에서 계획비교는 단순 paired *t*-test를 사용하므로 위의 표에 보정되지 않은 *p*-value를 해석하여 계획비교를 수행한다. 도출된 결과표를 보면, 세 집단의 모든 개별 쌍의 평균 차이는 통계적으로 유의미한 수준에서 영가설을 기각할 수 있다.

끝으로 rstatix 패키지(Kassambara, 2021)와 ggpubr 패키지(Kassambara, 2020)를 활용한 아래의 코드를 통해 ANOVA 결과를 시각적으로 분석한 결과를 얻을 수 있다. 먼저 anova_test 분석결과를 벡터로 저장한 후 get_anova_table 함수로 aov 성분을 다시 벡터로 저장한다. 이때 correction 옵션을 사용해 어떤 보정 방법을 사용하여 결과를 나타낼지 지정해준다. 여기서는 Greenhoiuse-Geiser 보정 방법을 지정하기 위해 correction = "GG"로 설정하였다. 사후-검정 결과를 플롯에 표현하기 위해서는 pairwise_t_test 결과를 pwc로 저장한다. 저장된 결과와 사후-검정 결과를 ggpubr 패키지(Kassambara, 2020)의 ggboxplot 함수를 이용하여 <그림 7.6>과 같이 시각적으로 표현하였다. 도출된 결과를 종합해볼 때, 다이어트 수행이 진행될수록 자존감의 평균이 증가한다는 가설이 지지되어 다이어트는 사람들의 자존감 상승에 유의적인 영향이 있음을 확인할 수 있다.

```
> self.esteem.aov <- anova_test(data=long.self_esteem, dv=score, wid=id, within=time, )

> gg <- get_anova_table(self.esteem.aov,  correction = "GG")

> pwc <- long.self_esteem %>%
  pairwise_t_test(score ~ time, paired = TRUE, p.adjust.method = "bonferroni")

> pwc <- pwc %>% add_xy_position(x = "time")

> bxp <- ggboxplot(long.self_esteem, x = "time", y = "score", add = "point",
          xlab = "Diet Program", ylab = "Self-esteem")
```

```
> bxp +
    stat_pvalue_manual(pwc) +
    stat_summary(fun.data = function(x)
    data.frame(y=1, label = paste("Mean=",round(mean(x),digits = 2))), geom="text",
size=4) +
    labs(subtitle = get_test_label(gg, detailed = TRUE), caption = get_pwc_label(pwc))
```

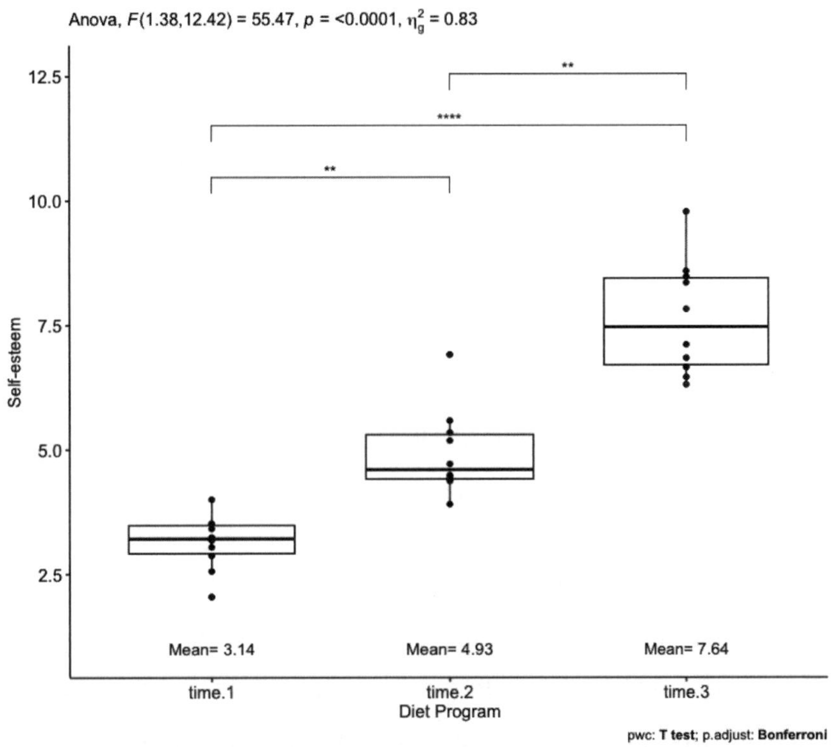

그림 7.6 다이어트와 자존감에 대한 one-way within subject ANOVA 결과

Chapter 08

Two-factor ANOVA

"올바른 문제에 대한 모호한 대답은 모호한 문제에
대한 정확한 대답보다 훨씬 더 가치가 있다."
- 존 투키(John Tukey)

앞의 두 장에서는 하나의 독립변수 또는 요인의 집단 간 평균 차이를 분석하기 위한 one-factor ANOVA를 다루었다.[101] 이 장에서는 두 개의 요인이 종속변수에 미치는 영향을 밝히기 위한 분석, 즉 two-factor ANOVA에 대해서 살펴보자. 'two-factor(2-요인)'라는 용어에서 짐작할 수 있듯이, two-factor ANOVA는 실험 세팅에서 두 개의 독립변수(설명변수 혹은 요인)가 종속변수(반응변수)에 미치는 영향을 평가하기 위한 분석 방법이다. 물론, 실험이 집단간 설계(between subject design: 서로 독립적인 집단의 측정)이냐, 집단내 설계(within subject design: 동일 집단의 반복 측정)이냐, 혹은 집단간 설계와 집단내 설계를 혼합한 혼합 설계(mixed design)이냐에 따라 two-way between subject ANOVA, two-way within subject ANOVA, two-way mixed ANOVA로 구분된다.[102] 연구자의 입장에서 이러한 2-요인 모델 설계는 매우 명백한 목적을 갖는다. 즉, 두 독립변수의 조합 혹은 이 둘의 상호작용 효과를 밝히는 것이 2-요인 모델 설계의 목적이다. 이때 연구자는 다음과 같이 3개의 가설을 설정할 수 있다:

1) 첫 번째 변수의 주 효과(main effect of A),
2) 두 번째 변수의 주 효과(main effect of B),

---

101) ANOVA에서는 독립변수를 요인으로 부르는 것이 일반적이므로 이번 장에서는 독립변수와 요인을 구별하여 사용하지 않기로 하자.
102) 번거로움을 피하기 위해 two-way between subject ANOVA와 two-way within subject ANOVA에서 subject라는 용어는 빼기로 한다.

3) 이들 두 변수의 상호작용 효과(interaction effect of A and B).

이때, 이러한 실험 설계에서 연구자의 주요 관심사는 아마 두 독립변수의 상호작용 효과일 것이다. 상호작용 효과는 두 독립변수(A와 B)의 조합이 종속변수의 값을 증가시키거나 감소시킬 수 있다. 이때, 한 설명변수(A)의 효과가 다른 설명변수(B)의 모든 수준에서 일정하지 않다는 것을 가정한다.

설득 커뮤니케이션의 중요한 주제 중 하나인 순응 획득(compliance gaining)과 관련한 실험을 예로 two-factor ANOVA를 좀 더 쉽게 설명해보자. 먼저 순응 획득 연구에 따르면 부탁하는 요청의 양에 따라 상대방으로부터 얻어낼 수 있는 순응은 달라질 것으로 예상할 수 있다. 예를 들어 상대방에게 대신 복사를 부탁할 때 5장을 부탁할 때가 50장을 부탁할 때보다 더 많은 순응을 얻어낼 것이라는 것을 쉽게 짐작할 수 있다. 하지만 복사의 양에 따른 순응 획득에 미치는 영향은 부탁할 때 제시되는 이유에 따라 다르게 나타날 것이라고 가정할 수 있다. 즉, 상대방이 부탁을 했을 때 타당한 이유가 있다면 요청의 어려운 것일지라도 부탁을 들어줄 것이라고 가정할 수 있다. 하지만 부탁에 타당한 이유가 없다면 받은 요청이 과하다고 생각하면 그 요청을 수락하지 않을 것이다. 이 경우 연구자는 다음과 같이 두 개의 주 효과와 하나의 상호작용 효과를 포함한 세 가지 연구가설을 설정할 수 있다.

첫째, 부탁하는 요청의 양에 따라 상대방으로부터 얻어낼 수 있는 순응은 달라질 것이다. 즉, 5장을 복사하도록 부탁받은 집단은 50장을 복사하도록 부탁받은 집단에 비해 더 많은 순응을 얻어낼 것이다.

둘째, 부탁하는 요청의 이유가 타당한지에 따라 상대방으로부터 얻어낼 수 있는 순응은 달라질 것이다. 즉, 타당한 이유가 있는 부탁을 받은 집단은 그렇지 않은 집단에 비해 더 많은 순응을 얻어낼 것이다.

셋째, 요청의 양이 순응 획득에 미치는 영향은 부탁할 때 제시되는 이유에 따라 다르게 나타날 것이다. 타당한 이유가 있는 부탁을 받은 집단에서는 부탁 받은 복사의 양에 상관없이 요청을 수락하는 반면 그렇지 않은 집단에서는 복사의 양이 적은 경우에만 요청을 수락할 것이다.

이들 가설을 검증하기 위해 연구자는 이 두 요인을 고려한 2(5장, 50장) x 3(이유 없음, 수용할 수 없는 이유, 수용할 수 이유) 요인설계를 수행할 것이다. 이러한 설계를 다른 용어로 '2-요인 완전랜덤화설계(two factor completely randomized design)'라고 부른다. 2-요인 완전랜덤화설계의 다음과 같은 특성을 갖는다.

1) 각각 두 개 이상의 레벨(집단)을 가지고 있는 두 개의 범주형 독립변수가 있으며,
2) 두 독립변수의 레벨이 고정되는 동시에 이들 두 요인은 완벽하게 교차하며,
3) 피험자는 이들 레벨의 어떤 한 조합에만 무작위로 배정되며,
4) 종속변수는 연속형 변수로 측정된다.

그럼 지금부터 two-way between ANOVA를 수행하기 위해 그 구조와 원리를 살펴보도록 하자.

8.1 Two-way between ANOVA의 구조와 원리

앞서 언급한 것처럼 two-way between ANOVA는 A, B 두 개의 요인이 있기 때문에 이에 대한 요인설계는 A의 레벨 수와 B의 레벨 수를 곱한 만큼의 셀이 존재할 것이다.[103] 만일 위의 예처럼 2 x 3 요인설계라면 총 6개의 셀이 존재하게 된다. 앞서 one-way between ANOVA과 같이 2 x 3 요인설계를 수학적 모형의 방정식으로 표현해 보자. 먼저 표본의 개별 관찰치는 Y_{ijk}로 나타내며, 종속변수 Y에 대한 요인 A(요청의 양)의 수준 j와 요인 B(요청 이유)의 수준 k에서 개별 i의 측정값을 말한다. 이를 다음의 <식 8.1>과 같이 모델로 표현할 수 있다.

$$Y_{ijk} = \mu_T + \alpha_j + \beta_k + (\alpha\beta)_{jk} + \varepsilon_{ijk} \qquad \text{<식 8.1>}$$

Y_{ijk}: 종속변수 Y에 대한 요인 A의 수준 j와 요인 B의 수준 k에서 개별 i의 측정값

μ_T: 전체 모집단 평균(overall population mean 혹은 grand population mean)

α_j: 요인 A의 수준 j에 대한 주효과

103) two-way between ANOVA를 수행하기 위해서도 충족되어야 할 몇 가지 통계적 가정이 있다. 앞서 살펴 본 one-way between ANOVA를 수행하기 위해서 충족 되어야 할 세 가지 가정 즉 독립성 가정, 정규성 가정, 등분산성 가정 등이 two-way between ANOVA에도 똑같이 적용된다. 다만 two-way between ANOVA에서 이들 가정은 셀 단위를 기초로 고려되어야 한다는 점을 기억하길 바란다.

β_k: 요인 B의 수준 k에 대한 주효과

$(\alpha\beta)_{jk}$: 요인 A의 수준 j와 요인 B의 수준 k의 조합에 대한 상호작용 효과

e_{ijk}: 셀 jk의 개별 i에 대한 확률잔차오차(random residual error)

위 <식 8.1>의 모델을 좀 더 쉽게 표현해보자. 요인 A의 주효과 α_j는 요인 A의 평균이 전체 모집단 평균(μ_T)에서 벗어나는 정도를, 요인 B의 주효과 β_k는 요인 B의 평균이 전체 모집단 평균에서 벗어나는 정도를 수식으로 표현된다. 반면, 요인 A와 요인 B의 상호작용 효과 $(\alpha\beta)_{jk}$는 요인 A와 요인 B의 조합인 셀 평균 μ_{jk}에서 1) 요인 A의 주효과 α_j, 2)요인 B의 주효과 β_k, 3) 전체 모집단 평균 μ_T를 뺀 것과 같다. 다시 말하면, A와 B의 상호작용 효과 $(\alpha\beta)_{jk}$는 셀 평균 μ_{jk}가 전체 평균, A의 주효과, B의 주효과에 대해 벗어나는 정도라고 할 수 있다. 또한 오차 e_{ijk}는 i의 개별 측정값이 자신이 속해 있는 셀의 평균에서 벗어나는 정도라고 할 수 있다. 이를 계산하기 위해 수식으로 표현하면 다음의 <식 8.2>와 같다.

$$
\begin{aligned}
&\alpha_j = \mu_j - \mu_T, \\
&\beta_k = \mu_k - \mu_T, \\
&\mu_{jk} = \mu_T + \alpha_j + \beta_k + (\alpha\beta)_{jk} \\
&(\alpha\beta)_{jk} = \mu_{jk} - \alpha_j - \beta_k - \mu_T = \mu_{jk} - (\alpha_j + \beta_k + \mu_T) \\
&\varepsilon_{ijk} = Y_{ijk} - \mu_{jk} = Y_{ijk} - (\mu_T + \alpha_j + \beta_k + (\alpha\beta)_{jk}) \qquad \text{<식 8.2>}
\end{aligned}
$$

이번에는 <식 8.2>의 모델 파라미터(μ, α_j, β_k, $(\alpha\beta)_{jk}$, ε_{ijk})와 이에 대한 표본 추정치를 최소제곱법을 사용하여 표현하면 아래 <식 8.3>과 같다.

$$
\begin{aligned}
\alpha_j &= \mu_j - \mu_T = \sum(\overline{Y}_j - \overline{Y}_T)^2 \\
\beta_k &= \mu_k - \mu_T = \sum(\overline{Y}_k - \overline{Y}_T)^2 \\
(\alpha\beta)_{jk} &= \mu_{jk} - (\alpha_j + \beta_k + \mu_T) = \mu_{jk} - ((\mu_j - \mu_T) + (\mu_k - \mu_T) + \mu_T) \\
&= \mu_{jk} - (\mu_j + \mu_k - \mu_T) \\
&= \sum(\overline{Y}_{jk} - \overline{Y}_j - \overline{Y}_k + \overline{Y}_T)^2 \\
\varepsilon_{ijk} &= Y_{ijk} - \mu_{jk} = \sum(Y_{ijk} - \overline{Y}_{jk})^2 \qquad \text{<식 8.3>}
\end{aligned}
$$

이번에는 위의 <식 8.3>의 모델 파라미터를 제곱합으로 표현해보자. 먼저 Y의 전체 변동의 제곱합(SS_{total})은 $SS_{\text{total}} = \sum(\overline{Y}_{ijk} - \overline{Y}_T)^2$으로 표현되며, 위 <식 8.3>의 파라미터 추정치들은 다음의 <식 8.4>와 같이 표현될 수 있을 것이다.

$$\alpha_j = \sum(\overline{Y}_j - \overline{Y}_T)^2 = SS_A$$
$$\beta_k = \sum(\overline{Y}_k - \overline{Y}_T)^2 = SS_B$$
$$(\alpha\beta)_{jk} = \sum(\overline{Y}_{jk} - \overline{Y}_j - \overline{Y}_k + \overline{Y}_T)^2 = SS_{AB}$$
$$\varepsilon_{ijk} = \sum(Y_{ijk} - \overline{Y}_{jk})^2 = SS_{within} \quad \text{<식 8.4>}$$

앞서 살펴본 바와 같이 ANOVA의 기본적인 절차는 이러한 다양한 변동의 성분을 분리하는 것이 핵심이라고 할 수 있다. 따라서 Y의 전체 변동의 제곱합 SS_{total}은 다음과 같이 요인 A 변동의 제곱합 SS_A, 요인 B 변동의 제곱합 SS_B, 요인 A와 B의 상호작용에 의해 발생되는 변동의 제곱합 SS_{AB}, 그리고 집단 내에서 발생하는 변동의 제곱합 SS_{within}의 합으로 이루어져 있다. 이를 시 식으로 표현하면 아래 <식 8.5>와 같다.

$$SS_{\text{total}} = SS_A + SS_B + SS_{AB} + SS_{within} \quad \text{<식 8.5>}$$

앞 장의 one-way between ANOVA와 마찬가지로, 집단 내에서 발생하는 평균 변동에서 각각의 평균 변동의 비율인 F-value의 계산을 통해 F-test를 수행한다. 지금부터는 위의 순응 획득 예제 데이터를 통해 two-way between ANOVA를 수행해보자.

앞서 언급한 것처럼 two-way between ANOVA는 A, B 두 개의 요인이 있기 때문에 이에 대한 요인설계는 A의 레벨 수와 B의 레벨 수를 곱한 만큼의 셀이 존재할 것이다. 만일 제시된 예처럼 2×3 요인설계라면 총 6개의 셀이 존재하게 된다. 이들 6개의 셀에 각각 5명씩 총 30명을 무선 배정하여 수집된 데이터를 통해 two-way between subject ANOVA의 구조와 원리를 간단하게 살펴보자. 수집된 데이터는 아래 <표 8.1>과 같다.

표 8.1 요청의 양과 이유에 따른 순응 획득

	복사 요청의 양 (A)		
요청 이유 (B)	5장(a_1)	50장(a_2)	$\overline{Y_{B_k}}=\frac{\sum B_i}{a_n}$
이유 없음 (b_1)	$Y_{1.1.1}=1$	$Y_{2.1.1}=1$	$\overline{Y_{B_1}}=\frac{16}{10}=1.60$
	$Y_{1.1.2}=1$	$Y_{2.1.2}=1$	
	$Y_{1.1.3}=2$	$Y_{2.1.3}=2$	
	$Y_{1.1.4}=3$	$Y_{2.1.4}=2$	
	$Y_{1.1.5}=2$	$Y_{2.1.5}=1$	
	$\overline{Y_{A_1B_1}}=\frac{9}{5}=1.8$	$\overline{Y_{A_2B_1}}=\frac{7}{5}=1.4$	
수용할 수 없는 이유(b_2)	$Y_{1.2.1}=3$	$Y_{2.2.1}=2$	$\overline{Y_{B_2}}=\frac{25}{10}=2.50$
	$Y_{1.2.2}=3$	$Y_{2.2.2}=2$	
	$Y_{1.2.3}=3$	$Y_{2.2.3}=1$	
	$Y_{1.2.4}=4$	$Y_{2.2.4}=2$	
	$Y_{1.2.5}=4$	$Y_{2.2.5}=1$	
	$\overline{Y_{A_1B_2}}=\frac{17}{5}=3.4$	$\overline{Y_{A_2B_2}}=\frac{8}{5}=1.6$	
수용할 수 있는 이유(b_3)	$Y_{1.3.1}=4$	$Y_{2.3.1}=4$	$\overline{Y_{B_3}}=\frac{35}{10}=3.50$
	$Y_{1.3.2}=4$	$Y_{2.3.2}=3$	
	$Y_{1.3.3}=3$	$Y_{2.3.3}=4$	
	$Y_{1.3.4}=3$	$Y_{2.3.4}=3$	
	$Y_{1.3.5}=4$	$Y_{2.3.5}=3$	
	$\overline{Y_{A_1B_3}}=\frac{18}{5}=3.6$	$\overline{Y_{A_2B_3}}=\frac{17}{5}=3.4$	
$\overline{Y_{A_j}}=\frac{\sum A_i}{b_n}$	$\overline{Y_{A_1}}=\frac{44}{15}=2.93$	$\overline{Y_{A_2}}=\frac{32}{15}=2.13$	$\overline{Y_T}=\frac{\sum Y_{ijk}}{abn}=\frac{76}{(2)(3)(5)}=2.53$

이에 대한 영가설과 대안가설은 다음과 같이 설정될 수 있다.

요청의 양에 대한 주효과: $H_{0A}:\mu_1=\mu_2\cdots=\mu_j$, H_{aA} : not all the μ_j are equal

요청 이유에 대한 주효과: $H_{0B}: \mu_1 = \mu_2 \cdots = \mu_k$, H_{aB}: not all the μ_k are equal

요청의 양과 이유의 상호작용 효과: $H_{0AB}: \mu_{jk} - \mu_j - \mu_k + \mu = 0$ for all j and k,

H_{aAB}: not all the $(\mu_{jk} - \mu_j - \mu_k + \mu = 0) = 0$

설정된 영가설을 검증하기 전에 SS_{total}을 비롯한 모든 변동 제곱합들을 구해보자. 전체 평균 $\overline{Y}_T$는 2.53, $\overline{Y}_{A_1} = 2.9$, $\overline{Y}_{A_2} = 2.13$, $\overline{Y}_{B_1} = 1.60$, $\overline{Y}_{B_2} = 2.50$, $\overline{Y}_{B_3} = 3.50$, $\overline{Y}_{A_1B_1} = 1.8$, $\overline{Y}_{A_1B_2} = 3.4$, $\overline{Y}_{A_1B_3} = 3.6$, $\overline{Y}_{A_2B_1} = 1.4$, $\overline{Y}_{A_2B_2} = 1.6$, $\overline{Y}_{A_2B_3} = 3.4$이므로,

$$SS_{\text{total}} = \sum_{i=1}^{n}\sum_{j=1}^{a}\sum_{k=1}^{b}(\overline{Y}_{ijk} - \overline{Y}_T)^2 = (1-2.53)^2 + (1-2.53)^2 + \cdots + (3-2.53)^2 = 35.467$$

$$SS_A = bn\sum_{j=1}^{a}(\overline{Y}_j - \overline{Y}_T)^2 = 15*(2.93-2.53)^2 + 15*(2.13-2.53)^2 = 4.8$$

$$SS_B = an\sum_{k=1}^{b}(\overline{Y}_k - \overline{Y}_T)^2 = 10*(1.6-2.53)^2 + 10*(2.5-2.53)^2 + 10*(3.5-2.53)^2 = 18.067$$

$$\begin{aligned} SS_{AB} &= n\sum_{j=1}^{a}\sum_{k=1}^{b}(\overline{Y}_{jk} - \overline{Y}_j - \overline{Y}_k + \overline{Y}_T)^2 \\ &= 5*(1.8-2.93-1.6+2.53) + 5*(3.4-2.93-2.5+2.53) \cdots + 5*(3.4-2.13-3.5+2.53) = 3.8 \end{aligned}$$

$$SS_{within} = \sum_{j=1}^{a}\sum_{k=1}^{b}[\sum_{i=1}^{n}(Y_{ijk} - \overline{Y}_{jk})^2] = (1-1.8)^2 + (1-1.8)^2 + \cdots + (3-3.4)^2 = 8.8$$

아래와 같이 두 개의 주효과 제곱합과 상호작용 제곱합, 그리고 오차의 제곱합을 모두 더하면 35.467로 계산된 전체 제곱합과 동일하다는 것을 통해 우리는 모든 제곱합의 계산이 올바르게 수행되었다는 것을 알 수 있다.

$$SS_{\text{total}} = SS_A + SS_B + SS_{AB} + SS_{within} = 4.8 + 18.067 + 3.8 + 8.8 = 35.467$$

다음으로 각 주효과와 상호작용효과의 자유도를 통해 평균 변동량 값을 계산한 후 그에 대한 F-value를 계산하자.

$$MS_A = \frac{SS_A}{df_A} = \frac{4.8}{1} = 4.8,\ df_A = j - 1 = 2 - 1 = 1$$

$$MS_B = \frac{SS_B}{df_B} = \frac{18.067}{2} = 9.0335,\ df_B = j-1 = 3-1 = 2$$

$$MS_{AB} = \frac{SS_{AB}}{df_{AB}} = \frac{3.8}{2} = 1.9,\ df_{AB} = (j-1)(k-1) = 2*1 = 2$$

$$MS_{within} = \frac{SS_{within}}{df_{within}} = \frac{8.8}{24} = 0.3667,\ df_{within} = ab(n-1) = 6*4 = 24$$

$$F_A = \frac{MS_A}{MS_{within}} = \frac{4.8}{0.3667} = 13.09$$

$$F_B \frac{MS_B}{MS_{within}} = \frac{9.0335}{0.3667} = 24.637$$

$$F_{AB} = \frac{MS_{AB}}{MS_{within}} = \frac{1.9}{0.3667} = 5.182$$

이제는 계산된 F-value를 통해 예제의 가설검정을 수행해보자. 앞서 두 장의 one-factor ANOVA에서와 같이, ANOVA의 가설검정은 F-value를 F_{crit}-value와 비교함으로써 수행되는데, F_{crit} -value는 F-분포 표를 통해 집단 간 자유도와 집단 내 자유도에 해당하는 값을 찾는다. 먼저 예제의 A 요인(요청의 양)의 경우, 자유도가 각각 1와 24일 때, $\alpha = .05$에서 F_{crit} -value는 4.26이다. 이때 계산된 관찰된 F-value, F_{obs}은 13.09이므로 설정된 영가설을 기각할 수가 있다. 따라서 부탁하는 요청의 양에 따라 상대방으로부터 얻어낼 수 있는 순응에는 95% 신뢰수준에서 통계적으로 유의한 차이가 있다고 말할 근거가 충분하다. 즉, 순응 획득에 미치는 요청의 양의 주효과는 통계적으로 유의한 수준에서 확인되었다. B 요인(요청의 이유)의 경우 역시 자유도가 각각 2와 24일 때, $\alpha = .05$에서 F_{crit} -value는 3.40이며 계산된 F_{obs} -value는 24.637이므로 설정된 영가설을 기각할 수가 있다. 따라서 부탁하는 요청의 이유의 유무에 따라 상대방으로부터 얻어낼 수 있는 순응에는 95% 신뢰수준에서 통계적으로 유의한 차이가 있다고 말할 근거가 충분하다고 결론내릴 수 있다.

이번엔 A와 B의 상호작용 효과에 대해 살펴보자. AB 상호작용의 경우, 자유도가 각각 2와 24일 때, $\alpha = .05$에서 F_{crit} -value는 3.40이며 이때 계산된 F_{obs} -value는 5.182이므로 역시 설정된 상호작용에 대한 영가설을 95% 신뢰수준에서 기각할 수 있다. 따라서 우리는 요청의 양이 순응 획득에 미치는 영향은 부탁할 때 제시되는 이유에 따라 다르게 나타날 것이라는 주장은 통계적으로 타당한 것으로 보인다. 지금까지 수행된 내용을 ANOVA summary table로 나타내면 아래 <표 8-2>와 같다.

표 8.2 요청의 양과 이유에 따른 순응 획득에 대한 ANOVA Summary Table

Source of variation	*SS*	*df*	*MS*	*F*	*p*
Between					
A (요청의 양)	4.8	1	4.8	13.09	.001
B (요청의 이유)	18.067	2	9.0335	24.637	< .001
AB (양 X 이유)	3.8	2	1.9	5.182	.013
Within (error)	8.8	24	0.3667		
Total	35.467	29			

이렇게 통계적으로 유의한 상호작용 효과가 발견된 경우, 그 결과를 아래의 <그림 8.1>과 같이 상호작용 플롯을 보고하여야 한다. 이는 이러한 상호작용 효과가 어떤 패턴으로 발생하는지에 대해 직관적인 정보를 제공한다. <그림 8.1>에 따르면, 요청의 양이 순응 획득에 미치는 영향은 부탁할 때 제시되는 이유에 따라 다르게 나타날 것이라는 연구자의 가설을 입증할 충분한 근거가 있다. 즉, 타당한 이유가 있는 경우 부탁 받은 복사의 양에 상관없이 요청을 수락하는 반면, 아무런 이유가 제시되지 않는 경우에는 복사의 양에 상관없이 요청을 수락하지 않는 것으로 나타났다. 반면, 이유가 제시되었지만 그 이유가 적절하지 않은 경우에는 복사의 양이 적은 경우에만 요청을 수락하는 것으로 나타났다.

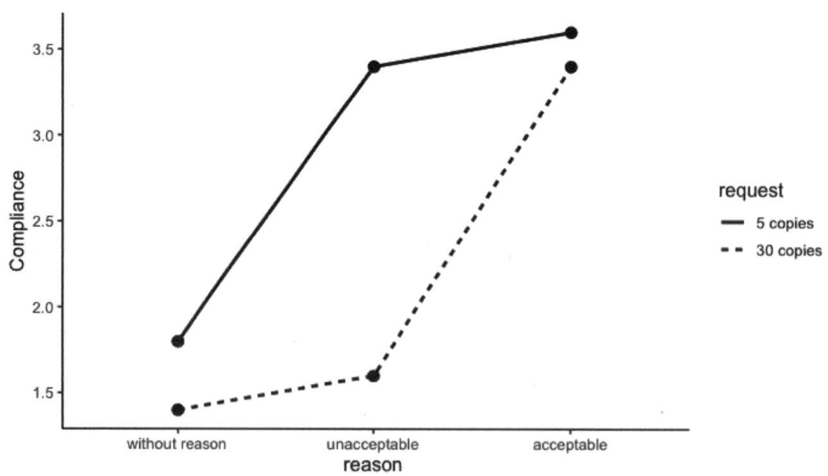

그림 8.1 상호작용 플롯

여기서 한 가지 우리가 잊지 말아야 할 것이 있다. 앞서 one-way ANOVA와 마찬가지로 two-way ANOVA 역시 전체적인 주 효과나 상호작용 효과가 있는지만을 알려주는 옴니버스 테스트라는 것이다. 만일 세 집단 이상을 가진 요인에 대한 분석에서 *F*-test 결과 영가설을 기각하였다 하더라도 우리는 그 요인의 집단별 평균 차이가 어디에 있는지를 전혀 알 수 없다. 위 예제의 경우, 요청의 이유가 순응 획득에 미치는 영향에 대한 영가설이 통계적으로 유의한 수준에서 기각되었다고 하더라도 요청 이유의 개별 집단 간 평균차이는 어떻게 다른지 전혀 알 수 없다. 또한 유의한 상호작용 효과가 나타난 경우 한 요인의 각 수준에서 또 다른 요인에 미치는 효과는 어떻게 달라지는지 살펴 볼 필요가 있다. 이를 단순효과(혹은 단순 주효과: simple main effects) 검정이라고 한다. 위의 예를 들면, 연구자는 5카피 조건에서 *Reason* 요인의 각 수준에 따른 순응 획득이 어떻게 달라지는지에 관심이 있을 수 있다. 그렇다면 이를 위해 연구자는 two-way ANOVA 수행 후에도 특정 조건의 개별 쌍의 평균 차이를 추가적으로 분석하는 단순효과 검정을 수행해야 할 것이다.

하지만 위의 예제처럼 유의한 상호작용 효과가 발견된 경우 주효과에 대한 *F*-test를 수행하여야 하는지에 대해서는 학자들 간에 좁혀지지 않는 논쟁이 있다. 예를 들면, 한쪽에서는 "유의한 상호작용이 있는 경우 주효과의 결과를 쉽게 해석할 수 없으며 따라서 주효과에 대한 *F*-test는 의미 없다(Meyer, 1991)"라고 주장한다. 반면, 다른 한 쪽에서는 "유의한 상호작용이 있더라도 주효과에 대한 *F*-test는 분명히 의미 있고 그 결과도 쉽게 해석할 수 있다(Rosnow & Rosenthal, 1991)"고 주장한다. 이들은 ANOVA 결과에 대한 일차적인 해석이 상호작용에 초점을 맞추는 한 유의한 주효과를 해석할 수 있다고 주장한다. 이 두 의견의 차이는 쉽게 좁혀질 것 같아 보이진 않지만, 적어도 연구자가 상호작용 효과와 주효과에 대한 해석에 있어 어떠한 관점을 갖는냐가 이러한 논쟁의 중심에 있는 것은 사실이다. 유의한 상호작용 효과가 있는 경우 주효과에 대한 *F*-test를 수행하지 말라는 의미는 사실 주효과를 전혀 해석할 수 없다는 것이 아니라 그것을 정확하게 해석하기가 매우 어렵다는 것을 의미하는 것일 수 있다. 연구자들에게 이들의 논쟁은 절대적인 원칙을 따르느냐에 대한 논쟁이 아니라 상호작용 효과가 있을 때 주효과에 대한 '잘못된 해석을 경계하자'는 의미로 받아들여지는 것이 보다 더 합리적이다. 위의 예제를 10점 스케일의 2×2 요인설계로 바꿔 잘못된 해석의 가능성을 가정해보자. <표 8.3>의 두 데이터 모두 상호작용은 유의하다.[104] 그러나 <표 8.3>의 왼

104) 이에 대한 상호작용 플롯을 생성해보면 왼쪽은 비교차 패턴(non-crossover pattern), 오른쪽은 교차 패턴(crossover pattern)을 보인다.

쪽 데이터의 경우, *Reason*의 주효과는 유의하지만 *Request*의 5카피 조건에서 *Reason*의 평균 차이는 유의하지 않다. 반면, 오른쪽의 데이터에서는 *Reason*의 주효과는 유의하지 않지만 *Request*의 5카피 조건 혹은 30카피 조건에서 *Reason*의 평균 차이는 유의한 것으로 보인다.

표 8.3 상호작용과 주효과에 대한 해석

		Reason	
		without	acceptable
Request	5 copies	9	9
	30 copies	4	7
		6.5	8

		Reason	
		without	acceptable
Request	5 copies	9	6
	30 copies	4	7
		6.5	6.5

타이봇과 동료들(Tybout et al., 2001)에 따르면 상호작용이 유의하게 나타났지만 예측된 것과는 다른 상호작용 패턴(예: 교차 패턴 혹은 비교차 패턴)을 보일 때 데이터가 실제로 상호작용에 의해 예측된 차이를 지지하는지 여부를 확인하기 위해 적절한 주효과 테스트를 수행하는 것은 문제가 되지 않는다. 따라서 유의한 상호작용 효과가 있는 경우 주효과와 함께 단순효과 검정을 통해 정확히 어떤 평균이 서로 어떻게 다른지에 대한 패턴을 주의 깊게 살펴 볼 필요가 있다.

하지만, 단순효과와 상호작용 효과에 대한 해석과 관련해서 생각해봐야 할 중요한 이슈가 있다. 본 예제에서는 상호작용 효과가 유의하게 나타났기 때문에 단순효과 검정 수행에 별 문제가 없지만, 만일 상호작용 효과가 유의하게 나타나지 않은 경우 단순효과에 대한 검정 절차를 수행하여야 하는 것에도 논란의 여지가 있다. 사실, 분석 결과 설정된 상호작용 가설은 유의하지 않았지만, 단순효과 검정 결과는 연구자가 기대한 상호작용 효과의 패턴과 일치하는 결과를 산출할 수 있다. 예를 들면, 전반적인 상호작용 효과는 통계적으로 유의하지 않아도, A 요인의 한 조건(예: 5카피)에서는 B 요인의 각 수준(예: *without reason, unacceptable reason, acceptable reason*)의 평균 차이가 통계적으로 유의하게 나타났지만, A 요인의 또 다른 조건(30카피)에서는 B 요인의 각 수준(예: *without reason, unacceptable reason, acceptable reason*)의 평균 차이가 통계적으로 유의하지 않은 경우를 우리는 종종 보게 된다. 이런 경우, 비록 ANOVA 결과 상호작용 효과가 유의성을 달성하지 못했음에도 불구하고 단순효과 검정을 진행하는 것이 적절한 것일까?

일부에서는 단순효과 검정은 ANOVA의 상호작용 효과가 유의하지 않은 경우에도 수행해야 한다는 주장이 있는 반면 다른 일부에서는 상호작용에 대한 *F*-test 결과가 유의하지 않은 상태에서 단순효과를 검정하고 보고하는 것은 적절하지 않다는 주장도 있다. 사실, 단순효과는 상호작용 효과뿐만 아니라 부분적으로 주효과 역시 반영한다. 예를 들면, 5카피 조건에서 *Reason* 요인의 단순효과는 부분적으로는 $Reason \times Request$ 상호작용 효과를, 또 부분적으로는 상호작용의 존재 여부에 상관없이 *Reason* 요인의 주효과를 활용한다. 즉, 5카피 조건에서 *Reason* 요인의 단순효과는 상호작용의 제곱합($SS_{Reason \times Request}$)과 *Reason* 주효과의 제곱합($SS_{Reason}$)으로 분해된다. 이러한 견해를 고려할 때 *F*-test 결과 해당 상호작용이 통계적으로 유의하지 않은 경우 단순효과를 검정하고 보고하는 것은 부적절할 수 있다. 실제로 상호작용 효과가 유의한지를 입증한 후 단순효과를 검정하는 것이 대부분의 연구자들로부터 선호되는 연구 관행인 것 또한 분명하다. 하지만, *F*-test 결과 상호작용 효과가 유의하지 않다고 해서 단순효과를 검정할 수 없다는 주장은 너무 극단적인, 조금 과장하자면, 흡사 '통계 교조주의'처럼 느껴진다. 만약 연구자가 가설에서 상호작용을 명시적으로 설정하지 않았더라도 단순효과의 패턴을 가설로 설정했다면, 상호작용이 반드시 통계적으로 유의해야 하는지 여부는 논쟁의 여지가 있다. 어쩌면 헤이즈(Hayes, 2020)의 주장처럼, 상호작용 효과가 유의성을 달성하지 못했음에도 불구하고 단순효과 검정을 진행하는 것은 어쩌면 연구자 개인적 견해의 문제에 불과할지도 모른다. 통계 분석에 있어 위반하지 말아야 할 법령이나 이를 위반한 경우 단속할 경찰이 있는 것도 아니지 않는가?

ANOVA와 관련된 여러 논쟁적인 이슈를 다룬 2001년 *Journal of Consumer Psychology* 특집호 편집진(Tybout et al., 2001)은 2×2 two-way ANOVA에서 상호작용 효과가 유의하지 않을 때 다음과 같이 단순효과 검정을 신중하게 수행할 것을 제안하고 있다.[105] 만일 요인 A의 주효과가 유의하고 요인 B가 유의하지 않은 경우 요인 A의 각 수준에서 요인 B의 수준별 평균차이($SS_B@a1$, $SS_B@a2$)에 대한 테스트를 수행할 수 있지만 그 반대($SS_A@b1$, $SS_A@b2$)의 테스트는 수행할 수 없다. 또한 요인 B의 주효과가 유의하고 요인 A가 유의하지 않은 경우, $SS_A@b1$와 $SS_A@b2$의 테스트를 수행할 수 있지만 $SS_B@a1$ 또는 $SS_B@a2$의 테스트는 수행할 수 없다. 두 주효과 모두 유의

105) 상호작용 효과가 유의하게 나타나지 않았음에도 불구하고 단순효과에 대한 검정 절차를 수행하여야 하는지에 대한 더 자세한 논의는 타이봇과 동료들(Tybout et al., 2001)과 헤이즈(Hayes, 2020)의 주장을 참고하길 바란다. 특히 상호작용 효과의 해석과 관련한 팽팽한 논쟁은 롸스너와 로젠달(Rosnow & Rosenthal, 1991)과 메이어(Meyer, 1991)의 논문을 읽기 바란다.

하지 않으면 단순효과 검정을 수행하는 것은 문제가 있다. 또한 두 주효과가 유의한 상황에서 상호작용 효과가 유의한지를 입증하지 않고 단순 효과를 테스트하는 것 역시 문제의 여지가 있을 수 있다. 그러면 다음 섹션에서는 two-way ANOVA에서의 계획 비교를 통해 단순효과 검정을 수행하는 절차와 방법을 알아보도록 하자.[106)]

8.2 사후-검정과 계획 비교

2-요인 ANOVA 설계에서 계획 비교는 앞의 one-way ANOVA의 계획 비교의 확장이라고 볼 수 있다. 대신 two-way ANOVA에서의 계획 비교에서는 주효과와 상호작용 효과가 포함되어 있으므로 이들에 대한 계획 비교를 모두 수행하여야 한다. 단, 요인 A에 대한 효과가 유의하고 요인 A의 수준이 세 개 이상일 경우에만 계획 비교를 수행한다. 이때 해당 요인의 한계 평균(marginal mean)을 비교하게 된다. 위 예제의 경우 *Request* 요인은 수준이 두 개이므로 계획 비교를 수행하지 않는 대신 단순 대조를 사용해 *Reason* 요인에 대한 계획 비교를 수행해보자. 만일 *without reason* 집단과 *acceptable reason* 집단의 평균 차이를 가정했다면, 이에 대한 영가설은 다음 <식 8.6>과 같이 설정된다.

$$H_0 : \mu_{without} - \mu_{acceptable} = 0,\ H_0 : (-1)\mu_{without} + (1)\mu_{acceptable} + (0)\mu_{unacceptable}$$

<식 8.6>

이제 <식 8.6>을 이용하여 *without reason* 집단의 평균에는 -1을, *acceptable reason* 집단의 평균에는 1을, 그리고 *unacceptable reason* 집단의 평균에는 0을 부여하여 $\hat{\psi}$를 구하면 다음과 같다.

---

106) two-way ANOVA에서 사후 검정의 기본 원리는 상호작용 효과에 대한 사후 검정 말고는 one-way ANOVA와 크게 다르지 않다. 또한 상호작용 효과에 대한 사후 검정의 기본 원리는 계획비교와 동일하므로 사후 검정 수행 방법은 R을 이용한 예제 섹션에서 자세히 다루기로 한다.

$$\hat{\psi} = \sum c_j \overline{Y_j} = (-1)(\overline{Y}_{without}) + (0)(\overline{Y}_{unacceptable}) + (1)(\overline{Y}_{acceptable})$$
$$= -1*(1.6) + 0*(2.5) + 1*(3.5)$$
$$= 1.9$$

앞에서 계산된 MS_{error}는 0.3667이므로, $s_{\hat{\psi}}$, t-값은 다음과 같이 계산된다.

$$\sum_{k=1}^{K} \frac{c_k^2}{n_k} = \frac{(-1)^2 + (0)^2 + (1)^2}{10} = \frac{1}{5}$$

$$s_{\hat{\psi}} = \sqrt{MS_{error} \sum_{k=1}^{K} \frac{c_k^2}{n_k}} = \sqrt{0.3667 * \frac{1}{5}} \approx 0.2708, \ t = \frac{\hat{\psi}}{s_{\hat{\psi}}} = \frac{1.9}{0.2708} \approx 7.016$$

t-검정을 하기 위한 MS_{error}의 자유도는 24이므로 이때 95% 신뢰수준에서 t-critical 값은 2.064이다. 따라서 우리는 95% 신뢰수준에서 설정된 영가설을 기각할 수 있다. 즉, *without reason* 집단과 *acceptable reason* 집단의 평균은 통계적으로 유의한 차이를 보인다는 충분한 근거가 있다. 이 결과는 뒤에서 수행할 사후분석의 결과와 동일할 것이다. 만일 연구자가 사전에 *without reason* 집단과 *unacceptable reason* 집단의 평균 차이를 가정했다면 위에서 부여한 대조 계수를 조정하여 계획 비교를 수행할 수 있다.

이번에는 단순효과 검정을 위한 계획 비교를 수행해보자. 단순효과 검정을 위한 계획 비교는 조금 더 복잡한데 이를 위해서 요인 수준의 특정 조합을 다른 조합과 비교하여야 한다. 예를 들어, *Reason* 요인의 세 수준에 따른 *Request* 요인의 두 수준에 대한 계획 비교 혹은 *Request* 요인의 두 수준에 따른 *Reason* 요인의 세 수준에 대한 계획 비교를 수행해야 한다. 상호작용 효과와 대한 계획 비교를 수행하기 위해서는 먼저 상호작용 복잡 대조(complex interaction contrast)가 통계적으로 유의한지 검증해야 한다. 위의 예제처럼 3×2인 경우, *Request* 요인의 5카피 수준에 대해 *Reason* 요인의 각 수준의 셀 평균의 합($\mu_{11} + \mu_{21} + \mu_{31}$)과 *Request* 요인의 30카피 수준에 대해 *Reason* 요인의 각 수준의 셀 평균의 합($\mu_{12} + \mu_{22} + \mu_{32}$)에 대한 영가설과 대조 계수를 다음 <식 8.7>, <식 8.8>과 같이 설정한다.

$$H_0 : \frac{(\mu_{11} + \mu_{21} + \mu_{31})}{3} - \frac{(\mu_{12} + \mu_{22} + \mu_{32})}{3} = 0 \quad \text{<식 8.7>}$$

$$\psi = (1/3)\mu_{11} + (1/3)\mu_{21} + (1/3)\mu_{31} + (-1/3)\mu_{12} + (-1/3)\mu_{22} + (-1/3)\mu_{32}$$

<식 8.8>

따라서, $\hat{\psi}$를 구하면 다음과 같다.

$$\begin{aligned}\hat{\psi} = \sum_{j=1}^{J}\sum_{k=1}^{K}\overline{Y_{jk}} &= (1/3)\overline{Y_{11}} + (1/3)\overline{Y_{21}} + (1/3)\overline{Y_{31}} + (-1/3)\overline{Y_{12}} + (-1/3)\overline{Y_{22}} + (-1/3)\overline{Y_{32}} \\ &= (1/3)*1.8 + (1/3)*3.4 + (1/3)*3.6 + (-1/3)*1.4 + (-1/3)*1.6 + (-1/3)*3.4 \\ &= 0.8\end{aligned}$$

앞에서 계산된 MS_{error}는 0.3667이므로, $s_{\hat{\psi}}$, *t*-값은 다음과 같이 계산된다.

$$\sum_{j=1}^{J}\sum_{k=1}^{K}\frac{c_{jk}^2}{n_{jk}} = \frac{(1/3)^2 + (1/3)^2 + (1/3)^2 + (-1/3)^2 + (-1/3)^2 + (-1/3)^2}{5} \approx 0.1333$$

$$s_{\hat{\psi}} = \sqrt{MS_{error}\sum_{j=1}^{J}\sum_{k=1}^{K}\frac{c_{jk}^2}{n_{jk}}} = \sqrt{0.3667*0.1333} \approx 0.2211, \quad t = \frac{\hat{\psi}}{s_{\hat{\psi}}} = \frac{0.8}{0.2211} \approx 3.6183$$

t-test를 하기 위한 MS_{error}의 자유도는 24이므로 이때 95% 신뢰수준에서 *t*-critical 값은 2.064이다. 따라서 우리는 95% 신뢰수준에서 상호작용 복잡 대조는 통계적으로 유의한 것으로 나타났다.

상호작용 복잡 대조가 유의한지 확인했으므로 이제는 특정 조합의 계획 비교, 즉 단순효과 계획 비교를 수행해보자. 만일 연구자가 *unacceptable reason* 조건에서 부탁의 양, 즉 *Request* 요인의 5카피와 30카피의 평균 차이가 통계적으로 유의한지에 관심이 있다고 가정하자. 이에 대한 영가설과 대조 계수는 다음 <식 8.9>, <식 8.10>와 같이 설정된다.

$$H_0 : \mu_{unacceptable-5copies} - \mu_{unacceptable-30copies} = \mu_{12} - \mu_{22} = 0, \qquad \text{<식 8.9>}$$

$$\psi = (0)\mu_{11} + (1)\mu_{12} + (0)\mu_{13} + (0)\mu_{21} + (-1)\mu_{22} + (0)\mu_{23} \qquad \text{<식 8.10>}$$

따라서, $\hat{\psi}$를 구하면 다음과 같다.

$$\begin{aligned}\hat{\psi} &= \sum_{j=1}^{J}\sum_{k=1}^{K}\overline{Y_{jk}} = (0)\overline{Y_{11}} + (1)\overline{Y_{12}} + (0)\overline{Y_{13}} + (0)\overline{Y_{21}} + (-1)\overline{Y_{22}} + (0)\overline{Y_{23}} \\ &= (0)*1.8 + (1)*3.4 + (0)*3.6 + (0)*1.4 + (-1)*1.6 + (-0)*3.4 \\ &= 1.8\end{aligned}$$

앞에서 계산된 MS_{error}는 0.3667이므로, $s_{\hat{\psi}}$, *t*-값은 다음과 같이 계산된다.

$$\sum_{j=1}^{J}\sum_{k=1}^{K}\frac{c_{jk}^2}{n_{jk}} = \frac{(0)^2 + (1)^2 + (0)^2 + (0)^2 + (-1)^2 + (0)^2}{5} = 0.4$$

$$s_{\hat{\psi}} = \sqrt{MS_{error}\sum_{j=1}^{J}\sum_{k=1}^{K}\frac{c_{jk}^2}{n_{jk}}} = \sqrt{0.3667*0.4} \approx 0.383, \; t = \frac{\hat{\psi}}{s_{\hat{\psi}}} = \frac{1.8}{0.383} \approx 4.7$$

95% 신뢰수준에서 MS_{error}의 자유도가 24일 때 *t*-critical 값은 2.064이다. 따라서 우리는 95% 신뢰수준에서 설정된 영가설을 기각할 수 있다. 즉, *unacceptable reason* 조건에서 부탁의 양, 즉 *Request* 요인의 5카피 집단과 30카피 집단의 평균은 통계적으로 유의한 차이를 보인다고 말할 충분한 근거가 있다.

8.3 효과크기

ANOVA에서 가장 일반적으로 사용되는 효과크기 측정치는 η^2, η_P^2, ω^2, η_G^2 등이다. 이들 측정치에 대해서는 앞서 자세히 다루었으므로 이 장에서는 이들에 대한 자세한 설명은 생략하도록 하겠다. 다만, 위의 순응획득 예제를 통해서 각각의 효과크기를 산출하는 원리와 방법을 차례대로 살펴보도록 하자.

먼저 2-요인 ANOVA 설계에서 η^2는 one-way ANOVA와 마찬가지로 다음의 <식 8.11>과 같이 독립변수의 집단간 차이의 변동($SS_{between}$)을 종속변수의 전체 변동

(SS_{total})으로 나눈 비율로 정의된다:

$$\eta_A^2 = \frac{SS_A}{SS_T},\ \eta_B^2 = \frac{SS_B}{SS_T},\ \eta_{AB}^2 = \frac{SS_{AB}}{SS_T} \quad \text{<식 8.11>}$$

결국 η^2는 전체 변동에서 처치에 의한 변동이 어느 정도 정도인가를 보여준다고 할 수 있는데 two-way ANOVA에서는 세 개(요인 A, 요인 B, AB 상호작용)의 η^2가 산출된다. 해석의 직관성 측면[107]에서 η^2는 one-way ANOVA에서는 매우 효율적인 방법이다. 하지만, two-way ANOVA와 같이 둘 이상의 요인이 사용되는 다중-요인 ANOVA 설계에서는 적용의 문제가 있다. 다중-요인 ANOVA 설계에서 계산되는 총 변동은 해당 연구의 설계에 따라 달라지기 때문에 η^2를 사용하여 서로 다른 연구 간에 해당 변수의 효과크기를 비교하는 데에는 문제가 있다. 즉, 추가 변수를 조작하면 총 변동은 자연히 증가하기 때문에 연구 간 효과크기를 쉽게 비교할 수 없다(Lakens, 2013). 이러한 이유로 여러 학자에 의해 η^2의 대안으로 다음의 <식 8.12>에 의해 산출되는 η_p^2의 사용이 권고되지만(예: Cohen, 1973; Kennedy, 1970), 이 역시 문제가 있다. 다중-요인 ANOVA 설계에서는 당연히 η_p^2이 η^2보다 큰 값이 산출되기 때문에 η_p^2를 η^2로 잘못 인식하고 효과크기를 보고하게 되면 결과적으로 효과크기 추정치가 부풀려질 수 있다. 앞서 지적한 것처럼, 사회과학 연구자들이 널리 사용하는 통계 패키지인 SPSS는 효과크기 측정치로 η^2가 아닌 η_p^2를 제시하기 때문에 η_p^2를 η^2로 잘못 보고하는 오류를 범하는 사례가 빈번하다(Levine & Hullett, 2002).

η_p^2는 처치효과의 제곱합과 셀 내 피험자 제곱합($SS_{s/Cell}$ 혹은 SS_{within})의 합에 대한 처치효과 제곱합의 비율로 계산된다. two-way between ANOVA에서 η_p^2는 아래 <식 8.12>와 같이 정의된다.

$$\eta_{p\ A}^2 = \frac{SS_A}{SS_A + SS_{within}},\ \eta_{p\ B}^2 = \frac{SS_B}{SS_A + SS_{within}},\ \eta_{p\ AB}^2 = \frac{SS_{AB}}{SS_{AB} + SS_{within}} \quad \text{<식 8.12>}$$

따라서 순응획득 예제의 경우, 산출된 η^2와 η_p^2 측정치는 다음과 같다.

---

107) 만일, η^2가 .20이라면 종속변수 총 분산의 20%가 처치효과에 의해 설명된다는 것을 의미한다.

$$\eta^2_{Request} = \frac{SS_{Request}}{SS_T} = \frac{4.8}{35.467} \approx .135,$$

$$\eta^2_{p_{Request}} = \frac{SS_{Request}}{SS_{Request} + SS_{within}} = \frac{4.8}{4.8+8.8} \approx .353$$

$$\eta^2_{Reason} = \frac{SS_{Reason}}{SS_T} = \frac{18.067}{35.467} \approx .509,$$

$$\eta^2_{p_{Resaon}} = \frac{SS_{Resaon}}{SS_{Resaon} + SS_{within}} = \frac{18.067}{18.067+8.8} \approx .672$$

$$\eta^2_{Request.Reason} = \frac{SS_{Request.Reason}}{SS_T} = \frac{3.8}{35.467} \approx .107,$$

$$\eta^2_{p_{Request.Reason}} = \frac{SS_{Request.Reason}}{SS_{Request.Reason} + SS_{within}} = \frac{3.8}{3.8+8.8} \approx .302$$

위의 결과에서 나타난 바와 같이 동일한 평균값을 비교한다고 하더라도 η_p^2는 η^2보다 항상 더 크게 나타난다. 특히 계산된 η_p^2 값을 모두 합하면 1.327로 1이 넘는다. 따라서 one-way ANOVA와 같이 계산된 각각의 η_p^2 값을 이용하여 '특정의 요인이 종속변수 총 분산의 몇 %를 설명한다'는 식의 직관적으로 효과크기 결과를 해석하는 것은 문제가 있다. 따라서 앞 장에서 언급한 것처럼 η_G^2는 다중-요인 ANOVA 설계에서 η^2나 η_p^2의 단점을 보완하기 위한 대안으로 권고된다.108)

위의 예제에서 각각의 η_G^2를 산출하는 식은 아래와 같다. 이때 효과크기를 산출하려는 두 요인 모두 조작된 요인이므로 $\delta = 1$으로 설정된다.109) 또한 본 예제에서는 측정된 요인이 없으므로 $\Sigma SS_{measured} = 0$이 된다. 따라서 two-way between ANOVA에서 η_G^2는 η_p^2와 동일한 측정치를 갖는다.

$$\eta^2_{G_{Request}} = \frac{SS_{Request}}{\delta^* SS_{Request} + \Sigma SS_{measured} + SS_{within}} = \frac{4.8}{4.8+0+8.8} \approx .353$$

$$\eta^2_{G_{Reason}} = \frac{SS_{Reason}}{\delta^* SS_{Reason} + \Sigma SS_{measured} + SS_{within}} = \frac{18.067}{18.067+0+8.8} \approx .672$$

---

108) 이에 대한 더 자세한 논의는 올레이닉과 앨지나의 연구(Olejnik & Algina, 2003)를 참고하길 바란다.

109) one-way between ANOVA와 마찬가지로 효과크기를 산출하려는 요인이 조작된 요인(manipulated factor)이라면 $\delta = 1$, 측정된 요인(measured factor)일 경우에는 $\delta = 0$으로 설정한다.

$$\eta^2_{G_{Request.Reason}} = \frac{SS_{Request.Reason}}{\delta^* SS_{Request.Reason} + \Sigma SS_{measured} + SS_{within}} = \frac{3.8}{3.8+0+8.8} \approx .302$$

끝으로 표본 데이터에 적용되는 편향 추정치인 η^2에 대한 모집단 보정을 위한 추정치인 ω^2를 계산해보자.[110)]

$$\omega^2_{Request} = \frac{df_{Request}*(MS_{Request} - MS_{error})}{SS_T + MS_{error}} = \frac{1*(4.8-.3667)}{35.467+.3667} \approx .124$$

$$\omega^2_{Reason} = \frac{df_{Reason}*(MS_{Reason} - MS_{error})}{SS_T + MS_{error}} = \frac{2*(9.0335-.3667)}{35.467+.3667} \approx .484$$

$$\omega^2_{Reason\times Request} = \frac{df_{Reason\times Request}*(MS_{Reason\times Request} - MS_{error})}{SS_T + MS_{error}} = \frac{2*(1.9-.3667)}{35.467+.3667} \approx .086$$

지금까지 two-way between ANOVA에서 사용할 수 있는 효과크기 측정치인 η^2, η^2_P, ω^2, η^2_G 등을 살펴보았다. η^2와 ω^2의 경우 .01 이하는 작은 효과크기, .06은 중간 효과크기, .14 이상은 큰 효과크기로 해석하는 반면, η^2_G의 해석은 코헨(Cohen, 1988)의 가이드라인을 따른다. 앞 장에서 언급한 바와 같이 효과크기의 측정치는 실험 설계, 독립변수의 선택과 수준 수, 종속변수, 표본이 추출된 모집단 등에 따라 달라질 수 있기 때문에 그 해석에는 연구자의 각별한 주의가 필요하다. 위에서 볼 수 있듯이 일반적으로 ω^2는 다른 효과크기 측정치보다 작게 산출되는데, 매우 작은 효과라도 해당 이론을 지지하거나 반박하는 중요한 근거가 될 수 있기 때문에 그 효과를 과소평가해서는 안 된다. 다시 한 번 강조하지만 코헨(Cohen, 1988)이 제시한 가이드라인은 의미 있는 효과와 그렇지 않은 효과를 가르는 명확한 경계가 아니라는 것을 다시 한 번 명심할 필요가 있다.

110) ω^2_G에 대한 자세한 계산식 역시 올레이닉과 앨지나의 연구(Olejnik & Algina, 2003)를 참조.

8.4 R을 이용한 분석 예제: Two-way between ANOVA

유명한 비어고글 효과(beer-goggles effect)에 관한 데이터를 예제를 가지고 R을 이용하여 two-way between ANOVA를 수행해보자. 비어고글 효과는 음주 후 이성의 외모에 대한 매력도를 편향적으로 평가하는 심리학적 현상을 말한다.[111] 예제에 사용된 데이터는 이러한 비어고글 효과 현상을 검증하기 위해 수행된 실제 실험을 바탕으로 만들어진 가상 데이터이다(Field, 2017). 실험의 절차를 간단하게 살펴보면 다음과 같다. 무작위로 선정된 48명의 실험 참가자는 다음과 같이 16명 씩 3개의 집단에 무선 배정되었다.

(1) 플라시보 집단(placebo group): 무알코올 맥주 500ml 섭취
(2) 저알콜 집단: 평균 알콜 농도(4%)의 맥주 500ml 섭취
(3) 고알콜 집단: 높은 알콜 농도(7%)의 맥주 500ml 섭취

각 집단의 절반(n=8)에게 매력적이지 않은 얼굴 사진 50장, 나머지 절반(n=8)에게 매력적인 얼굴 사진 50장의 매력도를 0에서 10점으로 평가하도록 했다. 개별 피험자가 50장의 사진에 대해 평가한 점수는 중앙값으로 산출되었다. 실험 결과 측정된 변수는 다음과 같다.

FaceType: 매력도 수준('0' = 매력적이지 않음, '1' = 매력적임)
Alcohol: 알콜 수준('0' = 플라시보 집단, '1' = 저알콜 집단, '2' = 고알콜 집단)
Attractiveness: 매력도 평가 점수의 중앙값

이와 같은 2(Face type) x 3(Alcohol level) 2-요인 완전랜덤화설계 실험을 통해 연구자는 다음과 같은 세 개의 가설을 검증하고자 한다.[112]

첫째, 사람들의 매력도 평가는 비교적 정확할 것이다. 매력적인 얼굴을 평가한 집

111) 비어고글 효과에 대한 자세한 내용은 리버스와 동료들의 연구(Lyvers et al., 20111)를 참고하길 바란다.
112) 이 예제에서는 이성의 매력에 대한 개인의 주관적 성향은 통제되지 않았다는 것을 밝혀둔다.

단의 측정된 매력도 점수는 매력적이지 않은 얼굴을 평가한 집단의 측정된 매력도 점수보다 높을 것이다.

둘째, 사람들의 알콜 섭취의 강도는 매력도 평가에 영향을 미칠 것이다. 즉, 섭취한 알콜의 도수가 높을수록 매력도 평가 점수는 높을 것이다.

셋째, 사람들의 매력도 평가는 알콜 섭취의 강도에 따라 다르게 나타날 것이다. 즉, 섭취한 알콜의 도수가 높지 않을 경우에는 제시된 사진 속 이성의 매력도를 비교적 정확하게 평가하겠지만, 섭취한 알콜의 도수가 높아질수록 그러한 평가의 정확도는 낮아질 것이다.

설정된 가설을 바탕으로 영가설과 대안가설은 다음과 같이 설정될 수 있다.

매력도의 주효과: $H_{0A}: \mu_1 = \mu_2 \cdots = \mu_j$, H_{aA} : not all the μ_j are equal

알콜 강도의 주효과: $H_{0B}: \mu_1 = \mu_2 = \mu_3$, H_{aB} : not all the μ_k are equal

매력도와 알콜 강도의 상호작용 효과:

$$H_{0AB}: \mu_{jk} - \mu_j - \mu_k + \mu = 0 \text{ for all } j \text{ and } k,$$

$$H_{aAB}: \text{ not all the } (\mu_{jk} - \mu_j - \mu_k + \mu = 0) = 0$$

8.4.1 데이터 로딩 및 기술통계

먼저 데이터를 불러오고 분석할 데이터의 대략적인 양상을 파악해보자.

```
> beer <- read.csv("Beer_goggles.csv")
> str(beer)
'data.frame':	48 obs. of  4 variables:
 $ Subject         : int  1 2 3 4 5 6 7 8 9 10 ...
 $ FaceType        : int  1 1 1 1 1 1 1 1 1 1 ...
 $ Alcohol         : int  0 0 0 0 0 0 0 0 1 1 ...
 $ Attractiveness: int  6 7 6 7 6 5 8 6 7 6 ...
```

분석에 사용될 데이터 프레임은 48개의 관찰치와 총 4개의 변수로 구성되어 있다. 앞서 기술한 것처럼, FaceType은 매력도 수준('0' = 매력적이지 않음, '1' = 매력적임),

Alcohol은 알콜 수준('0' = 플라시보 집단, '1' = 4%, '2' = 7%), Attractiveness는 매력도 평가 점수의 중앙값으로 측정되었다. Subject는 실험 참가자의 id이다. FaceType, Alcohol, Subject 등은 모두 factor 변수로 변환하였다. FaceType과 Alcohol의 각 수준 역시 문자 형태로 recode하였다.

```
> beer$Subject <- factor(beer$Subject)
> beer$FaceType <- factor(beer$FaceType, labels=c("unattractive", "attractive"))
> beer$Alcohol <- factor(beer$Alcohol, labels=c("placebo", "4%", "7%"))
```

apaTables 패키지(Stanley, 2021)의 apa.2way.table 함수를 이용해 각 조건별 평균과 표준편차를 산출해보자. apaTables 패키지는 여러 유형의 분석 결과를 APA(American Psychological Association) 스타일의 표를 Word 파일(.doc 파일)로 생성해주기 때문에 APA 스타일의 연구논문을 작성하는 연구자에게 꽤나 유용한 패키지이다. 이 패키지를 사용하면 보다 손쉽게 다양한 분석결과의 표를 생성할 수 있다. apaTables 패키지의 apa.2way.table 함수를 이용하면 two-way ANOVA 분석을 위한 기술통계 표를 작성할 수 있다. 각 조건별 평균과 표준편차에 대해 생성된 표는 <표 8.4>과 같다.

```
> library(apaTables)
> apa.2way.table(data = beer,
               iv1 = FaceType, iv2 = Alcohol, dv = Attractiveness,
               filename = "Table_beer.doc",
               show.marginal.means = TRUE)
```

표 8.4 비어고글 효과에 대한 평균과 표준편차

	Alcohol							
	placebo		4%		7%		Marginal	
FaceType	*M*	*SD*	*M*	*SD*	*M*	*SD*	*M*	*SD*
unattractive	3.50	1.60	4.88	1.25	6.62	1.06	5.00	1.82
attractive	6.38	0.92	6.50	0.93	6.12	1.13	6.33	0.96
Marginal	4.94	1.95	5.69	1.35	6.38	1.09		

우리가 예상할 수 있는 것처럼 매력적인 사진 속 인물에 대한 매력도 평가는 매력적

이지 않은 사진 속 인물에 대한 매력도 점수보다 높은 것으로 나타났다[$M_{unattractive}$ = 5.00(1.82), $M_{\text{attractive}}$ = 6.33(0.96)]. 또한 알콜의 강도가 높아질수록 사진 속 인물에 대한 매력도 점수는 전반적으로 높아지는 것으로 나타났다[$M_{placebo}$ = 4.94(1.95), $M_{4\%}$ = 5.69(1.35), $M_{7\%}$ = 6.38(1.09)]. 위 표에 따르면 unattractive 조건에서는 이러한 패턴이 유지되는 반면, attractive 조건에서는 이러한 패턴이 나타나지 않는다는 것을 알 수 있다.

ggpubr 패키지(Kassambara, 2020)를 이용해 박스 플롯을 생성해보면 다음과 같다.

```
> library(ggpubr)
> ggboxplot (beer, x = "Alcohol", y = "Attractiveness", add = "jitter", shape = "FaceType")
```

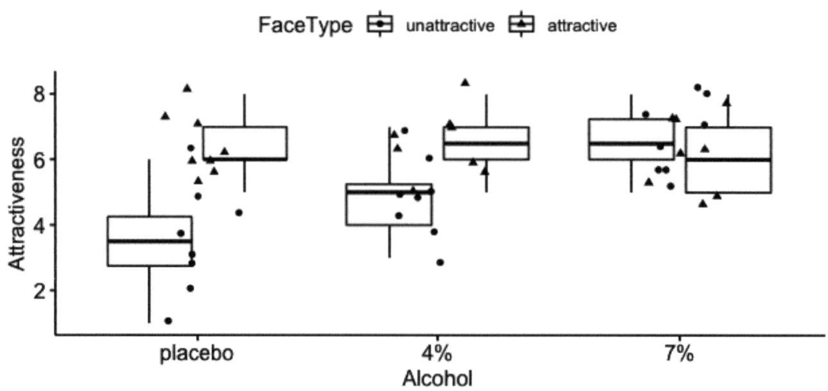

그림 8.2 비어고글 효과에 대한 박스 플롯

생성된 박스 플롯을 보면 위에서 기술한 데이터의 대략적인 패턴과 유사한 것을 알 수 있다. 박스 플롯은 주효과는 어느 방향으로 어느 정도의 크기로 나타나는지와 상호작용 효과가 있을 것인지에 대한 대략적 추론을 하게 해준다는 점에서 연구자에게 유용하다.

8.4.2 two-way ANOVA 분석과 가정 검정

one-way ANOVA 분석과 마찬가지로 R에서는 two-way ANOVA 분석을 위한 패키지는 매우 다양하다. 여기서는 ez 패키지(Lawrence, 2016)의 ezANOVA 함수를 사용하기로 한다. dv 옵션에는 종속변수 Attractiveness, between 옵션에는 독립변수 FaceType와 Alcohol을 지정하였다. 반복하여 언급하지만, ezANOVA 함수의 코드를 작성할 때, id 변수를 wid에 지정해주는 것을 잊지 말길 바란다. 이때 변수는 항상 factor 형식의 변수가 되어야 한다. 본 예제에서는 Subject 변수가 id 변수로 지정되었다. return_aov 옵션을 T로 지정하여 aov 객체로 저장하여 ezANOVA 함수의 실행 결과를 벡터로 반환해주도록 하였다. 여기서 저장된 aov는 beer.aov라는 벡터로 다시 저장 되었다. type 옵션은 어떤 방식으로 제곱합을 계산할 것인지를 지정하는 옵션이다. 요인 설계에서 데이터가 불균형일 때(unbalanced), 즉 집단의 표본 크기가 다를 경우 ANOVA에 대한 제곱합은 type I, type II, type III으로 불리는 3가지 방법에 따라 달라질 수 있다. ezANOVA 함수에서는 type II가 기본 값으로 설정되지만,[113] 이들 세 방식에 대해 조금 더 살펴볼 필요가 있다.

세 가지 유형의 제곱합 계산 방식 중에 어떤 유형을 사용해야 하는지에 대한 명확한 합의는 없지만, 일반적으로 데이터가 균형을 이루면 type I과 type II는 동일한 분석 결과가 산출된다. 먼저 type I은 요인 A, 요인 B, AB 상호작용까지 각 효과를 정의된 ANOVA 모델에 순차적으로 추가하여 제곱합을 계산하는 방법이다. 다중요인 ANOVA에서는 각 항들이 모델에 추가되는 순서에 따라 상당히 다른 결과가 산출될 수 있다. 만일 요인 A, 요인 B, AB 상호작용이 순차적으로 모델에 추가된다면 요인 A의 제곱합이 계산된 후에 요인 B가 계산되고, 그 후 AB 상호작용이 계산된다. 이를 식으로 표현하면 다음과 같다. 이때 요인 A의 제곱합은 다른 요인들의 제곱합을 통제하지 않은 상태에서 계산된다는 점에 유의할 필요가 있다.

$$SS(A) \text{ for factor } A$$
$$SS(B \mid A) \text{ for factor } B$$
$$SS(AB \mid B, A) \text{ for interaction } AB$$

type II와 type III는 type I 방식과 달리 각 요인의 제곱합 계산을 다른 요인에 대해 조정된(adjusted) 값으로 산출된다. 다만 type II와 type III의 차이는 상호작용 효과를 반영하는지에 의해 결정된다. 만일 상호작용 효과가 있다면 이 두 방법은 동일한 결과를 산출하게 되지만 상호작용 효과가 없다면 이들의 결과는 달라진다. 상호작용 효과가

113) SPSS의 경우에는 type III이 기존 설정 값이다.

없는 경우 type II에서는 모든 요인의 주효과의 제곱합은 모델의 다른 요인에 대해 조정한 후에 계산된다. 이를 식과 그림으로 표현하면 아래의 <그림 8.3>과 같다.

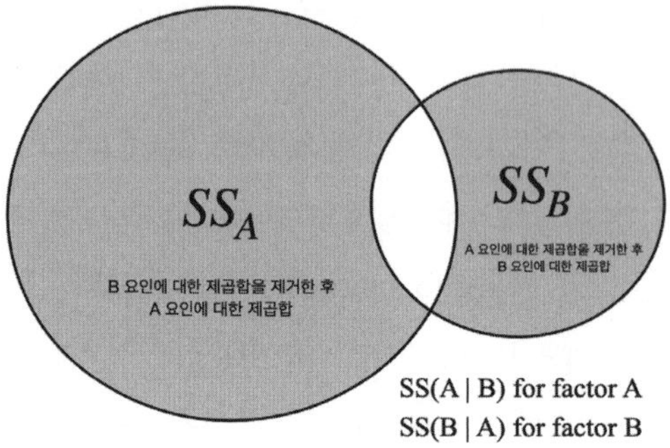

그림 8.3 Type Ⅱ 제곱합

반면, type III 분석에서 비록 상호작용 효과가 없더라 하더라도 각 요인의 제곱합은 모델의 다른 요인뿐만 아니라 상호작용 항에 대해서도 조정된 후 계산된다. 이를 식과 그림으로 표현하면 아래의 <그림 8.4>와 같다.

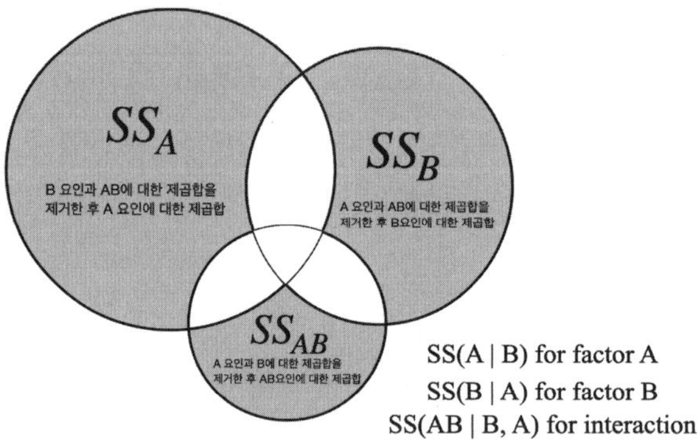

그림 8.4 Type Ⅲ 제곱합

각 요인의 제곱합 계산에 있어 type II와 type III 모두 type I 방식에 비해 보수적이지만, 상호작용 효과가 유의하지 않은 경우에는 type II에 비해 type III의 제곱합 결과가 보다 과소평가될 수 있다. 앞서 언급한 바와 같이 제곱합 계산 방식을 위해 이들 중 어떤 유형을 사용해야 하는지에 대한 명확한 합의는 없지만, 일반적으로 통계 검정력 측면에서 type II가 선호되며, 특히 데이터에 결측치가 있는 경우에는 type II 방식이 권고된다.[114] ezANOVA 함수를 사용하여 분석을 수행한 결과는 아래와 같다.

```
> library(ez)

> beer_goggle <- ezANOVA(beer,
                    wid=.(Subject),
                    dv=.(Attractiveness),
                    between=.(FaceType, Alcohol),
                    type="II",
                    detailed=TRUE,
                    return_aov=T)

> beer_goggle
$ANOVA
           Effect DFn DFd      SSn  SSd         F            p p<.05       ges
1        FaceType   1  42 21.33333 57.5 15.582609 0.0002952236     * 0.2706131
2         Alcohol   2  42 16.54167 57.5  6.041304 0.0049433895     * 0.2234102
3 FaceType:Alcohol   2  42 23.29167 57.5  8.506522 0.0007912739     * 0.2882929

$`Levene's Test for Homogeneity of Variance`
  DFn DFd  SSn  SSd         F         p p<.05
1   5  42 1.75 20.5 0.7170732 0.6141922

$aov
Call:
   aov(formula = formula(aov_formula), data = data)

Terms:
                FaceType  Alcohol  FaceType:Alcohol Residuals
Sum of Squares  21.33333 16.54167          23.29167  57.50000
Deg. of Freedom        1        2                 2        42

Residual standard error: 1.170063
```

114) 불균형 데이터에서 type II와 type III 방식의 사용에 대한 더 자세한 논의는 랭스러드(Langsrud, 2003)와 쇼와 미첼-올즈(Shaw & Mitchell-Olds, 1993)의 논문을 참고하길 바란다.

```
Estimated effects may be unbalanced

> beer.aov <- beer_goggle$aov
```

출력된 결과를 해석하기에 앞서 등분산성 가정에 대한 검정 결과를 확인해보자. 이를 위해서는 Levene's test 결과를 확인하도록 한다. ezANOVA 함수를 사용하여 산출된 Levene's test 결과는 $F(5, 42) = .717$, $p = .614$로 데이터의 등분산성 가정이 충족되었음을 확인할 수 있다. two-way ANOVA의 등분산성 검증에서 유의할 것은 설계된 모델의 모든 셀 간의 등분산성을 확인하여야 한다는 것이다. Levene's test 결과의 자유도(5, 42)에서 알 수 있듯이, 본 예제의 경우 6개의 셀 간의 분산이 동일함을 확인해야한다. 다음으로 정규성 가정에 대한 검정을 수행해보자. 이를 위해 ggpubr 패키지(Kassambara, 2020)를 이용하여 qqplot을 생성하여 시각적으로 정규성을 먼저 확인한 후, rstatix 패키지(Kassambara, 2020)를 이용해 Shapiro test를 수행해보자. 등분산성 가정과 마찬가지로 정규성 가정 역시 6개의 셀 모두의 정규성을 확인해야한다. 아래와 같이 kableExtra 패키지(Zhu, 2021)의 kbl 함수를 이용하면 Shapiro test 결과를 보다 산뜻한 표로 출력할 수 있다. qqplot에 대한 시각적 확인과 Shapiro test 결과를 보면 정규성 가정 역시 충족되었음을 알 수 있다. 따라서 분석할 데이터의 정규성 가정과 등분산성 가정에는 문제가 없다는 것을 확인하였다.

```
> ggqqplot(beer, "Attractiveness", facet.by = c("FaceType", "Alcohol"))
```

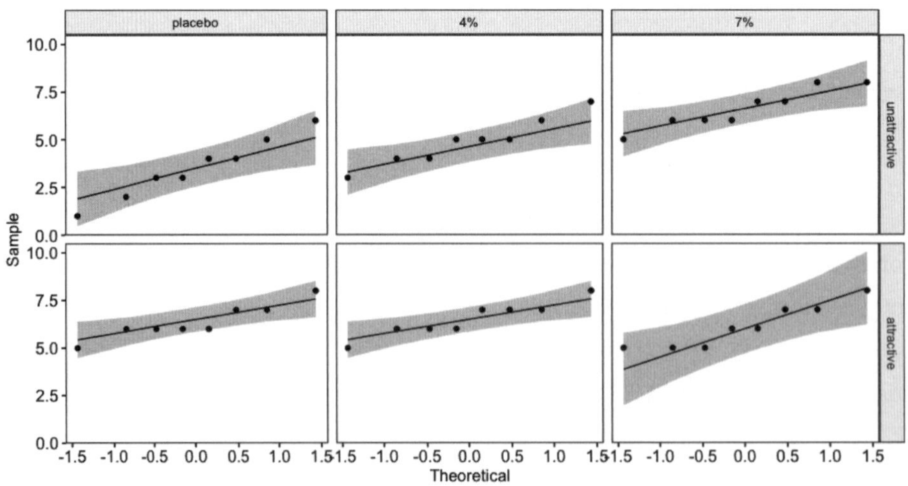

그림 8.5 비어고글 효과에 대한 QQ-plot

```
> library(rstatix)

> beer %>%
    group_by(FaceType, Alcohol) %>%
    shapiro_test(Attractiveness) %>%
    kbl() %>%
    kable_paper("hover", full_width = F)
```

FaceType	Alcohol	variable	statistic	p
unattractive	placebo	Attractiveness	0.98	0.98
unattractive	4%	Attractiveness	0.96	0.79
unattractive	7%	Attractiveness	0.91	0.37
attractive	placebo	Attractiveness	0.91	0.32
attractive	4%	Attractiveness	0.93	0.52
attractive	7%	Attractiveness	0.88	0.20

다음으로 ezANOVA 분석 결과를 살펴보자. 먼저 통계적으로 유의한 수준의 FaceType의 주효과가 발견되었다[$F(1, 42) = 15.582$, $p < .001$, $\eta_G^2 = .271$]. 즉, 매력적인 인물의 사진을 본 집단의 매력도 평가 점수(M = 6.33, SD = 0.96)와 매력적이지 않은 인물의 사진을 본 집단의 매력도 평가 점수(M = 5.00, SD = 1.82)는 95% 신뢰수준에서 통계적으로 유의한 차이가 있다고 말할 충분한 근거가 있다. Alcohol의 매력도 평가 점수에 미치는 주효과도 발견되었다[$F(2, 42) = 6.041$, $p < .01$, $\eta_G^2 = .223$]. 결과에 따르면, 섭취한 알콜의 강도에 따른 매력도 평가 점수는 통계적으로 유의한 차이가 있는 것으로 나타났다[$M_{placebo}$ = 4.94(1.95), $M_{4\%}$ = 5.69(1.35), $M_{7\%}$ = 6.38(1.09)].

이러한 주효과와 함께 FaceType과 Alcohol의 상호작용 효과 역시 통계적으로 유의한 수준으로 나타났다[$F(2, 42) = 8.507$, $p < .001$, $\eta_G^2 = .288$]. 이들의 상호작용 효과에 대한 플롯을 생성하면 아래와 같이 교차 상호작용을 볼 수 있다.

```
> library(ggplot2)

> beer %>%
+   ggplot() +
```

```
+   aes(x = Alcohol, linetype = FaceType, group = FaceType, y = Attractiveness) +
+   stat_summary(fun = mean, geom = "point", size=2) +
+   stat_summary(fun = mean, geom = "line") +
+   theme_classic()
```

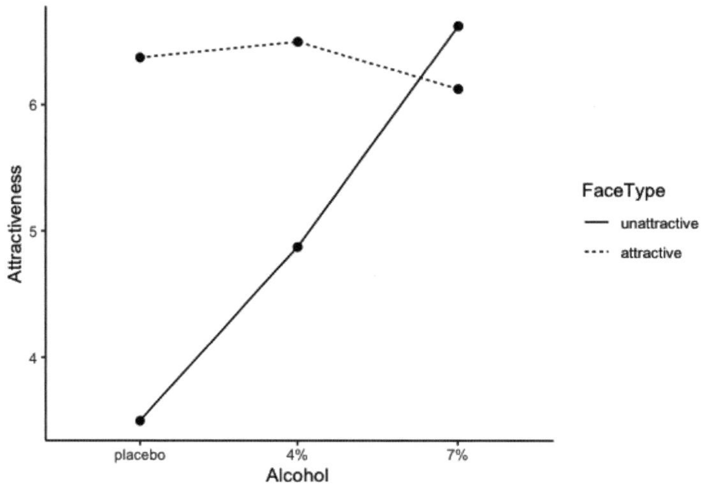

그림 8.6 비어고글 효과에 대한 상호작용 플롯

생성된 상호작용 플롯에 따르면, placebo 조건에서는 매력적인 인물의 사진을 본 집단의 매력도 평가 점수와 매력적이지 않은 인물의 사진을 본 집단의 매력도 평가 점수가 극명하게 차이가 나타난다. 즉, 0%의 알콜 도수 조건의 실험 참가자들은 비교적 정확하게 사진 속 이성의 매력도를 평가한다고 말할 수 있을 것이다($M_{unattractive}$: M = 3.50, SD = 1.60; $M_{\text{attractive}}$: M = 6.38, SD = 0.92). 반면, 강한 알콜 도수의 조건(7%)에서는 이러한 차이가 거의 나지 않을뿐더러 오히려 매력적이지 않은 인물의 사진을 본 집단의 매력도 평가 점수(M = 6.62, SD = 1.06)가 매력적인 인물의 사진을 본 집단의 매력도 평가 점수를 상회하는 것으로 나타났다(M = 6.12, SD = 1.13). 이러한 왜곡 현상은 4%의 알콜 도수 조건에서는 나타나지 않았지만, 매력적인 인물의 사진을 본 집단의 매력도 평가 점수(M = 6.50, SD = 0.93)와 매력적이지 않은 인물의 사진을 본 집단의 매력도 평가 점수(M = 4.88, SD = 1.25)는 0%의 알콜 도수 조건에 비해 상대적으로 좁혀진 것으로 나타났다. ANOVA 분석 결과를 토대로 APA 스타일의 Two-way ANOVA Summary 표를 작성하면 <표 8.5>와 같다.

표 8.5 비어고글 효과에 대한 ANOVA Summary Table

Source	*SS*	*df*	*MS*	*F*	*p*	η^2_g
FaceType	21.333	1	21.333	15.583	.000	.271
Alcohol	16.542	2	8.271	6.041	.005	.223
FaceType x Alcohol	23.292	2	11.646	8.507	.001	.288
Within	57.500	42	1.369			

Note. Type II Sum of Squares, η^2_g indicates generalized eta-squared.

8.4.3 효과크기

위의 ezANOVA 분석 결과 산출된 효과크기를 보면, FaceType은 $\eta^2_G = .271$, Alcohol은 $\eta^2_G = .223$, FaceType과 Alcohol의 상호작용 효과 $\eta^2_G = .288$로 모두 중간 이상의 효과크기를 보였다. sjstats 패키지(Lüdecke, 2021)의 anova_stats 함수를 이용하면 η^2_G 이외에도 아래와 같이 다양한 효과크기 추정치를 구할 수 있다. sjstats 패키지를 이용하여 효과크기를 산출하기 위해서는 벡터로 저장된 beer.aov를 사용한다.

```
> library(sjstats)

> effects <- anova_stats(beer.aov)

> effects %>%
   slice(1:3) %>%
   select(7:12) %>%
   kbl() %>%
   kable_paper("hover", full_width = F)
```

	etasq	partial.etasq	omegasq	partial.omegasq	epsilonsq	cohens.f
FaceType	0.180	0.271	0.166	0.233	0.168	0.609
Alcohol	0.139	0.223	0.115	0.174	0.116	0.536
FaceType:Alcohol	0.196	0.288	0.171	0.238	0.173	0.636

8.4.4 사후-검정과 계획 비교

옴니버스 ANOVA 결과 통계적으로 유의한 수준에서 설정된 영가설을 모두 기각하였으므로 요인별 그리고 수준별 평균 차이를 추가적으로 분석할 필요가 있다. 이를 위한 사후-검정은 Tukey's *HSD*를 수행해보자. R에서 사후-검정을 수행하는 방법은 다양하지만 emmeans 패키지(Lenth, 2022)를 이용하면 매우 편리하게 요인설계 ANOVA에서 사후-검정을 수행할 수 있다. Tukey's *HSD*를 수행하기 위해서는 앞서 저장된 aov 벡터 beer.aov를 사용해야 한다. 아래의 R 코드는 Alcohol의 주효과에 대한 사후-검정을 위해 수행된 Tukey's *HSD* 결과이다. emmeans 함수에서 adjust는 Tukey's *HSD*가 기본값으로 설정되어있다. 필요에 따라 adjust = "bonf"로 설정하여 Bonferroni adjusted test를 수행할 수 있다. 테스트 결과는 역시 kableExtra 패키지(Zhu, 2021)의 kbl 함수를 이용하여 표로 출력하였다. kbl 함수에서 digits = 3으로 설정하여 출력된 값들의 자릿수를 소수점 이하 3자리로 제한하였다.

```
> library(emmeans)

> posthoc.Alcohol <- emmeans(beer.aov, pairwise ~ Alcohol, adjust = "tukey")
NOTE: Results may be misleading due to involvement in interactions

> kbl(print(posthoc.Alcohol$contrasts), digits = 3) %>%
   kable_paper("hover", full_width = F)

Results are averaged over the levels of: FaceType
P value adjustment: tukey method for comparing a family of 3 estimates
```

contrast	estimate	SE	df	t.ratio	p.value
placebo - 4%	-0.750	0.414	42	-1.813	0.178
placebo - 7%	-1.437	0.414	42	-3.475	0.003
4% - 7%	-0.688	0.414	42	-1.662	0.232

Tukey's *HSD*를 이용한 Alcohol의 사후-검정 결과를 보면, placebo 집단과 7% 집단 간의 평균 차이만 통계적으로 유의한 수준에서 영가설을 기각할 수 있었다

$[M_{diff} = -1.437,\ t(42) = -3.475,\ p < .01]$. 즉, 사진 속 인물의 매력에 대한 7% 집단의 평가 점수는 placebo 집단에 비해 통계적으로 유의한 수준으로 높다고 말할 수 있을 것이다. 하지만 앞서 논의한 바와 같이 상호작용 효과가 유의한 상황에서 Alcohol의 주효과에 대한 사후-검정 결과는 주의 깊게 해석할 필요가 있다. 위의 상호작용 플롯에서 확인할 수 있듯이 매력도 평가에 대한 Alcohol의 효과는 FaceType에 따라 다르게 나타난다. 따라서 FaceType에 따른 Alcohol의 각 셀에 대한 단순효과 검정을 수행할 필요가 있다.

```
> posthoc.cell_1 <- emmeans(beer.aov, pairwise ~ Alcohol | FaceType, adjust =
"tukey")
> kbl(print(posthoc.cell_1$contrasts), digits = 3) %>%
   kable_paper("hover", full_width = F)

P value adjustment: tukey method for comparing a family of 3 estimates
```

contrast	FaceType	estimate	SE	df	t.ratio	p.value
placebo - 4%	unattractive	-1.375	0.585	42	-2.350	0.060
placebo - 7%	unattractive	-3.125	0.585	42	-5.342	0.000
4% - 7%	unattractive	-1.750	0.585	42	-2.991	0.013
placebo - 4%	attractive	-0.125	0.585	42	-0.214	0.975
placebo - 7%	attractive	0.250	0.585	42	0.427	0.904
4% - 7%	attractive	0.375	0.585	42	0.641	0.798

FaceType에 따른 Alcohol의 단순효과 검정 결과, 우리가 예측한대로 FaceType의 attractive 조건에서는 알콜 도수에 따른 매력도 평가의 평균 차이는 발견되지 않았지만, unattractive 조건에서는 placebo - 7% 쌍과 4% - 7% 쌍의 매력도 평가 평균 차이가 통계적으로 유의한 것으로 나타났으며, placebo - 4% 쌍 평균 차이 역시 95% 신뢰수준에 거의 근접한 것으로 나타났다. 이는 상호작용 플롯에서 확인할 수 있듯이 unattractive 조건에서 매력도 평가 점수는 알콜 도수가 높아질수록 증가하는 것을 알 수 있다. 이러한 결과는 실험 참가자들이 더 센 술을 마실수록 이성의 매력도 평가에 있어 왜곡된 지각을 한다는 비어고글 효과를 입증하는 것으로 해석될 수 있다.

이번에는 Alcohol 수준에 따른 FaceType의 단순효과 검정을 emmeans 함수를 이용하여 수행해보자.

```
> posthoc.cell_2 <- emmeans(beer.aov, pairwise ~ FaceType| Alcohol )

> kbl(print(posthoc.cell_2$contrasts), digits = 3)%>%
+   kable_paper("hover", full_width = F)
```

contrast	Alcohol	estimate	SE	df	t.ratio	p.value
unattractive - attractive	placebo	-2.875	0.585	42	-4.914	0.000
unattractive - attractive	4%	-1.625	0.585	42	-2.778	0.008
unattractive - attractive	7%	0.500	0.585	42	0.855	0.398

Alcohol 수준에 따른 FaceType의 단순효과 검정 결과, placebo 조건과 알콜 도수 4% 조건에서는 unattractive - attractive 쌍의 평균 차이가 99% 신뢰수준에서 통계적으로 유의한 것으로 나타났다. 반면, 7% 알콜 도수 조건에서는 unattractive - attractive 쌍의 평균 차이가 통계적으로 유의하지 않은 것으로 보인다. 이러한 결과는 사람들이 술에 더 취할수록 매력적이지 않은 이성도 매력적으로 평가하는 경향, 즉 이성의 외모에 대한 평가가 객관적이지 않음을 보여준다고 할 수 있다.

emmeans 패키지(Lenth, 2022)를 이용하면 앞서 살펴 본 계획비교를 보다 쉽게 수행할 수 있다. 만일 연구자가 Alcohol의 7% 조건에서 FaceType의 unattractive와 attractive의 평균 차이가 유의한지 관심이 있다고 가정하고 이에 대한 계획비교를 수행해보자. 먼저 emmeans 함수를 이용하여 저장된 aov 벡터 beer.aov를 FaceType의 두 수준별 셀 평균으로 분해한다.

```
> simple.at.Level <- emmeans(beer.aov, ~Alcohol+FaceType)
> simple.at.Level
 Alcohol FaceType      emmean    SE df lower.CL upper.CL
 placebo unattractive    3.50 0.414 42     2.67     4.33
 4%      unattractive    4.88 0.414 42     4.04     5.71
 7%      unattractive    6.62 0.414 42     5.79     7.46
 placebo attractive      6.38 0.414 42     5.54     7.21
 4%      attractive      6.50 0.414 42     5.67     7.33
```

```
7%       attractive     6.12 0.414 42     5.29     6.96

Confidence level used: 0.95
```

그 다음, list 함수를 이용하여 대조 계수를 세팅하고 contrast 함수를 이용하여 세팅된 대조 계수를 앞서 분해한 셀 평균에 부여한다. 이때 세팅된 대조 계수 c(0,0,-1, 0,0,1)를 보면, 앞의 세 계수(0,0,-1)는 unattractive 조건, 뒤의 세 계수(0,0,1)는 attractive 조건을 각각 의미한다. 따라서 unattractive 조건의 세 번째 계수를 '-1'로, attractive 조건의 세 번째 계수를 '1'로 설정하게 된다. adjust='none'로 지정하여 비교 보정을 하지 않는다.[115] 계획 비교 검정에서 요인의 수준이 2~3개인 계획 비교 검정의 경우 다중비교 보정(multiple comparison correction)이 필수적인 것은 아니지만, 좀 더 보수적인 결과를 원하거나 요인의 수준이 많을 때에는 계획 비교 검정을 위해 Tukey, Bonferroni, Sidak, mvt(multivariate *t* distribution) 등 다양한 보정을 적용할 수 있다. 끝으로 수행된 결과를 저장하여 kbl 함수를 이용하여 표로 출력한다. 분석된 결과에 따르면, Alcohol의 7% 조건에서 FaceType의 unattractive와 attractive의 평균 차이는 통계적으로 유의하지 않은 것으로 나타났다[$t(42) = -.855,\ p = .398$]. 이러한 결과는 앞서 설명한 것과 같이 사람들이 술에 많이 취하면 매력적이지 않은 이성도 매력적으로 평가하는 경향, 즉 이성의 외모에 대한 평가가 편향될 수 있음을 보여준다.

```
> Set1 <- list("unattractive-attractive" = c(0,0,-1, 0,0,1))
> planned_1 <- contrast(simple.at.Level, Set1, adjust='none')
> kbl(print(planned_1), digits = 3)%>%
+    kable_paper("hover", full_width = F)
```

contrast	estimate	SE	df	t.ratio	p.value
unattractive-attractive	-0.5	0.585	42	-0.855	0.398

이번에는 FaceType의 unattractive 조건에서 Alcohol의 단순효과에 대한 계획비교를 수행해보자. 이번 분석에서는 unattractive 조건에서의 Alcohol의 개별 쌍들의 평균 차이에 대한 것이므로 앞의 세 계수만을 설정한다. "placebo-4%"의 경우 unattractive

115) 이는 곧 Fisher's LSD test, 즉 protected *t*-tests를 수행하는 것을 의미한다.

조건의 첫 번째와 두 번째 계수를 '-1'과 '1'로, "placebo-7%"의 경우 unattractive 조건의 첫 번째와 세 번째 계수를 '-1'과 '1'로, 그리고 "4%-7%"의 경우 unattractive 조건의 두 번째와 세 번째 계수를 '-1'과 '1'로 각각 설정한다.

```
> Set2 <- list(
+   "placebo-4%" = c(-1,1,0, 0,0,0),
+   "placebo-7%" = c(-1,0,1, 0,0,0),
+   "4%-7%" = c(0,-1,1, 0,0,0))
> planned_2 <- contrast(simple.at.Level, Set2, adjust='none')
> kbl(print(planned_2), digits = 3)%>%
+   kable_paper("hover", full_width = F)
```

contrast	estimate	SE	df	t.ratio	p.value
placebo-4%	1.375	0.585	42	2.350	0.024
placebo-7%	3.125	0.585	42	5.342	0.000
4%-7%	1.750	0.585	42	2.991	0.005

분석된 결과를 보면, FaceType의 unattractive 조건에서 Alcohol의 모든 개별 쌍들의 평균 차이는 통계적으로 유의한 것으로 나타났다. 즉, 사람들이 술에 더 취할수록 매력적이지 않은 이성도 매력적으로 평가하는 경향을 보여준다고 할 수 있다.

지금까지 독립적인 두 개의 요인 설계를 위한 two-way between ANOVA의 원리와 구조 그리고 R 예제를 통한 분석 방법 등을 살펴보았다. two-way within ANOVA와 two-way mixed ANOVA는 one-way ANOVA와 two-way between ANOVA의 확장이라는 관점에서 볼 때 그 기본 구조와 원리는 크게 다르지 않다. 따라서 이들 분석 방법의 이론적인 설명은 생략하기로 하고 R 예제를 통해 이들 두 분석 방법을 살펴보기로 하자.

8.5 R을 이용한 분석 예제: Two-way within ANOVA

Two-way within ANOVA는 반복 측정된 두 개의 요인(독립변수)이 종속변수에 미치는 영향을 분석하기 위한 통계적 방법이다. one-way within ANOVA의 확장된 버전이라고 생각하면 이해가 쉬울 것이다. datarium 패키지(Kassambara, 2019)의 selfesteem2라는 데이터 셋을 이용하여 two-way within ANOVA를 수행해보자. selfesteem2는 4주 다이어트 프로그램에 참가한 12명의 실험 참가자들로부터 측정한 데이터를 담고 있다. 이들 실험 참가자들은 두 개의 실험 조건, 즉 통제 조건(플라시보)과 특별 다이어트 조건에 모두 노출된 후, 3회(실험 시작: T1, 실험 중간: T2, 실험 종료: T3)에 걸쳐 그들의 자존감 점수가 측정되었다. 이 가상 실험은 단기 다이어트 프로그램이 시간이 지날수록 자존감 점수를 크게 높일 수 있는지를 조사하기 위한 것이다. 다시 말해, 개인의 자존감에 대해 해당 다이어트 프로그램과 시간 사이에 유의한 상호작용이 있는지가 연구자의 주요 관심이라고 할 수 있다. 따라서 연구자는 다음과 같이 영가설과 대안가설을 설정할 수 있다.

다이어트 프로그램의 주효과: $H_{0A}: \mu_{placebo} = \mu_{diet}$, H_{aA} : not all the μ_j are equal

시간의 주효과: $H_{0B}: \mu_{T1} = \mu_{T2} = \mu_{T3}$, H_{aB} : not all the μ_k are equal

다이어트 프로그램과 시간의 상호작용 효과:

$$H_{0AB}: \mu_{jk} - \mu_j - \mu_k + \mu = 0 \text{ for all } j \text{ and } k,$$

$$H_{aAB}: \text{ not all the } (\mu_{jk} - \mu_j - \mu_k + \mu = 0) = 0$$

8.5.1 데이터 로딩 및 기술통계

먼저 데이터를 로딩하고 분석할 데이터의 대략적인 양상을 파악해보자.

```
> data("selfesteem2")
> str(selfesteem2)
tibble [24 × 5] (S3: tbl_df/tbl/data.frame)
 $ id       : Factor w/ 12 levels "1","2","3","4",..: 1 2 3 4 5 6 7 8 9 10 ...
```

```
 $ treatment: Factor w/ 2 levels "ctr","Diet": 1 1 1 1 1 1 1 1 1 1 ...
 $ t1        : num [1:24] 83 97 93 92 77 72 92 92 95 92 ...
 $ t2        : num [1:24] 77 95 92 92 73 65 89 87 91 84 ...
 $ t3        : num [1:24] 69 88 89 89 68 63 79 81 84 81 ...
```

분석에 사용될 데이터 프레임은 총 24개의 관찰치와[116] id를 포함한 총 5개의 변수로 구성되어 있다. 앞서 기술한 것처럼, treatment는 다이어트 프로그램의 유무(ctr = 플라시보, Diet = 다이어트 프로그램), t1, t2, t3은 세 개의 시점, 즉 실험 시작, 실험 중간, 실험 종료 시점에서 측정된 실험 참가자들의 자존감 점수를 의미한다. 분석을 위해 rstatix 패키지(Kassambara, 2021)를 이용하여 두 개의 행에는 독립변수들을, 또 하나의 행에는 종속변수가 코딩된 형태 즉 세로로 긴 형태인 long format의 데이터 셋으로 변환하여야 한다. long format으로 데이터 셋을 변환하기 위해서는 gather 함수를 사용하는데, 이때 key에는 독립변수 중 시간 변수를, value에는 종속변수를 지정하여 이전 데이터 셋의 4개 열을 value에 하나의 열로 모아준다.

```
> library(rstatix)
> long.self_esteem2 <- selfesteem2 %>%
        gather(key = "time", value = "score", t1:t3) %>%
        convert_as_factor(id, time)
> head(long.self_esteem2, 3)
# A tibble: 3 × 4
  id    treatment  time   score
  <fct> <fct>      <fct>  <dbl>
1 1     ctr        t1       83
2 2     ctr        t1       97
3 3     ctr        t1       93
```

apaTables 패키지(Stanley, 2021)의 apa.2way.table 함수를 이용해 각 조건별 평균과 표준편차를 산출해보자. 각 조건별 평균과 표준편차에 대해 생성된 표는 아래와 같다.

```
> library(apaTables)
```

116) 12명의 실험 참가자의 자존감 점수가 2개의 다이어트 프로그램 조건에 노출된 후 3회에 걸쳐 반복 측정되었으므로 24개의 케이스가 된다.

```
> apa.2way.table(data = long.self_esteem2
                 iv1 = treatment, iv2 = time, dv = score,
                 filename = "Table_beer.doc",
                 show.marginal.means = TRUE)
```

	time							
	t1		t2		t3		Marginal	
treatment	*M*	*SD*	*M*	*SD*	*M*	*SD*	*M*	*SD*
ctr	88.00	8.08	83.83	10.23	78.67	10.54	83.50	10.17
Diet	87.58	7.62	87.83	7.42	87.67	8.14	87.69	7.51
Marginal	87.79	7.68	85.83	8.98	83.17	10.29		

Note. M and SD represent mean and standard deviation, respectively.
Marginal indicates the means and standard deviations pertaining to main effects.

생성된 표에 따르면, 다이어트 조건의 실험 참가자의 자존감 평균은 통제 조건의 실험 참가자의 자존감 평균에 비해 높은 것으로 나타난 반면, 실험 참가자의 자존감 평균은 시간의 흐름에 따라 감소하는 것으로 나타났다. 또한 통제 조건에서는 시간이 흐를수록 실험 참가자의 자존감 평균은 감소하는 반면, 다이어트 조건에서는 실험 참가자의 자존감 평균은 큰 변화가 없는 것으로 나타났다.

이러한 패턴은 ggpubr 패키지(Kassambara, 2020)를 이용해 생성한 <그림 8.7>의 박

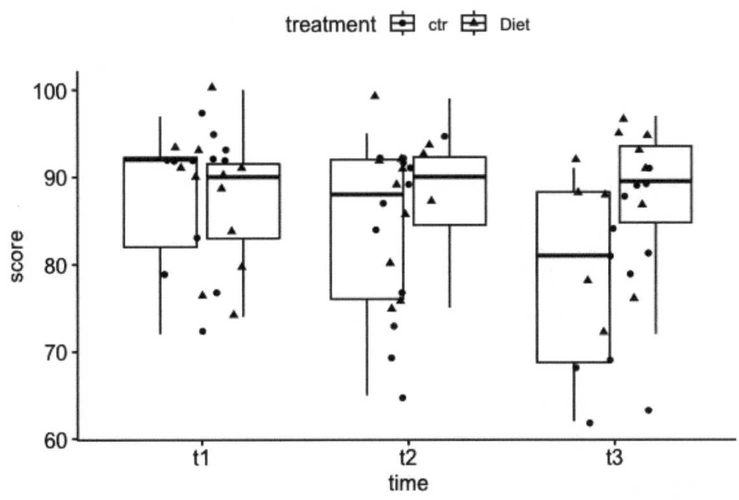

그림 8.7 다이어트 프로그램에 따른 자존감 변화에 대한 박스 플롯

스 플롯에서도 확인할 수 있다.

```
> library(ggpubr)
> ggboxplot(long.self_esteem2, x = "time", y = "score",
                  add = "jitter", shape = "treatment")
```

8.5.2 two-way within ANOVA 분석과 가정 검정

Two-way within ANOVA 역시 ez 패키지(Lawrence, 2016)의 ezANOVA 함수를 사용하여 수행될 수 있다. dv 옵션에는 종속변수 score, within 옵션에는 독립변수 treatment와 time을, wid에 id를 지정하였다. type 옵션은 II를 설정하였다. 또한 return_aov 옵션을 T로 지정하여 결과를 aov 객체로 별도 저장하여 ezANOVA 함수의 실행 결과를 diet라는 벡터로 반환해주도록 하였다. 여기서 반환된 aov는 diet.aov라는 벡터로 저장 되었다. 사실, ezANOVA 함수의 결과는 출력되는 양이 너무 길고, 제곱합의 소수점 자리도 4자리까지 출력을 해주기 때문에 다소 보기가 불편하다. 따라서 저장된 diet.aov라는 벡터에서 연구자가 필요한 부분만을 따로 출력해서 결과를 해석하는 것이 더 편할 수 있다. 이때 psychReport 패키지(Mackenzie & Dudschig, 2022)의 다양한 함수를 사용하면 매우 편리하다 예를 들면, aovRoundDigits 함수와 aovDispTable를 사용하면 모델의 제곱합을 소수점 2자리로 자리 수를 줄인 결과를 깔끔한 표로 출력해 준다. 그러면 이들 패키지를 활용해서 하나씩 차례대로 분석을 수행해 보자.

```
> library(ez)
> library(psychReport)
> diet <- ezANOVA(long.self_esteem2,
                        wid=.(id),
                        dv=.(score),
                        within=.(treatment, time),
                        type="II",
                        detailed=TRUE,
                        return_aov=T)
> diet.aov <- diet$aov
```

출력된 결과를 해석하기에 앞서 정규성 가정과 구형성 가정에 대한 검정 결과를 먼저 확인해보자. 먼저 정규성 가정은 아래와 같이 요인 수준의 각 조합에 대한 QQ-plot과 Shapiro-Wilk test를 통해 확인한다.

```
> ggqqplot(long.self_esteem2, "score", ggtheme = theme_bw()) +
    facet_grid(time ~ treatment, labeller = "label_both")

> selfesteem2 %>%
        group_by(treatment, time) %>%
        shapiro_test(score)
# A tibble: 6 × 5
  treatment time  variable statistic      p
  <fct>      <fct> <chr>          <dbl>  <dbl>
1 ctr        t1    score          0.828 0.0200
2 ctr        t2    score          0.868 0.0618
3 ctr        t3    score          0.887 0.107
4 Diet       t1    score          0.919 0.279
5 Diet       t2    score          0.923 0.316
6 Diet       t3    score          0.886 0.104
```

생성된 QQ-plot을 보면, 통제 조건의 t1의 한 케이스 말고는 전반적으로 데이터의 정

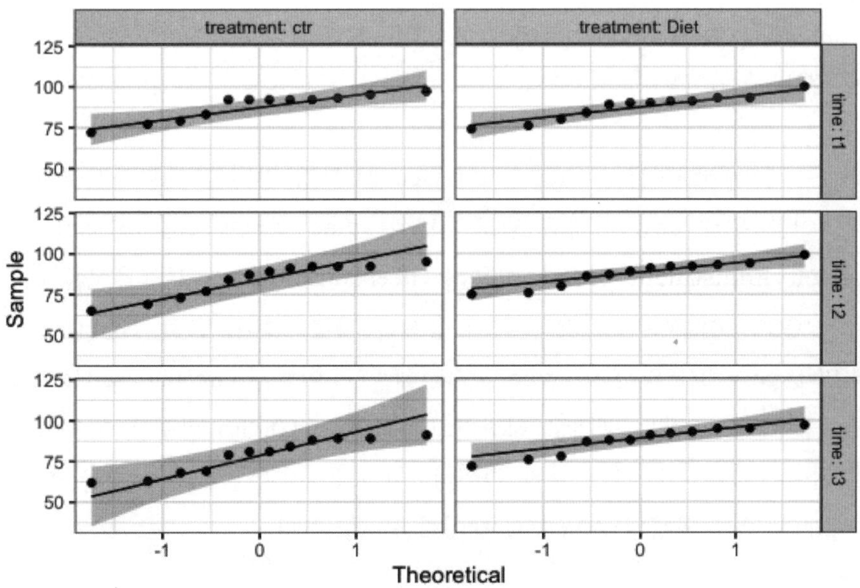

그림 8.8 다이어트 프로그램에 따른 자존감 변화에 대한 QQ-plot

규성에는 큰 문제가 없어 보인다. 이러한 결과는 Shapiro-Wilk test 결과에서도 동일하게 나타난다. 이러한 결과들과 ANOVA가 정규성 가정에 강건한 분석 방법이라는 것을 고려했을 때 이 모델의 정규성 가정은 충족되었다고 말할 수 있는 충분한 근거가 있다.

다음으로, 구형성 가정을 점검하기 위해 Mauchly's test 결과를 확인해보자. 이를 위해서는 aov 객체로 별도 저장된 diet 벡터에서 Mauchly's Test for Sphericity 결과만 따로 추출하여 확인하도록 한다.

```
> diet$`Mauchly's Test for Sphericity`
          Effect         W          p p<.05
3           time 0.4690776 0.02271033     *
4 treatment:time 0.6160746 0.08874965
```

Mauchly's test 결과를 보면, treatment와 time의 상호작용에 대한 구형성 가정은 95% 신뢰수준에서 충족된 것으로 나타난 반면($p = .089$), time의 구형성 가정은 95% 신뢰수준에서 충족되지 않았다($p = .023$). 따라서 time의 경우 추가적으로 Greenhouse-Geisser의 $\hat{\varepsilon}$을 기준으로 Greenhouse-Geisser나 Hyun-Feldt 보정을 통해 자유도를 보정하는 추가적인 절차를 사용할 필요가 있다. Greenhouse-Geisser의 $\hat{\varepsilon}$은 아래와 같이 추출한다.

```
> diet$`Sphericity Corrections`[1,2]
[1] 0.653201
```

추정된 ε이 약 0.653이므로 Greenhouse-Geisser 보정 방법을 사용하여 F-test 결과를 해석한다. 이를 위해 aov 객체로 별도 저장된 diet 벡터에 psychReport 패키지의 aovSphericityAdjustment 함수를 이용해 Greenhouse-Geisser 보정을 할 수 있다. 이 때 type = "GG", adjDF = TRUE과 같이 옵션을 지정해준다. 만일, Hyun-Feldt 보정을 수행하려면 type = "HF"와 같이 type을 지정해준다. 이렇게 Greenhouse-Geisser 보정을 한 후 결과를 diet.adj라는 벡터로 저장하고 aovRoundDigits 함수를 이용하여 모델의 제곱합을 소수점 2자리로 자리 수를 줄인다. 이 모든 결과를 aovDispTable 함수를 이용하여 아래와 같이 완성된 ANOVA 테이블을 생성한다.

```
> diet.adj <- aovSphericityAdjustment(diet, type = "GG", adjDF = TRUE)
> diet.round <- aovRoundDigits(diet.adj)
> aovDispTable(diet.round, caption = "Two-way within ANOVA for Diet program")
```

```
================== Two-way within ANOVA for Diet program ==================
          Effect  DFn   DFd       SSn     SSd       F     p p<.05  ges  eps eps_p<.05
     (Intercept)    1    11 527535.68 4641.15 1250.31 0.000     * 0.99 0.00
       treatment    1    11    316.68  224.15   15.54 0.002     * 0.06 0.00
            time 1.31 14.37    258.69  103.97   27.37 0.000     * 0.05 0.65         *
  treatment:time    2    22    266.36   96.31   30.42 0.000     * 0.05 0.72
---------------------------------------------------------------------------
```

생성된 ANOVA 테이블을 통해 분석 결과를 살펴보자. 먼저 95% 신뢰수준에서 통계적으로 유의한 수준의 treatment의 주효과가 발견되었다[$F(1, 11) = 15.54$, $p = .002$, $\eta_G^2 = .06$]. 즉, 실험 참가자들은 통제 조건($M = 83.50$, $SD = 0.96$)보다 다이어트 프로그램($M = 87.69$, $SD = 7.51$)에 노출될 때 그들의 자존감 점수는 높은 것으로 나타났다[$F(1, 11) = 15.54$, $p = .002$, $\eta_G^2 = .06$]. 반면, time의 주효과 역시 95% 신뢰수준에서 통계적으로 유의한 것으로 나타났지만[$F(1.31, 14.37) = 27.37$, $p < .001$, $\eta_G^2 = .05$], 실험 참가자들의 자존감 점수는 실험 시작 시기($M = 87.79$, $SD = 7.68$)에서 실험 중간($M = 85.83$, $SD = 8.98$)을 거쳐 실험 종료 시기($M = 83.17$, $SD = 10.29$)에 이르기 까지 시간의 흐름에 따라 점진적으로 감소하는 것으로 나타났다. 이러한 패턴은 통제 집단의 자존감 평균이 큰 차이로 감소하는 것에 기인하는 것으로 보인다. 따라서 우리는 treatment와 time의 상호작용 효과를 예상해볼 수 있다. 실제로 95% 신뢰수준에서 통계적으로 유의한 수준의 treatment와 time의 상호작용 효과가 발견되었다[$F(2, 22) = 30.42$, $p < .001$, $\eta_G^2 = .05$]. treatment와 time의 상호작용 효과에 대한 플롯을 생성하여 이를 해석해보자.

```
> library(ggplot2)
> long.self_esteem2 %>%
    ggplot() +
    aes(x = time, linetype = treatment, group = treatment, y = score) +
    stat_summary(fun = mean, geom = "point", size=2) +
```

```
stat_summary(fun = mean, geom = "line") +
theme_classic()
```

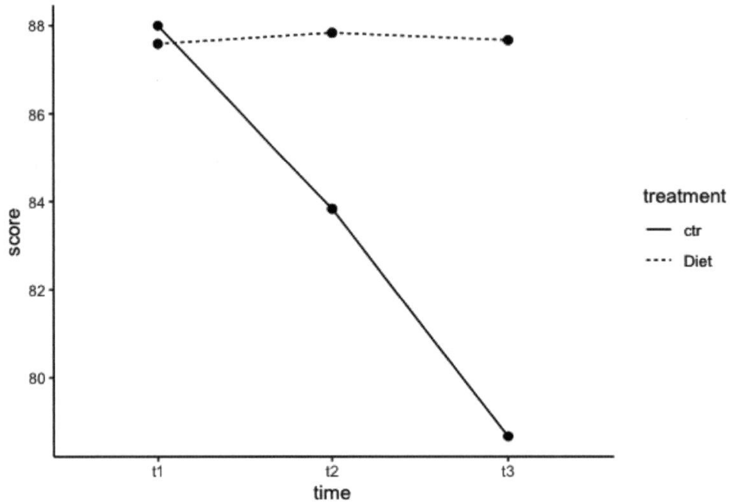

그림 8.9 다이어트 프로그램에 따른 자존감 변화에 대한 상호작용 플롯

생성된 상호작용 효과 플롯에 따르면, 실험 참가자들의 자존감 점수는 다이어트 시작 시기, 즉 t1에서는 통제 조건($M = 88$, $SD = 8.08$)과 다이어트 프로그램 조건($M = 87.6$, $SD = 7.62$) 간의 차이가 거의 없으나, 통제 조건에서의 자존감 점수는 시간의 흐름에 따라 큰 폭으로 감소하는 것으로 나타났다(t2: $M = 83.8$, $SD = 10.2$; t3: $M = 78.7$, $SD = 10.5$). 반면 다이어트 프로그램 조건에서의 실험 참가자들의 자존감 점수는 시간의 흐름에 따라 큰 변화가 없는 것으로 나타났다(t2: $M = 87.8$, $SD = 7.42$; t3: $M = 87.7$, $SD = 8.14$). 따라서 연구자는 사람들의 다이어트 수행이 자존감을 증가시키는 데에는 큰 영향을 미친다고 말할 수는 없지만, 적어도 자존감이 떨어지는 것은 예방할 수 있다는 결론을 내릴 수 있다. 코헨(Cohen, 1988)의 가이드라인을 따르면, 전반적으로 효과크기 η_G^2가 .05에서 .06으로 중간 정도의 효과크기를 보였다.[117]

117) 앞서 설명했듯이 within subject ANOVA 설계에서는 η_p^2 대신에 η_G^2(generalized eta squared)의 효과크기 추정치 사용이 권고된다. 이에 대한 자세한 논의는 베이크만(Bakeman, 2005)과 올레즈닉과 앨지나(Olejnik & Algina, 2003)의 연구를 참고하길 바란다.

8.5.3 사후-검정

Within subject ANOVA 설계에서는 사후-검정을 위해 Bonferroni adjusted test를 수행한다. 먼저, time의 주효과에 대한 사후-검정을 수행해보자. 이를 위해 rstatix 패키지(Kassambara, 2021)의 pairwise_t_test 함수를 사용한다. pairwise_t_test 함수의 p.adjust.method 옵션에 "bonferroni"로 설정하여 Bonferroni adjusted test를 수행할 수 있다. 검정 결과는 kableExtra 패키지(Zhu, 2021)의 kbl 함수를 이용하여 표로 출력할 수 있다. kbl 함수에서 digits = 3으로 설정하여 출력된 값들의 자릿수를 소수점 이하 3자리로 제한하였다.

```
> long.self_esteem2 %>%
  pairwise_t_test(score ~ time, paired=TRUE, p.adjust.method = "bonferroni") %>%
  kbl(digits = 3) %>%
  kable_paper("hover", full_width = F)
```

.y.	group1	group2	n1	n2	statistic	df	p	p.adj	p.adj.signif
score	time.1	time.2	24	24	2.859	23	0.009	0.027	*
score	time.1	time.3	24	24	3.702	23	0.001	0.004	**
score	time.2	time.3	24	24	3.749	23	0.001	0.003	**

도출된 결과표를 보면, 세 수준의 모든 개별 쌍의 평균 차이는 통계적으로 유의미한 수준에서 차이가 있는 것으로 나타났다.

통계적으로 유의미한 상호작용 효과에 대한 사후-검정은 한 요인(time)이 종속변수(score)에 미치는 영향이 다른 요인(treatment)의 수준에 따라 다르다는 것을 의미한다. 따라서 유의미한 상호작용 효과에 대한 사후-검정은 다음과 같은 절차를 따른다.[118] 먼저, treatment의 각 수준에서 time의 단순효과를 분석하기 위해 one-way within ANOVA를 수행한다. 그 다음으로는 단순효과가 유의한 수준에 대해 다중 쌍별비교, 즉 pairwise t-test를 수행한다. 단순효과는 rstatix 패키지(Kassambara, 2021)의 anova_test 함수를, 다중 쌍별비교는 pairwise_t_test 함수를 사용한다. 이때 보정 방법은

118) 만일 상호작용 효과가 통계적으로 유의미하지 않다면 각 요인의 주효과 분석 결과만을 해석하게 된다.

"bonferroni"를 적용한다.

```
> long.self_esteem2 %>%
  group_by(treatment) %>%
  anova_test(dv = score, wid = id, within = time) %>%
  get_anova_table() %>%
  adjust_pvalue(method = "bonferroni") %>%
  kbl(digits = 3) %>%
  kable_paper("hover", full_width = F)
```

treatment	Effect	DFn	DFd	F	p	p<.05	ges	p.adj
ctr	time	2	22	39.711	0.000	*	0.145	0
Diet	time	2	22	0.078	0.925		0.000	1

time의 단순효과 분석 결과에 따르면, 다이어트 조건에서의 시간의 경과에 따른 단순효과는 통계적으로 유의미하지 않은 것으로 나타난 반면[$F(2,\ 22) = 0.078,\ p_{adj} = 1,\ \eta_G^2 = .000$], 통제 조건에서의 다이어트 프로그램 조건에서의 시간의 경과에 따른 단순효과는 통계적으로 유의미한 것으로 나타났다[$F(2,\ 22) = 39.711,\ p_{adj} < .001, \eta_G^2 = .145$]. 통제 조건에서의 time의 쌍별비교 분석은 다음과 같이 수행된다.

```
> long.self_esteem2 %>%
     group_by(treatment) %>%
     filter(treatment == "ctr") %>%
     pairwise_t_test(score ~ time, paired = TRUE, p.adjust.method = "bonferroni") %>%
     kbl(digits = 3) %>%
     kable_paper("hover", full_width = F)
```

treatment	.y.	group1	group2	n1	n2	statistic	df	p	p.adj	p.adj.signif
ctr	score	t1	t2	12	12	4.530	11	0.009	0.027	**
ctr	score	t1	t3	12	12	6.912	11	0.000	0.000	***
ctr	score	t2	t3	12	12	6.490	11	0.000	0.000	***

쌍별비교 분석에 따르면 통제 조건의 time의 모든 개별 쌍의 자존감 평균은 통계적으로 유의미한 수준에서 차이가 있는 것으로 나타났다[t1-t2: $t(12)=4.530$, $p_{adj}=.003$; t1-t3: $t(12)=6.912$, $p_{adj}=.000$; t2-t3: $t(12)=6.490$, $p_{adj}=.000$].

8.6 R을 이용한 분석 예제: Two-way mixed ANOVA

Mixed ANOVA는 between-subject 설계와 within-subject 설계가 혼합된 형태의 모델을 위한 분석 방법이다. two-way mixed ANOVA의 경우, 한 요인(혹은 독립변수)은 between-subject 요인이고 또 다른 요인은 within-subject 요인인 두 개의 요인으로 나뉜 집단 간의 평균 차이를 비교하게 된다. mixed ANOVA를 사용하는 주요 목적 역시 종속변수에 대해 이 두 요인 사이에 상호작용 효과가 있는지 여부를 파악하는 것이다. two-way mixed ANOVA의 분석 예제를 위한 데이터 셋은 필드(Field, 2017)의 가상 데이터인 LooksOrPersonality 데이터를 용도에 맞게 수정하여 사용하였다.[119] LooksOrPersonality 데이터는 10명의 남성과 10명의 여성이 스피드 데이트 이벤트에 참가해 "외모" 또는 "성격"이 다른 9명의 데이트 파트너에 대해 선호도를 평가한 2(성별: 여성, 남성)×3(외모: 매력적인, 평균, 못생긴)×3(카리스마: 높은, 약간, 없는) 3-way mixed 설계로 수집된 가상 데이터 셋이다. 본 예제에서는 포함된 데이터에서 외모에 대한 하위 데이터 셋만을 사용하였다. 성별을 between-subject 요인으로, 외모를 within-subject 요인으로 하는 2(성별: 여성, 남성)×3(외모: 매력적인, 평균, 못생긴) two-way mixed 설계인 이 가상 실험은 데이트 상대를 평가하는 데 미치는 외모의 영향력이 성별에 따라 어떻게 달라지는지를 조사하기 위한 것이다. 다시 말해, 이성의 평가에 대해 성별과 외모 사이에 유의미한 상호작용이 있는지가 연구자의 주요 관심이다. 따라서 연구자는 다음과 같이 영가설과 대안가설을 설정할 수 있다.

성별의 주효과: $H_{0A}: \mu_{female}=\mu_{male}$, H_{aA} : not all the μ_j are equal

외모의 주효과: $H_{0B}: \mu_{\text{attract}}=\mu_{average}=\mu_{ugly}$, H_{aB} : not all the μ_k are equal

성별과 외모의 상호작용 효과:

119) 실제 데이터 셋은 통계 패키지 JASP의 데이터 라이브러리로부터 가져왔다.

$$H_{0AB}: \mu_{jk} - \mu_j - \mu_k + \mu = 0 \ \text{ for all } j \text{ and } k,$$
$$H_{aAB}: \text{ not all the } (\mu_{jk} - \mu_j - \mu_k + \mu = 0) = 0$$

8.6.1 데이터 로딩 및 기술통계

먼저 데이터를 로딩하고 분석할 데이터를 대략적으로 살펴보자.

```
> looks <- read.csv("Looks_or_Personality.csv")
> str(looks)
'data.frame':	20 obs. of  11 variables:
 $ participant: chr  "P01" "P02" "P03" "P04" ...
 $ gender     : chr  "Male" "Male" "Male" "Male" ...
 $ att_high   : int  86 91 89 89 80 80 89 100 90 89 ...
 $ av_high    : int  84 83 88 69 81 84 85 94 74 86 ...
 $ ug_high    : int  67 53 48 58 57 51 61 56 54 63 ...
 $ att_some   : int  88 83 99 86 88 96 87 86 92 80 ...
 $ av_some    : int  69 74 70 77 71 63 79 71 71 73 ...
 $ ug_some    : int  50 48 48 40 50 42 44 54 58 49 ...
 $ att_none   : int  97 86 90 87 82 92 86 84 78 91 ...
 $ av_none    : int  48 50 45 47 50 48 50 54 38 48 ...
 $ ug_none    : int  47 46 48 53 45 43 45 47 45 39 ...
```

분석에 사용될 데이터 프레임은 20명의 남녀 실험 참가자가 모든 9개의 조합, 3(외모: 매력적인, 평균, 못생긴)×3(카리스마: 높음, 약간, 없음)에 대해 반복 측정되었으므로 총 20개의 케이스와 participant를 포함한 총 11개의 변수로 구성되어 있다. 앞서 기술한 것처럼, 분석 예제는 이 데이터 셋에서 카리스마가 높은 조건의 외모 변수들(att_high, av_high, ug_high)만을 서브세팅하여 새로 데이터 프레임을 만들어 사용하도록 한다. 또한 분석을 위해 데이터 프레임을 long format으로 변환한다. 이를 위해, dplyr 패키지(Wickham et al., 2022)와 rstatix 패키지(Kassambara, 2021)를 이용하여 변수명을 바꾸고(예: att_high -> attract), 필요한 5개의 변수만을 서브세팅한 후, 두 개의 행에는 독립변수들을, 또 하나의 행에는 종속변수가 코딩된 형태로 변환하도록 하자.

```
> library(dplyr)
> library(rstatix)
> long.looks <- looks %>%
    rename(id=participant, attract=att_high, average=av_high, ugly=ug_high) %>%
    select(1:5) %>%
    gather(key = "attractiveness", value = "rating", 3:5) %>%
    convert_as_factor(id, gender, attractiveness)
> str(long.looks)
'data.frame':       60 obs. of  4 variables:
 $ id              : Factor w/ 20 levels "P01","P02","P03",..: 1 2 3 4 5 6 7 8 9 10 ...
 $ gender          : Factor w/ 2 levels "Female","Male": 2 2 2 2 2 2 2 2 2 2 ...
 $ attractiveness: Factor w/ 3 levels "attract","average",..: 1 1 1 1 1 1 1 1 1 1 ...
 $ rating          : int  86 91 89 89 80 80 89 100 90 89 ...
```

위에 새롭게 수정된 데이터 프레임을 보면 id, long.looks는 gender(Female, Male), attractiveness(attract, average, ugly), rating(이성에 대한 평가 점수) 등 총 4개의 변수와 60개의 관찰치(10×2×3)가 있는 것을 확인할 수 있다.

apaTables 패키지(Stanley, 2021)의 apa.2way.table 함수를 이용해 각 조건별 평균과 표준편차를 산출해보자. 각 조건별 평균과 표준편차에 대해 생성된 표는 아래와 같다.

```
> library(apaTables)
> apa.2way.table(data = long.looks,
                 iv1 = gender, iv2 = attractiveness, dv = rating,
                 filename = "Table_looks.doc",
                 show.marginal.means = TRUE)
```

	attractiveness							
	attract		average		ugly		Marginal	
gender	*M*	*SD*	*M*	*SD*	*M*	*SD*	*M*	*SD*
Female	89.60	6.64	88.40	8.33	86.70	5.44	88.23	6.77
Male	88.30	5.70	82.80	7.00	56.80	5.73	75.97	15.19
Marginal	88.95	6.06	85.60	8.02	71.75	16.27		

Note. M and SD represent mean and standard deviation, respectively.
Marginal indicates the means and standard deviations pertaining to main effects.

생성된 표에 따르면, 먼저 여성 실험 참가자의 상대 이성에 대한 평가($M = 83.23$, $SD = 6.77$)가 남성 실험 참가자의 상대 이성에 대한 평가($M = 75.97$, $SD = 15.19$)보다 높은 것으로 나타났다. 또한 상대 이성의 외모가 매력적일수록 높은 평가를 받은 것으로 나타났다(attract: $M = 88.95$, $SD = 6.06$; average: $M = 85.60$, $SD = 8.02$; ugly: $M = 71.75$, $SD = 16.27$). 하지만, 이러한 경향은 남성 실험 참가자에게서 강하게 나타나는 반면, 여성 실험 참가자의 경우는 상대적으로 이러한 경향이 크지 않았다.

이러한 패턴은 ggpubr 패키지(Kassambara, 2020)를 이용해 생성한 아래 박스 플롯에서도 확인할 수 있다.

```
> library(ggpubr)
> ggboxplot(long.looks, x = "attractiveness", y = "rating",
          add = "jitter", shape = "gender")
```

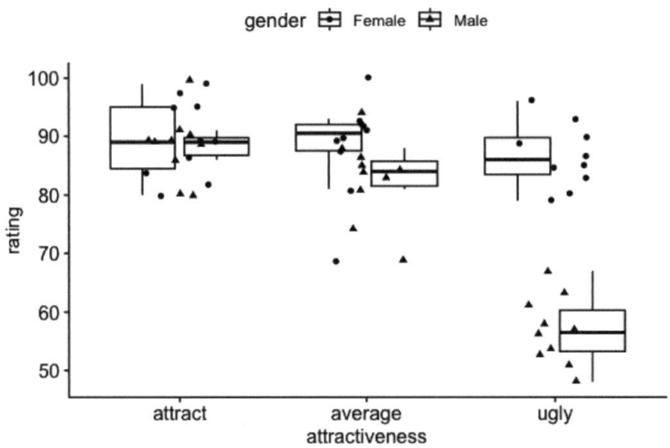

그림 8.10 LooksOrPersonality 데이터에 대한 박스 플롯

8.6.2 two-way mixed ANOVA 분석과 가정 검정

이번에는 ez 패키지(Lawrence, 2016)의 ezANOVA 함수를 사용하여 two-way mixed ANOVA를 수행해보자. two-way mixed ANOVA에는 between-subject 요인과 within-subject 요인 등 두 개의 요인이 있으므로 dv 옵션에는 종속변수 rating, between 옵션에는 gender를, within 옵션에는 attractiveness를, wid에 id를 지정한다. type

옵션은 II를 설정하였고, return_aov 옵션을 T로 지정하여 결과를 aov 객체로 별도 저장하여 ezANOVA 함수의 실행 결과를 look이라는 벡터로 반환해주도록 하였다. psychReport 패키지(Mackenzie & Dudschig, 2022)의 aovRoundDigits 함수와 aovDispTable를 사용하여 모델의 제곱합을 소수점 2자리로 자리 수를 줄인 결과를 표로 출력하였다.

```
> library(ez)
> library(psychReport)
> look <- ezANOVA(long.looks,
                  wid=.(id),
                  dv=.(rating),
                  between =.(gender),
                  within = .(attractiveness),
                  type="II",
                  detailed=TRUE,
                  return_aov=T)
```

출력된 결과를 해석하기에 앞서 two-way mixed ANOVA를 위한 통계적 가정들을 먼저 확인해보자. two-way mixed ANOVA를 수행하기 위해서는 정규성 가정과 구형성 가정과 함께 등분산성 가정 역시 확인해야만 한다. 먼저 정규성 가정은 아래와 같이 요

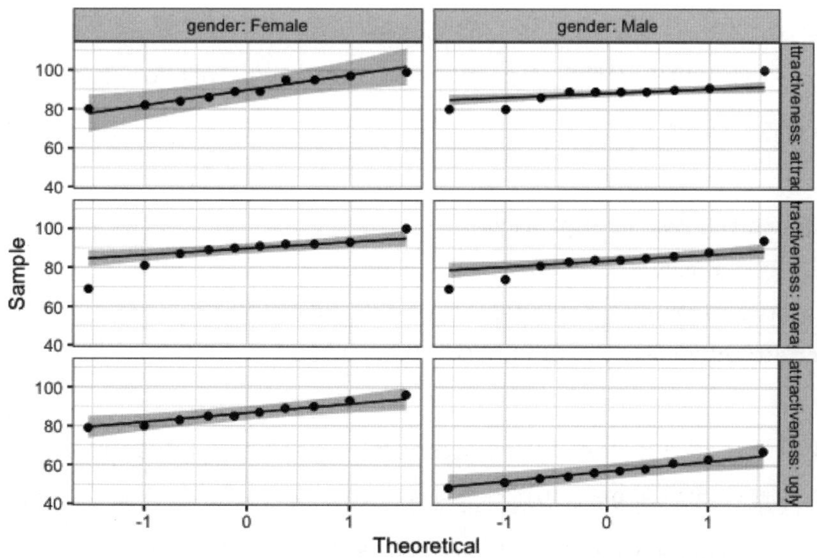

그림 8.11 LooksOrPersonality 데이터에 대한 QQ-plot

인 수준의 각 조합에 대한 QQ-plot과 Shapiro-Wilk test를 통해 확인한다.

```
> ggqqplot(long.looks, "rating", ggtheme = theme_bw()) +
          facet_grid(attractiveness ~ gender, labeller = "label_both")

> long.looks %>%
    group_by(gender, attractiveness) %>%
    shapiro_test(rating)
# A tibble: 6 × 5
  gender attractiveness variable statistic       p
  <fct>  <fct>          <chr>        <dbl>   <dbl>
1 Female attract        rating       0.939 0.547
2 Female average        rating       0.863 0.0827
3 Female ugly           rating       0.974 0.928
4 Male   attract        rating       0.871 0.103
5 Male   average        rating       0.930 0.448
6 Male   ugly           rating       0.989 0.995
```

생성된 QQ-plot과 Shapiro-Wilk test 결과를 보면, 데이터의 정규성에는 큰 문제가 없어 보인다. 따라서 이 모델의 정규성 가정은 충족되었다고 말할 수 있는 충분한 근거가 있다고 말할 수 있다.

다음으로, 구형성 가정을 확인하기 위해 Mauchly's test 결과를 확인해보자. 이를 위해서는 aov 객체로 별도 저장된 diet 벡터에서 Mauchly's Test for Sphericity 결과만 따로 추출하여 확인한다.

```
> look$`Mauchly's Test for Sphericity`
                   Effect         W         p p<.05
3          attractiveness 0.9062516 0.4331265
4 gender:attractiveness   0.9062516 0.4331265
```

Mauchly's test 결과를 보면, attractiveness와, gender와 attractiveness의 상호작용에 대한 구형성 가정은 95% 신뢰수준에서 충족된 것으로 나타났다($p = .433$). 따라서 추가적으로 Greenhouse-Geisser나 Hyun-Feldt 보정을 수행하지 않았다.

등분산성 가정은 아래와 같이 Levene's test를 수행하였다. 이때 옵션에 attractiveness를 지정함으로써 attractiveness 각 수준에서 여성 실험 참가자와 남성 실험 참가자 간 분산이 동일한지를 검정하였다.

```
> long.looks %>%
    group_by(attractiveness) %>%
    levene_test(rating ~ gender)
# A tibble: 3 × 5
  attractiveness   df1   df2   statistic      p
  <fct>          <int> <int>       <dbl>  <dbl>
1 attract            1    18     1.15     0.298
2 average            1    18     0.0504   0.825
3 ugly               1    18     0.00476  0.946
```

Levene's test 결과, attractiveness 각 수준에서 p-value가 .05보다 큰 것으로 나타나 여성 실험 참가자와 남성 실험 참가자 간 분산이 동일한지에 대한 영가설을 기각할 수 없었다. 따라서 데이터의 등분산성 가정은 충족되었다는 근거를 확인할 수 있다.

이 모든 결과를 aovDispTable 함수를 이용하여 아래와 같이 완성된 ANOVA 테이블을 생성한다.

```
> look.round <- aovRoundDigits(look)
> aovDispTable(look.round, caption ="Two-way mixed ANOVA for attractiveness")
============== Two-way mixed ANOVA for attractiveness ==============
                  Effect DFn DFd       SSn     SSd       F     p p<.05  ges
             (Intercept)   1  18 404424.60 1101.67 6607.85 0.000     * 0.99
                  gender   1  18   2257.07 1101.67   36.88 0.000     * 0.49
          attractiveness   2  36   3325.90 1214.53   49.29 0.000     * 0.59
   gender:attractiveness   2  36   2378.23 1214.53   35.25 0.000     * 0.51
---------------------------------------------------------------------
```

생성된 ANOVA 테이블을 통해 분석 결과를 기술해보자. 먼저 95% 신뢰수준에서 통계적으로 유의한 수준의 gender의 주효과가 발견되었다[$F(1, 18) = 36.88, p < .001, \eta_G^2 = .49$]. 앞서 기술한 바와 같이 여성 실험 참가자의 상대 이성에 대한 평가

($M = 83.23$, $SD = 6.77$)가 남성 실험 참가자의 상대 이성에 대한 평가($M = 75.97$, $SD = 15.19$)보다 높은 것으로 나타났다. 또한, attractiveness의 주효과 역시 95% 신뢰수준에서 통계적으로 유의한 것으로 나타났다[$F(2, 18) = 49.29$, $p < .001$, $\eta_G^2 = .59$]. 실험 참가자들은 상대 이성의 외모가 매력적일수록 높은 평가 점수를 준 것으로 나타났다 (attract: $M = 88.95$, $SD = 6.06$; average: $M = 85.60$, $SD = 8.02$; ugly: $M = 71.75$, $SD = 16.27$).

끝으로, gender와 attractiveness의 상호작용 효과 역시 95% 신뢰수준에서 통계적으로 유의미한 것으로 나타났다[$F(2, 36) = 35.25$, $p < .001$, $\eta_G^2 = .51$]. gender와 attractiveness의 상호작용 효과에 대한 플롯을 생성하여 이를 해석해보자.

```
> library(ggplot2)
> long.looks %>%
    ggplot() +
    aes(x = attractiveness, linetype = gender, group = gender, y = rating) +
    stat_summary(fun = mean, geom = "point", size=2) +
    stat_summary(fun = mean, geom = "line") +
    theme_classic()
```

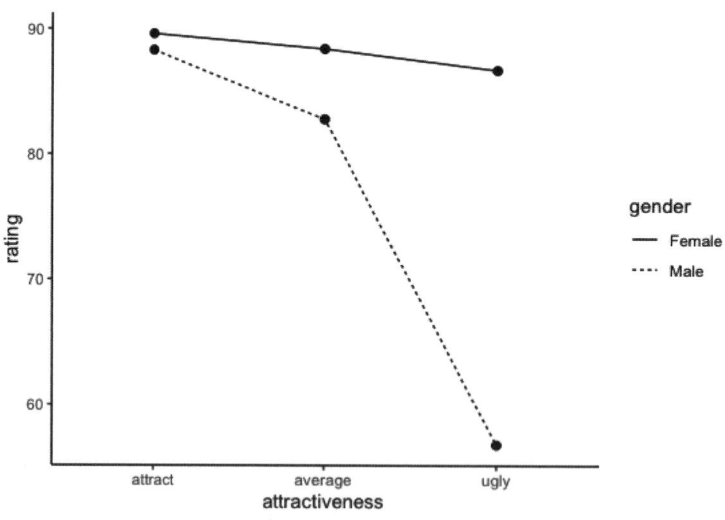

그림 8.12 LooksOrPersonality 데이터에 대한 상호작용 플롯

생성된 상호작용 효과 플롯에 따르면, 외모가 매력적인 상대의 경우 여성 실험 참가자($M = 89.60$, $SD = 6.64$)와 남성 실험 참가자($M = 88.30$, $SD = 5.70$)의 평가는 비슷했지만, 남성 실험 참가자들은 상대의 매력도가 평균($M = 82.80$, $SD = 7.00$)에서 낮음($M = 56.80$, $SD = 5.73$)으로 갈수록 평가 점수는 급격하게 낮아지는 것으로 나타났다. 반면, 여성 실험 참가자들의 경우, 매력도가 높음에서 평균($M = 88.40$, $SD = 8.33$), 그리고 낮음($M = 86.70$, $SD = 5.44$)으로 갈수록 평가 점수가 약간 낮아지기는 하지만 남성 실험 참가자들에 비해 그 패턴은 매우 완만한 것으로 나타났다. 따라서 우리는 상대 이성에 대한 평가에 있어 신체적 매력도는 여성보다는 남성에게 더 큰 영향을 미친다고 결론을 내릴 수 있다. 산출된 효과크기를 보면, 두 독립변수의 주효과와 상호작용 효과 모두의 효과크기 η_G^2가 .49에서 .59로 상당히 큰 효과크기를 보였다.

8.6.3 사후-검정

본 분석 예제의 주효과에 대한 사후-검정은 within subject 요인만이 3개의 집단으로 설계되어 있으므로 within subject 요인에 대해 Bonferroni adjusted test를 수행한다. 이를 위해 rstatix 패키지(Kassambara, 2021)의 pairwise_t_test 함수를 사용한다. pairwise_t_test 함수의 p.adjust.method 옵션에 "bonf"로 설정하여 Bonferroni adjusted test를 수행한다. 검정 결과는 kableExtra 패키지(Zhu, 2021)의 kbl 함수를 이용하여 표로 출력한다. 이때 kbl 함수에서 digits = 3으로 설정하여 출력된 값들의 자릿수를 소수점 이하 3자리로 제한하였다.

```
> long.looks %>%
    pairwise_t_test(rating ~ attractiveness, paired=TRUE, p.adjust.method = "bonferroni") %>%
    kbl(digits = 3) %>%
    kable_paper("hover", full_width = F)
```

.y.	group1	group2	n1	n2	statistic	df	p	p.adj	p.adj.signif
rating	attract	average	20	20	1.669	19	0.111	0.333	ns
rating	attract	ugly	20	20	4.773	19	0.000	0.000	***
rating	average	ugly	20	20	4.111	19	0.001	0.002	**

도출된 결과를 보면, attract-average를 제외한 attract-ugly, average-ugly 쌍의 평균 차이는 통계적으로 유의미한 수준에서 차이가 있는 것으로 나타났다.

통계적으로 유의미한 상호작용 효과에 대한 사후-검정은 먼저 gender의 단순효과, 즉 gender의 rating에 미치는 영향이 attractiveness의 세 수준에 따라 통계적으로 유의미하게 다른지를 검정한다. 이때, 보정 방법은 Tukey's *HSD*를 적용하였다. 또한, dplyr 패키지(Wickham et al., 2022)를 사용하여 dplyr::select(-(null.value))와 같이 지정하여 출력될 결과표에서 null.value라는 열을 제외시켰다.

```
> long.looks %>%
  group_by(attractiveness) %>%
  tukey_hsd(rating ~ gender) %>%
  dplyr::select(-(null.value)) %>%
  kbl(digits = 3) %>%
  kable_paper("hover", full_width = F)
```

attractiveness	term	group1	group2	estimate	conf.low	conf.high	p.adj	p.adj.signif
attract	gender	Female	Male	-1.3	-7.111	4.511	0.644	ns
average	gender	Female	Male	-5.6	-12.830	1.630	0.121	ns
ugly	gender	Female	Male	-29.9	-35.149	-24.651	0.000	***

gender의 단순효과 분석 결과에 따르면, attractiveness의 ugly 수준에서 여성 실험 참가자와 남성 실험 참가자의 이성 상대에 대한 평가의 평균 차이는 통계적으로 유의미하게 나타난 반면[$t(18) = -29.9$, $p_{adj} < .001$], attractiveness의 나머지 수준에서의 gender의 단순효과는 통계적으로 유의미하지 않은 것으로 나타났다.

gender에 따른 attractiveness의 단순효과를 분석하기 위해 group_by를 이용해 gender를 여성과 남성으로 나눈 후 one-way within ANOVA를 수행한다.

```
> long.looks %>%
  group_by(gender) %>%
  anova_test(dv = rating, wid = id, within = attractiveness) %>%
  get_anova_table() %>%
  adjust_pvalue(method = "bonferroni") %>%
```

```
  kbl(digits = 3) %>%
  kable_paper("hover", full_width = F)
```

gender	Effect	DFn	DFd	F	p	p<.05	ges	p.adj
Female	attractiveness	2	18	0.640	0.539		0.032	1
Male	attractiveness	2	18	82.585	0.000	*	0.846	0

위 단순효과 분석 결과에 따르면, **Female** 조건에서의 **attractiveness**의 단순효과는 통계적으로 유의미하지 않은 것으로 나타난 반면[$F(2,\ 18) = .640,\ p_{adj} = 1,\ \eta_G^2 = .032$], **Male** 조건에서 **attractiveness**의 단순효과는 통계적으로 유의미한 것으로 나타났다 [$F(2,\ 18) = 82.585,\ p_{adj} < .001,\ \eta_G^2 = .846$].

그 다음으로는 **gender**에 따른 **attractiveness**의 다중 쌍별비교, 즉 pairwise t-test를 수행한다. 이를 위해서 **rstatix** 패키지(Kassambara, 2021)의 **pairwise_t_test** 함수를 사용한다. 이때 보정 방법은 "bonferroni"를 적용한다.

```
> long.looks %>%
  group_by(gender) %>%
  pairwise_t_test(rating ~ attractiveness, paired = TRUE, p.adjust.method =
"bonferroni") %>%
  kbl(digits = 3) %>%
  kable_paper("hover", full_width = F)
```

gender	.y.	group1	group2	n1	n2	statistic	df	p	p.adj	p.adj.signif
Female	rating	attract	average	10	10	0.372	9	0.719	1.000	ns
Female	rating	attract	ugly	10	10	1.710	9	0.121	0.363	ns
Female	rating	average	ugly	10	10	0.661	9	0.525	1.000	ns
Male	rating	attract	average	10	10	2.332	9	0.045	0.134	ns
Male	rating	attract	ugly	10	10	12.340	9	0.000	0.000	***
Male	rating	average	ugly	10	10	8.924	9	0.000	0.000	***

쌍별비교 분석에 따르면 Male 조건의 attract-ugly와 average-ugly 쌍의 평가 점수의 평균 차이가 통계적으로 유의미한 것으로 나타났다[attract-ugly: $t(9) = 12.340$, $p_{adj} = .000$; average-ugly: $t(9) = 8.924$, $p_{adj} = .000$].

Chapter 09
상관관계 분석

"수학은 분석하는 사람의 즐거움을 위해 있는 것이 아니라,
그것이 문제 해결에 필수적이기 때문에 존재하는 것이다."
- 칼 피어슨(Karl Pearson)

이상적인 과학적 방법은 다른 모든 가능한 변동의 원인을 통제하는 실험에서 한 조건이 다른 조건에 미치는 직접적인 영향을 밝히는 것임에도 불구하고 실제 상황에서는 이러한 변동의 원인은 통제할 수 없는 경우가 대부분이다(Wright, 1921). 이러한 점에서 지금까지 여러 장에 걸쳐 다룬 ANOVA는 특정한 상황에서는 그 사용의 한계가 분명히 존재한다. 특히 드러나지 않은 변수 간에 상호작용이 있거나, 통제가 불가능한 연구 조건, 혹은 불분명한 원인이 존재하는 경우 관심 변수들 간의 관계를 밝히는데 있어 ANOVA는 분명한 한계를 지닌다. 측정의 수준과 관련해서도 ANOVA를 사용하는데 한계가 있다. ANOVA는 기본적으로 연속형 종속변수의 평균이 하나 혹은 둘 이상의 범주형 독립변수의 집단에 따라 차이가 있는지를 검토하기 위한 것이다. 하지만 때로는 두 개의 연속형 변수가 서로 어떤 관련이 있는지 여부를 확인할 필요가 있을 수 있다. 이러한 경우, 지금까지 다룬 방법과는 다른 상관관계 분석(correlation analysis)이나 단순 선형회귀모델(simple linear regression model) 등 대안적인 방법을 사용해야 한다. 이들 방법은 또한 다음 장에서 논의할 다중 회귀모델의 기초를 형성하는데, 이번 장에서는 상관관계 분석에 대해 살펴보도록 하자.

상관관계 분석을 본격적으로 다루기 전에 이에 대한 역사적 배경을 간단하게 살펴보자. 상관관계 분석은 영국의 프랜시스 골턴 경(Sir. Francis Galton)에 의해 시작되었다고 할 수 있다. 골턴(Galton)은 빅토리아 시대의 유명한 우생학자로 지리학, 지질학, 범죄학, 심리학 등 다양한 분야에서 영향력 있는 업적을 남겼다. 그는 또한 최초의 기상

지도를 제작했으며, 범죄 추적을 위해 지문을 사용하는 시스템을 발명하기도 했다. 골턴(Galton)은 인간 본성과 성취의 모든 요소가 주로 유전에 의해 결정된다고 굳게 믿었는데, 유전학을 전공한 우생학자로서는 여러 비판을 받는 것도 사실이지만, 상관관계와 회귀분석 방법 등과 같은 통계적 기법을 개발했다는 점에서 현대 통계학에 큰 기여를 한 것은 부인할 수 없다. "현대 통계학에 대한 위대한 자극은 골턴(Galton)이 상관관계의 방법을 발명한데서 비롯되었다(Porter, 2020, p. 270)"고 할 정도로 골턴(Galton)과 상관관계 분석은 현대 통계학에 많은 영향을 미쳤다.

상관관계라는 용어는 골턴(Galton)의 1888년 "인체계측 데이터를 통한 상관관계 및 측정(Co-relations and their measurements chiefly from anthropometric data)"에서 처음 등장했다(Gorroochurn, 2016). 이 논문에서 골턴(Galton)은 상관관계를 다음과 같이 정의하고 있다:

> 하나의 변동이 다른 하나의 변동에 의해 평균적으로 어느 정도, 그리고 동일한 방향으로 일어날 때 두 개의 가변 장기(variable organs)는 상관되었다(co-related)라고 말할 수 있다. 즉, 팔의 길이는 다리의 길이와 관련이 있는데, 이는 긴 팔을 가진 사람이 보통 다리가 길기 때문이며, 그 반대도 성립한다(Galton, 1888, p. 135).

여기서 골턴(Galton)은 양의 상관관계만을 언급하고 있기는 하지만 이 문제를 제외하면 그의 상관관계에 대한 정의는 매우 정확한 편이라고 할 수 있다(Gorroochurn, 2016). 골턴(Galton)은 이 논문에서 상관관계를 'correlation'이 아니라 'co-relation'이라는 용어를 주로 사용하였지만 1890년 '친족관계와 상관관계(Kinship and correlation)'라는 논문(Galton, 1890)에서 본격적으로 'correlation'이라는 용어를 사용하였다. 사실, 상관관계 분석을 누가 제일 먼저 개발했느냐에 대한 약간의 논란은 있다. 골턴(Galton)의 저작보다 앞선 1844년에 어거스트 브라바이스(Auguste Bravais)가 상관관계의 통계적 개념에 대한 논문을 발표했으며(Pearson, 1920), 골턴(Galton)이 나중에 상관계수(coefficient of correlation)라고 부르는 통계량의 공식 역시 1846년 브라바이스(Bravais)의 논문에서 처음 제시되었다(Wright, 1921). 그럼에도 불구하고 "상관관계의 역사에 대한 소고(The History of Correlation)"에서 피어슨(Pearson, 1920)은 상관관계 분석의 진정한 창시자는 브라이바스(Bravais)가 아니라 골턴(Galton)이라고 주장한다.

상관관계의 시작과 관련하여 브라바이스(Bravais)라는 이름이 오르내리는 것에 대해서는 몇 가지 이유가 있다(Denis, 2001). 첫째, 그는 두 개 이상의 오차의 존재를 연구한 최초의 사람이었는데, 이는 이전에 가우스(Gauss)나 플라나(Plana)와 같은 극소수의 학자들만이 시도했던 것이었다. 둘째, 그는 상관계수에 대한 곱셈 항(product term)을 만들어 냈고, 30년 후에 소위 회귀선(regression line)이라고 불리는 수학적 방정식을 발견했다. 셋째, 그는 이 두 가지를 상관관계의 법선 표면(normal surface)[120]의 관점에서 논의했고, 다양한 측정값과 이에 수반되는 오차가 주어졌을 때 존재할 수 있는 타원의 모양을 밝혔다. 상관관계의 창시자로서 브라이바스(Bravais)를 인정하지 않는 데에는 이러한 부분적인 이유들보다 더 중요한 이유가 있다. 그것은 골턴(Galton) 상관관계 개념의 핵심인 변수 간 '유기적 연관성(Pearson, 1920)'에 대한 관점이다. 브라이바스(Bravais)는 상관관계를 수학적 분석의 관점으로만 접근했지 자신이 도출한 공식의 실질적인 의미를 파악하거나 설명하지는 못했는데, 이는 자신의 관심이 수학적 이론에만 너무 집중되어 있을 뿐 경험적 데이터에 충분한 관심을 기울이지 않았기 때문일 수도 있다(Walker, 1929). 따라서, 어떤 의미에서, 브라바이스(Bravais)는 상관관계의 개념에 대해 (수학적으로) '손을 댄'것은 사실이지만, 그것을 현대적 의미로 개념화했다고는 볼 수 없다(Denis, 2001).

골턴(Galton)의 상관관계 개념에 보다 수학적·확률론적 정교함을 더해 준 사람은 그의 조수인 칼 피어슨(Karl Pearson)이었다. 오늘날 우리가 사용하는 표본 상관계수인 r은 Pearson's r로 불린다.[121] Pearson's r의 더 정확한 용어는 Pearson's product-moment coefficient이다. Pearson's r에 대한 공식은 그의 1896년 논문 '회귀, 유전, 완전혼합번식(Regression, heredity and panmixia)'에 처음으로 등장한다.[122]

지금까지 상관관계 분석의 역사적 기원에 대해 간단하게 살펴보았고, 지금부터는 본격적으로 상관관계 분석에 대해 알아보자.

---

120) 법선(normal)이란 2차원 평면의 곡선 위의 어떤 점에서 점을 지나는 접선(tangential line)에 수직인 직선을 말한다. 3차원 공간에서는 공간에 있는 평면 위의 한 점을 지나면서 그 평면에 수직인 직선을 법선이라고 한다.

121) 오늘날 회귀계수로 사용하는 r은 골턴(Galton)의 "Typical Laws of Heredity in Man"이라는 강의에서 처음 등장하는데, r은 후에 골턴(Galton)이 'regression'으로 부른 'reversion'의 첫 자를 딴 기호였다(Pearson, 1920).

122) 또한 같은 논문에서 피어슨(Pearson)은 표본 상관계수 r의 표준편차를 도출하기 위한 첫번째 시도를 하지만 이는 후에 피셔(Fisher, 1922)와 호텔링(Hotelling, 1930)에 의해 완성된다. 이에 대한 더 자세한 논의는 고로첨(Gorroochurn, 2016)의 저서를 참고하길 바란다.

9.1 상관관계 분석과 공분산

상관관계 분석은 두 양적 변수 사이의 선형적 연관성(linear association)의 정도를 밝히기 위한 통계 기법이다. 두 연속형 변수의 연관성 정도는 Pearson's r로 표시되는 상관계수로 측정된다.[123] 예를 들면, 상관관계 분석은 키와 몸무게가 어느 정도 관련이 있는지 혹은 특정 지역의 범죄율과 그 지역 주민의 기대수명과 어느 정도 관련이 있는지에 대한 정보를 제공해줄 수 있다. 지금부터 아래의 예제를 통해 상관관계 분석의 원리와 구조를 살펴보도록 하자. 이 예제는 개인의 신장과 자존감이 어느 정도 관련이 있는지를 탐색하기 위해 수집된 데이터이다. 이 연구자는 아마도 키가 큰 사람일수록 자존감이 높을 것이라고 골턴식 우생학적 가정을 하고 있는 것 같다. 아무튼 이를 밝히기 위해 20명을 대상으로 사람들의 신장과 자존감을 측정하였고 그 결과는 아래 <표 9.1>과 같다.

표 9.1 개인의 신장과 자존감

Person	Height (X)	Self-esteem (Y)	$(\bar{X}-X_i)^2$	$(\bar{Y}-Y_i)^2$	$(\bar{X}-X_i)(\bar{Y}-Y_i)$
1	68	4.1	6.76	0.12	0.90
2	71	4.6	31.36	0.71	4.73
3	62	3.8	11.56	0.00	-0.15
4	75	4.4	92.16	0.42	6.19
5	58	3.2	54.76	0.31	4.11
6	60	3.1	29.16	0.43	3.54
7	67	3.8	2.56	0.00	0.07
8	68	4.1	6.76	0.12	0.90
9	71	4.3	31.36	0.30	3.05
10	69	3.7	12.96	0.00	-0.20
11	68	3.5	6.76	0.07	-0.66
12	67	3.2	2.56	0.31	-0.89
13	63	3.7	5.76	0.00	0.13
14	62	3.3	11.56	0.21	1.55

123) 서열척도로 측정된 두 변수 간 상관관계는 Spearman's rho로 표현되는 서열 상관관계를 통해 분석된다. 이는 이 장의 뒷부분에서 자세히 살펴보기로 하자.

15	60	3.4	29.16	0.13	1.92
16	63	4	5.76	0.06	-0.59
17	65	4.1	0.16	0.12	-0.14
18	67	3.8	2.56	0.00	0.07
19	63	3.4	5.76	0.13	0.85
20	61	3.6	19.36	0.02	0.68
Sum	1308	75.1	368.8	3.45	26.06
Mean	65.4	3.76			
SD	4.41	.43			

상관관계 분석의 구조와 원리를 설명하기 위해서는 먼저 공분산(covariance)의 개념을 이해할 필요가 있다. 잘 알다시피 분산은 데이터 세트의 데이터들이 얼마나 퍼져있는지, 즉 데이터 세트의 관찰값들이 평균으로부터 얼마나 멀리 떨어져 있는지를 보여주는 통계량이다. 결국 분산은 변수의 변동성을 보여주는 측정치라고 할 수 있는데, 만일 분산이 0이라면 그 변수는 변동성이 없다는 뜻이다. 분산은 평균과의 차이를 제곱한 합의 평균으로 구해진다. 표본 분산의 경우 아래의 공식과 같이 제곱합의 평균 산출에 자유도를 사용한다. 분산 공식에 따라 계산된 신장과 자존감의 표본 분산은 각각 19.41과 .18로 나타났다.

$$Var(X) = \frac{\sum_{i=1}^{n}(X_i - \overline{X})^2}{n-1} = \frac{368.8}{19} \approx 19.41, \quad Var(Y) = \frac{\sum_{i=1}^{n}(Y_i - \overline{Y})^2}{n-1} = \frac{3.45}{19} \approx .18$$

분산이 단일 변수가 어떻게 변하는지에 대해 정보를 제공하는 것이라면, 공분산은 두 변수가 서로 어떻게 '의존적으로' 변하는지에 대한 정보를 제공한다. 즉, 공분산은 X와 Y 두 확률변수가 있을 때 변수 X가 변함에 따라 다른 변수 Y가 함께 변하는 정도를 보여주는 결합 변동성(joint variability)의 측정치를 말한다. 예를 들어, X가 증가할 때 Y도 증가하거나, X가 감소할 때, Y도 감소하는 경우 공분산은 양(+)의 값을 가지며, X가 증가할 때 Y는 감소하거나, X가 감소할 때, Y가 증가하는 경우 공분산은 음(-)의 값을 가진다. 공분산은 두 변수의 선형 의존성(linear dependence)을 보여주는 통계량이다. 그렇다면 두 변수의 공분산은 어떻게 계산될까? 위 분산 공식의 분자는 변수의 개별 표본 값과 평균의 차이를 제곱한 것을 모두 합한 값인 반면, 공분산의 분자는 아래의

<식 9.1>과 같이 X의 평균으로부터 X의 편차와 Y의 평균으로부터 Y의 편차를 곱한 값이다. 이를 곱셈 항이라고 하는데 이 곱셈항의 총합을 자유도 즉 $n-1$로 나누어 평균을 산출함으로써 표본의 공분산을 계산한다. 이렇게 계산된 위 예제의 X와 Y의 공분산은 약 1.37이다. 이 공식을 통해 변수 자신의 공분산, 예를 들어 X 자신과의 공분산은 X의 분산이라는 것을 쉽게 알 수 있다.

$$Cov(X, Y) = \frac{\sum_{i=1}^{n}(X_i - \overline{X})(Y_i - \overline{Y})}{n-1} = \frac{26.06}{19} \approx 1.37 \qquad \text{<식 9.1>}$$

결국, 공분산은 <식 9.2>와 같이 두 확률변수의 개별 기댓값의 편차에 대한 곱의 기대값(평균)으로 정의할 수 있다.

$$Cov(X, Y) = E[(X - E[X])(Y - E[Y])] \qquad \text{<식 9.2>}$$

이 식은 기댓값의 선형성(linearity property of expectations)을 이용하여 다음의 <식 9.3>과 같이 곱의 기댓값에서 개별 변수의 기댓값의 곱을 뺀 것으로 단순화시킬 수 있다.[124)]

$$\begin{aligned} Cov(X, Y) &= E[(X - E[X])(Y - E[Y])] \\ &= E[XY - XE[Y] - E[X]\,Y + E[X]E[Y]] \\ &= E[XY] - E[X]E[Y] - E[X]E[Y] + E[X]E[Y]] \\ &= E[XY] - E[X]E[Y] \end{aligned} \qquad \text{<식 9.3>}$$

<식 9.3>을 조금 더 쉽게 설명하자면, 공분산은 X와 Y를 곱한 값의 평균에서 X와 Y의 각 평균을 곱한 것을 뺀 것으로 계산될 수 있다.

<그림 9.1>의 scatter plot을 이용하면 공분산을 보다 쉽게 이해할 수 있다. <그림 9.1>와 같이 X의 편차 $X_i - \overline{X}$가 클 때 Y의 편차 $Y_i - \overline{Y}$가 크며 $X_i - \overline{X}$가 작을 때 $Y_i - \overline{Y}$도 작은 경우 X와 Y 두 변수는 선형적으로 관련되어 있다고 할 수 있다. 만약 X와 Y 두 변수가 선형적으로 연관되어 있다면, X가 $\overline{X}$로부터 멀리 떨어져 있을 때마

124) <식 9.3>에서 $XE[Y]$의 경우, $E[Y]$는 상수이므로 $E[XE[Y]]$는 $E[X]E[Y]$이다. 마찬가지로 $YE[X]$의 경우, $E[X]$가 상수이므로 $E[YE[X]]$는 $E[X]E[Y]$가 된다.

다(즉, $X_i - \overline{X}$가 클 때마다) Y도 $\overline{Y}$로부터 멀리 떨어져 있어야 한다(즉, $Y_i - \overline{Y}$도 크다). 이 두 값의 곱은 크고, 그것의 합 역시 크기 때문에 공분산 역시 크게 된다. 만약 X와 Y 두 변수가 선형적으로 연관되어 있지 않다면, $X_i - \overline{X}$가 클 때 $Y_i - \overline{Y}$는 평균적으로 0에 근접할 것이며, 반대로 $Y_i - \overline{Y}$가 클 때 $X_i - \overline{X}$는 평균적으로 0에 근접할 것이다. 0에 가까운 수와 큰 수의 곱은 작기 때문에 그 합도 작아지고 따라서 공분산도 작아진다. 공분산의 부호는 두 변수 간 관계의 방향을 나타낸다. 공분산 값이 양수이면 두 변수가 같은 방향으로 이동한다는 것을, 음수이면 두 변수가 반대 방향으로 이동한다는 것을 나타낸다. 예를 들면, X 값이 $\overline{X}$보다 클 때 Y의 값도 $\overline{Y}$보다 크고, X의 값이 $\overline{X}$보다 작을 때, Y의 값이 $\overline{Y}$보다 작으면 $(X_i - \overline{X})(Y_i - \overline{Y})$는 양의 값을 가진다. 즉, 편차의 쌍은 둘 다 양수 또는 음수로 동일하기 때문에 각 편차의 곱셈 값 $(X_i - \overline{X})(Y_i - \overline{Y})$의 부호는 항상 양수가 되는데 <그림 9.1>의 [II]와 [III] 분면의 경우가 이에 해당한다. 반면 X 값이 $\overline{X}$보다 클 때 Y의 값도 $\overline{Y}$보다 작거나, X의 값이 $\overline{X}$보다 작을 때, Y의 값이 $\overline{Y}$보다 크면 $(X_i - \overline{X})(Y_i - \overline{Y})$는 음의 값을 가지게 된다. <그림 9.1>의 [I]과 [IV] 분면의 경우가 이에 해당하며 두 편차의 쌍이 서로 다른 부호를 가지기 때문에 그들 편차의 곱셈 값의 부호는 항상 음수가 된다. 공분산은 편차의 곱셈 합의 평균이므로 공분산의 부호가 양이라면 <그림 9.1>과 같이 사분면 [II]와 [III]의 점이 사

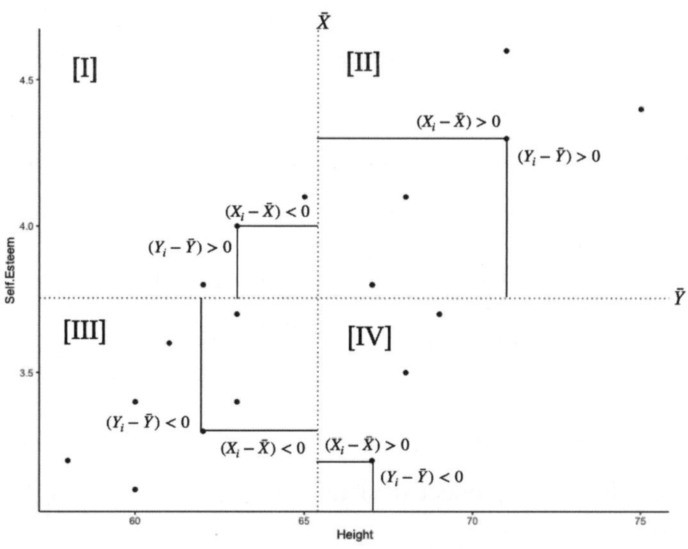

그림 9.1 신장과 자존감의 scatter plot

분면 [I]과 [IV]의 점보다 우세하다는 것을 의미하며, 음의 부호는 사분면 [I]과 [IV]의 점이 우세한 경우를 나타낸다고 할 수 있다. 만약 확률변수 X와 Y가 통계적으로 서로 독립이면 $E[XY]=E[X]E[Y]$이므로 $E[XY]-E[X]E[Y]=0$, 즉 공분산은 0이 된다.[125] 공분산이 0이면 두 변수 X와 Y는 선형 관계가 없다는 것을 의미한다.

9.2 Pearson's 상관관계

공분산은 두 변수의 선형관계에 대한 정보를 제공하는 주요한 통계량임에도 불구하고 그 해석에는 한계가가 있다. 변수의 측정 단위에 따라 공분산의 값이 변하게 되는데, 예를 들어 위 예제의 신장을 다른 단위로 측정하게 되면 공분산 값은 달라진다. 위 예제에 같이 개인의 신장을 인치로 측정하였을 때의 공분산은 약 1.37이지만 같은 신장을 미터로 측정하게 되면 공분산이 약 0.035로 훨씬 작아진다. 이와 같이 척도가 다른 데이터 집합에 대한 공분산을 비교할 수는 없다. 이론적으로 공분산의 범위는 무한대에서 무한대($-\infty \le Cov(X,Y) \le \infty$)까지이다. 물론 공분산이 크다는 것은 변수들 간의 강한 선형관계를 의미할 수 있지만 그 값이 얼마나 커야 강한 선형관계인지 알 수가 없다. 결국 공분산을 통해서 우리가 알 수 있는 것은 방향성, 즉 두 변수가 서로 같은 방향으로 움직이는지 혹은 반대 방향으로 움직이는지 정도이지, 두 변수 간 선형관계의 강도에 대해서는 알 수가 없다. 이러한 해석의 문제는 공분산을 표준화시킴으로써 해결 가능한데, Pearson's 상관관계 계수가 바로 그것이다. 따라서 r로 포기하는 Pearson's 상관계수는 다음의 <식 9.4>와 같이 공분산을 각 변수의 표준편차의 곱으로 나눔으로써 계산된다.

$$r_{XY}=\frac{Cov(X,Y)}{sd(x)\,sd(y)}=\frac{\sum_{i=1}^{n}(X_i-\overline{X})(Y_i-\overline{Y})/(n-1)}{sd(x)\,sd(y)}$$ <식 9.4>

위의 <식 9.1>을 제곱합의 개념으로 다시 전개하면 아래의 <식 9.5>와 같다. 여기서 SSP는 편차 곱의 합(sum of product deviation)을 말한다. 이를 통해 계산된 위 예제 X

125) 하지만 이것의 역은 성립하지 않는다. 즉, 두 변수가 독립이 아닌 경우에도 공분산이 0이 될 수 있다.

와 Y의 Pearson's r은 약 0.731로 상당히 강한 상관관계를 보였다. 어느 정도의 Pearson's r이 두 변수의 상관관계의 정도를 의미하는지에 대한 절대적인 기준은 없지만, 일반적으로 사회과학 분야에서는 Pearson's r이 .1과 .3 사이의 상관관계는 약한 상관관계, .3과 .6 사이의 상관관계는 중간 정도의 상관관계, .6 이상은 두 변수 간에 강한 상관관계가 있는 것으로 간주된다.

$$r_{XY} = \frac{\dfrac{\sum_{i=1}^{n}(X_i - \overline{X})(Y_i - \overline{Y})}{(n-1)}}{\sqrt{\dfrac{\sum_{i=1}^{n}(X_i - \overline{X})^2 \sum_{i=1}^{n}(Y_i - \overline{Y})^2}{(n-1)^2}}} \qquad \text{<식 9.5>}$$

$$= \frac{\sum_{i=1}^{n}(X_i - \overline{X})(Y_i - \overline{Y})}{\sqrt{\sum_{i=1}^{n}(X_i - \overline{X})^2 * \sum_{i=1}^{n}(Y_i - \overline{Y})^2}}$$

$$= \frac{SSP}{\sqrt{(SS_X * SS_Y)}} = \frac{26.06}{\sqrt{(368.8*3.45)}} = .731$$

Pearson's r은 다음과 같은 속성을 가진다.

1. r의 범위는 -1.0 ~ 1.0이다.
2. $|r|$이 클수록 선형관계의 정도가 강함을 의미한다.
3. r이 0에 가까울수록 두 변수 간에는 선형관계가 없음을 의미한다.
4. $r=1$ 또는 $r=-1$은 두 변수 사이에 완벽한 선형관계가 존재함을 의미한다.
5. $r=0$, $r=1$, $r=-1$ 등은 실제 현상에서 거의 나타나지 않는다.
6. r의 부호는 X와 Y의 관계가 정적(positive) 관계인지 부적(negative) 관계인지를 알려준다.

아래의 <그림 9.2>는 Pearson's r에 따라 두 변수의 선형관계의 강도가 어떻게 변화하는지 scatter plot을 시뮬레이션한 것이다. <그림 9.2>의 $r=1$과 $r=-1$은 두 변수 X와 Y의 완벽한 선형관계를 보여주는데 이때 모든 데이터들은 정확히 선형 선상에 찍히게 된다. 상관계수 r이 점점 작아짐에 따라 이들 데이터들은 선형 선을 기준으로 점점 더 퍼지는 모습을 보여준다. Pearson's r에 대해 우리가 혼동하지 말아야 할 것은 r

의 값이 두 변수 간 선형관계의 기울기, 즉 X의 변화량에 대한 Y의 변화량에 대한 정보가 아니라 단지 관계의 강도에 대한 것만을 알려준다는 것이다. 따라서 Pearson's r의 값은 X의 값을 통해 Y를 예측하기 위한 정보가 아니라는 것을 잊지 말길 바란다. 이에 대해서는 다음의 회귀분석에 관한 장에서 더 자세히 논의하기로 하자.

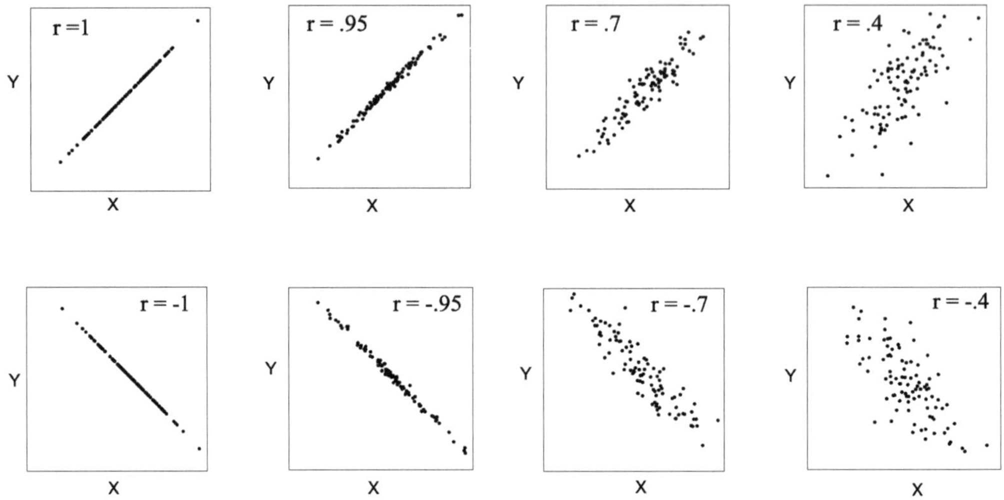

그림 9.2 상관계수에 따른 scatter plot 시뮬레이션

9.3 Pearson's r의 영가설 검정 및 신뢰구간

위의 예제에서 계산된 Pearson's r은 표본 상관관계 계수이다. 항상 그렇듯이 우리는 표본뿐만 아니라 모집단 상관관계에 대한 결론을 도출해야 한다. 다시 말해, 우리는 표본 데이터에서 나타난 선형관계가 모집단의 관계에서도 유효한지 여부를 결정하기 위해 영가설 유의도 검정을 수행하거나 신뢰구간을 계산하게 된다. 이 섹션에서는 모집단 상관계수 ρ[126)]에 대한 영가설 검정을 수행하고 신뢰구간을 계산하는 방법을 살펴보자.

Pearson's r의 영가설 검정은 일반적으로 평균에 대한 영가설 검정과 매우 유사하지만 한 가지 차이점은 Pearson's r의 표집분포가 평균이나 평균 차이에 대한 표집분포보

126) ρ는 그리스 문자로 '로(rho)'라고 읽는다.

다 더 복잡하다는 것이다. 사실 Pearson's r의 표집분포는 정규분포를 따르지 않는다. 좀 더 쉽게 r의 표집분포를 이해해보자.[127] 위에서 살펴 본 바와 같이 r의 범위는 +1에서 -1로 정해져 있다. 따라서 r의 값은 +1보다 더 크거나 −1보다 더 작은 값을 취할 수 없다. 모집단 상관계수 $\rho=0$일 때에만 r은 0을 중심으로 대칭적으로 분포하며 이때 표집분포의 평균은 모수(ρ)와 같게 된다.[128] 하지만 ρ가 0보다 점점 커지게 되면 표집분포는 부적으로 치우치게(negatively skewed) 된다. 반대로 ρ가 0보다 점점 작아져 음수가 되면 표집분포는 정적으로 치우치게(positively skewed) 된다. 또한 ρ가 +1 또는 −1에 거의 근접할수록 표집분포의 분산, 즉 표집분산이 감소하므로 ρ가 +1 또는 -1일 때 모든 표본 값이 모수와 같게 되고 표집분산은 0이 된다. 즉, $|\rho|$가 1에 가까워질수록 표집분산은 0에 가까워진다. 표집분포의 모양은 N에 따라 달라지기 때문에 N의 값이 클수록 분포의 모양은 보다 정규분포에 가깝게 되고, $|\rho|$가 증가할수록 분포의 모양은 치우치게 된다. 따라서 표집분산과 통계적 유의성 검정은 모집단 상관계수 ρ의 크기와 표본크기에 따라 달라진다. r의 표집분포의 모양은 표본크기 n이 증가함에 따라 정규분포에 가까워지므로 n이 3이상인 경우, *t*-test를 사용하여 모집단 상관계수 ρ이 0과 유의하게 다른지 여부를 검정할 수 있다.

먼저 모집단 상관계수 ρ에 대한 영가설 검정을 위해 다음과 같이 영가설과 대안가설을 설정한다. 여기서 영가설은 모집단 상관계수 ρ가 0인지를 대안가설은 모집단 상관계수 ρ가 0과 유의하게 다른 값인지를 결정할 수 있도록 설정된다. 만일 영가설 검정에서 영가설을 기각하여 모집단 상관계수 ρ가 0과 유의하게 다르다는 결론이 나오면 모집단의 두 변수 사이에 유의미한 선형관계가 있다는 결론을 내릴 수 있는 충분한 근거를 확보했다고 말할 수 있다.

$$H_0 : \rho = 0,\ H_A : \rho \neq 0$$

모집단 상관계수 ρ에 대한 가설검정의 두 번째 단계는 데이터의 *t*-value를 산출하여 $df=n-2$일 때 *t*-critical value와의 비교를 통하여 수행된다. 이때 관찰된 *t*-value는 아래 <식 9.6>을 이용해 계산된다.[129] 이에 따라 위 예제의 관찰된 *t*-value는 약 4.54이다.

---

127) Pearson's r의 표집분포에 대한 설명은 쉔과 루(Shen & Lu, 2006)의 논문과 가르시아(Garcia, 2011)의 튜토리얼을 기초로 작성되었다.

128) 스튜던트(Student, 1908)의 연구에서 처음으로 ρ가 0일 때 Pearson's r의 표집분포가 제시되었다. 아마도 실제 저자는 고셋(William S. Gosset)이었을 것이다.

129) Pearson's r의 표준오차 SE_r를 평균의 표준오차와 마찬가지로 단순히 r의 표준편차를 표본수의

95% 신뢰수준에서 $df=18$일 때 t-critical value는 2.101(*two-tailed*)이므로 모집단 상관계수 ρ가 0과 유의하게 다르지 않다는 영가설을 기각할 수 있다. 따라서 모집단의 두 변수, 신장과 자존감 사이에 유의미한 선형관계가 있다고 결론 내릴 수 있는 충분한 근거가 있다.

$$t_{observed} = \frac{r}{SE_r} = \frac{r}{\frac{\sqrt{1-r^2}}{\sqrt{n-2}}} = r\frac{\sqrt{n-2}}{\sqrt{1-r^2}} = .731\frac{\sqrt{18}}{\sqrt{1-.731^2}} \approx 4.54 \quad \text{<식 9.6>}$$

이번에는 모집단 상관계수 ρ에 대한 신뢰구간을 계산해보자. 위에서 살펴 본 바와 같이 모집단 상관계수 ρ가 0이 아닐 때 r의 표집분포가 정규분포를 따르지 않기 때문에 Pearson's r에 기초한 신뢰구간 계산은 꽤 복잡한 편이다. 이러한 문제는 피셔(Fisher, 1915)가 개발한 r-to-Z 변환을 통해 해결될 수 있다. 피셔(Fisher, 1915)는 r을 Z로 변환함으로써 Pearson's r의 표집분포의 분산을 안정화시킬 수 있었는데, 이러한 r-to-Z 변환을 통해 모집단 상관계수 ρ에 대한 신뢰구간을 계산할 수 있다. 물론 Z의 표집분포도 엄밀하게 정규분포는 아니지만, ρ의 값에 대해 표본크기가 증가함에 따라 거의 정규분포에 가까워지는 경향을 보인다(Zimmerman, Zumbo, & Williams, 2003).

모집단 상관계수 ρ에 대한 신뢰구간을 계산하기 위한 첫 번째 단계는 r-to-Z 변환이다. r-to-Z 변환은 아래 <식 9.7>을 통해 수행된다.

$$z' = \frac{1}{2}[\ln(1+r) - \ln(1-r)] = \frac{1}{2}\ln\left(\frac{1+r}{1-r}\right) \approx .93 \quad \text{<식 9.7>}$$

여기서 ln은 자연상수 e를 밑으로 하는 로그, 즉 자연로그(natural logarithm)를 말한다. 이 식에 따라 위 예제의 Pearson's r을 z'로 변환하면 약 0.93이다.

다음으로 아래 <식 9.8>과 같이 z'의 표준오차 $\sigma_{z'}$를 계산한 후 <식 9.9>를 이용하여 z'의 95% 신뢰구간을 산출한다.

$$\sigma_{z'} = 1/\sqrt{N-3} = 1/\sqrt{17} \approx 0.2425 \quad \text{<식 9.8>}$$

제곱근으로 나누어 산출할 수 없는 이유에 대한 자세한 논의는 가르시아(Garcia, 2011)의 튜토리얼을 참고하길 바란다.

$$z' \pm 1.96 * \sigma_{z'} = [.93 - (1.96 * .2425),\ .93 + (1.96 * .2425)] = [.455,\ 1.41] \qquad \text{<식 9.9>}$$

이렇게 산출된 z'의 95% 신뢰구간은 [.455, 1.41]이다. 이제 z'의 95% 신뢰구간을 역으로 다시 Pearson's r의 척도로 변환하여 다음 <식 9.10>과 같이 Pearson's r의 95% 신뢰구간을 얻을 수 있다.

$$r_L = \frac{e^{2z'}-1}{e^{2z'}+1} = \frac{e^{2(.455)}-1}{e^{2(.455)}+1} \approx .426,\ r_U = \frac{e^{2z'}-1}{e^{2z'}+1} = \frac{e^{2(1.41)}-1}{e^{2(1.41)}+1} \approx .887 \qquad \text{<식 9.10>}$$

도출된 Pearson's r의 95% 신뢰구간은 [.426, .887]로 이 구간 추정치는 0을 포함하지 않으므로, 개인의 신장과 자존감 사이의 유의한 선형관계가 모집단에 존재한다고 결론을 내릴 충분한 근거가 있다. 이러한 결과는 위에서 살펴본 Pearson's r의 영가설 검정의 결과와도 일치한다고 할 수 있다.

Pearson's r은 계수 r의 값이 단지 두 변수 간 선형관계의 강도에 대한 정보만을 제공한다는 해석상의 한계와 함께 이변량 정규성을 충족해야 한다는 또 하나의 중요한 한계를 가진다. 사실, r-to-Z 변환이 상관관계 분석에서 자주 사용되기는 하지만, 이변량 정규성이 위반될 때 r-to-Z 변환과 관련된 제1종 오류 확률에 대해서는 크게 관심을 갖지 않는 것이 일반적이다. 따라서 대부분의 연구자들은 상관관계 분석을 수행할 때 정규성에 대한 통계적 가정 검정을 생략하는 경우가 많다. 초기의 시뮬레이션 연구들(예: Duncan & Layerard, 1973; Havlicek, & Peterson, 1977)에서는 Pearson's r이 표본 크기가 매우 작거나(예: $n=5$) 극단적으로 비정규분포의 형태를 갖는 경우를 제외하고는 제1종 오류에 대해 비교적 강건한 편이라는 주장이 있었다. 하지만 최근 여러 시뮬레이션 연구들(예: Beasley et al., 2007).에 따르면, 일반적으로 Pearson's r이 분포의 비정규성에 상당히 강건한 편임에도 불구하고 비정규성이 어떤 형태를 보이는지(예: χ^2-분포 혹은 Cauchy 분포[130])에 따라 제1종 오류율과 통계 검정력 모두에 영향을 주는 것으로 나타났다. 특히, 극단적으로 큰 값의 kurtosis를 보이는 Cauchy 분포의 경우에는 표본 크기를 충분히 늘린다고 해서 이러한 문제가 해결되지 않는 것으로 나타났다(Bishara & Hittner, 2012). 따라서 두 변수 간 이변량 정규성이 확보되지 않는 경우에

130) Cauchy 분포는 언뜻 보면 정규분포와 닮았지만 양쪽 꼬리가 매우 두꺼운 모양을 하고 있다. Cauchy 분포가 갖는 가장 큰 특징은 모수에 무관하게 적률생성함수가 존재하지 않으므로 평균과 분산이 존재하지 않는다.

또 다른 대안을 사용해야만 하는데, 순위상관관계(rank-order correlation) 계수로 알려진 Spearman's ρ는 가장 널리 사용되는 대안적 방법이라고 할 수 있다.[131)]

9.4 Spearman's 순위상관계수

Spearman's ρ는 요인분석(factor analysis)과 축소보정(correction for attenuation)[132)]으로 잘 알려진 영국의 심리학자인 찰스 스피어먼(Charles Spearman, 1904)에 의해 개발되었다. Spearman's ρ는 Pearson's r의 정규성 가정이 현저하게 위반될 때 사용할 수 있는 비모수 방법이라고 할 수 있다. 물론 Spearman's ρ는 데이터가 원래부터 순위(rank-order) 형태로 측정된 경우에도 사용되는데, 이 경우 데이터가 이변량 정규성 가정이 충족되지 않기 때문에 Pearson's r을 사용할 수 없기 때문이다. Spearman's ρ는 Pearson's r에 비해 보다 잘 제1종 오류율을 통제할 뿐만 아니라 비정규성 분포를 가진 데이터에 보다 강건하다.[133)] 지금부터 위의 예제 데이터를 이용하여 Spearman's ρ의 계산 절차를 살펴보자.

Spearman's ρ의 계산은 단순히 X와 Y 두 변수의 원점수를 순위로 변환하는 것부터 시작한다. 이렇게 변환된 점수는 <표 9.3>과 같다. 여기서 SS(4열, 5열)와 SSP(6열)는 각 변수의 변환된 값의 제곱합이며, d는 각 변수의 값을 순위로 변환된 값 간의 차이를 말한다. 순위로 변환된 값들이 동일한 순위(tie)가 있는지에 따라 Spearman's ρ의 계산 방법은 다르며 그 결과 역시 약간의 차이가 있다.

---

131) 비정규분포 데이터에서 Spearman's rho를 사용하는 것 말고도 비선형 변환(Nonlinear Data Transformations), 순열검정(Permutation Test), 부트스트랩 검정(Bootstrap Test) 등 다양한 방법이 수행될 수 있다. 이에 대한 자세한 논의는 비샤라와 히트너(Bishara & Hittner, (2012)의 논문을 참고하길 바란다.

132) 측정오차로 인해 두 변수 간의 상관계수가 실제보다 축소되는 경향을 보정하기 위한 방법.

133) 이에 대한 자세한 논의는 짐머만과 동료들(Zimmerman, Zumbo, & Williams, 2003)의 연구를 참고하길 바란다.

표 9.3 순위 변환된 개인의 신장과 자존감

Person	Rank (X)	Rank (Y)	Rank $(\bar{X}-X_i)^2$	Rank $(\bar{Y}-Y_i)^2$	Rank $(\bar{X}-X_i)(\bar{Y}-Y_i)$	d	d^2
1	15	16	20.25	30.25	24.75	-1	1
2	18.5	20	64	90.25	76	-1.5	2.25
3	5.5	12	25	2.25	-7.5	-6.5	42.25
4	20	19	90.25	72.25	80.75	1	1
5	1	2.5	90.25	64	76	-1.5	2.25
6	2.5	1	64	90.25	76	1.5	2.25
7	12	12	2.25	2.25	2.25	0	0
8	15	16	20.25	30.25	24.75	-1	1
9	18.5	18	64	56.25	60	0.5	0.25
10	17	9.5	42.25	1	-6.5	7.5	56.25
11	15	7	20.25	12.25	-15.75	8	64
12	12	2.5	2.25	64	-12	9.5	90.25
13	8	9.5	6.25	1	2.5	-1.5	2.25
14	5.5	4	25	42.25	32.5	1.5	2.25
15	2.5	5.5	64	25	40	-3	9
16	8	14	6.25	12.25	-8.75	-6	36
17	10	16	0.25	30.25	-2.75	-6	36
18	12	12	2.25	2.25	2.25	0	0
19	8	5.5	6.25	25	12.5	2.5	6.25
20	4	8	42.25	6.25	16.25	-4	16
Sum	210	210	657.5	659.5	473.25	0	370.5
Mean	10.5	10.5					
SD	5.88	5.89					

먼저 순위로 변환된 점수들에게서 동일한 순위가 있는 경우 아래 <식 9.11>의 공식을 적용해 Spearman's ρ를 계산할 수 있다. 이 공식은 계산되는 값이 순위의 제곱합일 뿐 계산 절차는 Pearson's r과 동일하다고 할 수 있다. 이때 계산된 Spearman's ρ는 약 .719로 Pearson's r의 .731보다 약간 더 낮은 것으로 나타났지만, Spearman's ρ 역시 상당히 강한 상관관계를 보여주었다.

$$\rho_{rg_x, rg_y} = \frac{cov(rg_x, rg_y)}{\sigma_{rg_x}\sigma_{rg_y}} = \frac{SSP_{Rank.XY}}{\sqrt{(SS_{Rank.X} * SS_{Rank.Y})}} = \frac{473.25}{\sqrt{(657.5*659.5)}} \approx .719$$

<식 9.11>

만일 순위로 변환된 점수들에게서 동일한 순위가 없다면, 아래 <식 9.12>의 공식을 적용해 Spearman's ρ를 계산할 수 있다. 위 예제는 동일한 순위를 가진 값이 있지만 동일한 순위가 없다고 가정하여 Spearman's ρ를 계산해보면, 위의 Spearman's ρ 값 .719보다 약간 높은 .721로 나타났다.

$$\rho_{rg_x, rg_y} = 1 - \frac{6\sum d_i^2}{n(n^2-1)} = 1 - \frac{6*370.5}{20*(400-1)} \approx .721 \qquad \text{<식 9.12>}$$

Pearson's r이 두 변수 사이의 선형관계의 방향과 강도를 보여주는 것이라면 Spearman's ρ는 두 변수 사이의 단조관계(monotonic relationship)의 방향과 강도를 나타낸다. 따라서 두 변수 사이의 관계가 단조관계를 보인다면 Spearman's ρ를 실행하는 것이 타당하다. 두 변수 가 단조관계를 보인다는 것은 한 변수가 증가할 때 다른 변수도 증가하거나, 한 변수가 증가할 때 다른 변수는 감소하는 패턴을 말한다. 단조관계는 선형관계보다 덜 제한적인데, 예를 들어 <그림 9.3>의 두 번째 scatter plot과 같이 어떤 관계는 단조관계일 수 있지만 선형관계는 아닐 수 있다. 엄밀하게 말해서 단조관계는 Spearman's ρ의 절대적 가정은 아니다. 예를 들면, 비단조관계에 대해 Spearman's ρ를 실행하여 두 변수의 관계가 단조관계인지를 확인할 수 있다. Spearman's ρ의 값은 -1에서 +1까지인데, 그 값이 +1이면 데이터가 완전한 증가 단조관계를 가지고 있음을 의

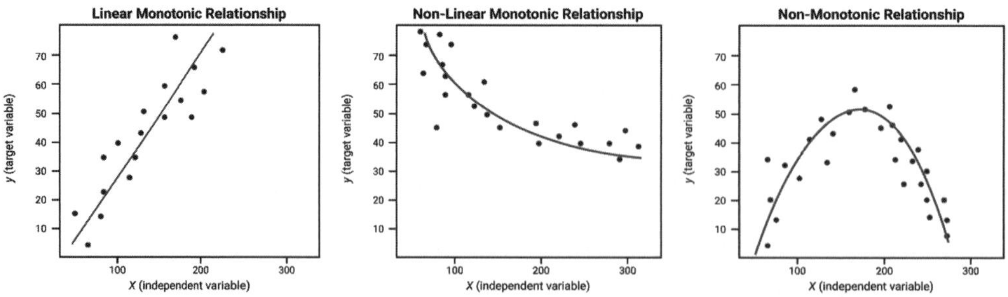

그림 9.3 단조관계와 비단조 관계
(https://towardsdatascience.com/explainable-ai-9a9af94931ff#3500)

미한다. 또한 Spearman's ρ의 값이 -1이면 데이터는 완벽한 감소 단조관계를 가지고 있음을 의미한다. Spearman's ρ의 값이 0에 가까울수록 두 변수 간 단조관계가 없는 것으로 해석되며, 그 값이 정확히 0이면 두 변수 사이의 관계가 비단조라는 것을 의미한다. 일반적으로 Spearman's ρ의 값은 .1과 .3 사이는 약한 단조관계, .3과 .6 사이는 중간 정도의 단조관계, .6 이상은 두 변수 간에 강한 단조관계가 있는 것으로 간주된다.

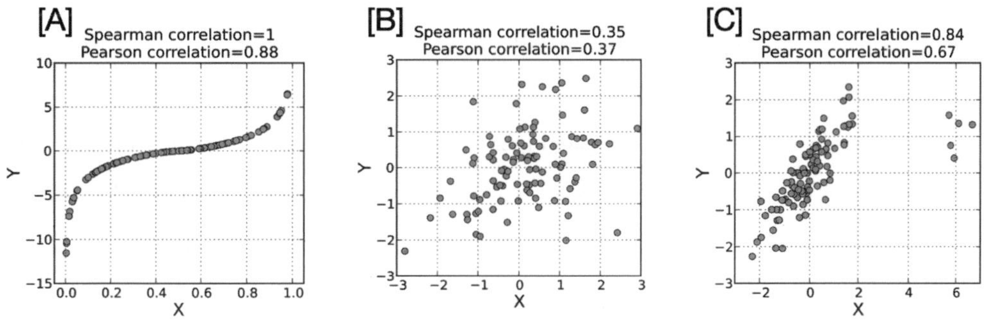

그림 9.4 Pearson's r과 Spearman's ρ의 관계
〈https://en.wikipedia.org/wiki/Spearman%27s_rank_correlation_coefficient〉

우리가 Spearman's ρ를 Pearson's r의 비모수 버전이라고 부르는 데에는 몇 가지 이유가 있다. 우선, Pearson's r이 두 변수 X와 Y가 선형함수에 의해 연관된 경우에만 의미 있는 상관관계가 나타나는 것과 비교해서 Spearman's ρ는 두 변수 X와 Y가 임의의 단조함수에 의해 연관될 때에도 의미 있는 상관관계가 나타난다. 또한, Spearman's ρ는 두 변수 X와 Y의 결합확률분포에 대한 지식(혹은 통계적 가정)이 없어도 정확한 표집분포를 얻을 수 있다. 이러한 이유로 Spearman's ρ는 Pearson's r에 대한 통계적 가정이 유지되지 않는 경우(선형성, 정규성 등)에 적절하게 사용될 수 있다. 심리학 분야의 시뮬레이션 연구(De Winter, Gosling, & Potter, 2016)에 따르면, 데이터가 정규분포를 이루는 경우 Spearman's ρ은 Pearson's r과 거의 동일한데, Spearman's ρ이 약간 낮게 나타나는 것으로 나타났다. 하지만 <그림 9.4>의 [C] 플롯과 같이 outlier가 존재할 때 Pearson's r은 Spearman's ρ보다 현저히 낮게 나타난다. Spearman's ρ는 두 표본의 꼬리에 존재하는 강한 특이치에 대해 Pearson's r보다 덜 민감한데, 이는 Spearman's ρ는 특이치를 순위의 값으로 제한하기 때문에 특이치에 덜 민감하게 반응한 결과이다.

9.5 Spearman's ρ의 영가설 검정 및 신뢰구간

Spearman's ρ의 영가설 검정은 Pearson's r에서의 마찬가지로 t-test를 수행한다. 위의 예제로 Spearman's ρ의 영가설 검정을 수행해보자. 먼저 모집단 상관계수 ρ에 대한 영가설 검정을 위해 다음과 같이 영가설과 대안가설을 설정한다.

$$H_0 : \rho = 0,\ H_A : \rho \neq 0$$

위 <식 9.6>을 이용해 데이터의 t-value를 산출하고 $df = n-2$일 때 t-critical value와 비교하게 된다. 이에 따라 계산된 t-value는 약 4.389이다. 95% 신뢰수준에서 $df = 18$일 때 t-critical value는 2.101(*two-tailed*)이므로 모집단 상관계수 ρ가 0과 유의하게 다르지 않다는 영가설을 기각할 수 있다. 따라서 모집단의 두 변수, 신장과 자존감 사이에 유의미한 단조관계가 있다고 결론 내릴 수 있다.

Spearman's ρ의 모집단 상관계수에 대한 신뢰구간 역시 Fisher's r-to-Z 변환을 이용하여 계산한다. 위 <식 9.7>을 통해 Fisher's r-to-Z 변환을 수행하여 계산된 z'는 약 0.905이다. 이제 z'의 표준오차 $\sigma_{z'}$를 계산한 후 이를 이용하여 z'의 95% 신뢰구간을 산출한다. 하지만 표준오차 $\sigma_{z'}$를 계산할 때 어떤 식을 사용하는가에 따라 약간의 신뢰구간 차이가 나타난다. 일반적으로 다음의 <식 9.13~15>과 같이 세 연구자들에 의해 제시된 $\sigma_{z'}$ 계산식을 모두 사용하여 z'의 95% 신뢰구간을 산출해보자. Spearman's ρ의 신뢰구간 산출을 위해 누구의 어떤 공식을 사용하여 $\sigma_{z'}$를 계산하든 이들 간 큰 차이가 없기 때문에 큰 문제가 되지는 않을지 모르지만 출처는 반드시 표기할 필요가 있다.[134]

Fieller, Hartley, & Pearson (1957): $\sigma_{z'}^2 = \dfrac{1.06}{N-3} \approx .0624,\ \sigma_{z'} \approx .2497$ <식 9.13>

Caruso & Cliff (1997): $\sigma_{z'}^2 = \dfrac{1}{N-2} + \dfrac{|z'|}{6N+4\sqrt{N}} \approx .0621,\ \sigma_{z'} \approx .2492$ <식 9.14>

---

134) 이들 중 보넷과 라이트(Bonnet & Wright, 2007)의 공식을 통해 계산된 표준오차가 가장 크기 때문에 95% 신뢰구간도 상대적으로 가장 넓다. 보넷과 라이트(Bonnet & Wright, 2007)의 공식이 비교적 유용하다는 연구 결과가 있지만 통계적 가정을 고려한다면 부트스트랩 방법을 사용하는 것이 최근의 추세이다. 이에 대한 자세한 논의는 러시어(Ruscio, 2008)의 연구를 참고하길 바란다.

Bonnett & Wright (2000): $\sigma_{z'}^2 = \frac{1+(\rho^2/2)}{N-3} \approx .074,\ \sigma_{z'} \approx .272$ <식 9.15>

계산된 각각의 표준오차 $\sigma_{z'}$를 가지고 위 <식 9.9>와 <식 9.10>을 각각 이용해 95% 신뢰구간들을 산출하면 아래와 같다.

Fieller, Hartley, & Pearson (1957): [.393, .884]
Caruso & Cliff (1997): [.394, .884]
Bonnett & Wright (2000): [.356, .893]

도출된 세 개의 Spearman's ρ의 95% 신뢰구간의 추정치 모두는 0을 포함하지 않으므로, 개인의 신장과 자존감 사이의 유의한 단조관계가 모집단에 존재한다고 결론을 내릴 충분한 근거가 있다.

9.6 R을 이용한 분석 예제

datarium 패키지(Kassambara, 2019)의 내장된 marketing 데이터 셋으로 상관관계 분석을 수행해보자. marketing 데이터 셋은 유튜브, 페이스북, 신문 등 세 가지 광고 매체의 예산과 매출액 200개의 자료를 포함하는 데이터 프레임이다. 이 데이터 셋을 통해 유튜브 광고 예산과 매출액의 관계를 알아보기 위해 Pearson's r을 수행해보자.

```
> library(datarium)

> head(marketing)
  youtube facebook newspaper sales
1  276.12    45.36     83.04 26.52
2   53.40    47.16     54.12 12.48
3   20.64    55.08     83.16 11.16
4  181.80    49.56     70.20 22.20
```

```
5  216.96     12.96     70.08 15.48
6   10.44     58.68     90.00  8.64
```

Pearson's r을 수행하기에 앞서 유튜브 광고 예산과 매출액의 scatter plot을 생성함으로써 이 두 변수의 관계를 시각적으로 파악할 수 있다. ggplot2 패키지(Wickham, 2016)를 이용해 아래와 같이 scatter plot을 생성한다. 이때, geom_smooth() 옵션은 scatter plot의 fit line을 보여준다. 생성된 scatter plot을 보면, 유튜브 광고의 예산이 작을 때 매출액과의 상관관계는 비교적 큰 것으로 보이지만 광고 예산이 늘어날수록 매출액과의 상관관계가 약해지는 것을 볼 수 있다. 하지만 전반적으로 유튜브 광고 예산과 매출액의 관계는 선형관계를 보인다고 할 수 있다. 따라서 이 두 변수의 상관관계를 파악하기 위해 Pearson's r을 수행할 수 있다.

```
> library(ggplot2)

> ggplot(marketing, aes(x=youtube, y=sales)) +
  geom_point() +
  theme_classic() +
  geom_smooth()
```

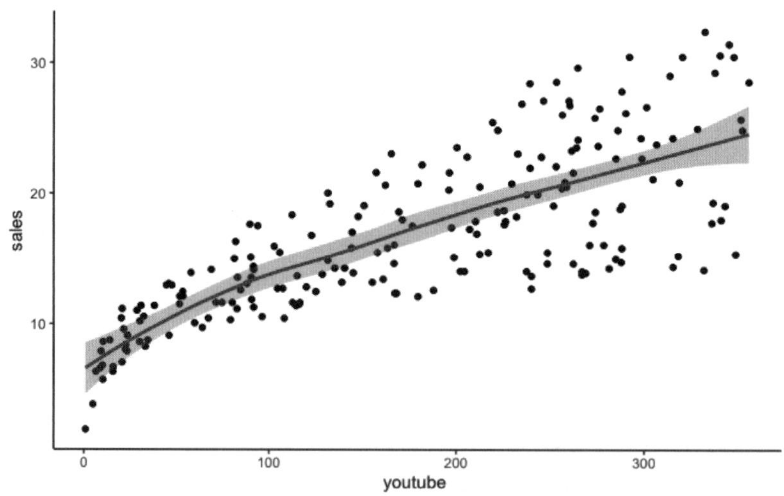

그림 9.5 유튜브 광고 예산과 매출액의 scatter plot

상관관계 분석은 R의 내장 함수인 cor.test를 사용한다. method 옵션에 "pearson"을 지정함으로써 Pearson's r을 산출할 수 있다.

```
> cor.test(marketing$youtube, marketing$sales, method="pearson")

        Pearson's product-moment correlation

data:  marketing$youtube and marketing$sales
t = 17.668, df = 198, p-value < 2.2e-16
alternative hypothesis: true correlation is not equal to 0
95 percent confidence interval:
 0.7218201 0.8308014
sample estimates:
      cor
0.7822244
```

도출된 결과에 따르면, 유튜브 광고 예산과 매출액 사이에는 통계적으로 유의한 정의 상관관계가 발견되었다[$r(198) = .782,\ p < .001$]. 이들 두 변수 간 Pearson's r은 약 0.782로 상당히 강한 선형관계가 있는 것으로 나타났으며 95% 신뢰구간은 [.722, .831]로 모집단 상관관계는 0일 것이라는 영가설을 기각할 수 있다.

이번에는 신문 광고의 예산과 매출액의 상관관계를 살펴보자. 역시 상관관계 분석에 앞서 <그림 9.6>과 같이 scatter plot을 생성함으로써 이 두 변수의 관계를 시각적으로 파악한다. 생성된 scatter plot을 보면, 앞서 유튜브 광고와 매출액의 scatter plot과는 다르게 선형관계를 보인다고 말하기 힘들다. 따라서 따라서 이 두 변수의 상관관계를 파악하기 위해서는 Spearman's ρ를 수행한다.

```
> ggplot(marketing, aes(x=newspaper, y=sales)) +
  geom_point()+
  theme_classic() + geom_smooth()
```

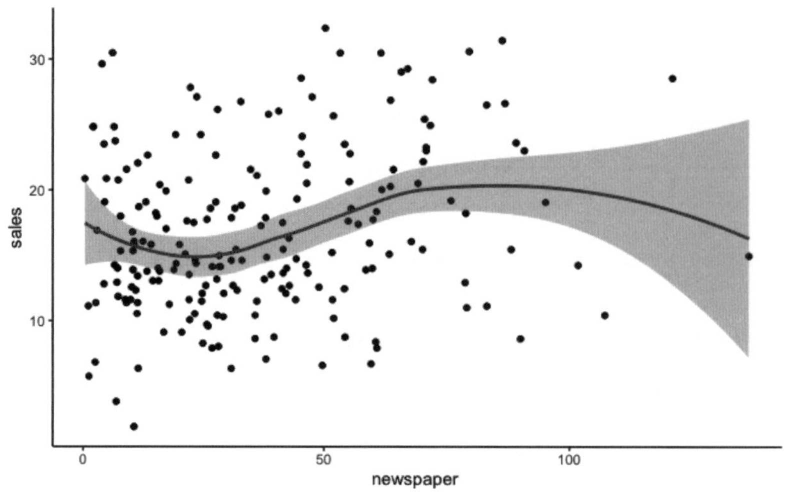

그림 9.6 신문 광고 예산과 매출액의 scatter plot

Spearman's ρ 분석 역시 R의 내장 함수인 cor.test를 사용한다. 다만 method 옵션에 "spearman"을 지정함으로써 Spearman's ρ를 산출할 수 있다.

```
> cor.test(marketing$newspaper, marketing$sales, method="spearman")

Spearman's rank correlation rho

data:  marketing$newspaper and marketing$sales
S = 1073411, p-value = 0.005676
alternative hypothesis: true rho is not equal to 0
sample estimates:
      rho
0.1949219

Warning message:
In cor.test.default(marketing$newspaper, marketing$sales, method = "spearman") :
  Cannot compute exact p-value with ties
```

cor.test를 사용하여 Spearman's ρ를 산출하는 경우 신뢰구간을 산출해주지 않기 때문에 이를 산출하기 위해서는 다른 패키지를 사용하여야 한다. 앞서 살펴 본 바와 같이 Spearman's ρ의 신뢰구간 산출을 위해서는 표준오차를 어떻게 계산하는지에 따라 그

구간이 약간씩 다르게 산출된다. 따라서 각 패키지별로 Spearman's ρ의 신뢰구간 역시 다르게 산출된다. 예를 들어, DescTools 패키지(Signorell, 2022)의 SpearmanRho 함수는 카루소와 클립(Caruso & Cliff, 1997)의 방식을 통해 신뢰구간을 산출한다. 여기서는 보넷과 라이트(Bonett & Wright, 2000)의 공식을 이용하여 저자가 작성한 함수를 사용해보자. use = "complete.obs"는 데이터에 결측치가 있을 경우 listwise-deletion을 사용하여 결측치를 제거하라는 옵션이다. "complete.obs" 대신에 "pairwise"를 사용하여 pairwise-deletion을 사용할 수 있다.

```
> spearman_BW <- function(x, y){
  rho <- cor(x, y, method = "spearman", use = "complete.obs")
  n <- sum(complete.cases(x, y))
  z.SE <- sqrt((1+((rho^2)/2))/(n-3))
  CI_L <- tanh(atanh(rho) - (1.96*z.SE))
  CI_U <- tanh(atanh(rho) + (1.96*z.SE))
  return(c(CI_L, CI_U))
  }
> spearman_BW(marketing$newspaper, marketing$sales)

[1] 0.05642399 0.32605967
```

도출된 결과에 따르면, 신문 광고의 예산과 매출액 사이에는 통계적으로 유의한 정의 상관관계가 발견되었다[$Spearman's\ \rho(198) = .195,\ p < .01$]. 이들 두 변수 간 Spearman's ρ는 약 0.195로 비교적 약한 단조관계가 있는 것으로 나타났으며 보넷과 라이트(Bonett & Wright, 2000)의 방식에 의해 산출된 95% 신뢰구간은 $[.056, .326]$으로 모집단 상관관계는 0일 것이라는 영가설을 기각할 수 있다. 따라서 우리는 신문 광고의 예산이 증가하면 매출액 역시 증가한다는 유의미한 단조관계가 모집단에 존재한다는 결론을 내릴 수 있다.

지금까지는 두 변수 간 상관관계에 대해 개별적으로 분석을 수행했지만 때로는 데이터에 있는 모든 변수 간 상관관계 분석한 매트릭스를 생성하고 보고할 필요가 있다. 이러한 분석 결과를 보고하는 것은 추후 메타분석 수행을 위해서도 반드시 필요하다. 이를 위해 R에서는 다양한 패키지를 사용할 수 있지만 여기서는 몇 가지 패키지를 살펴보도록 하자. 먼저 PerformanceAnalytics 패키지(Peterson & Carl, 2020)의 chart.Correlation

함수는 각 변수 간 상관관계 계수와 함께 각 변수의 분포와 scatter plot을 함께 생성해준다.

```
> library(PerformanceAnalytics)

> chart.Correlation(marketing)
```

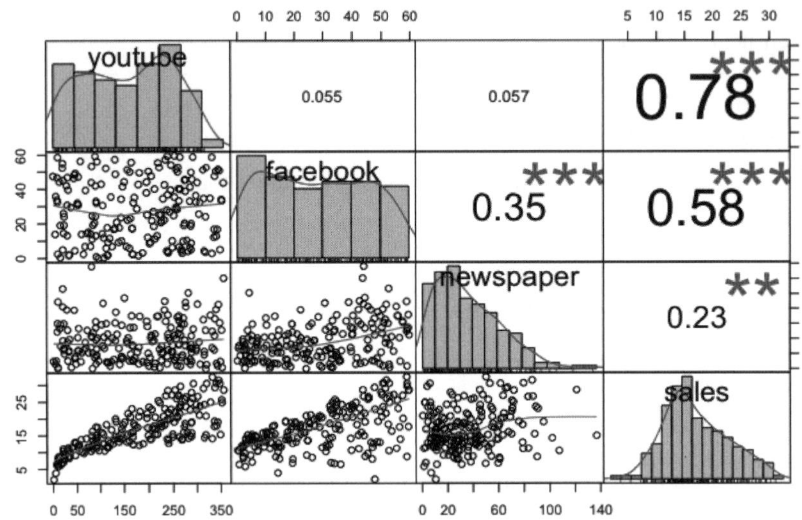

그림 9.7 광고 예산과 매출액의 상관관계 매트릭스

또한, sjPlot 패키지(Lüdecke, 2022)의 tab_corr 함수는 HTML 형식의 팬시한 상관관계 매트릭스를 생성해준다. 상관관계 매트릭스는 대각선을 기준으로 동일한 값을 갖기 때문에 triangle = "lower" 옵션을 지정하여 대각선 위의 상관관계 계수들을 보여주지 않도록 한다. tab_corr 함수의 결측치 처리 방식은 listwise-deletion이 기본 값이므로 pairwise-deletion으로 결측치 처리 방식을 변경하려면 na.deletion = "pairwise"와 같이 옵션을 지정한다.

```
> library(sjPlot)

> tab_corr(marketing, triangle = "lower")
```

표 9.4 광고 예산과 매출액의 상관관계 매트릭스

	youtube	facebook	newspaper	sales
youtube				
facebook	0.055			
newspaper	0.057	0.354***		
sales	0.782***	0.576***	0.228**	

Computed correlation used pearson-method with listwise-deletion.

끝으로 apaTables 패키지(Stanley, 2021)의 apa.cor.table 함수는 각 변수의 평균과 표준편차, 그리고 상관관계 계수와 그 신뢰구간 등을 포함하는 APA 형식의 상관관계 매트릭스를 생성해준다.

```
> library(apaTables)

> apa.cor.table(marketing, filename="Table_10.doc")
```

표 9.5 광고 예산과 매출액의 평균, 표준편차, 상관관계 및 신뢰구간

Variable	M	SD	1	2	3
1. youtube	176.45	103.03			
2. facebook	27.92	17.82	.05		
			[-.08, .19]		
3. newspaper	36.66	26.13	.06	.35**	
			[-.08, .19]	[.23, .47]	
4. sales	16.83	6.26	.78**	.58**	.23**
			[.72, .83]	[.48, .66]	[.09, .36]

Note. *M* and *SD* are used to represent mean and standard deviation, respectively. Values in square brackets indicate the 95% confidence interval for each correlation. The confidence interval is a plausible range of population correlations that could have caused the sample correlation (Cumming, 2014). * indicates $p < .05$. ** indicates $p < .01$.

우리는 종종 한 상관계수가 다른 상관계수와 통계적으로 차이가 있는지 비교할 경우가 생긴다. 예를 들면 위 예제의 유튜브 광고 예산과 매출액의 상관관계($r = .78$)는 페이스북 광고 예산과 매출액의 상관관계($r = .58$)와 통계적인 차이가 있는지 분석할 수

있다. 두 상관관계 계수의 비교하는 방법은 비교 대상의 상관관계가 동일한 표본에서 나온 것인지 다른 표본에서 나온 것인지에 따라 차이가 있다. 어떤 방법을 선택하느냐는 다음의 세 가지 경우에 따라 결정된다(Diedenhofen & Musch, 2015).

(1) 비교될 상관관계들이 두 개의 서로 다른(독립된) 집단 A와 B에서 측정: $\rho_A = \rho_B$
(2) 비교될 상관관계들이 동일한(종속된) 집단 A에서 측정되었고, 공통적으로 하나의 변수를 공유: $\rho_{A12} = \rho_{A23}$
(3) 비교될 상관관계들이 동일한(종속된) 집단 A에서 측정되었고, 공통된 변수가 없음: $\rho_{A12} = \rho_{A34}$

R에는 상관관계 비교를 위한 다양한 함수들이 존재하지만 여기서는 cocor 패키지(Diedenhofen & Musch, 2015)의 cocor 함수를 사용하기로 하자. 먼저 위 예제의 유튜브 광고 예산과 매출액의 상관관계($r = .78$)는 페이스북 광고 예산과 매출액의 상관관계($r = .58$)와 통계적인 차이가 있는지 비교해보자. 이는 위의 두 번째 경우에 해당한다. 코드의 왼쪽(| 이전)은 유튜브 광고 예산과 매출액의 상관계수를 지정하고, 오른쪽(| 이후)은 페이스북 광고 예산과 매출액의 상관계수를 지정한다.

```
> library(cocor)

> cocor(~youtube + sales | facebook + sales, data = marketing)

  Results of a comparison of two overlapping correlations based on dependent groups

Comparison between r.jk (sales, youtube) = 0.7822 and r.jh (sales, facebook) =
0.5762
Difference: r.jk - r.jh = 0.206
Related correlation: r.kh = 0.0548
Data: marketing: j = sales, k = youtube, h = facebook
Group size: n = 200
Null hypothesis: r.jk is equal to r.jh
Alternative hypothesis: r.jk is not equal to r.jh (two-sided)
Alpha: 0.05
pearson1898: Pearson and Filon's z (1898)
```

```
  z = 3.7161, p-value = 0.0002
  Null hypothesis rejected

hotelling1940: Hotelling's t (1940)
  t = 6.5587, df = 197, p-value = 0.0000
  Null hypothesis rejected
williams1959: Williams' t (1959)
  t = 3.8639, df = 197, p-value = 0.0002
  Null hypothesis rejected

olkin1967: Olkin's z (1967)
  z = 3.7161, p-value = 0.0002
  Null hypothesis rejected

dunn1969: Dunn and Clark's z (1969)
  z = 3.8478, p-value = 0.0001
  Null hypothesis rejected

hendrickson1970: Hendrickson, Stanley, and Hills' (1970) modification of Williams' t
(1959)
  t = 6.5580, df = 197, p-value = 0.0000
  Null hypothesis rejected

steiger1980: Steiger's (1980) modification of Dunn and Clark's z (1969) using aver-
age correlations
  z = 3.8290, p-value = 0.0001
  Null hypothesis rejected

meng1992: Meng, Rosenthal, and Rubin's z (1992)
  z = 3.8485, p-value = 0.0001
  Null hypothesis rejected
  95% confidence interval for r.jk - r.jh: 0.1935 0.5951
  Null hypothesis rejected (Interval does not include 0)

hittner2003: Hittner, May, and Silver's (2003) modification of Dunn and Clark's z
(1969) using a backtransformed average Fisher's (1921) Z procedure
```

```
  z = 3.8666, p-value = 0.0001
  Null hypothesis rejected

zou2007: Zou's (2007) confidence interval
  95% confidence interval for r.jk - r.jh: 0.0994 0.3193
  Null hypothesis rejected (Interval does not include 0)
```

도출된 결과에는 두 Pearson's r의 차이(Difference: r.jk - r.jh = 0.206)와 총 10개의 영가설 검정 결과들과 신뢰구간 등에 대한 정보들을 담고 있다. 모든 검정 결과는 영가설을 기각함으로써 두 상관관계 계수 r.jk와 r.jh 사이의 차이가 통계적으로 유의하다는 결론을 내릴 수 있다. 이번에는 비교될 상관관계들이 동일한(종속된) 집단 A에서 측정되었고, 공통된 변수가 없는 경우의 비교를 수행해보자. test 옵션을 사용하여 도출될 검정 결과들 중 자신이 원하는 일부만을 출력할 수 있다. 여기서는 silver2004와 zou2007을 지정하여 출력해보자.[135)]

```
> cocor (~youtube + sales | facebook + newspaper, data = marketing,
          test = c("silver2004", "zou2007"))

Results of a comparison of two nonoverlapping correlations based on dependent groups

Comparison between r.jk (youtube, sales) = 0.7822 and r.hm (facebook, newspaper)
= 0.3541
Difference: r.jk - r.hm = 0.4281
Related correlations: r.jh = 0.0548, r.jm = 0.0566, r.kh = 0.5762, r.km = 0.2283
Data: marketing: j = youtube, k = sales, h = facebook, m = newspaper
Group size: n = 200
Null hypothesis: r.jk is equal to r.hm
Alternative hypothesis: r.jk is not equal to r.hm (two-sided)
Alpha: 0.05

silver2004: Silver, Hittner, and May's (2004) modification of Dunn and Clark's z
```

135) silver2004는 비중복 상관관계 비교를 위해 Fisher's Z를 역변환하는 접근법으로 실버와 던랩(Silver & Dunlap, 1987)에 의해 처음 제안되었고 후에 히트너와 동료들(Hittner, May, & Silver, 2003)에 의해 적용되었다. 또한 zou2007은 두 상관계수의 차이에 대한 신뢰구간을 계산한다(Zou, 2007).

```
(1969) using a backtransformed average Fisher's (1921) Z procedure
  z = 6.8330, p-value = 0.0000
  Null hypothesis rejected

zou2007: Zou's (2007) confidence interval
  95% confidence interval for r.jk - r.hm: 0.2942 0.5676
  Null hypothesis rejected (Interval does not include 0)
```

이번에 도출된 결과 역시 두 Pearson's r의 차이(Difference: r.jk - r.hm = 0.428)와 두 개의 영가설 검정 결과와 신뢰구간 등에 대한 정보들을 담고 있다. 모든 검정 결과는 영가설을 기각함으로써 두 상관관계 계수 r.jk와 r.hm 사이의 차이가 통계적으로 유의하다는 결론을 내릴 수 있다.

상관관계 분석은 변수 간의 관계를 파악하는 첫 번째 단계로 매우 유용함에도 불구하고 '인과관계'의 해석과 관련해서는 지극히 제한적이다. 즉, 이변량 상관관계는 X, Y 두 변수 사이의 관계가 또 다른 변수 Z에 따라 어떻게 달라질 수 있는지에 대한 정보를 제공해주지 않는다. 예를 들어, 여름철 아이스크림 소비량과 익사 사고 사이에 강한 상관관계가 나타났다고 가정해보자. 이러한 결과를 통해 적어도 우리는 아이스크림 소비의 증가가 익사 사고를 증가시킬 것이라는 잘못된 인과적 결론을 내리지는 않는다. 아마도 아이스크림 소비와 익사 사고 모두에 영향을 미치는 또 다른 변수(예: 해당 시기의 기온)에 의해 이 두 변수의 관계에 영향을 미쳤을 수도 있다. 만일 날씨가 너무 더운 날에는 사람들의 물놀이가 증가하게 되고 결국 익사 사고가 증가한다고 가정하면 해당 시기의 기온은 아이스크림 소비량도 역시 증가시킬 것은 당연한 것이다. 그렇다면 익사 사고를 높이는 원인은 아이스크림 소비량이라고 말할 수 없으며, 이들의 관계는 전적으로 해당 시기의 기온에 의해 설명된다. 이상적인 과학적 방법은 다른 모든 가능한 변동의 원인이 제거되는 실험에서 한 조건이 다른 조건에 미치는 직접적인 영향을 연구하는 것이지만, 불행하게도 대부분 이러한 변동의 원인은 통제할 수 없는 경우가 많다 (Wright, 1921). 결론적으로 말해서, 변수 간 인과관계에 대해서 상관관계가 제공할 수 있는 정보는 너무나 빈약하다. 이런 측면에서 상관관계는 인과관계의 필요조건에 불과하다. 물론, 어떤 방법도 상관관계의 이러한 한계를 직접적으로 해결할 수는 없다. 그러나 다음 장에서 다룰 선형회귀 분석은 우리 연구사들에게 - 적어도 이론적으로는 - 이러한 문제를 해결하고 사회과학에서 다루는 문제에 보다 과학적인 답을 낼 수 있도록 도와줄 수 있을 것이다.

Chapter 10

단순선형회귀 분석

"통계학자들은 예술가와 마찬가지로
자신이 만든 모델과 사랑에 빠지는 나쁜 버릇이 있다."
- 조지 박스(George Box)

과학적 연구는 우리가 사는 세상의 자연 현상이나 사회적 현상을 기술하고, 예측하며, 설명하거나 이해하는 하나의 과정이다. 이 과정은 "경험적으로 답할 수 있는 문제를 개발하고, 그 질문에 답하기 위해 이론으로부터 반박 가능한 가설(falsifiable hypothesis)을 도출하고, 그 가설을 테스트하기 위해 경험적 데이터를 수집(혹은 발견)하고 분석하여, 가설을 기각하거나 기각에 실패함으로써 그 분석 결과를 제기된 문제가 도출된 이론에 다시 연관시키는 것을 포함한다(Lynch, 2013, p. 5)." 이러한 과학적 과정에서 통계 방법이 필수적인 부분이라는 것은 부인할 수 없는 사실이다. 특히 회귀분석은 골튼(Galton, 1886)의 '키 유전에서 평범함으로의 회귀(Regression Towards Mediocrity in Hereditary Stature)'라는 논문에서 언급된 이후 과학적 과정에서 중요한 역할을 해왔을 뿐만 아니라 자연과학은 물론 사회과학의 모든 분야에서 가장 대중적인 통계분석 방법이 되었다(Jang & Lee, 2022). 사회과학 분야에서 회귀분석만큼 통계적 기법이 자주 사용된 사례가 없을 정도(Fox, 1991)로 회귀분석의 대중적인 사용은 이 분석 방법이 모델의 추정을 통해 관심 현상을 예측하고 그 현상의 인과관계를 설명하는 데 매우 유용하다는 사실에서 비롯된다. 앞 장에서 살펴 본 상관관계 분석은 서로 연관된 두 변수의 관계의 방향과 강도에 대해 말해줄 뿐, 어떤 변수가 원인이고 결과인지에 대한 정보, 즉 변수들의 인과관계에 대한 정보를 제공해주지는 않는다. 그러나 우리는 종종 두 변수들 간의 인과관계에 관심을 가지게 되는데, 회귀분석은 인과관계에 대한 추론에 있어 매우 중요한 수단이라고 할 수 있다. 따라서 회귀분석에서는 한 변수는 결과로서 종속변수,

결과변수(outcome variable), 기준변수(criterion variable)로 또 다른 변수는 원인으로서 독립변수 또는 예측변수(predictor)로 간주된다. 물론, 회귀분석은 단순히 변수 간 연관성을 수학적으로 평가하고 기술하는 수단이기 때문에 그 자체로는 결과변수와 예측변수 사이의 관계가 인과관계인지 여부를 밝히는 도구라고 단정적으로 말할 수는 없다. 어쩌면 그것은 통계적인 문제가 아니라 연구 설계의 문제라고 할 수 있다(Hayes, 2020).

이 장에서는 통계 모델로서 회귀분석의 원리 즉 회귀 모델링이 어떻게 작동하며, 그 결과 어떤 종류의 정보가 산출되는지를 살펴 볼 것이다. 이 장에서는 먼저 단순선형회귀(simple linear regression) 모델을 구체적으로 살펴보도록 한다. 사실 실제 상황에서는 단순선형회귀 모델보다는 다중선형회귀(multiple linear regression) 모델이 보다 보편적으로 사용된다. 하지만 다중선형회귀 모델은 단순선형회귀 모델의 동일한 통계적 원리와 방법이 적용되기 때문에 먼저 단순선형회귀 모델을 먼저 이해하는 것이 이후에 다룰 보다 복잡하고 발전된 다중선형회귀 모델을 이해하는데 도움이 된다. 다중선형회귀 모델에 대해 본격적으로 논의하기 전에 그것의 역사적 기원에 대해 간단하게 살펴보도록 하자.

10.1 최소제곱법의 역사

회귀분석에서 대표적인 파라미터 추정 방법인 최소제곱법(ordinary least squares: OLS)의 시작과 발전은 우리의 예상과는 달리 골튼(Galton)보다 훨씬 앞선 1800년대 초부터 1820년대 사이에 르장드르(Legendre), 가우스(Gauss), 라플라스(Laplace) 등에 의해 이루어졌다. 물론 회귀분석의 개념을 개발하고 regression이라는 용어를 최초로 사용하기 시작했다는 점에서 골턴(Galton)을 회귀분석의 시작으로 보는 것에는 큰 이견은 없다. 흥미로운 것은 골턴(Galton)이 생각했던 회귀는 그 목적이나 성격이 엄밀한 의미에서 오늘날의 회귀분석과는 많이 달랐으며, 실제로 골턴(Galton)은 자신의 분석을 위하여 OLS를 사용하지 않았다는 사실이다.

OLS에 대한 최초의 명확하고 간결한 설명은 1805년 프랑스 수학자 아드리앵 르장드르(Adrien M. Legendre)에 의해 출판된 “혜성 궤도를 결정하기 위한 새로운 방법(Nouvelles méthodes pour la détermination des orbites des comètes)”이라는 책에서 시작된다(Stigler, 1986). 르장드르(Legendre)는 혜성의 궤적을 결정하는 문제를 해결하기 위한 이 저서의 부록에서 OLS에 대한 설명을 제시하였는데, 여기서 다음과 같이 OLS의 핵심 개념인 "오차 제곱의 합을 최소화"하는 것에 대해 기술하고 있다:

> "나는 이 목적을 위해 제안될 수 있는 모든 원칙 중에서 이 작업에서 사용한 것보다 더 일반적이고, 더 정확하고, 적용하기 쉬운 원칙은 없다고 생각한다. 이는 오차의 제곱합을 최소화하는 것으로 구성된다. 이 방법은 극단(extremes)이 지배하는 것을 방지할 수 있기 때문에, 가장 진실에 근접한 시스템의 상태를 밝히는 데 적합한 오차들 간 균형이 확립될 수 있게 해준다 (Legendre, 1805, pp. 72-73, Stigler, 1986, p. 13에서 재인용)."

여기서 르장드르(Legendre)는 오차 제곱의 합을 미분하여 도출한 방정식, 즉 후에 가우스(Gauss)에 의해 정규 방정식(normal equation)으로 명명된 방정식을 제시하였다. 정규 방정식은 오차의 제곱합을 최소로 한다는 조건, 즉 최소제곱법에 의하여 얻어지는, 미지수의 개수와 같은 수의 방정식을 말한다.

비슷한 시기에 - 오히려 르장드르(Legendre)보다 더 이전에 - 독일의 수학자 칼 프리드리히 가우스(Carl F. Gauss) 역시 OLS를 개발한 것으로 알려진다. 가우스(Gauss)가 처음으로 OLS 접근법을 개발한 것은 그의 나이 18세였던 1794년으로 추정되는데, 1809년 "Disquisitiones arithmeticae(산술의 형성)"을 출판하기 전까지 OLS를 공식적으로 발표하지는 않았다(Osterlind, 2019). 가우스(Gauss)는 르장드르(Legendre)가 자신보다 더 빨리 OLS를 발표했다는 것을 인정하긴 했지만, 다른 사람들에게 보냈던 일련의 편지에서 르장드르(Legendre)에게 OLS에 대한 원조 권리를 양보하길 원했던 것으로 알려졌다. 이러한 가우스(Gauss)의 요구를 르장드르(Legendre)가 거부하였고, 그들이 살아있는 동안 OLS의 원조(?) 논란과 그 권리에 대한 다툼은 계속되었다고 한다:

> "나는 르장드르 씨(Mr. Legendre)가 그렇게 단순한 아이디어에 그렇게 많은 가치를 부여할 수 있으리라고는 전혀 생각하지 못했는데, 그것이 100년 전에 생각되지 않았다는 사실에 놀라기보다는 내가 그보다 이전에 그것을 사용했다는 내 말에 짜증을 느껴야 했다. 사실, 반박할 수 없는 증거를 가지고 모든 사람들에게 그것을 증명하는 것은 아주 쉬운 일이다. 만약 그것이 그렇게 수고할 가치가 있다면 말이다 (Gorroochurn 2016, p. 165에서 재인용)."

가우스(Gauss)는 자신이 OLS를 더 빨리 출판하지 않은 이유로 OLS가 자신의 시대보다 100년 전에 발견되었어야 하는 매우 기본적인 원리로 "너무 초보적 수준이었기 때문"이라고 말했다고 한다. 하지만 또 다른 이유로는 그때까지는 아마도 가우스(Gauss) 자신이 그 방법에 대해 타당한 정당화(valid justification)[136]를 가지고 있지 않았다고 생각했을 가능성도 제기된다(Gorroochurn, 2016).[137] 이에 대한 진실이 무엇이든 간에 가우스(Gauss)는 OLS에 대해 보다 수학적인 접근을 시도함으로써 미적분학적 근거를 제공했다는 평가를 받으며 오늘날의 OLS의 표준이 되었다.

프랑스 수학자 피에르-시몽 라플라스(Pierre-Simon Laplace)는 앞의 제3장에서 다루었던 중심극한정리와 OLS 간의 연결을 제공했다는 점에서 OLS를 얘기할 때 반드시 언급되어야 할 인물이다. 라플라스(Laplace)는 1810년 자신의 저서 "Supplément au mémoire sur les approximations des formules qui sont fonctions de très grands nombres et sur leur application aux probabilités(매우 큰 숫자의 함수 공식의 근사치와 그것의 확률에 대한 적용에 대한 소고)"에서 OLS에 대한 중요한 확률론적 정당화를 제공했다. 즉, 라플라스(Laplace)는 OLS가 유효하기 위해 정규분포에 대한 가정이 반드시 충족될 필요가 없다는 것을 보여주었는데, 이는 만약 관련된 오차가 여러 성분들의 합이라면, 라플라스(Laplace)의 중심극한정리는 오차들이 정규분포를 따른다는 하나의 강력한 증거임(a fortiori)을 의미하기 때문이다(Gorroochurn, 2016). 이렇게 라플라스(Laplace)는 OLS에 대한 가우스(Gauss)의 결과에 중요한 통합을 시도함으로써 OLS 발전에 중요한 공헌을 한 것으로 평가된다. 이렇게 OLS는 1800년대 초부터 1820년대 사이에 이들 세 명의 수학자들에 의해 여러 측면에서 그 속성이 연구되었고, 이를 통해 얻은 결과가 바람직한 속성을 가진 것이 증명되면서 그 이후로 지금까지 널리 쓰이게 되었다(Stigler, 1986).

---

136) 여기서 정당화(justification)는 아직 증명되거나 반증되지 않은 명제인 추측(conjecture)의 타당성에 대한 근거를 의미한다.

137) 가우스(Gauss)는 1809년에 그 방법에 대해 어느 정도 정당화를 확보한 후에야 그 방법을 내놓기로 결정했을지도 모른다. 하지만 1809년의 정당화도 완벽하지는 않았으며, 1823년에야 비로서 그는 최소 제곱법의 원리를 명확히 정당화할 수 있었다. 이에 대한 자세한 논의는 고로천(Gorroochurn, 2016)의 저서를 참고하길 바란다.

10.2 단순선형회귀 모델링

회귀분석은 하나 혹은 다수의 독립변수 혹은 예측변수의 함수로서 종속변수 혹은 결과변수의 변동성을 기술하는 통계 모델(statistical model)이라고 할 수 있다. 통계 모델은 실재의 이상적 재현(idealized representation of reality)을 제공하는 하나 혹은 그 이상의 수학적 표현(혹은 방정식)의 집합을 말한다(Flora, 2018). 이를 조금 더 사회과학적으로 표현하자면 통계 모델은 복잡한 사회적 실재에 대한 극도로 단순화된 설명이다(Fox, 2015). 통계 모델은 통계적 추론을 위한 토대로서 모든 통계적 가설검정 및 통계 추정치는 이 통계 모델을 통해 도출된다. 모든 통계 모델은 기본적으로 하나 혹은 그 이상의 변수 간의 연관성에 대한 설명을 제공하기 위해 사용되지만, 이들의 역할은 두 가지 다른 연구 목적, 즉 설명과 예측으로 구분된다(Flora, 2018). 설명적 모델(explanatory model)의 목적이 주어진 데이터 셋에서 관찰된 변수 간의 연관성을 탐색하거나 관심 이론과 관련된 가설을 검정하는 것이라면, 예측적 모델(predictive model)은 아직 관찰되지 않은 새로운 사례에 적용할 수 있는 관심 결과를 예측하기 위한 것이다. 이러한 두 가지 유형의 모델링은 실제 연구 관행에서 거의 구별되지 않지만 전통적인 연구의 연구자들은 예측 모델보다 설명 모델에 더 중점을 두는 경향이 있다.[138] 하지만, 연구자가 단기적으로 예측에 대해 집중하는 것이 장기적인 관점에서 설명적 능력을 향상시킬 수 있다는 점(Yarkoni & Westfall, 2017)에서 이 둘은 서로 경쟁적 관계이기 보다는 보완적 관계로 보는 것이 더 타당하다.

단순선형회귀 모델링 역시 기본적으로 다음의 두 가지 목적을 갖는다. 첫째는 예측변수 X와 결과변수 Y의 관계를 설명하기 위한 것이다. 예측변수 X(혹은 X의 집합)가 결과변수 Y를 예측하는 데 어느 정도 효과적인지, 즉 해당 예측변수를 사용하는 모델이 결과변수의 변동성을 어느 정도 설명하고 있는지를 밝히기 위해 회귀 모델링을 수행할 수 있다. 둘째, 회귀 모델링은 예측변수 X를 통해 결과변수 Y를 예측하기 위한 목적을 갖는다. 이를 위해 연구자는 결과변수의 유의한 예측변수는 무엇인지, 그리고 회귀

---

138) 실제로 설명과 예측 사이에는 통계적이고 실용적인 긴장관계가 존재하는 것이 사실이며, 심지어 예측의 역할과 중요성은 전통적인 사회과학 연구에서 오랫동안 간과되어 왔다. 하지만, 아무도 설명이 과학의 목표가 되어서는 안 된다고 주장하지 않을 것처럼, 예측이 과학의 중요한 목표라는 것을 부인할 수 없을 것이다(Jang & Lee, 2022). 이에 대한 자세한 논의는 힌드만(Hindman, 2015), 장다연과 이병관(Jang & Lee, 2022), 야코니와 웨스트폴(Yarkoni & Westfall, 2017) 등의 논문을 참고하길 바란다.

계수 추정치의 크기와 방향을 통해 해당 예측변수가 결과변수에 어떤 방식으로 영향을 미치는지를 검토한다. 단순선형회귀는 단일 예측변수 X로부터 결과변수 Y를 추정하는 수학적 모델을 생성하기 위한 절차로 정의된다. 즉, <그림 10.1>과 같이, 단순선형회귀 모델은 예측변수 X_i로부터 실제 결과변수 Y_i 데이터에 최대한 가까운 값($\widehat{Y_i}$)을 추정할 수 있는 데이터에 가장 적합한(best fits to the data) 회귀선($Y_i = \beta_0 + \beta_1 X_i$)을 구하는 수학적 모델을 말한다.

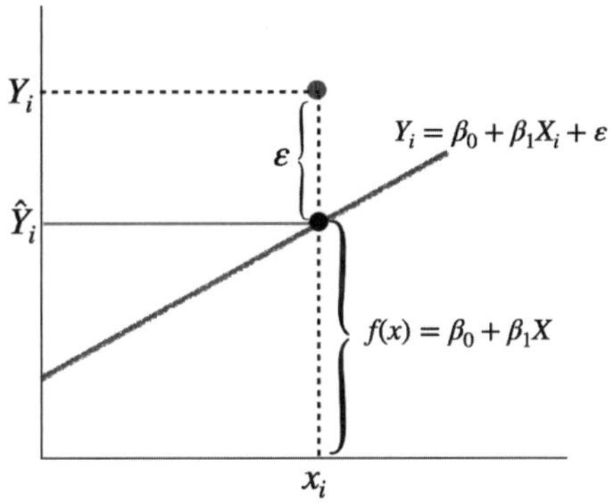

그림 10.1 단순선형회귀 모델링

이를 보다 수학적으로 정의하면, 선형회귀 모델은 결과변수 Y가 파라미터(회귀계수)와 예측변수 X의 선형결합(linear combination)으로 표현되는 모델을 말한다. 선형결합이란 식의 각 항에 상수를 곱하고 결과를 더함으로써 일련의 항으로 구성된 표현식을 의미한다. 예를 들어 a와 b가 상수일 때 x와 y의 선형결합은 $ax + by$ 형식을 갖는 임의의 표현식이 된다. 따라서 <그림 10.1>의 식 $Y_i = \beta_0 + \beta_1 X_i$은 상수 β_0와 파라미터 β_i, 변수 X와 Y 등의 선형결합으로 표현되었으므로 선형회귀 모델로 볼 수 있다. 사실, 회귀 모델이 선형 모델인지 비선형(non-linear) 모델인지를 구분할 때는 예측변수와 결과변수 간의 관계만으로 판단할 수 없다. 선형 모델은 예측변수와 결과변수가 보여주는 관계의 형태와는 상관없이 우리가 생성한 모델이 선형결합으로 표현이 가능한 모델인지가 판단의 기준이 되어야 한다. 예를 들면 $y = \beta_0 + \beta_1 x_1 + \beta_2^2 x_2$와 같은 2차식은 X와 Y의 관계가 오목한(혹은 볼록한) 비선형 패턴을 보임에도 불구하고 이들 변수가 선형결합으로 표현되므로 선형회귀 모델로 간주된다. 하지만 $\log y_t = \beta_0 + \beta_1 t + e_t$와 같이 어떤 형태로든 선형결합으로 표현이 불가능한 모델이라면 이는 비선형 모델로 보아야 한다.

일반적으로 단순선형회귀 모델은 두 가지 절차로 구체화된다.[139] 먼저 아래 <식 10.1>과 같이 회귀 모델을 결과변수의 예측 값으로 표현한다. 여기서 $\widehat{Y}$은 i번째 사례에 대한 결과의 예측 값을, X_i는 i번째 사례의 관측 값을 말한다. 이때 방정식 <식 10. 1>은 선의 기울기(slope: β_1)와 선이 그래프의 y축과 교차하는 점, 즉 절편(Y-intercept: β_0) 등 두 가지로 정의된다. β_0는 $X=0$일 때 Y의 값이며, β_1은 X의 1 단위 증가에 따라 Y가 얼마나 변하는지를 정량화한 값이다. 이때 파라미터 β_0와 β_1을 회귀계수(regression coefficient)라고 한다.

$$\widehat{Y}_i = \beta_0 + \beta_1 X_i \quad \text{<식 10.1>}$$

단순선형회귀 모델을 구체화하는 두 번째 절차는 아래 <식 10. 2>와 같이 회귀 모델을 결과변수의 예측 값 $\widehat{Y}$ 대신 관측 값 Y_i에 대해 표현하는 것이다. 여기서 Y_i는 i번째 사례의 결과에 대한 관측 값이며, 확률오차의 항 ε_i를 제외한 나머지 X_i, β_0, β_1 등은 <식 10.1>과 동일하다.

$$Y_i = \beta_0 + \beta_1 X_i + \varepsilon_i \quad \text{<식 10.2>}$$

<그림 10.1>을 통해 짐작할 수 있듯이 확률오차 ε_i는 $\widehat{Y}_i = \beta_0 + \beta_1 X_i$을 통해 예측한 값과 실제 관측 값 Y_i와의 차이를 말한다. 따라서 확률오차 ε_i는 아래 <식 10.3>으로 표현될 수 있다.[140]

$$\varepsilon_i = Y_i - (\beta_0 + \beta_1 X_i) \quad \text{<식 10.3>}$$

---

139) 이렇게 모델을 구체화하는 절차를 모델 특정(model specification)이라고 한다. 모델 특정은 모델에 적합한 함수의 형식을 선택하고 포함할 변수를 선택하는 절차를 말한다. 즉, 단순히 변수들 간의 수학적 관계로 표현되는 하나 이상의 방정식을 통해 모델의 파라미터를 설정하는 것을 의미한다. 회귀분석은 모델 특정, 해당 모델의 파라미터 추정(parameter estimation), 파라미터의 해석(interpretation of the parameters) 등 세 단계를 포함하는데 모델 특정은 이러한 단계의 첫 번째 단계이자 가장 중요한 단계이다.

140) 뒤에 다시 자세히 설명하겠지만 선형회귀 모델에서 확률오차 ε_i는 모든 i에 대해 평균이 0이고, 분산이 σ^2인 정규분포(Gaussian distribution)를 따르는 것으로 가정된다: $\varepsilon_i \sim N(0, \sigma^2)$, $i = 1,2,\cdots, n$.

그러면 지금부터는 최적의 선형회귀 모델을 찾기 위해 어떻게 파라미터(β_0, β_1)를 추정하는지에 대해 구체적으로 알아보도록 하자.

10.3 파라미터 추정과 최소제곱법

통계 모델링에서 파라미터의 추정(parameter estimation)은 측정된 표본 데이터로부터 모델 파라미터의 추정치를 계산하는 과정을 말한다. 단순선형회귀 모델의 경우 β_0와 β_1을 추정하는 것을 파라미터의 추정이라고 한다. 사실 파라미터 추정은 우리가 일반적으로 알고 있는 것보다 훨씬 다양한 방법들이 존재한다. 하지만, 어떤 특정한 추정 방법이 또 다른 방법에 비해 더 낫다고 말하기 위해서는 관련된 통계적 가정이 충족되었을 때 수행된 추정이 편향되지 않고(unbiased), 일관적이며(consistent), 효율적인지가(efficient) 중요한 기준이 되어야 한다(Flora, 2018). 추정이 편향되지 않았다는 것, 즉 추정의 불편향성이란 표집분포의 평균 즉, 추정치의 기댓값 $E(\hat{\beta})$가 실제 모집단 파라미터 β와 같다는 것을 말한다. 선형회귀 모델에서의 불편향성이란 우리가 동일한 모집단으로부터 무작위로 추출된 서로 다른 표본 집합에 대해 반복적으로 선형회귀 모델을 수행한다면 추정량의 기댓값은 실제 모집단 파라미터와 동일하다는 것을 의미한다. 추정의 일관성은 표본 크기가 증가하여 무한대에 도달함에 따라 추정량의 표집분포가 실제 파라미터 값에 점점 더 집중된다는 것을 의미한다. 선형회귀 모델에서의 추정의 일관성이란 표본 크기가 무한대로 증가함에 따라 모델의 추정치가 실제 모집단 파라미터 값으로 수렴하는 것을 말한다. 추정의 불편향성은 추정의 일관성을 갖기 위한 전제 조건이다. 즉, 만일 표본의 크기가 무한대로 증가함으로써 $\hat{\beta}$의 분산이 0에 근접하다면 파라미터 β에 대한 불편향 추정량 $\hat{\beta}$은 일관적이라고 말할 수 있다. 다시 말해, 표본 크기가 증가함으로써 추정치와 실제 모집단 파라미터 간 차이가 작아지게 되면 그 불편 추정은 일관성이 있다고 할 수 있다. 끝으로 서로 다른 불편향 추정량이 주어진다고 가정했을 때 다른 추정과 비교하여 가장 작은 분산을 갖는다면 그 추정은 효율적이라고 말한다. 예를 들어, 파라미터 β에 대해 동일한 표본 크기를 가진 두 개의 불편 추정량 $\widehat{\beta_1}$과 $\widehat{\beta_2}$가 있을 때, $var(\widehat{\beta_1}) < var(\widehat{\beta_2})$라면 $\widehat{\beta_1}$을 보다 효율성 있는 추정량이라고 할 수 있다. 가우스-마르

코프 정리(Gauss-Markov Theorem)에 따라 관련된 통계적 가정이 모두 충족 된다면,[141] OLS는 가장 편향되지 않고 일관적이며 효율적인 추정량(Best Linear Unbiased Estimator: BLUE)으로 알려져 있다.[142]

10.4 최소제곱법의 원리와 절차

OLS의 기본 원리는 데이터 세트에서 관찰된 결과변수의 값과 추정될 선형회귀 모델에 의해 예측된 결과변수의 값과의 차이, 즉 잔차의 제곱 합을 최소화하여 최적의 선형회귀 모델의 파라미터를 추정하는 것이다. 이를 수학적으로 다음의 <식 10.4>, <식 10.5>, <식 10.6>과 같이 표현될 수 있다:

$$\widehat{y_i} = \widehat{\beta_0} + \widehat{\beta_1}x_i + e_i \qquad \text{<식 10.4>}$$

$$e_i = y_i - \widehat{y_i} \qquad \text{<식 10.5>}$$

$$\sum_{i-1}^{n} e_i^2 = \sum_{i-1}^{n}(y_i - \widehat{y_i})^2 \qquad \text{<식 10.6>}$$

다시 <식 10. 6>의 $\hat{y}$을 $\hat{\beta}$에 대해 표현하면 아래 <식 10.7>과 같다.

$$\sum_{i-1}^{n} e_i^2 = \sum_{i-1}^{n}(y_i - \widehat{y_i})^2 = \sum_{i-1}^{n}[y_i - (\widehat{\beta_0} + \widehat{\beta_1}x_i)]^2 \qquad \text{<식 10.7>}$$

여기서 잔차 e_i는 <그림 10.1>과 <식 10.2>의 확률오차 ε_i와 거의 유사한 개념이지만 약간 다르게 해석될 필요가 있다. 잔차 e_i는 파라미터의 표본 추정치를 기반으로 한 $\widehat{Y}$으로부터의 편차인 반면, 확률오차 ε_i는 실제(미지의) 파라미터를 기반으로 한 $\widehat{Y}$으로부

141) 가우스-마르코프 정리에 따른 OLS 추정량이 BLUE임을 증명하는 것과 선형회귀 분석에서 필수적으로 충족되어야만 하는 통계적 가정에 대해서는 다음 장에서 자세히 살펴보도록 하자.

142) 선형회귀 모델의 파라미터를 추정하는 방법에는 OLS 말고도 WLS(weighted least squares), GLS(generalized least squares), MLE(maximum likelihood estimation), Lasso, Ridge 등 매우 다양하다.

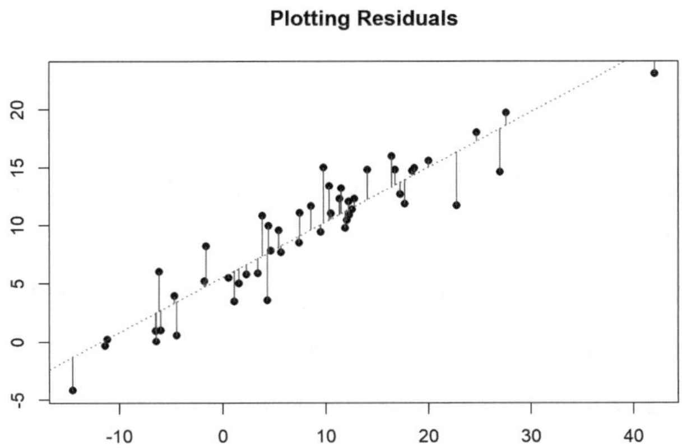

그림 10.2 선형회귀선과 잔차

source from: https://bookdown.org/ejvanholm/Textbook/evaluating-regression-models.html

터의 편차이다. 즉, 잔차 e_i는 확률오차 ε_i이 실제로 구현된 값이라고 할 수 있다.[143] 그런데 모델의 파라미터를 추정하기 위해 단순히 잔차 e_i의 합이 아니라 잔차 e_i의 제곱합을 사용하는 걸까? 우리는 개별 값으로부터 평균까지의 모든 편차는 정의상 0이라는 것을 알 수 있다. 이는 회귀모델의 적합 선(fitted line)에서도 같은 결과가 나타난다. 데이터의 실제 값이 예측 값보다 많거나 작기 때문에 잔차는 양수 또는 음수일 수 있다. 하지만 <그림 10.2>와 같이 회귀모델의 적합 선은 실제 값과 예측 값 사이의 모든 차이의 합이 정확하게 동일하도록 모든 데이터 포인트의 정 중앙에 배치되기 때문에 잔차의 양의 합과 음의 합이 같게 되는데, 결국 양의 잔차와 음의 잔차가 서로 상쇄되기 때문에 잔차의 합계는 언제나 0이 될 수밖에 없다. 잔차의 합계가 0이 되는 것을 피하기 위해 잔차의 제곱합을 사용하는 근본적인 이유라면 잔차의 제곱합 대신 절대값을 사용할 수는 없을까? 물론 데이터에서 극단치의 영향을 줄이기 위해 잔차의 제곱합 대신 절대값을 사용하여 회귀분석을 수행할 수도 있다.[144] 하지만 일반적인 경우 절대값의 합 대신 잔차의 제곱합을 사용하는 것은 여러 장점이 있다. 예를 들면, 작은 잔차 값의 제곱보다

143) 이러한 의미에서 제곱합 항은 잔차에 의해서만 계산될 수 있으므로 오차제곱합(sum of squared error: SSE)이라는 용어보다는 잔차제곱합(sum of squared residual: SSR)이라는 용어가 더 정확한 용어라고 할 수 있다. 하지만 잔차제곱합을 SSE로 사용하는 여러 다른 텍스트와의 혼돈을 파하기 위해 여기서도 SSE라는 용어를 사용하기로 한다.

144) 잔차절대합(sum of the residual absolute values)을 사용한 추정 방법은 보스코비치(Boscovich, 1757)와 라플라스(Laplace)에 제시되고 정리 되었으며, 오늘날 이러한 추정 방법의 회귀분석을 로버스트 회귀분석(robust regression)이라고 한다. 이러한 추정 방법은 극단치가 있는 경우 잔차의 제곱을 이용하는 방법보다 더 신뢰할 수 있다. 사실 잔차의 제곱을 쓰느냐 아니면 절대값을 쓰는냐는 피셔(Fisher)와 에딩턴(Eddington)의 논쟁이후 250년 이상 지속된 오래된 논쟁이다. 이에 대한 더 자세한 논의는 고라드(Gorard, 2005)의 연구를 참고 하기 바란다.

큰 잔차의 제곱은 훨씬 과대평가되므로 잔차의 제곱합은 잔차가 큰 경우에 더 많은 페널티를 주게 된다. 이는 - 피셔(Fisher, 1920)의 표현을 빌리자면 - 더 작은 잔차를 찾아야 하는 회귀 모델의 추정의 관점에서 보면 매우 효율적이다. 또한 수학적 관점에서도 잔차의 제곱합은 상대적으로 장점을 갖는데, 즉 최소의 잔차를 가지는 파라미터를 추정하기 위해 필수적으로 미분을 수행해야만 하는데 절대값에 대한 미분은 매우 복잡하고 까다롭기 때문이다. 절대값과 제곱의 논쟁(Gorard, 2005)과 상관없이 여기서는 제곱합에 초점을 맞춘 파라미터 추정을 다루도록 한다.

그럼 간단한 예제 데이터를 통해 SSE를 이용한 단순선형회귀 모델의 파라미터 추정 원리 및 절차를 조금 더 쉽게 이해해보자. 어떤 연구자가 폭력적 비디오 게임이 아이들의 폭력성에 어떤 영향을 미치는지 검증하기 위해 다음과 같은 데이터를 수집하였다고 가정하자. 아래 <표 10.1>와 같이 수집된 데이터에는 5명의 아이들의 주당 평균 게임 시간과 폭력점수(100점 만점)를 담고 있다.

표 10.1 주당 게임 시간과 폭력성 점수 ($\hat{y_i} = 6 + 9x_i$)

Child	Game Hours (x_i)	Violence index (y_i)	$\hat{y_i}$	$e_i = y_i - \hat{y_i}$	$e^2 = (y_i - \hat{y_i})^2$
1	10	97	96	1	1
2	9	90	87	3	9
3	8	75	78	-3	9
4	7	70	69	1	1
5	6	66	6	6	36
Sum	40	398	336	8	56
Mean	8	79.60	67.20		

만일 우리가 직관적으로 아이들의 주당 평균 비디오 게임 시간을 통해 폭력성을 예측하는 단순선형회귀 모델을 아래 <식 10.8>과 같이 설정하였다고 가정해보자.

$$\hat{y_i} = \hat{\beta_0} + \hat{\beta_1} x_i = 6 + 9x_i \qquad \text{<식 10.8>}$$

<식 10.8>을 통해 예측한 값 $\hat{y_i}$는 <표 10.1>의 네 번째 열과 같고 이 $\hat{y_i}$와 실제 값 y_i의 차이는 <표 10.1>의 다섯 번째 열과 같으며 이는 잔차 e_i가 된다. 이 예제에서 e_i

의 총합은 8이며 잔차제곱합 SSE는 56이 된다. 결국, 우리는 잔차제곱합 SSE를 가능한 작게 만드는 파라미터 $\widehat{\beta_0}$와 $\widehat{\beta_1}$을 추정함으로써 유일한 최적의 회귀 모델을 선택하게 된다.[145)]

정리하자면, OLS 추정의 핵심적인 목적은 SSE를 최소화하는 파라미터 $\widehat{\beta_0}$와 $\widehat{\beta_1}$을 추정하여 최적의 회귀 모델을 찾기 위한 것이다. 따라서 SSE를 최소화하는 파라미터 β에 대한 OLS 추정량에 대한 최소제곱 함수는 다음의 <식 10.9>와 같이 표현될 수 있다:

$$\underset{\beta_0,\beta_1}{\arg\min} = \sum_{i=1}^{n} e_i^2 = \sum_{i=1}^{n} (y_i - \widehat{y_i})^2 = \sum_{i=1}^{n} [y_i - (\beta_0 + \beta_1 x_i)]^2 \qquad \text{<식 10.9>}$$

이론적으로는 SSE가 0일 경우 그 모델은 완벽한 최적의 회귀 모델이라고 할 수 있다. 따라서 다음과 같이 β_0와 β_1에 대하여 각각 편미분(partial derivatives)한 후 0을 지정한 두 식을 연립방정식으로 계산함으로써 잔차제곱합을 최소화하는 OLS 추정치 β_0와 β_1을 추정할 수 있다. 선형회귀 모델의 오차 함수는 고유한 전역 최소값(global minimum)을 갖는 2차 함수이므로 볼록한(convex) 형태를 갖는다. 따라서 이 함수에 대한 각각의 미분을 통해서 이 함수의 기울기가 0이 되는 지점에 해당하는 각각의 파라미터 값을 찾을 수 있다. 먼저 β_0를 β_1에 대해 편미분을 수행하면 다음과 같다:[146)]

$$\frac{\partial(\beta_0, \beta_1)}{\partial \beta_0} \sum_{i=1}^{n} [Y_i - (\beta_0 + \beta_1 X_i)]^2 = 0$$

$$2\sum [Y_i - (\beta_0 + \beta_1 X_i)]^1 (-1) = -2\sum [Y_i - (\beta_0 + \beta_1 X_i)]$$

$$\frac{-2\sum [Y_i - (\beta_0 + \beta_1 X_i)]}{-2} = \sum [Y_i - (\beta_0 + \beta_1 X_i)]$$

$$\sum Y_i - \sum \beta_0 - \sum \beta_1 X_i = \sum Y_i - n\beta_0 - \beta_1 \sum X_i = 0$$

$$n\beta_0 = \sum Y_i - \beta_1 \sum X_i$$

$$\beta_0 = \frac{1}{n}\sum Y_i - \beta_1 \frac{1}{n}\sum X_i = \overline{Y} - \beta_1 \overline{X} \qquad \text{<식 10.10>}$$

---

145) 논리적으로 예측변수 X_i로부터 결과변수 Y_i를 예측하는 가능한 회귀 모델의 수는 무한대이다.

146) 이때 미분은 합성함수의 미분식 $\frac{d}{d(x)}[f(g(x))] = f'(g(x)) \cdot g'(x)$를 사용한다.

위 <식 10.10>와 같이 절편 추정치 β_0를 도출하기 위한 식은 $\overline{Y}-\beta_1\overline{X}$라는 것을 알 수 있다. 이번에는 β_1를 β_0에 대해 편미분을 수행해보자. 이 과정에서 <식 10.10>에서 도출된 β_0의 식 $\overline{Y}-\beta_1\overline{X}$를 대입해 β_1를 추정하기 위한 식을 도출할 수 있다.

$$\frac{\partial(\beta_0, \beta_1)}{\partial\beta_1}\sum_{i=1}^{n}[Y_i-(\beta_0+\beta_1X_i)]^2=0$$

$$2\sum[Y_i-(\beta_0+\beta_1X_i)]^1(-X_i)=-2\sum[Y_i-(\beta_0+\beta_1X_i)]X_i$$

$$\frac{-2\sum[Y_i-(\beta_0+\beta_1X_i)]X_i}{-2}=\sum[Y_i-(\beta_0+\beta_1X_i)]X_i$$

$$\sum X_iY_i-\sum\beta_0X_i-\sum\beta_1X_i^2=\sum X_iY_i-\beta_0\sum X_i-\beta_1\sum X_i^2$$

$$\sum X_iY_i-(\overline{Y}-\beta_1\overline{X})\sum X_i-\beta_1\sum X_i^2=\sum X_iY_i-\sum\overline{Y}X_i+\overline{X}\sum\beta_1X_i-\beta_1\sum X_i^2$$

$$\sum X_iY_i-\sum\overline{Y}X_i-\beta_1(\sum X_i^2-\overline{X}\sum X_i)=0$$

$$\beta_1(\sum X_i^2-\overline{X}\sum X_i)=\sum X_iY_i-\sum\overline{Y}X_i$$

$$\beta_1=\frac{\sum X_iY_i-\sum\overline{Y}X_i}{\sum X_i^2-\overline{X}\sum X_i}=\frac{\sum X_i(Y_i-\overline{Y})}{\sum X_i(X_i-\overline{X})}$$

$$\beta_1=\frac{\sum(X_i-\overline{X})(Y_i-\overline{Y})}{\sum(X_i-\overline{X})^2}=\frac{SSP}{SSX}$$ <식 10.11>

따라서 위 <식 10.11>과 같이 기울기 추정치 β_1는 식 SSP/SSX를 통해 계산된다. 또한 이 식은 $SSP=r_{XY}(S_XS_Y)$이고 $SSX=S_X^2$이므로 다음 <식 10.12>과 같이 Perason's r에 대해 표현될 수 있다.

$$\beta_1=r_{XY}\frac{S_Y}{S_X}$$ <식 10.12>

위의 <식 10.10>, <식 10.11>과 같은 편미분 연립방정식이 다소 복잡하게 보이지만 사실 하나하나 식을 따라가면 그리 어렵지 않다는 걸 느낄 수 있을 것이다. 이들과 같이 편미분 연립방정식을 사용하여 OLS를 계산하는 방법을 분석적 방법(analytic method)이라고 한다. 사실 이러한 방법은 단순선형회귀 모델에는 적용할 수 있으나 예측변수가 2개 이상인 다중회귀 모델에는 적용하는 것이 매우 힘들다. 왜냐하면 예측변수가 하나

늘어날 때마다 풀어야 할 연립방정식의 수가 늘어나기 때문이다. 따라서 일반적으로 다중회귀 모델의 OLS 추정을 위해서는 행렬대수(matrix algebra) 방법을 사용한다. 이에 대해서는 다음 장에서 자세히 살펴보기로 하자. <식 10.10>과 <식 10.11>에 따라 위 예제의 β_0와 β_1의 추정치와 이에 따른 선형회귀 모델을 구하면 다음과 같다.

$$\beta_1 = \frac{\sum(x_i - \overline{x})(y_i - \overline{y})}{\sum(x_i - \overline{x})^2} = \frac{82}{10} = 8.2$$

$$\beta_0 = \overline{y} - \beta_1 \overline{x} = 79.60 - (8.2 * 8) = 14$$

$$\hat{y} = 14 + 8.2\, x_i$$

도출된 선형회귀 모델에 따라 계산된 예측값의 잔차제곱합 SSE를 앞서 직관적으로 설정한 모델에 의해 계산된 SSE와 비교해보자.

표 10.2 주당 게임 시간과 폭력성 점수 ($\hat{Y} = 14 + 8.2 X_i$)

Child	Game Hours (x_i)	Violence index (y_i)	$\hat{y_i}$	$e_i = y_i - \hat{y}$	$e^2 = (y_i - \hat{y})^2$
1	10	97	96.0	1.0	1
2	9	90	87.8	2.2	4.84
3	8	75	79.6	-4.6	21.16
4	7	70	71.4	-1.4	1.96
5	6	66	63.2	2.8	7.84
Sum	40	398	398	0	36.8
Mean	8	79.60	79.60		

<표 10.2>의 선형회귀식 $\hat{y_i} = 6 + 9x_i$에 따라 계산된 SSE는 56인 반면 <표 10.2>의 OLS에 의해 추정된 선형회귀식 $\hat{y_i} = 14 + 8.2\, x_i$에 의해 계산된 SSE는 36.8로 거의 50% 가까이 줄었다는 것을 확인할 수 있다. 선형회귀식 $\hat{y_i} = 14 + 8.2\, x_i$의 기울기 추정치 $\hat{\beta_1} = 8.2$는 비디오 게임 1 단위(시간) 증가에 따라 아이들의 폭력성 점수가 8.2점 증가함을 의미한다. 절편 추정치 $\hat{\beta_0} = 14$는 주당 비디오 게임 시간이 0일 때 예측된 폭력성 점수는 14점이라는 것을 나타낸다. 이렇게 기울기와 절편의 추정치를 구해 최적의 회귀

선을 찾았다면, 추정된 선형회귀 모델이 데이터에 얼마나 잘 적합한지 그리고 그 모델의 예측력은 어떠한지를 평가하고, - 늘 그랬듯이 - 예측변수 X의 기울기 추정치 β_1가 모집단에서도 여전히 유효한지 여부를 결정하기 위해 영가설 검정과 신뢰구간을 추정할 필요가 있다.

10.5 모델 평가

회귀모델의 평가를 위해서는 다양한 평가 지표(metric)가 사용될 수 있다. 하지만 모델의 평가를 위해 어떤 지표를 사용할 것인지는 어떤 관점에서 평가를 수행할 것인지에 따라 결정된다. 이전 섹션에서 논의한 것처럼 회귀 모델링은 크게 설명과 예측의 목적을 갖는다. 먼저 설명을 목적으로 하는 관점에서의 선형회귀 모델링은 추정된 선형회귀 모델이 데이터에 얼마나 잘 적합한지를 평가하게 되는데, 이를 위해 예측변수에 의해 설명되는 결과변수의 분산 비율을 나타내는 결정계수(coefficient of determination) R^2 척도가 사용된다. 반면, 예측의 목적을 갖는 선형회귀 모델링에서는 소위 모델의 예측 성능을 평가하게 되는데, 이를 위해 평균제곱오차(mean square error: MSE), 평균제곱근오차(root mean square error: RMSE), 평균절대오차(mean absolute error: MAE) 등이 주로 사용된다.

10.5.1 결정계수 R^2

결정계수 R^2는 앞서 ANOVA에서 다루었던 η^2와 같이 r-계열 효과크기의 대표적 메트릭이다. 우리가 아는 것처럼 r-계열 효과크기는 독립변수에 의해 설명되는 종속변수의 분산 비율을 나타낸다. 따라서 R^2는 결과변수의 변동성이 추정된 모델에 의해 어느 정도 설명되는가에 대한 척도이다. R^2를 계산하는 가장 간단한 방법은 ANOVA에서와 같이 모델의 결과변수 Y_i의 평균 $\overline{Y}$에 대한 총변동량 SST를 두 개의 제곱합, 즉 $\widehat{Y}_i$에 의해 설명되지 않는 변동량$(Y_i - \widehat{Y}_i)$인 잔차제곱합 SSE와 $\widehat{Y}_i$에 의해 설명되는 변동량

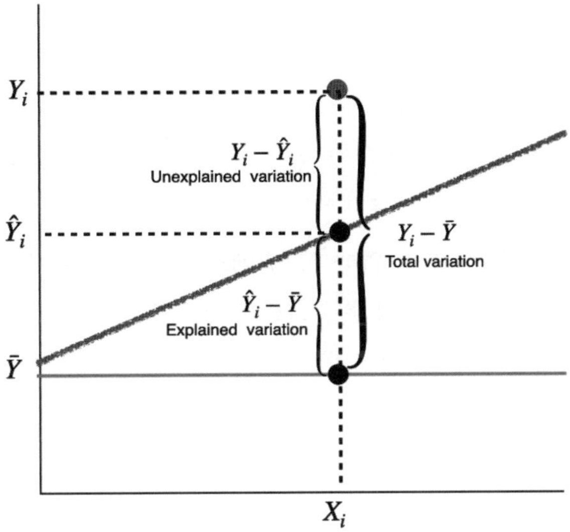

그림 10.3 선형회귀식의 변동량

$(\widehat{Y}_i - \overline{Y})$, 즉 모델제곱합(sum of squared model: SSM)으로 분리하여 SST에서 SSM의 비율을 파악하는 것이다. <그림 10.3>은 각각의 변동량을 이해하기 쉽게 시각적으로 표현한 것이다.

다시 정리하면, SST는 관찰된 결과변수 Y_i의 총 변동을 나타내고, SSM은 예측변수 X_i가 예측한 Y_i의 변동량을 나타내며, SSE는 X_i가 예측하지 못한 Y_i의 변동량을 나타낸다고 할 수 있다. SSE는 기본적으로 Y_i를 예측하는데 있어 최적의 회귀 적합선$(\widehat{Y}_i)$이 Y_i의 평균$(\overline{Y})$과 비교하여 얼마나 더 나은지를 보여준다. 결국 SSE는 추정된 모델이 얼마나 정확한지 혹은 부정확한지에 대한 지표를 제공는데, SSE가 0에 근접할수록 모델 적합성이 향상된다고 할 수 있다. 따라서 결정계수 R^2를 식으로 나타내면 아래와 같다.

$$R^2 = \frac{SST - SSE}{SST} = \frac{SSM}{SST} \qquad \text{<식 10.13>}$$

<식 10.13>을 통해 위 예제의 R^2를 구해보자.

$$SST = \sum_{i=1}^{n}(y_i - \overline{y})^2 = 709.2, \quad SSE = \sum_{i=1}^{n}(y_i - \hat{y})^2 = 36.8 \text{일 때,}$$

$$R^2 = \frac{SST - SSE}{SST} = \frac{709.2 - 36.8}{709.2} \approx .9481 \qquad \text{<식 10.14>}$$

결정계수 R^2이 얼마나 커야 하는지에 대한 객관적 기준은 존재하지 않는다. 코헨(Cohen, 1988)에 따르면 $R^2 = .01$이하는 작은 효과크기, $R^2 = .09$는 중간 정도의 효과크기, $R^2 = .25$ 이상은 큰 효과크기로 정의된다. 하지만 이러한 기준은 절대적인 기준이 아니라는 것에 유의할 필요가 있다. 그럼에도 <식 10.14>에서 산출된 R^2는 약 .9481로 아이들의 주당 평균 게임 시간은 그들의 폭력점수 변동량의 약 94.8%를 설명하는데, 이는 분명히 상당히 큰 효과크기를 보인다고 할 수 있다. F-test를 통해 산출된 R^2에 대한 유의성 검정을 수행할 수 있다. 이를 위한 영가설과 대안가설은 다음과 같다.

$$H_0 : \rho^2 = 0,\ H_A : \rho^2 \neq 0$$

ANOVA를 다룬 이전 장에서 살펴 본 바와 같이 F의 검정 통계량은 아래와 같고, k가 예측변수의 수를 나타낼 때 SSM과 SSE의 자유도는 각각 $k = 1$과 $n - k - 1 = 3$이므로 계산된 F-value는 아래와 같다.

$$F = \frac{SSM/df_M}{SSE/df_R} = \frac{MSM}{MSE} = \frac{672.4}{12.267} \approx 54.815$$

$\alpha = .05$에서 자유도 1과 3일 때 F-분포의 critical value는 약 10.13이므로 H_0를 기각하여 산출된 R^2는 95% 신뢰수준에서 0이 아니라는 결론을 내릴 수 있다. 따라서 우리는 추정된 모델이 결과변수를 예측하는데 있어 통계적으로 유의미한 모델이라는 결론을 도출할 수 있다. 하지만 모델에 투입된 개별 예측변수가 통계적으로 유의미한지는 별도로 검증을 해야만 한다. 이는 다음 섹션에서 살펴보도록 하자.

10.5.2 예측 성능 평가 지표

다음으로는 예측의 목적을 갖는 선형회귀 모델링에서 모델의 예측 성능을 평가하기 위해 사용되는 몇 가지 지표를 살펴보자. 회귀모델에 의해 발생되는 오차를 양적으로 평가한 이러한 지표는 회귀모델의 성능을 포괄적으로 평가하여 특정 예측 작업에 대해 최적의 모델을 선택하는 데 도움이 된다. 일반적으로 이를 위해 MSE, RMSE, MAE 등이 주로 사용된다.

먼저, MSE는 예측값과 실제값 간 차이의 제곱에 대한 평균으로 측정되며, 이에 대한 계산식은 <식 10.15>와 같다. MSE는 극단치에 민감한 지표인데, 작은 크기의 오차보다 큰 크기의 오차에 작은 오류보다 더 엄격하게 반응한다.

$$MSE = \frac{1}{n}\sum_{i=1}^{n}(y_i - \hat{y_i})^2 \qquad \text{<식 10.15>}$$

RMSE는 MSE의 제곱근이며, 오차의 크기를 더 직관적으로 측정한다. RMSE는 대상 변수가 특정의 척도를 가지는 경우 유용하게 사용된다. 계산식은 <식 10.16>과 같다.

$$\text{RMSE} = \sqrt{\frac{1}{n}\sum_{i=1}^{n}(y_i - \hat{y_i})^2} = \sqrt{MSE} \qquad \text{<식 10.16>}$$

MAE는 예측값과 실제값 간 차이의 평균 절대값으로 측정된다. 계산식은 다음의 <식 10.17>과 같다. MAE는 극단치가 많은 경우에 주로 사용된다.

$$MAE = \frac{1}{n}\sum_{i=1}^{n} | y_i - \hat{y}_i | \qquad \text{<식 10.17>}$$

위의 식들을 통해 예제의 예측성능을 평가하기 위한 각 지표를 구하면 아래와 같다.

$$MSE = \frac{1}{n}\sum_{i=1}^{n}(y_i - \hat{y_i})^2 = \frac{36.8}{5} = 7.36$$

$$\text{RMSE} = \sqrt{MSE} = \sqrt{7.36} \approx 2.713$$

$$MAE = \frac{1}{n}\sum_{i=1}^{n} | y_i - \hat{y}_i | = \frac{12}{5} = 2.4$$

지금까지 살펴 본 예측 성능 평가 지표들은 그 유용성에도 불구하고 공통적으로 해석의 문제와 스케일 의존성이라는 한계를 지닌다. 즉, 이러한 지표들이 단일 모델의 예측

성능을 평가하기 위해 사용될 때에는 계산된 값을 통해 해당 모델의 예측성능이 좋은 것인지 아닌지를 명확하게 해석하는데 어려움이 있다. 물론 위의 계산된 지표 값이 0이라면 해당 모델은 완벽한 예측력을 보인다고 말 할 수 있지만 상한값으로는 이론적으로 $+\infty$에 이를 수 있다. 예를 들면, 위에서 계산된 MSE 값 7.36은 회귀모델의 예측력에 대해 우리에게 시사하는 것이 별로 없다. 우리가 비슷한 연구 맥락 혹은 데이터를 통한 회귀 작업에 대한 일반적인 MSE 값을 알고 있거나 모든 실제값의 분포가 알려져 있지 않은 한 이 MSE 값 7.36이 실제보다 낮게 예측한 것인지 높게 예측한 것인지를 파악하기 힘들다. 이 모델은 상황에 따라 우수한 모델일 수도 있고 별로인 모델일 수도 있다. 게다가 이들 지표들은 스케일 의존적이라 스케일의 크기에 따라 그 값은 변하게 된다. 즉, 모델마다 이들 값들이 동일해도 스케일이 큰 데이터에서 모델의 예측성능이 스케일이 작은 데이터의 모델보다 훨씬 높다는 것을 우리는 직관적으로 알 수 있다. 이러한 한계에 대한 대안으로서 평균절대퍼센트오차(mean absolute percentage error: MAPE)와 대칭평균절대퍼센트오차(symmetric mean absolute percentage error: SMAPE)가 사용될 수 있다.

먼저 MAPE는 예측값과 실제값 간의 절대적인 오차 비율을 백분율로 표현한다. 즉, MAPE는 실제값과 예측값 간 차이를 실제값으로 나눠줌으로써 오차가 실제값에서 차지하는 상대적인 비율을 산출한다. 따라서 MAPE의 값은 항상 0 ~ 100 사이의 확률값을 가지기 때문에 해석이 용이하다. 또한 MAPE는 비율과 관련된 값이기 때문에 데이터의 스케일에 영향을 받지 않아 서로 다른 스케일을 가진 데이터의 예측 성능 비교를 위해 유용하게 사용될 수 있다. 하지만 MAPE는 예측값과 실제값 중 어느 쪽이 더 큰지에 따라 값이 달라지는 한계를 가지고 있다. 다음의 <식 10.18>을 보면 이러한 이유를 직관적으로 이해할 수 있다.

$$MAPE = \frac{100}{n}\sum_{i=1}^{n}\left|\frac{y_i - \hat{y}_i}{y_i}\right| \quad \text{<식 10.18>}$$

예를 들어, 예측값과 실제값이 모두 0인 경우 MAPE는 정의되지 않으며, 예측값이 매우 작아 0에 가까우면 MAPE가 예측 성능을 과대평가할 수 있다. 또한, 예측값이 큰 경우 오차 비율이 크게 나타나는 경향이 있다. 그러면, 위 예제의 MAPE를 계산해보자.

$$MAPE = \frac{100}{n}\sum_{i=1}^{n}\left|\frac{y_i - \hat{y}_i}{y_i}\right| \approx 3.17(\%)$$

SMAPE 역시 예측값과 관측값 간의 절대 오차의 비율을 퍼센트 단위로 표현한 지표이지만, MAPE와 달리 예측값과 관측값 중 어느 쪽이 더 큰지에 상관없이 오차를 대칭적으로(symmetrically) 고려하기 때문에 일정한 값을 가진다. 또한 SMAPE는 MAPE와 달리 실제값에 0이 존재하더라도 계산이 가능하다. SMAPE의 값 역시 항상 0 ~ 200 사이의 확률값을 가지기 때문에 해석이 용이하다. 하지만 실제값이 예측값보다 클때는 분모가 작아지기 때문에 오차가 과대평가되며, 실제값이나 예측값이 0인 경우 SMAPE의 값이 과대평가되는 경향을 갖는다. 다음의 <식 10.19>는 SMAPE를 계산하는 식과 이를 통해 위 예제의 SMAPE 값을 계산한 결과를 보여준다.

$$SMAPE = \frac{100}{n}\sum_{i=1}^{n}\frac{|y_i - \hat{y}_i|}{(|y_i| + |\hat{y}_i|)/2} \approx 3.16(\%) \qquad \text{<식 10.19>}$$

지금까지 회귀모델의 평가를 위해 사용되는 다양한 평가 지표를 살펴보았다. 결론적으로 말하자면, 다른 지표들에 비해 월등히 우수한 특정 지표라는 것은 존재하지 않는다. 모델의 평가를 위해 어떤 지표를 적절하게 사용할 것인지는 어떤 상황 혹은 어떤 목적을 위해 회귀분석을 수행하는지에 따라 결정되어야 한다. 예를 들면, 단일 모델의 예측성능을 평가하거나 서로 다른 척도를 가진 두 다른 데이터 세트에서 회귀모델의 예측성능을 비교해야 할 때에는 오히려 R^2나 SMAPE가 유리한 반면(Chicco, Warrens, & Jurman, 2021), 서로 다른 모델의 성능을 직관적으로 비교하거나 이를 통해 우수한 모델을 식별하고, 모델을 개선하여 정확성을 향상시키기 위한 목적이라면 RMSE가 보다 적절한 지표일 것이다(Browne & Cudeck, 1992; Chen et. al., 2008).

10.6 예측변수에 대한 가설검정과 신뢰구간 추정

회귀모델에 대한 통계적 추정, 즉 예측변수에 대한 가설검정과 신뢰구간의 추정은 회귀모델에 대한 해석에 있어 빠져서는 안 될 중요한 절차이다. 이는 대부분의 사회과학 연구가 표본을 통해 미지의 모집단 파라미터를 추정하는 것이기 때문일 것이다. 늘 그렇듯이, 이를 위해서는 추정된 모델의 오차 확률변수에 대해 몇 가지 중요한 가정에 대한 확인이 필요하다. 먼저, 오차 ε_i는 평균이 0이고 분산이 σ^2인 정규분포를 따른다고 가정한다($\varepsilon_i \sim N(0, \sigma^2)$).[147] 또한, 오차의 분산은 예측변수 X의 모든 관찰치에 대해 동질하거나 일정하다는 가정, 즉 분산의 동질성(homogeneity of variance) 또는 등분산성(homoscedasticity) 가정이 충족되어야 한다. 이들 가정이외에도 OLS 회귀분석을 위한 또 다른 가정들이 있는데, 이는 이어지는 장에서 자세히 다루도록 하자.

먼저, 예측변수의 모집단 파라미터에 대한 영가설과 대안가설은 다음과 같이 설정된다:

$$H_0 : \beta = 0,\ \ H_A : \beta \neq 0$$

단순 회귀모델의 기울기 $\hat{\beta}$는 $N-2$ 자유도를 가진 *t*-분포를 따른다. 따라서 *t*-value를 계산하기 위해 추정된 $\hat{\beta}$의 표준오차 $s_{\hat{\beta}_i}$를 계산한다. $\hat{\beta}$의 표준오차는 표본 분포의 표준편차를 의미하는데 $\hat{\beta}$이 해당 표본 분포에서 무작위로 추출될 때 $\hat{\beta}$가 실제 파라미터 값으로부터 평균적으로 얼마나 벗어날 것으로 예상되는지를 나타낸다. 오차분산 σ_ε^2의 불편추정치 s_E^2는 다음의 <식 10.20>과 같이 계산된다.

$$s_E^2 = \frac{\sum(y_i - \hat{y_i})^2}{n-p-1} = \frac{SSE}{df_{SSE}} = MSE \approx 12.267 \qquad \text{<식 10.20>}$$

따라서 $\hat{\beta}$의 표준오차 $s_{\hat{\beta}_i}$는 다음의 <식 10.21>과 같이 계산된다.

$$s_{\hat{\beta}_i} = \sqrt{\frac{s_E^2}{\sum(x_i - \bar{x})^2}} = \sqrt{\frac{MSE}{SS_X}} = \sqrt{\frac{12.267}{10}} \approx 1.108 \qquad \text{<식 10.21>}$$

관찰된 *t*-value를 계산하기 위한 식은 아래 <식 10.22>과 같으므로, 위 예제의 관찰된 *t*-value는 약 15.684이다.

147) OLS 회귀분석에서 정규분포 가정은 측정되지 않은 오차에 대한 것이며, 측정 변수인 X와 Y가 정규분포를 따른다는 명시적인 가정은 없다.

$$t_{observed} = \frac{\widehat{\beta_1}}{s_{\widehat{\beta_1}}} = \frac{8.2}{1.108} \approx 7.404 \qquad \text{<식 10.22>}$$

99% 신뢰수준에서 $df = 3$일 때 t-critical value는 약 5.841(*two-tailed*)이다. 따라서 관찰된 t-value는 t-critical value 5.841보다 크므로 모집단 기울기 계수 β가 0과 99% 신뢰수준에서 유의하게 다르지 않다는 영가설을 기각할 수 있다. 즉, 이러한 결과를 바탕으로 우리는 아이들의 주당 평균 비디오 게임 시간이 증가할수록 그들의 폭력성 역시 증가한다는 결론에 도달할 수 있다[$t(3) = 7.404,\ p < .01$].

이번에는 위의 가설검정 결과를 모집단 회귀계수 β에 대한 신뢰구간의 계산을 통해 확인해보자. β에 대한 99% 신뢰구간 추정치는 다음 <식 10.23>을 통해 얻을 수 있다.

$$\widehat{\beta_1} \pm s_{\widehat{\beta_1}} \times t_{critical} = 8.2 \pm 1.108 \times 5.841 = 1.728 \sim 14.672 \qquad \text{<식 10.23>}$$

도출된 모집단 기울기 계수 β에 대한 99% 신뢰구간은 $[1.728, 14.672]$로 이 구간 추정치는 0을 포함하지 않으므로, 모집단 회귀계수 β는 0이 아니라고 말할 근거가 충분하다. 이러한 결과는 위의 영가설 검정의 결과와도 일치한다고 할 수 있다.

10.7 R을 이용한 분석 예제

R을 이용하여 단순선형회귀 분석을 수행하는 방법을 알아보기 위해서 st 데이터를 사용하기로 하자. 당연히 회귀 분석을 수행하기 전에 필수적으로 해당 변수들에 대한 기술통계와 상관관계 분석을 수행하여야 하지만 여기서는 생략하기로 한다. 연구자는 st 데이터로부터 살인 사건 발생률(Murder)을 예측변수 X로, 기대수명(Life.Exp)을 결과변수 Y로 하는 회귀 모델링을 통해 살인 사건 발생률이 사람들의 기대수명에 미치는 영향을 파악해볼 수 있다. 먼저, scatter plot을 통해 두 변수의 관계를 시각적으로 파악해보자.

```
> ggplot(st, aes(x=Murder, y=Life.Exp)) +
```

```
geom_point()+
theme_classic() +
geom_smooth(method = "lm")
```

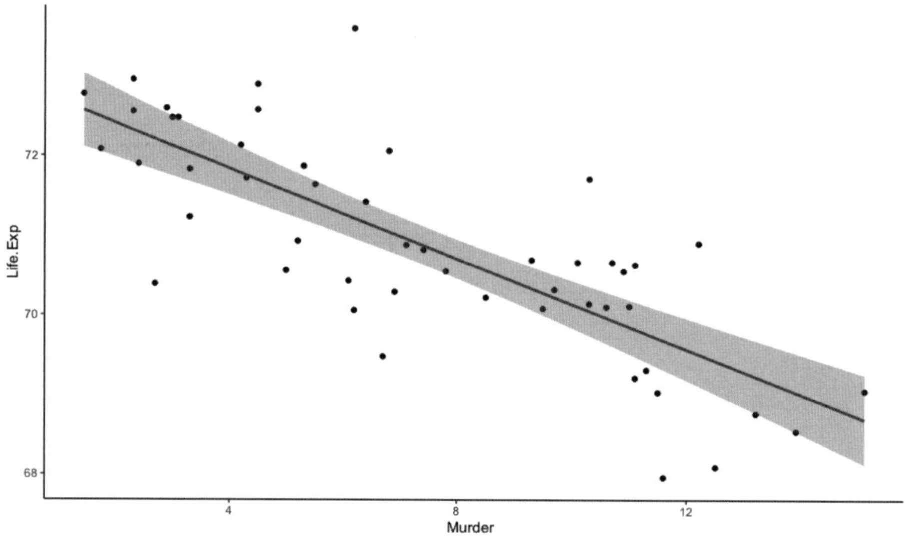

그림 10.4 살인 사건 발생률과 기대수명의 scatter plot

생성된 plot에 따르면 살인 사건 발생률과 기대수명은 부적 관계를 보인다. 즉, 살인 사건 발생률의 증가에 따라 해당 주민의 기대수명은 감소한다고 볼 수 있다.

R에서 선형회귀 분석은 매우 간단한데, R의 기본 함수인 lm을 사용한다. lm 함수를 통해 분석된 결과를 model 이라는 벡터로 저장해 summary 함수를 통해 그 결과를 출력한다.

```
> model <- lm(Life.Exp~Murder, data=st)

> summary(model)
Call:
lm(formula = Life.Exp ~ Murder, data = st)

Residuals:
     Min       1Q   Median       3Q      Max
-1.81690 -0.48139  0.09591  0.39769  2.38691
```

```
Coefficients:
            Estimate Std. Error t value Pr(>|t|)
(Intercept) 72.97356    0.26997  270.30  < 2e-16 ***
Murder      -0.28395    0.03279   -8.66 2.26e-11 ***
---
Signif. codes:  0 '***' 0.001 '**' 0.01 '*' 0.05 '.' 0.1 ' ' 1

Residual standard error: 0.8473 on 48 degrees of freedom
Multiple R-squared:  0.6097,	Adjusted R-squared:  0.6016
F-statistic: 74.99 on 1 and 48 DF,  p-value: 2.26e-11
```

위와 같이 수행된 회귀분석의 결과에 따르면, 살인 발생률(Murder)은 해당 지역에 거주하는 사람들의 기대수명(Life.Exp)과 관련되어 있다는 것을 알 수 있다. 먼저 설정된 회귀모델은 99.9% 수준에서 통계적으로 유의미한 것으로 나타났다[$F(1,48)=74.99$, $p<0.001$]. 예측변수인 Murder는 결과변수 Life.Exp 총 분산의 60.97%를 설명하였다. 다시 말해, 이는 사람들의 기대수명 분산의 60.97%가 살인 발생률과 관련되어 있다는 것을 의미하기도 한다. 또한 Murder의 회귀계수 b는 약 -.284로, 이는 살인 발생률이 1 단위 증가할 때 해당 지역 사람들의 기대수명은 약 0.284 감소한다는 것을 의미한다. 이러한 결과는 99.9% 수준에서 통계적으로 유의미한 것으로 나타났다[$b=-.28395$, $t(48)=-8.66$, $p<0.001$].

추가적으로, 모델의 예측성능 평가 지표는 다음과 같이 Metrics 패키지(Hamner & Frasco, 2018)를 사용하여 산출할 수 있다. 이를 위해서는 predict 함수를 통해 예측값을 산출한 후 Metrics 패키지의 예측성능 평가 지표 산출을 위한 함수에 입력하여야 한다.

```
> st$y.predict <- predict(model)

> mse(st$Life.Exp, st$y.predict); rmse(st$Life.Exp,st$y.predict); mae(st$Life.Exp,st$y.predict)
[1] 0.6892265
[1] 0.8301967
[1] 0.6452864

> mape(st$Life.Exp,st$y.predict); smape(st$Life.Exp,st$y.predict)
```

```
[1] 0.009115013
[1] 0.009113498
```

또한 yardstick 패키지(Kuhn, Vaughan, & Hvitfeldt, 2022)를 이용하면 보다 손 쉽게 예측성능 평가 지표 산출할 수 있다. yardstick 패키지의 metric_set 함수를 이용하여 측정할 지표를 지정한다.148)

```
> library(tidyverse)
> library(yardstick)
> library(kableExtra)

>metrics <- metric_set(rmse, rsq, mae, mape, smape)
>st %>%
  metrics(Life.Exp, y.predict) %>%
  kbl(digits = 3) %>%
  kable_paper("hover", full_width = F)
```

.metric	.estimator	.estimate
rmse	standard	0.830
rsq	standard	0.610
mae	standard	0.645
mape	standard	0.912
smape	standard	0.911

끝으로 confint 함수를 이용하면 다음과 같이 회귀계수의 95% 신뢰구간을 산출할 수 있다.

```
> confint(model, 'Murder', level=0.95)
            2.5 %      97.5 %
Murder -0.3498757 -0.2180187
```

148) 여기서 주의할 것은 metric_set 함수에서는 mse는 따로 산출하는데 그렇지 않으면 오류가 난다.

지금까지 단순선형회귀 모델의 원리와 그 분석 방법을 살펴보았다. 단순선형회귀 분석의 목적은 두 변수 간의 관계에 대한 통계적 모델을 구축하는 것이다. 하지만 우리를 둘러싼 사회 현상은 너무도 복잡해서 단순히 하나의 예측변수 만을 포함하는 단순선형회귀 모델을 통해 이러한 현상을 설명하기는 거의 불가능하다. 다음 장에서는 하나의 결과변수와 하나 이상의 여러 예측변수 사이의 관계를 연구하는 데 사용되는 다중선형회귀 모델을 다루도록 한다.

Chapter 11

다중선형회귀 분석

"모든 모델은 틀린다. 하지만 몇몇은 유용하다."
- 조지 박스(George Box)

과학의 목적이 현상의 설명과 예측이라고 한다면 관심 변수 간 인과관계를 밝히는 것은 이러한 목적을 충족시키는 중요한 절차임에 틀림이 없다. 하지만 과학 특히, 사회과학 분야에서는 두 변수 간 관계 즉, 이변량 관계만으로 인과관계를 설명할 수 없는 매우 복잡한 현상이 대부분이다. 우리 사회 현상에서 인과관계는 매우 복잡하게 뒤얽혀 있는 과학적 거미줄과 같다. 다시 말해, 어떤 현상에 대해 원인과 그 결과를 설정한다는 것은 과학적으로 어려운 문제이며, 변수 X가 Y를 야기한다는 과학적 근거에 대해 과학자들이 충분한 증거를 제시하더라도, 그 증거들은 실제적인 인과관계를 설명해 주지 못한다는 비판을 받을 수 있다. 어떤 연구 결과에 대해 인과관계를 주장하기 위해서는 다음과 같은 세 가지 기준들을 만족시켜야 한다.

첫 번째 기준은 인과관계가 있는 두 변수는 원인이 결과보다 시간적으로 선행해야 한다는 기준을 만족해야 한다. 이러한 기준은 직관적으로 이해될 수 있다. 즉, 변수 X가 변수 Y의 원인이 되기 위해서는 변수 X는 변수 Y보다 시간적으로 선행해야 한다. 두 번째 기준은 변수 X와 변수 Y는 경험적 상관관계가 있어야 한다는 것이다. 만일 변수 X가 Y의 원인이라면, X의 존재에 따라 Y가 발생하는 경향이 있어야 한다. X가 부재한 상황에서 Y는 발생하지 않을 것이다. 이를 다른 방식으로 표현해 보자. 만일 변수 X와 Y가 인과적으로 관계를 맺고 있다면, 주장된 인과관계에 일치하는 변수 X와 Y 간에 일종의 경험적 연관성이 있어야 한다. 예를 들어 생각해보자. 만일 공부에 들인 시간과 시험 점수 간에 경험적 상관관계가 없다면, 공부의 양이 우수한 성적을 유발한다고 주장하기란 어렵다. 또한 사람들은 과도한 텔레비전 시청이 건강에 해롭다고 믿고 있지만, 텔레비전 시청량과 체질량 지수와 같은 건강 척도 간에 통계적 상관관계가 없다면, 어떻게 과도한 텔레비전 시청이 비만에 부정적인 영향을 미친다고 주장할 수 있겠는가? 실제로 텔레비전 시청은 어린이 비만에 다양하게 영향을 미칠 수 있다. 텔레비전 시청 자체는 기초대사율을 초과하는 에너지를 필요로 하지 않을뿐더러 에너지 소모가 많은 신체활동에 소비되는 시간을 줄일 수 있다. 또한 패스트푸드나 탄산음료 광고의 영향으로 텔레비전 시청량이 많은 아이일수록 칼로리 밀도가 높은 음식에 대한 접근 가능성이 더 높아질 가능성이 있다. 한 연구는 텔레비전을 시청하는 시간과 소아비만의 유의미한 상관관계를 관찰하였는데, 12세에서 17세 사이의 청소년들의 경우, 텔레비전 시청량이 한 시간 증가될 때마다 비만 유병률이 2%씩 증가하는 것으로 보고되었다.

하지만, 상관관계는 그 자체가 인과관계를 함의하진 않는다. 다시 말해, 상관관계는 인과성 주장의 필요조건이지만 충분조건은 아니다. 과도한 텔레비전 시청과 어린이 비만 간의 정적 상관관계는 허위일 가능성이 있다. 예를 들어, 아이들은 부모로부터 많은 믿음, 가치, 습관 등을 습득하는데, 만일 부모가 건강한 식습관과 충분한 운동의 중요성을 자신의 아이에게 강조하지 않았다면, 이 아이는 과체중 문제와 텔레비전 앞에서 빈둥거리는 두 가지 경향 모두를 보일 수 있다. 또한, 아이가 처해 있는 사회경제적 조건은 그들의 텔레비전 시청과 비만 모두에 영향을 줄 수 있다. 즉, 사회적으로 덜 부유한 아이들에게는 텔레비전 시청이외의 여가 활동이 주어지지 않는 동시에, 이들이 건강에 덜 좋은 값싼 음식을 소비할 개연성이 높을 것이다. 이 경우, 텔레비전 시청과 어린이 비만 간의 관계에서 부모와 관련된 또 다른 변수의 영향력이 제거 혹은 통제된 후에도 여전히 유의미한 상관관계가 나타나야만 우리는 이들 관계가 인과성을 갖는 것으로 해석할 수 있다. 즉, 변수 X와 변수 Y의 관계에 미치는 또 다른 변수 Z의 영향력이 제거 혹은 통제된 후에도 변수 X와 Y의 관계가 여전히 유의미한 관계로 남아야 한다. 이것이 인과관계를 충족시키기 위한 마지막 기준이다.

앞 장에서는 두 변수 간의 관계를 수학적으로 모델링하기 위한 단순선형회귀 모델을 살펴보았다. 단순선형회귀 분석의 목적은 두 변수 간의 관계에 대한 통계적 모델을 구축하는 것이다. 단순선형회귀 분석은 어느 정도 Pearson's r과 유사한 점이 많다. 하지만 Pearson's r에 비해 단순선형회귀 모델이 갖는 주요 이점은 측정된 결과변수 Y의 두 가지 주요 성분, 즉 예측변수 X와 Y의 사이의 관계에 기인하는 부분과 X가 설명하지 못한 부분, 즉 잔차를 분리할 수 있다는 것이다(Hayes, 2020). 한 변수가 다른 변수에 미치는 영향을 제거(partial out) 혹은 통제(control)하는 이러한 과정은 지금부터 다루게 될 다중선형회귀 분석(multiple linear regression)에 매우 중요한 개념을 제공한다.

다중선형회귀 분석은 일반적으로 다음의 네 가지 목적으로 갖는다(Hayes, 2020). 첫째, 결과변수의 변동성을 설명할 때 일련의 예측 변수들의 기여도를 평가한다. 둘째, 하나 이상의 추가적인 예측변수와의 상호관계를 통제한 후 예측변수와 결과변수 간의 관계를 탐색한다. 셋째, 두 변수 X와 Y간의 상관관계를 생성하는 과정에 대한 서로 다른 모형들을 평가한다(mediation effects). 마지막으로 변수 X와 변수 Y에 미치는 영향이 제 3의 변수 Z의 함수로서 어떻게 달라질 수 있는지 평가한다(moderation effects).[149] 이번 장에서는 이러한 목적을 중심으로 다중선형회귀 모델링의 기본 원리와 해당 모델을 이용한 통계적 추론 절차, 그리고 선형회귀 분석과 관련된 회귀 진단의 기본 개념 등을 살펴보도록 한다.

11.1 다중선형회귀 모델링

다중선형회귀 모델은 단순선형회귀 모델의 확장이다. 다중선형회귀 모델은 둘 이상의 예측변수가 포함되어 있다는 것을 제외하면 단순선형회귀 모델과 거의 동일하다. 이해를 돕기 위해 예측변수가 둘인 다중선형회귀를 모델링 하면 아래 <식 11.1>과 같다.

$$Y_i = \beta_0 + \beta_1 X_{1i} + \beta_2 X_{2i} + \varepsilon_i, \ \varepsilon_i \sim N(0, \sigma^2) \qquad \text{<식 11.1>}$$

다중선형회귀 모델의 해석 역시 모델에 두 개 이상의 예측변수가 있다는 것 말고는 단순선형회귀 모델의 해석과 동일하다. 먼저, 절편 β_0는 X_1과 X_2가 모두 0일 때 Y의 예측값이다. 다시 말해, 절편 β_0는 두 예측변수가 모두 0일 때 Y의 조건부 기댓값으로 회귀함수가 Y-축을 통과하는 지점의 값을 말한다. 두 예측변수의 값이 0이라는 것이 특정 의미를 갖는 경우를 제외하고는 절편 β_0는 별로 중요한 파라미터가 아니다. 다음으로, β_1은 예측변수 X_1에 대한 부분회귀계수(partial regression coefficient)이며, 이는 또 다른 예측변수 X_2를 통제했을 때 X_1의 1단위 증가에 대한 Y의 변화량을 나타낸다. 마찬가지로, β_2는 X_1을 통제했을 때 X_2의 1단위 증가와 관련된 Y의 변화량을 나타내는

149) 이러한 목적 중 세 번째와 네 번째는 mediation/moderation analysis라는 또 다른 분석기법으로 이 책에서는 다루지 않는다.

부분회귀계수이다. 마지막으로, 오차항 ε_i는 개별 i에 대한 결과변수의 관찰값인 Y_i와 두 예측변수 X_1과 X_2 모두에서 개별 i의 점수로부터 예측된 결과변수의 예측값인 $\widehat{Y}_i$와의 차이를 나타낸다. 다시 말하면, 이 오차항 ε_i는 X_1과 X_2에 의해 설명되지 않은 Y의 추가 변동량을 나타낸다. 예측변수가 하나인 단순선형회귀 모델에서 회귀 방정식은 2차원 평면에 직선으로 표현되는 것에 반해, 두 예측변수를 갖는 다중선형회귀 모델에서는 회귀 방정식이 3차원 상에 평면(planes)으로 표현된다. 앞 장의 예제로 사용된 st 데이터에서 세 변수, 기대수명(Life.Exp)을 결과변수로, 살인사건 발생률(Murder)과 교육수준(HS.Grad)을 예측변수로 하는 다중회귀 방정식을 시각화하면 아래의 <그림 11.1>과 같다. 만일 k개의 예측변수를 사용하면 회귀 식을 시각적으로 표현하기 위해 $k+1$ 차원의 공간이 필요하기 때문에 예측변수가 3개 이상인 회귀 방정식을 우리가 인지할 수 있는 수준에서 시각화하는 것은 거의 불가능하다.

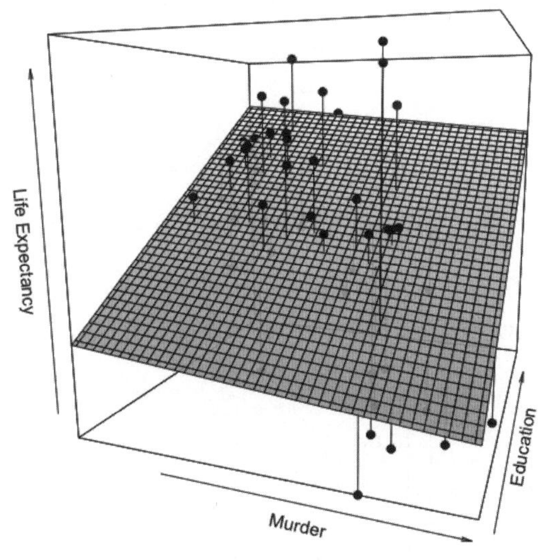

그림 11.1 기대수명, 살인 발생률, 교육수준에 대한 3차원 회귀 방정식

11.2 파라미터 추정

다시 말하지만, 통계 모델링에서 파라미터의 추정은 측정된 표본 데이터로부터 모델

파라미터의 추정치를 계산하는 과정을 말한다. 회귀 모델의 경우 β_0와 β_p를 추정하는 것을 파라미터의 추정이라고 한다. 다중선형회귀 모델의 파라미터의 추정 과정 역시 OLS를 이용한다는 점에서 단순선형회귀 모델과 크게 다르지 않다. 즉, 다중선형회귀 모델의 파라미터의 추정 역시 잔차제곱합, SSE를 최소화하여 최적의 선형회귀 모델의 파라미터를 추정하는 OLS의 기본 원리를 따른다. 다만 다중선형회귀 모델에서 파라미터의 OLS 추정에서는 앞서 설명한 연립방정식을 사용하기보다는 일반적으로 행렬대수 접근법을 사용하게 된다. 물론 다중선형회귀 모델에서도 연립방정식을 사용하여 파라미터 추정을 할 수는 있지만 예측변수의 수가 많아질수록 계산이 복잡해지는 문제가 있다. OLS 추정을 위한 행렬대수 접근법은 회귀 모델을 간결하고 직관적인 형태(예: $y = Xb + e$)로 표현할 수 있으며, 분석되는 예측변수의 수에 구애받지 않는다는 점에서 매우 효율적이다. 우리가 행렬대수에 필수적인 약간의 지식만 있다면 행렬대수 접근법이 오히려 미분 연립방정식을 이용한 추정에 비해 더 쉽게 느껴질 수 있다. 지금부터 행렬대수 접근법을 사용하여 다중선형회귀 모델의 파라미터를 추정해보자.

다음의 <식 11.2>과 같이 n개의 관찰치와 p개의 예측변수를 가진 다중선형회귀 함수를 고려해보자.

$$y_n = \beta_0 + \beta_1 x_{n1} + \beta_2 x_{n2} + \cdots + \beta_p x_{np} + \varepsilon_n,\ \varepsilon_i \sim N(0, \sigma^2) \qquad \text{<식 11.2>}$$

<식 11.2>를 <식 11.3>과 같이 행렬의 형태로 다시 표현할 수 있다.

$$y = \begin{bmatrix} y_1 \\ y_2 \\ \vdots \\ y_n \end{bmatrix},\ X = \begin{bmatrix} 1 & x_{11} & x_{12} & \cdots & x_{1p} \\ 1 & x_{21} & x_{22} & \cdots & x_{2p} \\ \vdots & \vdots & \vdots & \cdots & \vdots \\ 1 & x_{n1} & x_{n2} & \cdots & x_{np} \end{bmatrix},\ \beta = \begin{bmatrix} \beta_0 \\ \beta_1 \\ \vdots \\ \beta_p \end{bmatrix},\ \varepsilon = \begin{bmatrix} \varepsilon_1 \\ \varepsilon_2 \\ \vdots \\ \varepsilon_n \end{bmatrix}. \qquad \text{<식 11.3>}$$

y는 결과변수의 $n \times 1$ 칼럼 벡터, X는 각 예측변수 $x_{11,}x_{12} \cdots x_{np}$에 대한 n개의 관찰치를 나타내는 $n \times (p+1)$의 설계행렬(design matrix)[150], β는 파라미터 추정치의 $(p+1) \times 1$ 칼럼 벡터, ε은 오차항의 $n \times 1$ 칼럼 벡터이다. <식 11.3>의 행렬들을 다시 <식 11.4>와 같이 간단한 행렬식으로 표현할 수 있다.

---

150) 설계행렬이란 모든 원소가 1인 벡터가 예측변수 행렬에 추가된 형태의 행렬을 말한다. 이는 절편 β_0의 추정을 위해 필수적이다.

$$\begin{bmatrix} y_1 \\ y_2 \\ \vdots \\ y_n \end{bmatrix} = \begin{bmatrix} 1 & x_{11} & x_{12} & \cdots & x_{1p} \\ 1 & x_{21} & x_{22} & \cdots & x_{2p} \\ \vdots & \vdots & \vdots & \cdots & \vdots \\ 1 & x_{n1} & x_{n2} & \cdots & x_{np} \end{bmatrix} \begin{bmatrix} \beta_0 \\ \beta_1 \\ \vdots \\ \beta_p \end{bmatrix} + \begin{bmatrix} \varepsilon_1 \\ \varepsilon_2 \\ \vdots \\ \varepsilon_n \end{bmatrix}$$

$$y = X\beta + \varepsilon \qquad \text{<식 11.4>}$$

$y = X\beta + \varepsilon$을 ε에 대해 다시 정리하면 $\varepsilon = y - X\beta$가 된다. OLS 추정은 잔차제곱합, 즉 $\sum \varepsilon^2$을 최소화하여 최적의 선형회귀 모델의 파라미터를 추정하는 방법이므로 다음의 <식 11. 5>와 같이 정리된다. 행렬대수에서 벡터의 제곱은 벡터의 전치행렬(transpose matrix)과 벡터 자체의 행렬의 곱으로 나타낼 수 있으므로, 벡터 ε의 제곱은 $\varepsilon' \varepsilon$으로 표현된다.

$$\sum \varepsilon_n^2 = \begin{bmatrix} \varepsilon_1 & \varepsilon_2 & \cdots & \varepsilon_n \end{bmatrix} \begin{bmatrix} \varepsilon_1 \\ \varepsilon_2 \\ \vdots \\ \varepsilon_n \end{bmatrix} = \varepsilon' \varepsilon \qquad \text{<식 11.5>}$$

$\varepsilon' \varepsilon$를 최소화하는 β를 찾기 위해 다음의 <식 11.6>과 같이 정리될 수 있다.

$$\varepsilon' \varepsilon = (y - X\beta)'(y - X\beta) = y'y - y'X\beta - \beta'X'y + \beta'X'X\beta \qquad \text{<식 11.6>}$$

<식 11.6>을 β에 대해 행렬의 미분법칙을 이용하여 미분을 수행하면 아래 <식 11.7>과 같다.[151]

$$\begin{aligned} \frac{\partial \varepsilon' \varepsilon}{\partial \beta} &= y'y - y'X\beta - \beta'X'y + \beta'X'X\beta \qquad \text{<식 11.7>} \\ &= -y'X - X'y + 2X'X\beta \\ &= -X'y - X'y + 2X'X\beta \\ &= -2X'y + 2X'X\beta = 0 \end{aligned}$$

$-2X'y + 2X'X\beta = 0$을 풀기 위해 $2X'X\beta$를 양변에서 나눠주고 다시 -2를 없애기

151) $a'b = b'a$이고, X에 대한 미분에서 $X'B$를 미분하면 B, $X'BX$을 미분하면 $2BX$이다.

위해 양변을 -2로 나눠주면 아래 <식 11.8>과 같다.

$$-2X'X\beta = -2X'y$$
$$(X'X)\beta = X'y \qquad \text{<식 11.8>}$$

마지막으로 <식 11.8>에서 $X'X$의 역행렬인 $(X'X)^{-1}$을 양변에 곱하여[152] β에 대해 정리하면 최종적으로 $\hat{\beta}$를 구하는 행렬식 <식 11.9>를 도출할 수 있다.

$$\hat{\beta} = (X'X)^{-1}X'y \qquad \text{<식 11.9>}$$

지금까지 행렬대수 접근법을 이용한 파라미터 추정 과정을 살펴보았다. 이 과정이 수리적 계산에 익숙하지 않은 경우라면 다소 복잡해 보일 수 있지만 행렬대수의 간단한 법칙 몇 개만 적용하면 큰 무리 없이 $\hat{\beta}$를 추정하는 식을 도출할 수 있다. 선형회귀 모델과 관련된 통계적 가정이 모두 충족 된다면, 가우스-마르코프 정리에 따라 이러한 OLS 추정량은 편향되지 않고 일관적이며 가장 효율적인 추정량, 즉 BLUE라고 할 수 있다.[153] 그러면 가우스-마르코프 정리에 따라 OLS 추정량 $\hat{\beta}$이 파라미터 추정량 β임을 증명해보자.

위의 <식 11.9>에 따라 $\hat{\beta} = (X'X)^{-1}X'y$이므로 $\hat{\beta}$의 기댓값은 다음의 <식 11.10>과 같이 정리될 수 있다.

$$\begin{aligned} E(\hat{\beta}) &= E[(X'X)^{-1}X'y] \\ &= (X'X)^{-1}X'E(y) \end{aligned} \qquad \text{<식 11.10>}$$

y를 행렬식으로 표현하면 $y = X\beta + \varepsilon$이고, 정의에 따라 $E[\varepsilon_i] = 0$이므로, y의 기댓값은 아래 <식 11.11>과 같다.

$$E(y) = E(X\beta + \varepsilon) = E(X\beta) + E(\varepsilon) = E(X\beta) + 0 = X\beta \qquad \text{<식 11.11>}$$

y의 기댓값이 $X\beta$이므로, <식 11.10>을 다시 전개하면 아래 <식 11.12>와 같다.

---

152) 행렬대수의 나눗셈 법칙을 참고하라.
153) 선형회귀 모델과 관련된 통계적 가정에 대해서는 뒤 섹션에서 자세히 살펴보도록 하자.

$$(X'X)^{-1}X'E(y) = (X'X)^{-1}X'X\beta \\ = (X'X)^{-1}(X'X)\beta \\ = \beta$$ <식 11.12>

<식 11.12>에 따라 $E(\hat{\beta}) = \beta$이 된다. 또한 가우스-마르코프 정리에 따르면, 파라미터 β에 대해 OLS 불편추정량 $\hat{\beta_1}$과 또 다른 불편추정량 $\hat{\beta_2}$가 있을 때, $\hat{\beta_1}$의 분산은 $\hat{\beta_2}$의 분산보다 작다.[154] 따라서 가우스-마르코프 정리에 따라 OLS 추정량 $\hat{\beta}$은 편향되지 않고, 일관적이며, 가장 효율적인 추정량, 즉 BLUE라고 할 수 있다.

그러면 <식 11.9>를 이용하여 위에서 사용한 st 데이터를 예제 데이터로 파라미터 추정을 수행해보자. 여기서는 <식 11.9> 손으로 계산하는 것은 다소 복잡하니 R을 이용하도록 하자. 예제를 위해 st 데이터에서 세 변수, 기대수명(Life.Exp)을 결과변수로, 살인사건 발생률(Murder)과 교육수준(Education)을 예측변수로 하는 다중선형회귀 모델을 아래 <식 11.13>과 같이 구성한다.

$$\text{Life.Exp} = \beta_0 + \beta_1 Murder + \beta_2 Education$$ <식 11.13>

먼저, st 데이터를 로드하고 변수의 이름을 약간 조정하자.

```
> st <- as.data.frame(state.x77)
> colnames(st)[4] <- "Life.Exp"
> colnames(st)[6] <- "Education"
```

다음으로 matrix 함수와 data.matrix 함수를 이용하여 결과변수와 예측변수들의 행렬을 만들도록 한다. 이때, 설계행렬 X를 만들 때에는 model.matrix 함수를 이용하도록 한다.

```
> y <- matrix(st$Life.Exp)
> x <- data.matrix(st[c(5:6)])
> x.design <- model.matrix(~x)
```

154) OLS 불편추정량 $\hat{\beta_1}$과 또 다른 불편추정량 $\hat{\beta_2}$가 있을 때, $var(\hat{\beta_1}) < var(\hat{\beta_2})$에 대한 증명은 생략하기로 한다.

<식 11.9>과 같이 $\hat{\beta}$를 추정하기 위해 X의 전치행렬 X'와 $X'X$를 계산하고, $X'X$의 역행렬인 $(X'X)^{-1}$를 계산한다. 이때 전치행렬은 t 함수를, 역행렬은 solve 함수를 이용하여 계산한다.

```
> t.x <- t(x.design)
> x.t_x <- t.x %*% x.design
> x.inv <- solve(x.t_x)
```

최종적으로 <식 11.9>를 이용하여 다음과 같이 $\hat{\beta}$를 추정한다.[155]

```
> b.hat <- x.inv %*% t.x %*% y
> b.hat
                  [,1]
(Intercept)  70.2970840
xMurder      -0.2370901
xEducation    0.0438873
```

계산을 통해 우리는 기대수명을 예측하는 최적의 다중선형회귀식 다음과 같이 추정할 수 있다.

$$\hat{Y} = 70.297 - .237(Murder) + .044(Education)$$

살인사건 발생률(Murder)의 회귀계수 추정치 -.237은 다른 예측변수 교육수준(Education)의 효과를 일정하게 유지할 경우 살인사건 발생률이 1 단위 증가에 따라 사람들의 기대수명이 .237년 감소함을 의미한다. 마찬가지로 교육수준(Education)의 회귀계수 추정치 .044는 살인사건 발생률(Murder)의 효과를 일정하게 유지할 경우 사람들의 교육수준이 1 단위 증가함에 따라 그들의 기대수명이 .044년 증가함을 의미한다. 절편 추정치 $\hat{\beta_0} = 70.297$은 살인사건 발생률과 교육수준이 모두 0일 때 예측된 기대수명은 70.297년이라는 것을 나타낸다. 만일, 미국 어떤 주의 살인사건 발생률이 10이고 교육수준이 45점이라면 해당 주의 기대수명을 다음과 같이 예측할 수 있을 것이다.

155) R에서 행렬의 곱셈은 %*%를 사용한다.

$$\widehat{Y} = 70.297 - .237(Murder) + .044(Education) = 70.297 - .237(10) + .044(45) \approx 69.91$$

이렇게 최적의 회귀선을 찾았다면, 추정된 선형회귀 모델이 데이터에 얼마나 잘 적합한지 그리고 그 모델의 예측력은 어떠한지를 평가해보자. 이 역시 단순선형회귀에서 수행되는 모델 평가와 크게 다르지 않다.

11.3 모델 평가

11.3.1 결정계수 R^2

앞서 설명한 바와 같이, 결정계수 R^2는 모델의 결과변수 Y_i의 평균 $\overline{Y}$에 대한 총변동량 SST를 두 개의 제곱합, 즉 $\widehat{Y}_i$에 의해 설명되지 않는 변동량($Y_i - \widehat{Y}_i$)인 잔차제곱합 SSE와 $\widehat{Y}_i$에 의해 설명되는 변동량($\widehat{Y}_i - \overline{Y}$), 즉 모델제곱합 SSM으로 분리하여 SST에서 SSM의 비율을 파악하는 것이다. 따라서, R을 이용해 위 예제의 R^2를 구하면 <식 11.14>과 같다.

```
> y.bar <- mean(st$Life.Exp)
> sst <- sum((st$Life.Exp-y.bar)^2)
> Y.hat <- predict(model)
> sse <- sum((st$Life.Exp-Y.hat)^2)
> sst; sse
[1] 88.299
[1] 29.77036
```

$$R^2 = \frac{SST - SSE}{SST} = \frac{88.299 - 29.770}{88.299} \approx .6628 \qquad \text{<식 11.14>}$$

<식 11.14>에서 산출된 R^2는 약 .6628로 우리는 이를 바탕으로 미국 50개 주의 기대수명 분산의 약 66.3%가 이 살인사건 발생률과 교육수준에 의해 설명된다고 해석할

수 있다. 이는 이들 예측변수들이 미국 50개 주의 기대수명을 예측하는데 있어 상당히 큰 효과크기를 보인다고 말할 수 있다.

F-test를 통해 산출된 R^2에 대한 유의성 검정을 수행할 수 있다. 이를 위한 영가설과 대안가설은 다음과 같다.

$$H_0 : \rho^2 = 0,\ H_A : \rho^2 \neq 0$$

k가 예측변수의 수를 나타낼 때 SSM과 SSE의 자유도는 각각 $k=2$과 $n-k-1=47$이므로 계산된 F-value는 아래와 같다.

```
> ssm <- sum((Y.hat-y.bar)^2)
> msm <- ssm/2
> mse <- sse/47
> msm; mse
[1] 29.26432
[1] 0.6334118
```

$$F = \frac{SSM/df_M}{SSE/df_E} = \frac{29.2643}{.6334} \approx 46.20$$

$\alpha = .05$에서 자유도 2와 47일 때 F-분포의 critical value는 약 3.195이므로 H_0를 기각하여 산출된 R^2는 95% 신뢰수준에서 0이 아니라는 결론을 내릴 수 있다. 따라서 우리는 추정된 모델이 결과변수의 변동성을 설명하는데 있어 상당히 유의미한 모델이라는 결론에 도달할 수 있다.

이렇게 R^2가 회귀분석에서 결과변수의 변동성을 설명하는 중요한 지표임에도 불구하고, R^2를 다중선형회귀 모델에 그대로 적용하는 것에는 문제가 있다. 그 이유는 R^2는 모델에 투입되는 예측변수의 개수에 민감하게 반응하기 때문인데, 즉 모델에 설명변수를 추가할수록 R^2 값은 증가한다는 것이다. 이는 모델에 예측변수들의 개수가 증가하면 증가할수록, 모델의 R^2 값이 커지게 되어 과적합(overfitting)의 문제를 발생시키게 된다. 다시 말해, 모델에 예측변수의 개수가 많을수록 실제 모델의 예측 능력이 감소될 가능성이 높아진다. 다중선형회귀 모델에서는 이러한 문제를 해결하기 위해 R^2에 페널티 항(penalty term)을 추가한 Adjusted R^2을 사용하는 것이 더 적절할 수 있다. 따라서 Adjusted R^2는 예측변수들의 개수에 대한 페널티 항을 추가함으로써 모델이 예측변수의 개수에 덜 민감하면서 모델의 복잡성을 고려한 평가 지표라고 할 수 있다. k를 모델에 포함된 예측변수의 수를 나타낸다고 할 때, Adjusted R^2는 다음의 <식 11.15>에 따라 계산된다(Ezekiel, 1929).

$$R_{adj}^2 = 1 - \frac{n-1}{n-k-1}(1-R^2) \qquad \text{<식 11.15>}$$

<식 11.15>를 이용해 위 예제의 Adjusted R^2 값을 구하면 아래 <식 11.16>과 같다.

$$R_{adj}^2 = 1 - \frac{n-1}{n-k-1}(1-R^2) = 1 - \left[\frac{(50-1)}{(50-2-1)} * (1-.6628)\right] \approx .6485 \qquad \text{<식 11.16>}$$

<식 11.16>과 같이 Adjusted R^2 값은 R^2 값보다 작을 수 있으며, 모델이 더 많은 예측변수를 포함할수록 R^2는 증가하지만 Adjusted R^2는 감소하게 된다. 이는 모델의 복잡성이 증가하면서 <식 11.12>의 페널티 항의 분모가 작아지게 되고, 결국 전체 Adjusted R^2 값이 감소하기 때문이다.[156)]

11.3.2 예측 성능 평가 지표

다중선형회귀 모델링에서 모델의 예측 성능을 평가 지표 역시 단순선형회귀에서와 동일하게 산출된다. 앞 장에서 살펴 본 식들을 통해 예제의 예측성능을 평가하기 위한 각 지표를 구하면 아래와 같다.

$$MSE = \frac{1}{n}\sum_{i=1}^{n}(y_i - \hat{y_i})^2 = \frac{29.77}{50} \approx .595$$

$$\text{RMSE} = \sqrt{MSE} = \sqrt{.595} \approx .771$$

156) 페널티는 원래 R^2 값이 작고 표본크기가 작을수록 커지게 된다.

$$MAE = \frac{1}{n}\sum_{i=1}^{n} |\ y_i - \hat{y}_i\ | = \frac{30.937}{50} \approx .619$$

$$MAPE = \frac{100}{n}\sum_{i=1}^{n}\left|\frac{y_i - \hat{y}_i}{y_i}\right| \approx 8.75(\%)$$

$$SMAPE = \frac{100}{n}\sum_{i=1}^{n}\frac{|\ y_i - \hat{y}_i\ |}{(\ |\ y_i\ | + |\ \hat{y}_i\ |\ )/2} \approx 8.74(\%)$$

11.4 예측변수에 대한 가설검정과 신뢰구간 추정

이번에는 회귀모델의 예측변수에 대한 가설검정과 신뢰구간을 추정해보자. 이를 위해서는 추정된 모델의 오차 확률변수에 대해 가정에 대한 확인이 필요하다. 이는 뒤 섹션에서 자세히 다루도록 하자. 위 예제에서 예측변수의 모집단 파라미터에 대한 영가설과 대안가설은 다음과 같이 설정된다:

$$H_0 : \beta_{murder} = \beta_{education} = 0,$$
$$H_A : \text{ at least one of } \beta_{murder}, \beta_{education} \text{ is not 0}$$

앞 장에서 살펴 본 바와 같이 다중회귀모델에서는 기울기 $\hat{\beta}$는 $N-k-1$ 자유도를 가진 t-분포를 따른다. 따라서 위에서 설정된 가설을 검정하기 위해 $N-k-1$ 자유도를 가진 t-test를 수행한다. 이를 위해서는 $\hat{\beta}_i$의 표준오차 $s_{\hat{\beta}_i}$를 행렬대수를 이용하여 산출해야 한다. $s_{\hat{\beta}_i}$는 회귀계수의 분산-공분산 행렬 $V(\beta)$에서 대각성분에 제곱근을 취하여 회귀계수의 표준오차를 계산하는 절차를 수행한다. $\sigma^2 = SSE/df_E$일 때, 회귀계수의 분산-공분산 행렬 $V(\beta)$를 행렬로 나타내면 정의에 따라 다음의 <식 11.17>와 같다.

$$V(\beta) = \sigma^2 (X'X)^{-1} \qquad \text{<식 11.17>}$$

여기서 σ^2는 오차항의 분산, X는 설계행렬, $(X'X)^{-1}$은 X의 전치행렬과 X의 행렬을 곱한 것의 역행렬을 나타낸다. $V(\beta)=\sigma^2(X'X)^{-1}$임을 이용하여 위 예제의 분산 σ^2와 회귀계수에 대한 분산-공분산 행렬 $V(\beta)$을 산출하면 아래와 같다.

```
> sigma_sq <- sse/(n-k-1)
> sigma_sq
[1] 0.6334118

> V_beta <- sigma_sq * solve(t(x.design) %*% x.design)
> V_beta
              (Intercept)       xMurder        xEducation
(Intercept)  1.03158125   -0.0239327535  -0.0158608337
xMurder      -0.02393275   0.0012450477   0.0002776755
xEducation   -0.01586083   0.0002776755   0.0002600765
```

분산-공분산 행렬 $V(\beta)$에서 대각성분은 분산을, 나머지 대칭성분은 공분산을 나타낸다. 따라서 아래 <식 11.18>와 같이 산출된 $\hat{\beta}_i$에 대한 분산-공분산 행렬 $V(\beta)$의 대각요소를 추출하여 제곱근을 취하여 $\hat{\beta}_i$의 표준오차 $s_{\hat{\beta}_i}$를 계산한다.

$$s_{\hat{\beta}_i}=\sqrt{V(\beta_{ii})} \qquad \text{<식 11.18>}$$

R에서 행렬의 대각요소를 추출할 때에는 diag 함수를 사용한다. 따라서 예제의 $\hat{\beta}_i$의 표준오차 $s_{\hat{\beta}_i}$는 아래와 같이 계산된다.

```
> SE_beta <- sqrt(diag(V_beta))
> SE_beta
 (Intercept)     xMurder    xEducation
 1.01566788   0.03528523  0.01612689
```

아래 <식 11.19>을 이용해 산출된 위 예제의 두 예측변수 Murder와 Education의 관찰된 t-value는 각각 약 −6.717, 2.727이다.

$$\text{Murder:}\ t_{observed} = \frac{\widehat{\beta_1}}{s_{\widehat{\beta_1}}} = \frac{-.2371}{.0353} \approx -6.717$$

$$\text{Education:}\ t_{observed} = \frac{\widehat{\beta_1}}{s_{\widehat{\beta_1}}} = \frac{.0439}{.0161} \approx 2.727 \qquad \text{<식 11.19>}$$

95% 신뢰수준에서 $df = 47$일 때 *t*-critical value는 약 2.013(*two-tailed*)이다. 따라서 관찰된 *t*-value는 *t*-critical value 2.013보다 크므로, 두 예측변수 Murder와 Education의 모집단 기울기 계수 β는 95% 신뢰수준에서 0과 유의하게 다르지 않다는 영가설을 기각할 수 있다.

이번에는 위의 가설검정 결과를 모집단 회귀계수 β에 대한 신뢰구간의 계산을 통해 확인해보자. 두 예측변수 Murder와 Education의 β에 대한 95% 신뢰구간 추정치는 다음 <식 11.20>을 통해 얻을 수 있다.

$$\hat{\beta}_{Murder} \pm s_{\hat{\beta}_{Murder}} \times t_{critical} = -.2371 \pm .0353 \times 2.013,\ [-.3081 \sim -.1660]$$

$$\hat{\beta}_{Education} \pm s_{\hat{\beta}_{Education}} \times t_{critical} = .0439 \pm .0161 \times 2.013,\ [.0115 \sim .0763] \qquad \text{<식 11.20>}$$

도출된 두 예측변수 Murder와 Education의 모집단 기울기 계수 β에 대한 95% 신뢰구간들의 구간 추정치는 0을 포함하지 않으므로, 이들의 모집단 회귀계수 β는 0이 아니라고 말할 근거가 충분하다. 이러한 결과는 위의 영가설 검정의 결과와도 일치한다고 할 수 있다.

11.5 표준화 회귀계수

다중선형회귀 모델에서 우리가 고려해야할 또 하나 중요한 사항은 추정된 회귀계수에 대한 표준화이다. 지금까지 추정했던 회귀계수는 비표준화계수로 이는 예측변수가 1 단위 증가할 때 결과변수가 얼마나 증가 또는 감소하는지를 우리가 예측하는 것이 주요 목적이다. 하지만 이 계수는 각 예측변수의 척도에 따라 달라지기 때문에, 회귀 모델에 투입된 예측변수들의 상대적 영향력을 비교할 때 이들 회귀계수를 있는 그대로 비교하는 것은 문제가 될 수 있다. 위의 예제를 예를 들면, Murder의 회귀계수가 Education의 회귀계수보다 크다고 해서 기대수명에 미치는 Murder의 영향력이 더 크다고 단정적으로 말하기는 어렵다. 왜냐하면, Murder와 Education을 측정한 척도가 서로 다르기 때문이다. 사실, 사회과학 연구자들에게는 예측변수에 의해 결과변수의 변동량이 어느 정도 예측되는지 보다는 회귀 모델에 투입된 서로 다른 예측변수들의 비교를 통한 상대적 영향력을 파악하는 것에 더 관심을 기울이는 것이 일반적이다. 우리가 이는 앞서 논의했던 사회과학 연구자들에게 회귀분석의 목적이 예측보다는 설명에 더 무게를 두는 이유에서 비롯된다고 할 수 있다. 이러한 목적을 위해 우리는 추정된 회귀계수를 표준화 회귀계수(standardized regression coefficients, 혹은 beta weights)로 변환하여 예측변수들 간의 상대적인 영향력을 쉽게 비교할 수 있다. 지금부터 표준화 회귀계수를 산출하는 절차를 살펴보도록 하자.

표준화 회귀계수를 산출하기 위해서는 변수들의 표준편차를 사용하는 것이 일반적이다.[157] 즉, 비표준화 회귀계수에 결과변수의 표준편차에 대한 해당 예측변수 표준편차의 비율을 곱하여 계산한다. 이를 식으로 나타내면 다음의 <식 11.21>과 같다. 예측변수의 표준편차를 결과변수의 표준편차로 나눈 값을 비표준화 회귀계수에 곱하여 표준화 회귀계수를 계산한다. 이때 산출된 표준화 회귀계수는 -1에서 1 사이의 값을 가지게 된다. 이는 곧 X에서 1 z-score 변화가 Y에서 z-score 변화에 얼마나 영향을 미치는지를 보여준다고 할 수 있다.

$$\widehat{\beta_s} = \left(\frac{s_x}{s_y}\right)\hat{\beta} \qquad \text{<식 11.21>}$$

<식 11.21>을 이용해 위 예제의 두 예측변수의 표준화 회귀계수를 구해보자. Life.Exp의 표준편차는 약 1.342, Murder와 Education의 표준편차는 각각 3.6915, 8.077이므로 각 예측변수의 표준화 회귀계수는 각각 -.652, .265로 계산된다.

$$\widehat{\beta_{s1}} = -.237 \times \left(\frac{3.692}{1.342}\right) \approx -.652,\ \widehat{\beta_{s2}} = .044 \times \left(\frac{8.077}{1.342}\right) \approx .265$$

157) 만일 예측변수의 분포가 정규성에서 크게 벗어날 때에는 이 방법은 그리 좋은 방법이 아니다 (Fox, 2015).

이러한 결과에 따르면, 미국 50개 주의 기대수명을 예측하는데 있어 살인사건 발생률은 교육수준에 비해 상대적으로 강력한 예측변수라고 결론을 내릴 수 있다.

사회과학에서는 이러한 표준화 회귀계수를 보고하고 해석하는 것이 오랫동안 이어져 온 일반적인 관행이었다. 하지만 이러한 관행은 우리가 지금까지 알고 있는 것과는 달리 많은 비판을 받고 있는 것이 사실이다.[158] 먼저, 표준화 회귀계수는 효과크기뿐만 아니라 변수의 변동도 반영하게 되는데, 즉, 이들 변수의 분산이 다르게 되면 일련의 예측변수가 결과변수에 미치는 효과가 동일하더라도 - 비표준화 계수가 동일하더라도 - 표본 간 혹은 모집단 간 표준화 계수는 달라질 수 있다(Wolf & Best, 2015). 이를 킹(King, 1986)이 제시한 간단한 예를 들어 살펴보자. $y=(5,5,6)$이고 $X=(2,4,4)$일 때, $\hat{y}=4.5+.25X$이며 표준화 계수는 .5이다. 이때 $y=(5,5,6,9.5)$, $X=(2,4,4,20)$과 같이 표본에 케이스가 하나 더 늘어났다고 가정해보자. 이 경우 추정된 회귀방정식은 $\hat{y}=4.5+.25X$로 절편과 비표준화 계수는 동일한데 반해 표준화 계수는 약 .98로 과대추정 된다. 이는 변수들의 분산이 급격히 증가한데서 비롯된다고 할 수 있다. 표준화 계수의 이러한 속성은 결국 효과에 대한 해석을 어렵게 만드는 결과를 가져온다. 좀 더 쉬운 예를 들어 보자. 소득이 특정 태도에 미치는 영향을 성별에 따라 비교한다고 가정해보자(Wolf & Best, 2015). 남성과 여성의 소득 변동이 다른 경우, 이는 표준화 계수에 영향을 미치므로 결국 표준화 계수의 차이가 소득 효과의 차이인지 아니면 두 집단의 소득 변동에 기인하는지 알 수 없다.[159] 이에 대해 투키(Tukey, 1954)는 표준화 계수는 두 가지 상황, 즉 종속변수와 독립변수가 동일한 분산을 갖거나 적어도 하나의 변수를 결정적인 스케일(determinate scale)로 측정하는 것이 불가능한 경우가 아니라면 사용되어서는 안된다고 주장했다(Kim & Ferree에서 재인용). 또한, 표준화 회귀계수는 예측변수 간의 상관관계가 클수록 분산을 적절하게 분할할 수 없으므로 표준화 회귀계수는 계수 간 상대적 중요도를 파악하는데 적합하지 않다는 주장도 제기된다(Azen & Budescu, 2006; Kim & Mueller, 1976; Tonidandel & LeBreton, 2011). 결국 기존의 논쟁들을 정리하면, 표준화 회귀계수는 예측변수 간 상관관계를 완전히 배제하지 않는 한 다중선형회귀 모델에서 변수의 상대적 중요도를 비교하는 데 사용하는데 부적절할 뿐만 아니라, 예측변수의 분산을 가정할 수 없는 한 서로 다른 연구의 예측변수 간 상대적 중

158) 표준화 회귀계수에 대한 비관적인 견해를 넘어 사회과학 연구자들이 표준화 회귀계수를 남용하고 있다는 비판도 제기된다. 이에 대한 자세한 논의는 킹(King, 1986)과 리차드(Richards, 1982)의 논문을 참고하길 바란다.

159) 사실, 표준화 계수는 모집단의 평균과 표준편차를 기반으로 표준화되는 것이 아니라 표본의 통계량을 통해 표준화된다.

요도를 비교하는 데 사용할 수도 없다. 따라서 예측변수의 회귀계수에 대한 상대적 중요도를 비교하기 위해서는 표준화 계수보다는 dominance analysis(Budescu, 1993)나 relative weight analysis(Johnson, 2000)와 같은 방법을 사용할 것이 권고된다. dominance analysis(Budescu, 1993)는 p개의 예측변수들이 있을 때, 2^p-1개의 쌍별 관계에 대해 설명력을 나타내는 R^2 값들을 이용하여 상대적인 중요도를 계산하는 분석 방법이다. dominance analysis를 수행하는 방법에 대해서는 R 예제 섹션에서 자세히 살펴보기로 하자.

11.6 OLS의 통계적 가정과 진단

여러 다른 통계분석 방법과 마찬가지로 회귀분석 역시 데이터에 대한 특정 조건이 충족되는 경우에만 그 결과를 신뢰할 수 있다. 다중회귀분석의 경우 역시 데이터가 일반적으로 회귀 모델에 수반되는 가정을 충족하지 못하는 경우 심각한 부정적 영향을 받을 수 있는데, 예를 들면 이 경우 제1종 오류 혹은 제2종 오류가 발생하거나 회귀계수의 유의성에 대한 과대 혹은 과소 추정이 발생할 수 있다(Osborne & Waters, 2002). 이렇게 회귀 모델의 적합성과 유효성을 평가하는 일련의 절차와 기법을 회귀진단(regression diagnostics)이라고 한다. 회귀진단의 목적은 회귀 모델의 기초가 되는 통계적 가정이 충족되는지 여부를 평가하고 모델 예측의 신뢰성과 정확성에 영향을 미칠 수 있는 잠재적 문제를 식별하는 것이다. 다중회귀 모델의 통계적 가정은 크게 모델에 대한 가정, 모델의 오차에 대한 가정, 측정오차에 대한 가정, 기타 잠재적 문제에 대한 가정 등으로 구분할 수 있다(Williams, Grajales, & Kurkiewicz, 2013). 이번 섹션에서는 이러한 구분을 기반으로 회귀 모델의 구축을 위해 필요한 통계적 가정들은 어떤 것들이 있는지, 그리고 이들을 확인하는 방법을 살펴보도록 하자.

11.6.1 모델에 대한 가정: 선형성

선형성(linearity)은 OLS를 이용한 다중회귀분석에 있어 필수적으로 확인해야 할 가정이다. 앞 장에서 언급한 바와 같이, OLS 회귀모델에서 결과변수 Y와 예측변수 X는 선형관계를 갖는 것으로 가정된다. 이는 반응변수 Y는 모델 파라미터 β의 선형함수로 가정되어야 함을 의미하지만, 우리가 알고 있는 것과는 달리, 반드시 예측변수 X가 결과변수 Y의 선형함수일 필요는 없다(Williams, Grajales, & Kurkiewicz, 2013).[160] 따라서, 선형성은 모델 파라미터의 특성이라고 할 수 있다(Krzanowski, 1998). 이는 예측변수의 변화가 결과변수에 미치는 영향이 일정하고, 예측변수의 변화와 결과변수의 변화가 직접적으로 비례한다는 것을 의미한다.

선형성 가정은 오차항의 관점에서 볼 수도 있다. 모형의 모든 오차항이 0일 때 결과변수 Y와 예측변수 X 사이에는 완벽한 선형관계가 존재한다. 이를 다시 표현하면 예측변수 X에 대해 오차의 기대값은 0과 같아야 한다는 것을 의미한다. 즉, 선형성 가정은 결과변수 Y의 조건부 평균(즉 예측변수 X의 값이 주어졌을 때)은 Y의 예측값과 같다고 가정한다. 이는 오차 항은 예측변수에 대해 주어진 값 또는 값의 조합에 대해 평균이 0이 되어야 한다는 OLS 선형회귀 모델에서 중요한 가정이다(Fox, 2015). 이를 zero conditional means of error 가정이라 하며, 식으로 표현하면 $E(\varepsilon|X)=0$과 같다. 만일 오차의 조건부 평균이 0일 때, 예측변수 X값이 고정인지 랜덤인지에 관계없이 OLS 추정량의 특성은 모집단에서 추출한 것과 같이 그대로 적용된다(Williams, Grajales, & Kurkiewicz, 2013). 반면에 모델의 선형성 가정이 충족되지 않으면 zero conditional means of error 가정도 깨질 수 있다. 단순선형회귀 모델의 예를 들면, 모델에서 완벽한 선형성은 모든 관측치가 2차원 공간의 회귀선에 정확히 위치한다는 것을 의미한다. 물론 현실에서는 이러한 완벽한 선형성은 발생하지 않는다. 비록 오차가 완벽한 선형 모델로부터의 편차를 보인다고 하더라도 예측변수 X에 대해 각 오차들이 직선의 형태로 균형을 이루며 분포해야 한다고 가정하는 것이 선형성 가정이다.

선형성 가정이 충족되는 경우에만 모델 파라미터의 기대값이 모집단의 파라미터와 동일하다고 믿을 수 있는데, 만일 선형성이 위배되면 비록 모델 파라미터가 계산되더라도 그 추정치는 왜곡될 가능성이 높다. 이러한 모델 파라미터의 추정치의 왜곡은 해당 예측변수에 대해 제2종 오류(under-estimation)의 가능성을 증가시키는데, 다중회귀분석의 경우, 해당 예측변수와 분산을 공유하는 다른 예측변수에 대해서는 제1종 오류(over-estimation)의 위험의 증가로 나타난다(Osborne & Waters, 2002).

선형성 가정은 잔차와 예측값(fitted value)의 분포에 대한 산점도를 사용하여 시각적

160) 이런 이유로 일부 유형의 비선형 관계도 선형회귀의 프레임 안에서 모델링되기도 한다. 이에 대한 예는 앞 장에서 확인하길 바란다.

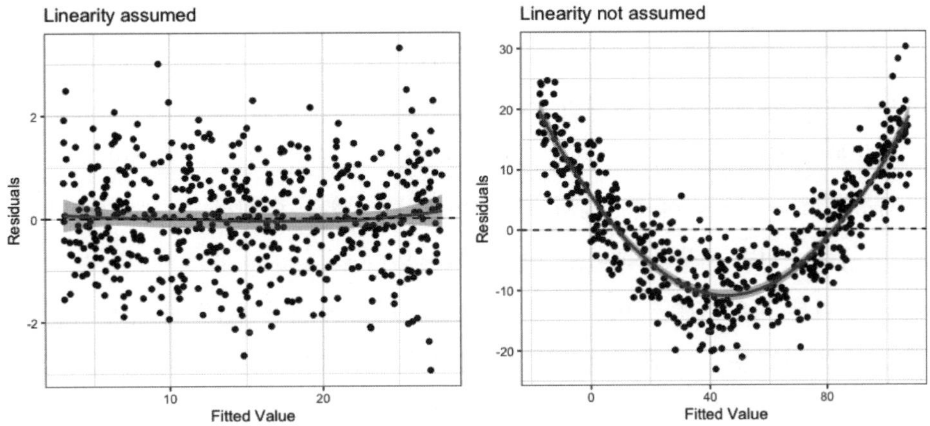

그림 11.2 선형성 가정: Residuals vs. Fitted plot

으로 확인할 수 있다. <그림 11.2>는 위 예제의 Residuals vs. Fitted plot을 통해 선형성 가정이 충족된 예와 그렇지 않은 예를 보여준다. 여기서 y-축은 잔차, x-축은 예측값을 나타낸다. 추정된 회귀선에 직접 닿아있는 모든 데이터 점의 잔차는 0이므로 $Residuals = 0$인 선(점선)은 추정된 회귀선에 해당한다. 선형성 가정이 충족되기 위해서는 <그림 11.2>의 오른쪽 플롯에서 나타난 것처럼 잔차와 예측값 간에는 어떠한 체계적 관계가 나타나면 안 된다. 다시 말해, 왼쪽 플롯과 같이 잔차를 나타내는 y-축의 $Residuals = 0$인 선(점선)을 중심으로 각 점들이 무작위적으로 배치되는 패턴을 보여야 선형성 가정을 충족하는 것으로 볼 수 있다. <그림 11.2>의 실선은 잔차의 추세를 나타내는데, 만일 이 추세선(실선)이 거의 직선을 따른다면 선형성 가정이 충족되는 것으로 판단할 수 있다. 하지만 이 추세선이 $Residuals = 0$인 선에서 크게 벗어난다면 예측값에 따라 잔차가 크게 달라진다는 것을 의미하며, 이때 선형성 가정은 위배된다고 판단할 수 있다. 하지만 Residuals vs. Fitted plot을 통해 선형성 가정을 확인하는 것은 연구자의 주관적 판단이라는 것을 잊어서는 안 된다.

11.6.2 오차에 대한 가정: 등분산성

등분산성(homoscedasticity)에 대한 가정은 모델의 오차항 또는 잔차의 분포와 관련이 있다. 이 가정은 결과변수 Y와 예측변수 X의 관계에서 발생하는 잔차의 분산이 예측변수 X의 모든 수준에서 동일함을 의미한다. 예측변수 X의 서로 다른 값에서 잔차의 분산이 다를 때, 즉 등분산성 가정이 위배될 때 이를 우리는 이분산성(heteroscedasticity)이라고 부른다. 이때 예측변수 X의 값이 변함에 따라 잔차의 분산 역시 변하게 된다. 이분산성은 다양한 양상으로 발생할 수 있다. 예를 들어, 결과변수 Y의 예측값이 증가할 때 잔차의 분산이 증가할 수 있다. 이 경우 모델을 통한 예측은 결과변수 Y의 높은 예측값에서 보다는 낮은 예측값에서 더 정확하다는 것을 의미한다. 물론 이와 반대의 경우도 발생하며, 더 복잡한 패턴도 발생할 수 있다.

위에서 살펴본 바와 같이 OLS 회귀 모델이 파라미터 β와 $V(\beta)$를 추정하는 절차이다. 등분산성 가정은 이러한 추정 절차에서 이들 파라미터 분포의 분산을 결정하는데 사용된다. 만일 이 가정이 충족되지 않았을 때에는 회귀 파라미터(β)의 추정된 표준오차를 신뢰할 수 없어 β에 대한 유의성 검정과 신뢰구간에 영향을 미칠 수 있다. 물론 약간의 이분산성은 유의성 검정과 신뢰구간에 거의 영향을 미치지 않지만, 심할 경우 결과의 심각한 왜곡을 초래하여 제1종 오류의 가능성을 증가시킬 수 있다(Osborne & Waters, 2002).

등분산성 가정은 오차의 분산이 일정하더라도 OLS 잔차의 분산이 동일하지 않을 수 있기 때문에 결과변수 Y의 예측값에 대한 studentized residuals plot을 사용하여 평가하는 것이 선호된다(Fox, 2015). studentized residuals은 잔차를 분산 추정치로 나눈 값이다. studentized residuals=0인 선을 중심으로 랜덤하게 분포되어 있고, 대부분의 포인트가 ±2 studentized residuals의 수평 대역 내에 포함되어 있는 경우, 등분산성 가정은 충족된 것으로 볼 수 있다. 반면, studentized residuals에서 특이한 패턴(예: 깔때기 모양)이 나타나면 이분산성을 의심해볼 수 있다. 이와 함께, studentized residuals 대신 studentized residuals의 제곱근을 y-축으로 하는 Scale-Location plot을 사용할 수 있다. 이 플롯 역시 잔차가 수평선을 따라 랜덤하게 균등하게 분포되어 있는지를 통해 등분산성 가정을 확인하게 된다. 패키지에서는 등분산성 가정의 확인을 위해 Scale-Location plot을 주로 생성해준다. <그림 11.3>은 이들 플롯들을 사용한 homoscedasticity과 heteroscedasticity의 예를 보여준다. 플롯을 통해 가정 충족의 여부를 확인하는 것이 1차적으로 연구자에게 해당 가정에 대한 직관을 제공하기는 하지만 최종 판단은 플롯과 함께 관련된 통계량을 통해 이루어져야 한다. 통계량을 통해 등분산성 가정을 확인하는 방법 역시 R 예제 섹션에서 자세히 살펴보도록 하자.

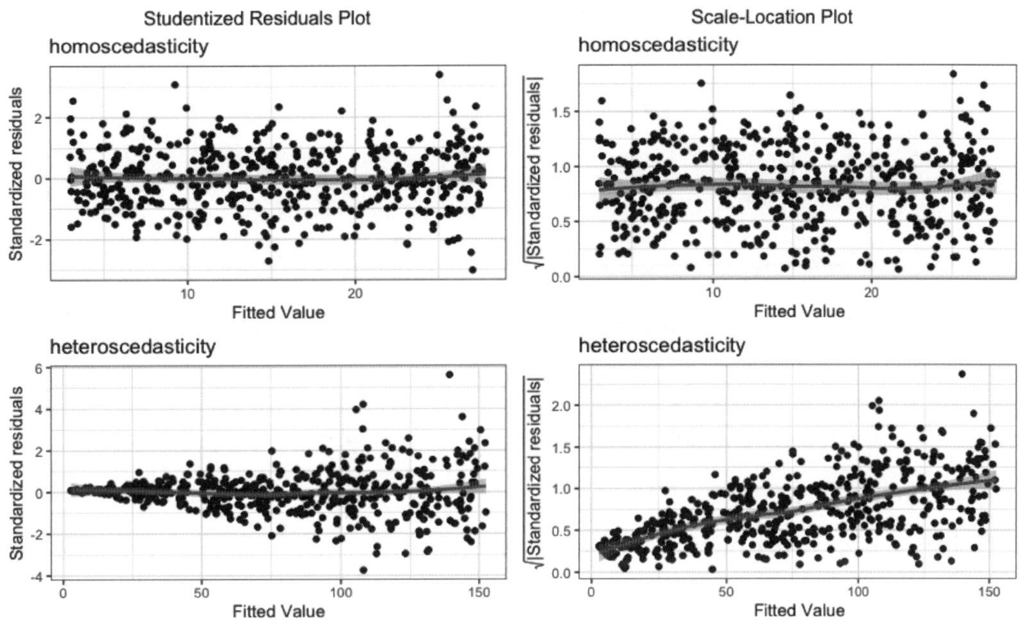

그림 11.3 등분산성 가정: Studentized residuals plot, Scale-Location plot

11.6.3 오차에 대한 가정: 정규성

회귀 모델에서는 오차항 ε_i 또는 잔차의 분포가 정규분포를 따르는 것으로 가정한다. 이는 잔차의 분포가 단일 피크(unimodal)이면서 대칭이어야 하는 것을 의미한다. 이러한 정규성 가정은 결과변수의 분포에도 영향을 미친다. 따라서 잔차의 정규성 가정은 예측변수 X_i에 대한 결과변수 Y_i의 관찰치에 대한 정규성을 의미하기도 하지만, 이것이 결과변수 Y의 분포가 반드시 정규분포여야 하는 것은 아니다. 이는 다중선형회귀 모델에서 정규성 가정을 충족해야 하는 것은 예측변수를 통제한 후 결과변수 Y이기 때문이다(Lumley et al., 2002).

선형회귀 모델을 적합시키기 위해 정규성이 필요하지는 않지만 회귀계수 추정치($\hat{\beta}$)의 정규성은 신뢰구간을 계산하고 유의성 검정을 수행하는 데 필요하다(Lumley et al., 2002). 따라서 잔차의 정규성이 충족되지 않으면 회귀계수에 대한 통계적 추론이 왜곡되어 제1종 오류와 제2종 오류가 발생할 가능성이 증가된다. 하지만 중심극한정리에 따라 회귀계수 추정치에 대한 통계 검정은 정규성 가정의 위배로부터 매우 강건한 편이다. OLS 선형회귀 분석에서 충분히 큰 표본을 사용한다면 정규성 가정의 충족 여부를 그리 신경쓰지 않아도 된다. 시뮬레이션 연구에 따르면, 일반적으로 표본의 크기가 100

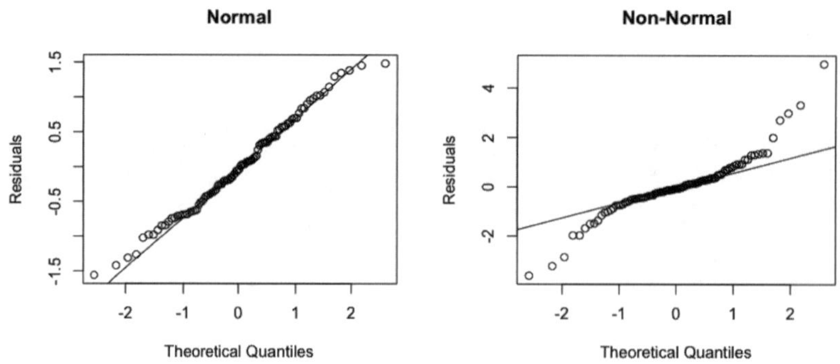

그림 11.4 정규성 가정: QQ-Plot

정도, 극히 비정상적인 데이터의 경우에도 500 정도면 정규성 가정은 큰 문제가 되지 않는다(Lumley et al., 2002).[161]

잔차의 정규성은 QQ plot(quantile-quantile plot)을 통해서 평가할 수 있다. QQ plot은 두 확률 분포를 비교하는 데 사용되는 그래픽 기법으로 두 분포의 분위수를 서로에 대해 표시하여 생성된다. 즉, x-축은 한 분포의 분위수를 나타내고 y-축은 또 다른 분포의 분위수를 나타낸다. 회귀 모델의 잔차에 대한 QQ plot은 x-축에는 정규분포를 이루는 이론적 분포를 y-축에는 잔차를 표시하게 된다. 만일 두 분포가 비슷하면 플롯의 포인트들은 거의 직선을 따라 나타나며 이는 잔차가 정규분포를 따른다고 볼 수 있다. 반면, 직선으로부터의 편차는 잔차의 비정규성을 나타낸다. 물론 이러한 판단은 연구자의 주관이 개입된 어느 정도 임의적이라는 것을 잊지 말아야 한다. <그림 11.4>는 잔차의 정규성 가정의 확인을 위한 회귀 모델의 QQ plot을 보여준다. 왼쪽의 플롯은 모델의 모든 잔차가 정규분포를 상당히 잘 따른다는 것을 알 수 있다. 반면, 오른쪽의 플롯은 잔차가 위쪽 꼬리와 아래쪽 꼬리의 대각선에서 상당히 많이 벗어나는 것을 볼 수 있다. 왼쪽에 있는 선 아래 점들은 음의 잔차가, 그리고 선 위의 점들은 양의 잔차가 상당히 극단적이라는 것을 의미한다. 이를 통해 분포의 꼬리는 정규분포에 비해 상당히 두툼하리라는 것을 예상할 수 있는데,[162] 이 경우 잔차의 정규성을 확신할 수 없다. 통계량을 통한 잔차의 정규성 가정의 확인은 일반적으로 Shapiro-Wilk test와 Kolmogorov-Smirnov test를 사용한다. 이 두 가지 테스트 중에서, Shapiro-Wilk test가 통계적 검정력이 더 크다는 점에서 일반적으로 널리 사용되지만, 앞서 언급한 바와 같이 표본 수가 크면 제2종 오류의 가능성이 증가하기 때문에 결과 해석에 주의를 기울일 필요가 있다. 그런 점

161) 일부 학자들은 실제 분석에서는 정규성 가정을 무시해도 된다고 주장하기까지 한다. 이에 대해서는 겔만과 힐(Gelman & Hill, 2007)의 저서를 참고 바란다.

162) 이 분포는 t-분포에 가깝다.

에서 표본의 크기가 클 때에는 오히려 Kolmogorov-Smirnov test가 선호된다.

11.6.4 오차에 대한 가정: 독립성

잔차의 독립성의 가정은 선형회귀 모델에서 중요한 가정 중 하나이다. 이 가정은 잔차와 예측값 사이에 상관관계가 없거나 잔차 간에도 상관관계가 나타나지 않아야 함을 말한다. 독립성 가정은 또한 결과변수의 관점에서 볼 수 있는데, 이는 예측변수를 조건으로 Y_i는 결과변수 Y의 모집단 분포로부터 독립적으로 무작위 추출되어야 하는데, 이는 한 관측치의 오차항이 다른 관측치의 오차항의 영향을 받지 않아야 한다는 것을 의미한다. 일부에서는 선형회귀 모델의 가정으로서 이러한 잔차의 독립성을 관찰치 간의 독립성으로 설명하고 있지만, 이는 정확하지 않다. 잔차의 분포가 정규분포를 따른다고 가정하는 것과 마찬가지로 관찰치 자체가 아니라 잔차의 독립성이 충족되면 된다(Williams, Grajales, & Kurkiewicz, 2013). 실제로 여러 상황에서 종속적인 관찰치가 생성될 수 있다. 예를 들어, 시계열 형태로 수집된 데이터의 현재의 관찰치는 시계열의 지연 값(lagged values)과 자동으로 상관됨(autocorrelated)으로써 독립성 위반의 형태를 나타낼 수 있다. 하지만 시계열 데이터라 하더라도 모델을 자기회귀 항(autoregressive terms)을 포함하도록 정확하게 특정한다면 해당 시계열 모델은 잔차의 독립성 가정을 만족시킬 수 있다.

일반적으로 잔차의 독립성 가정이 위배되는 경우는 주로 다음의 두 가지 상황에서 발생한다(Meuleman, Loosveldt, & Emonds, 2015). 첫 번째는 앞서 언급한 것처럼, 같은 결과변수를 시간이 지남에 따라 여러 번 측정하게 되는 시계열 데이터를 사용하는 상황이다. 잘 아는 것처럼 사회 현상은 시간이 지남에 따라 점진적으로 변화하는 경향이 있기 때문에, 시점 t에서의 관찰은 아마도 이전의 시점 $t-1$에서의 상황이 어떠했는가에 따라 어느 정도 달라진다. 이 경우 각 측정된 값은 서로 독립적이지 않고 이때 모델의 잔차들은 서로 상관관계를 보이는데, 이를 자기상관(autocorrelation)이라고 한다. 잔차의 독립성 가정이 깨지는 두 번째 경우는 데이터의 샘플링 방법과 관련이 있다. 사회과학 분야에서는 종종 계층적으로 구조화된 데이터를 사용해야 할 상황이 발생하는데, 이 경우 관찰된 값들은 더 높은 수준의 단위로 중첩되는 관찰치 군집화(clustering)가 나타난다.[163] 당연히 이러한 군집화는 군집 내 잔차 간의 독립성이 확보될 수 없다(Winship & Radbill, 1994).

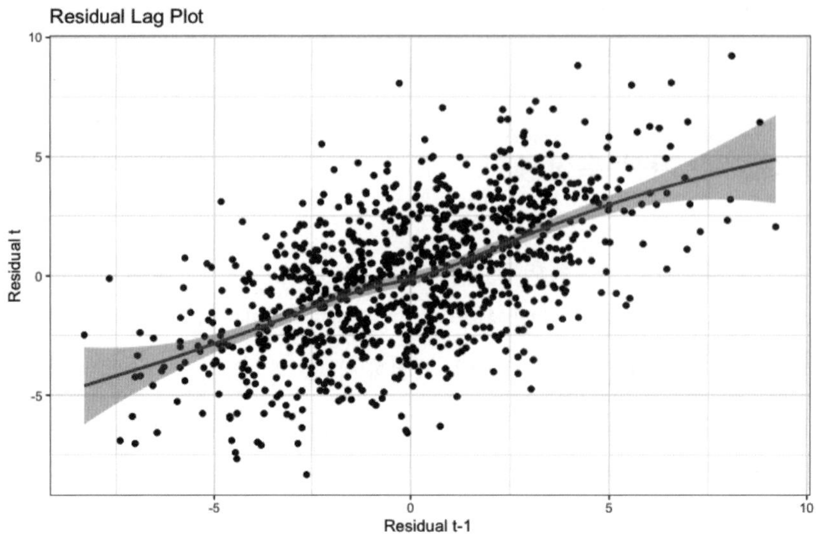

그림 11.5 독립성 가정: Residual Lag Plot

잔차의 독립성 가정이 충족되지 않으면 비록 회귀계수의 추정치가 편향되지 않더라도 회귀 파라미터의 표준오차에 영향을 미쳐 편향된 통계적 추론을 유발할 수 있다. 예를 들어, 잔차 간에 약간의 상관관계가 나타나더라도 실제 표준오차가 과소평가되는 경향이 있기 때문에 제1종 오류, 즉 예측변수가 중요하지 않은 경우에도 통계적으로 유의하다는 결론으로 이어질 수 있다. 일반적으로 시계열 데이터를 사용하려면 어떤 형태로든 시계열 분석을 수행하고, 군집화된 데이터 분석에는 위계적 선형 모델(hierarchical linear model: HLM)과 같은 다층모델(multilevel models)을 사용함으로써 잔차의 독립성 가정이 위배되는 상황을 피할 수 있다(Williams, Grajales, & Kurkiewicz, 2013).

잔차의 독립성은 시간 변수(time variables)나 공간 변수(spatial variables)에 대한 잔차의 scatter plot을 통해서 평가할 수 있다. 이때, scatter plot에서 어떤 패턴이나 경향성이 있는지 확인한다. 만일 잔차가 독립적이라면, scatter plot에서 어떠한 패턴이나 경향성도 보이지 않을 것이다. 하지만 scatter plot에서 U자형 혹은 역U자형 패턴이나 군집화된 패턴 등의 특정 패턴이나 경향성이 있다면, 잔차의 독립성 가정에 위배된다는 것을 의심해볼 수 있다. 또한 <그림 11.5>와 같이 $t-1$ 잔차에 대해 t 잔차를 표시한 Residual Lag Plot 역시 잔차의 독립성을 확인하는 데 유용하다. <그림 11.5>에서 나타난 바와 같이 $t-1$ 잔차와 t 잔차의 상관관계가 매우 높게 되면 잔차의 독립성 가정을 의심해볼 수 있다.

163) 예를 들면, 사람들은 개인, 가족, 조직, 지역사회, 더 큰 사회 등으로 중첩된다.

Durbin-Watson test(Durbin & Watson, 1950)를 통해 잔차의 독립성 가정을 통계적으로 확인할 수 있다. Durbin-Watson test는 추정된 회귀 모델의 잔차 간 자기상관 관계가 존재하지 않는다는 영가설($H_0 : \rho = 0$)을 검정하게 되며 통계량은 다음의 <식 11.22>와 같다. 여기서 T는 표본 수, e_t는 추정 모델의 시점 t의 잔차를 말한다.

$$d = \frac{\sum_{t=2}^{T}(e_t - e_{t-1})^2}{\sum_{t=1}^{T} e_t^2} \qquad \text{<식 11.22>}$$

Durbin-Watson 통계치는 항상 $0 < d < 4$의 값을 가지며, 일반적으로 $d = 2$ 값은 자기상관이 없음을 나타내며, d 값이 2보다 작으면 양의 자기상관관계를, 2보다 크면 음의 자기상관관계를 나타낸다. 유의수준 α에서 Durbin-Watson 통계치 d에 대한 구체적 해석을 살펴보면 다음과 같다. 유의수준 α에서 자기상관관계를 검정하기 위해 d 값을 하한 및 상한 임계값(lower and upper critical values)과 비교한다. 예를 들어, 양의 자기상관관계의 경우, d가 하한 임계값보다 작은 경우는 양의 자기상관관계를, d가 상한 임계값보다 큰 경우는 양의 자기상관관계 없음을, d가 하한 임계값과 상한 임계값 사이에 있는 경우는 결론을 내릴 수 없다. 또한 음의 자기상관관계의 경우, $4-d$가 하한 임계값보다 작은 경우는 음의 자기상관관계를, $4-d$가 상한 임계값보다 큰 경우는 음의 자기상관관계 없음을, $4-d$가 하한 임계값과 상한 임계값 사이에 있는 경우는 결론을 내릴 수 없다. 이러한 d에 대한 해석을 시각적으로 표현하면 아래 <그림 11.6>과 같다. Durbin-Watson test를 통해 잔차의 독립성 가정을 확인하는 실제 방법은 R 예제 섹션에서 살펴보도록 하겠다.

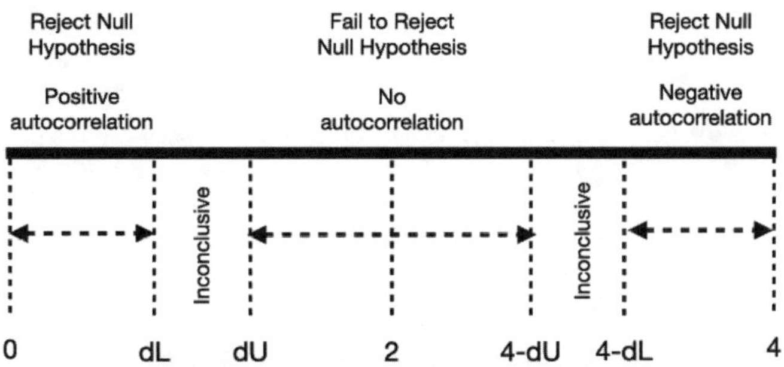

그림 11.6 Durbin–Watson's d의 해석

11.6.5 영향력 있는 관찰치에 대한 가정

지금까지 살펴본 가정과 달리, 이 가정은 특정 관찰치의 위치와 관련이 있다. 데이터 집합에는 대부분의 다른 관찰치에서 크게 벗어나는 비정상적인 관찰치가 존재한다. 잠재적으로 이러한 비정상적인 관찰치는 회귀분석 결과에 영향을 미친다는 점에서 '영향력 있는 관찰치(influential observations)'라고 한다. 회귀분석에서 영향력 있는 관찰치는 그것이 제거될 때 회귀계수의 값이 변하게 된다. 따라서 영향력 있는 관찰치의 존재는 회귀분석의 결과가 왜곡된다는 것을 의미하기 때문에 각별한 주의가 필요하다.

일반적으로 비정상적인 관찰치를 우리는 이상치(outliers)라고 부른다. 이상치는 예측변수 X와 결과변수 Y에 대해 극단적인 값을 갖는 비정상적인 관찰치로 예측변수 X에 대한 이상치를 x-outlier로, 결과변수 Y에 대한 이상치를 y-outlier로 부른다. 관찰된 이상치가 영향력 있는 관찰치가 될 수 있는 조건을 이해하기 위해서는 이러한 관찰치를 x-outlier 또는 y-outlier로 분류하여 해석할 필요가 있다(Meuleman, Loosveldt, & Emonds, 2015).

1) 결과변수 Y에 대한 이상치

y-outlier는 결과변수 Y 값들의 분포로 부터 극단적으로 멀리 떨어져 있는 값으로, 모델의 예측값에 대한 잔차가 극단적으로 큰 데이터라고 할 수 있다. y-outlier는 매우 흔하게 나타나며, 일반적으로 x-outlier만큼 심각하지는 않다. 아래 <그림 11.7>은 x-outlier(왼쪽)와 y-outlier(오른쪽)를 보여준다. 플롯에서 점선은 실제 추정된 회귀선을, 실선

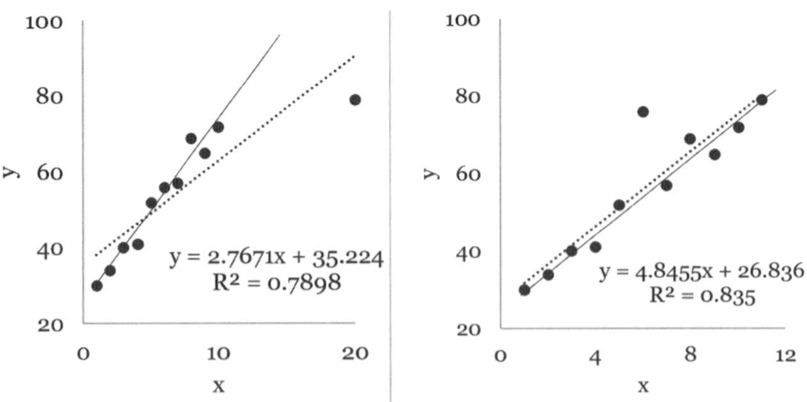

그림 11.7 회귀 모델에서의 이상치의 영향

image source from: https://www.theopeneducator.com/doe/Regression/outlier-leverage-influential-points

은 이상치가 제거되었을 때 추정된 가상의 회귀선을 나타낸다. 두 플롯 모두 이러한 이상치가 제거될 경우 보다 나은 선형 관계가 가능하다는 것을 보여준다. 하지만 x-outlier 경우 회귀선을 시계 방향으로 회전시켜 회귀 모델의 기울기와 절편을 모두 변경시키는 반면, y-outlier는 단지 회귀선을 위쪽으로 약간 끌어올릴 뿐이다. 이전 섹션에서 소개한 residual plot은 y-outlier를 시각적으로 식별하는 데 유용한 도구로 사용된다. 물론 통계량을 사용하여 이상치를 파악할 수 있다. 이 경우, 각 데이터의 표준화 잔차를 계산하여 일정 구간의 값을 벗어나는 데이터를 이상치로 판단하는 방법을 사용한다.

2) 레버리지 점

예측변수 X에 대해 극단적인 값을 갖는 관찰치, 즉 x-outlier의 경우를 레버리지 점(leverage points)이라고 한다. 레버리지 점은 회귀선을 해당 값 쪽으로 끌어당기는 레버 역할을 한다. x-outlier의 값이 더 극단적일수록 레버의 힘이 더 강해진다. <그림 11.8>의 오른쪽 플롯에 나타난 레버리지 점은 예측된 회귀선 상에 놓여 있기 때문에 회귀계수에 자체에는 영향을 주지 않지만 p-value를 과소 추정하여 통계적 유의성을 부풀릴 뿐 아니라(제1종 오류) R^2도 과대 추정하는 경향이 나타난다. 개별 관찰치 i의 레버리지 점 h_i는 관찰치 i의 X 값이 예측값에 미치는 영향으로 정의되며, h_i는 예측변수 X의 평균으로부터의 가중 거리(weighted distance)의 측정치이다. 레버리지 점 h_i는 아래 <식 11.23>를 통해 계산된다.[164)]

$$h_i = \frac{1}{n} + \frac{(X_i - \overline{X})^2}{\sum_{i=1}^{n}(X_i - \overline{X})^2} \qquad \text{<식 11.23>}$$

이때 h_i 의 합 p는 파라미터의 총 개수와 절편의 합과 같다.[165)] 위 예제에서는 두

164) 레버리지 값은 영향력 행렬(influence matrix) 혹은 H 행렬(hat matrix)을 통해서도 계산할 수 있다. 이전 섹션에서 살펴본 바와 같이, 회귀모델을 행렬의 형태로 나타내면 $Y = X\beta + \varepsilon$ 이므로 $\hat{y} = Xb$가 된다. 따라서 $b = (X'X)^{-1}X'y$이므로 예측값은 $\hat{y} = X(X'X)^{-1}X'y$로 나타낼 수 있다. $\hat{y} = Hy$이므로 $H = X(X'X)^{-1}X'$가 되며, $n \times n$ 행렬인 H 행렬의 대각성분 h_{ii}이 레버리지 값이 된다.

165) 만약 h_{ii} 값이 1이고, 나머지 성분 h_{ij} 값이 0이라면 모든 표본 데이터에 대해 실제 관찰값과 예측값이 일치하는 완벽한 추정 모델이 된다. 이 경우 H 행렬은 $n \times n$ 행렬이므로 h_{ij} 값의 합은 파라미터와 절편의 개수와 동일해진다.

개의 파라미터와 하나의 절편이 있으므로 $p=3$이 된다. 만일, h_i의 값이 큰 관찰치는 x-outlier로 간주되는데, 일반적으로 h_i의 평균[166]의 두 배를 초과하는 값($2*(p/n)$)은 x-outlier로 간주된다.

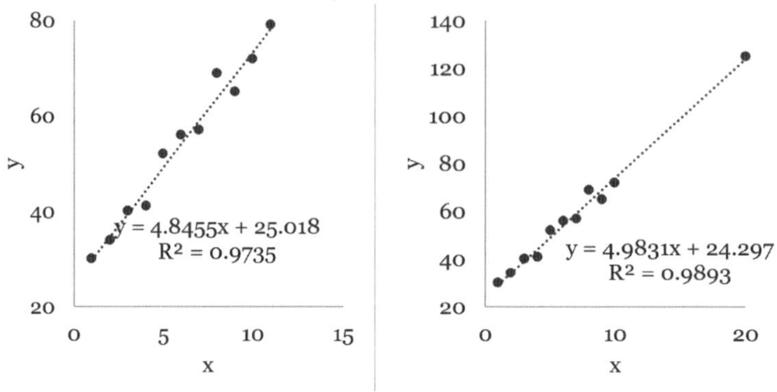

그림 11.8 회귀 모델에서의 레버리지 점의 영향

image source from: https://www.theopeneducator.com/doe/Regression/outlier-leverage-influential-points

이상치와 레버리지 점과 관련해서 주의할 것은 이상치와 레버리지 점 모두가 반드시 동일한 영향력을 가진 관찰치로 해석해서는 안 된다는 사실이다(Meuleman, Loosveldt, & Emonds, 2015). 이들은 특정 조건에서만 회귀 모델 추정치에 영향을 준다. 이와 관련해서 아래 <그림 11.9>를 주의 깊게 살펴보자. <그림 11.8>의 점 A는 y-outlier이며, 점 B는 x-outlier, 즉 레버리지 점이다. C와 D 모두 레버리지 점이긴 하지만 D는 극단적인 y-outlier이면서 x-outlier이기도 하다. 따라서 이들 점들이 모두 비슷한 영향력을 갖는 관찰치라고 말할 수는 없다. 점 A는 예측변수 X의 측면에서 대부분의 다른 값들과 거의 유사한 값을 갖기 때문에 회귀선의 기울기에 큰 영향을 주지 않는다. A의 유일한 영향은 회귀선의 절편이 약간 증가시킬 뿐이다. 위에서 설명한 것처럼 C 역시 강력한 레버리지 점이기는 하지만 회귀선의 기울기에는 실질적인 영향을 미치지 않는다. 물론 C는 제1종 오류의 가능성을 증가시키는 경향이 있다. 반면, B와 D는 회귀선을 아래쪽으로 심하게 끌어당겨 회귀 모델의 기울기를 급격하게 변화시킬 것이라는 것을 쉽게 예상할 수 있다.

---

166) $\overline{h_i} = \dfrac{\sum_{i=1}^{n} h_{ii}}{n} = \dfrac{p}{n}$

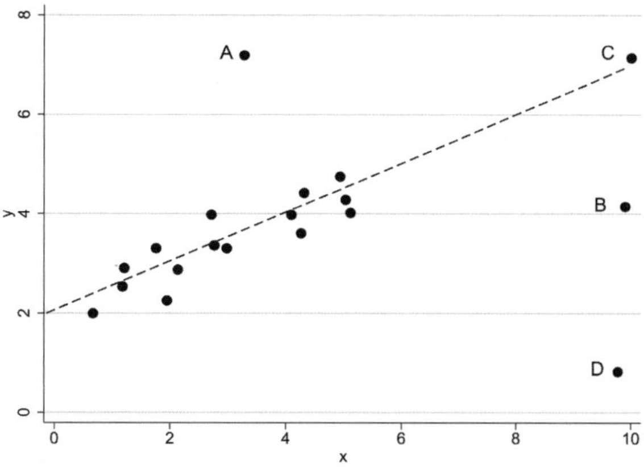

그림 11.9 회귀 모델에서의 이상치와 레버리지 점의 상대적 영향
image source from: Meuleman, Loosveldt, & Emonds (2015)

특정의 단일 사례가 회귀분석 결과에 영향을 미치는지를 평가함으로써 영향력 있는 관찰치를 식별할 수 있다. 이를 정량화하기 위해서는 일반적으로 DFFITS(difference in fits), Cook's distance(D_i), DFBETA(difference in beta) 등의 방법이 사용된다. 이들 방법의 측정치의 기본 개념은 모두 동일하다. 즉, 데이터 셋의 모든 관찰치에 대해 한 번에 하나씩 관찰치를 제외하고, 매번 나머지 $n-1$ 관찰치에 회귀 모델을 새로 피팅한 후, 모든 n개의 관찰치를 사용한 결과와 i^{th} 관찰치가 제외된 결과를 비교하여 각 데이터 포인트가 회귀 분석에 미치는 잠재적 영향력을 평가할 수 있다.

먼저, DFFITS는 아래 <식 11.24>를 이용해 계산된다. <식 11.24>의 분자는 i번째 관찰치를 분석에 포함했을 때와 제외했을 때 얻은 예측값의 차이를 나타낸다. 분모는 예측값의 차이에 대한 추정된 표준편차를 정량화한 값인데, $MSE_{(i)}$는 i번째 관찰치를 제외한 모델의 평균제곱오차이고, h_i는 관찰치 i의 레버리지 값을 나타낸다. $\widehat{Y}_i$는 모든 데이터를 이용한 회귀 모델의 예측값을, $\widehat{Y}_{(i)}$는 i번째 관찰치를 제외한 회귀 모델로 추정한 i번째 결과변수의 예측값을 나타낸다. DFFITS의 절대값이 $2\sqrt{\frac{p+1}{(n-p-1)}}$ 보다 클 경우 해당 관찰치는 영향력 있는 관찰치로 간주된다(Hadi & Chatterjee, 2009).

$$DFFITS_i = \frac{\widehat{y_i} - \widehat{y_{(i)}}}{\sqrt{MSE_{(i)} h_i}} \qquad \text{<식 11.24>}$$

DFFITS의 경우 i번째 관찰치가 자신의 예측값에 미치는 영향을 측정하는 반면, Cook's distance는 i번째 관찰치가 다른 모든 관찰치의 예측값에 미치는 영향을 측정한다. Cook's distance D_i를 계산하는 식은 아래 <식 11.25>과 같다.

$$D_i = \frac{\sum_{j=1}^{n}(\hat{y}_j - \hat{y}_{j(i)})^2}{p\,MSE}, \text{ 혹은 } D_i = \frac{e_i^2}{p\,MSE}\frac{h_i}{(1-h_i)^2} \qquad \text{<식 11.25>}$$

여기서 MSE는 모델의 평균제곱오차, $\hat{Y}_j$는 j번째 관찰치의 예측값, $\hat{Y}_{j(i)}$는 i번째 관찰치가 제외된 모델로 추정한 j번째 관찰치의 예측값, e_i는 i번째 관찰치의 잔차, h_i는 관찰치 i의 레버리지 값을 각각 나타낸다. DFFITS와 마찬가지로 D_i가 클수록 잔차 및 레버리지 값이 높아지므로 해당 관찰치는 잠재적인 영향력 관찰치로 간주될 수 있다. Cook's distance는 D_i를 계산하는 과정에서 레버리지 값과 잔차가 제곱되기 때문에 심각한 영향력을 가진 관찰치는 두드러지게 나타나 DFFITS에 비해 식별을 더 용이하게 할 수 있다는 장점이 있다(Meuleman, Loosveldt, & Emonds, 2015). Cook's distance를 이용하여 영향력 있는 관찰치를 판단하기 위해서는 F-분포를 통한 확률값을 계산한다. 이때 분자의 자유도가 p이고 분모의 자유도가 $n-p-1$인 F-분포를 고려하여, D_i에 해당하는 누적 확률값이 0.5 이상이면 해당 케이스는 영향력 있는 관찰치로 간주된다. 반면, 0.1~0.2 사이의 확률값은 영향력이 매우 작음을 나타내며, 0.2~0.5는 어느 정도 높은 영향력이 있는 관찰치로 고려된다.

DFBETA는 i번째 관찰치가 제외되었을 때의 회귀계수와 모든 데이터를 사용하였을 때의 회귀계수의 차이를 통해 영향력 있는 관찰치를 확인하는 방법이다. 관찰치 i와 예측변수 j에 대한 DFBETA는 다음의 <식 11.26>을 통해 계산된다.

$$DFBETA_{ij} = \frac{b_j - b_{j(i)}}{\sqrt{MSE_{(i)}c_{jj}}} \qquad \text{<식 11.26>}$$

여기서 b_j는 전체 데이터 셋을 이용한 예측변수 j에 대한 파라미터 추정치를, $b_{j(i)}$는 i번째 관찰치가 제외된 데이터 셋을 이용한 예측변수 j에 대한 파라미터 추정치를 나타낸다. 또한 c_{jj}는 전체 데이터 셋을 이용해 계산된 회귀 행렬 $(X'X)^{-1}$의 j번째 대각요소를 나타낸다. 일반적으로 DFBETA의 절대값이 $2/\sqrt{n}$보다 큰 경우 영향력 있는 관찰치로 간주된다. DFBETA를 통한 영향력 있는 관찰치의 확인은 연구자의 우선순위가 회귀 분석에서 예측변수의 계수를 추정하고 이들 추정된 계수가 얼마나 강건한지 파악해야 하는 경우에 특히 유용하다.

11.6.6 다중공선성에 대한 가정

다중회귀모델에서 예측변수들은 서로 독립적일 것이라는 가정에도 불구하고 이들 간 상관관계는 필연적으로 나타난다. 하지만 둘 이상의 예측변수 간 상관관계가 너무 강해질 경우 다중회귀분석은 문제가 발생할 수 있다. 이렇게 둘 이상의 예측변수가 매우 강한 상관관계를 보이는 상황, 즉 예측변수 간 선형관계를 다중공선성(multicollinearity) 혹은 선형의존성(linear dependence)이라고 한다.[167] 다중공선성은 심각한 경우 회귀 모델에서 OLS 추정과정에서 문제가 될 수 있다. 행렬대수의 관점에서 다중공선성의 존재는 상관관계 행렬 $(X'X)$가 특이행렬(singular matrix)에 가까워짐으로써 상관관계 행렬의 역행렬 $(X'X)^{-1}$을 계산할 수 없을 가능성을 증가시킨다.[168] 따라서 $\hat{\beta}=(X'X)^{-1}X'y$이고 $V(\beta)=\sigma^2(X'X)^{-1}$이므로 예측변수 간 상호의존성이 극단적으로 높으면 $(X'X)$에 대한 역행렬 $(X'X)^{-1}$을 계산할 수 없게 되어 결국 회귀계수 추정치 $\hat{\beta}$는 물론 그에 대한 분산 $V(\hat{\beta})$의 추정에도 영향을 미친다(Farrar & Glauber, 1967). 즉, 계수 추정치에 대한 표준오차와 신뢰 구간이 부풀려져 개별 예측변수에 대한 회귀계수 추정치를 불안정하게 만들어, 계수 추정치의 신뢰성을 저하시키고 가설검정, 추정 및 예측 등에 부정적인 영향을 줄 수 있다(Alin, 2010). 하지만, 다중공선성이 우려되는 정도는 분석의 목적에 따라 다소 달라질 수 있다(Williams, Grajales, & Kurkiewicz, 2013). 예를 들어, 회귀 모델링의 주 목적이 예측인 경우 결과변수의 예측은 부정적 영향을 크게 받지 않기 때문에 다중공선성은 큰 문제가 되지 않는다. 하지만, 회귀 모델링의 주 목적이 모집

---

167) 많은 연구에서 다중공선성은 상관관계와 혼동되기도 한다. 하지만 상관관계는 두 변수 사이의 선형관계인 반면, 다중공선성은 두 변수 사이에 존재하지만 한 변수와 다른 변수의 선형 조합 사이에 존재할 수도 있다. 따라서 상관관계는 다중공선성의 특별한 케이스라고 할 수 있다(Alin, 2010).

168) A가 정방행렬이고, $AB=BA=I$가 되는 A와 같은 크기의 행렬 B가 존재할 때, A를 가역행렬(invertible matrix) 혹은 비특이행렬(nons-ingular matrix)라고 한다. 만일 이 성질을 만족시키는 행렬 B가 존재하지 않으면 A를 비가역행렬(non-invertible matrix) 혹은 특이행렬(singular matrix)라고 한다.

단 파라미터에 대한 추론이라면 다중공선성은 큰 문제가 될 수 있다.

다중공선성을 진단할 수 있는 가장 기초적인 것은 예측변수의 상관행렬을 살펴보는 것이다. 하지만, 앞서 언급한 바와 같이, 상관관계와 다중공선성이 동일한 것이 아니기 때문에 모든 상관관계가 낮은 경우에도 다중공선성이 있을 수 있다는 점에서 다중공선성 진단을 위해 상관행렬을 사용하는 것만으로는 충분하지 않다(Alin, 2010). 일반적으로 다중공선성 진단을 위해서는 공차한계(tolerance)와 분산팽창계수(variance inflation factor: VIF)와 같은 통계치를 주로 사용한다. 이들 통계치는 다중공선성으로 인해 추정된 회귀계수의 분산(또는 표준오차)이 얼마나 부풀려졌는지를 측정한다. 먼저, 예측변수 j의 공차한계는 1에서 다른 예측변수를 사용하여 예측변수 j를 설명하는 회귀 모델의 결정계수 R_j^2를 뺀 값이다. 즉, 공차한계는 예측변수의 고유 분산의 양을 나타내며, 공차한계 값의 범위는 0에서 1 사이이다. 공차한계 값이 작으면 예측변수가 다른 예측변수에 크게 의존한다는 것을 의미하므로 다중공선성을 의심해볼 수 있다. 허용 가능한 공차한계 수준에 대한 합의된 기준은 없지만, 일반적으로 0.10이 최소 공차한계 수준으로 권장된다(Meuleman, Loosveldt, & Emonds, 2015).

VIF는 공차한계의 역수이며 이를 식으로 나타내면 <식 11.27>와 같다.

$$VIF_j = \frac{1}{\mathrm{tolerance_j}} = \frac{1}{(1-\mathrm{R_j^2})} \qquad \text{<식 11.27>}$$

직관적으로 생각해보면, VIF는 예측변수 j의 분산이 다른 변수와의 상관관계로 인해 증가하는 정도로 해석될 수 있다. 예를 들어, VIF가 1이면 예측변수 j와 회귀 모델의 나머지 예측변수 사이에 상호의존성이 없다는 것을 알 수 있으며, VIF가 2라면 회귀 모델의 X_j의 분산이 X_j가 유일한 예측변수인 모형에 비해 두 배가 되어 추정치의 안정성이 떨어지고 표준오차 역시 커지게 된다는 것을 알 수 있다. VIF의 범위는 1과 $+\infty$ 사이이며, VIF 값이 커질수록 각 예측변수가 다른 예측변수에 더 강력한 의존성을 보인다는 것을 의미한다. 일반적으로 VIF 값이 4를 넘으면 잠재적 다중공선성을 의심할 수 있으며, 10보다 크면 심각한 다중공선성을 의심할 수 있다. 하지만, 벨슬리(Belsley, 1991)는 중간정도의 다중공선성에는 10, 강한 다중공선성에는 30의 컷오프 기준을 사용할 것을 권장한다.

11.7 R을 이용한 분석 예제

11.7.1 회귀 모델 추정과 회귀계수

앞서 사용했던 st 데이터를 이용해 R을 이용한 분석예제를 수행해보자. st 데이터는 미국 인구 조사국에서 수집된 것으로, 1975년 7월 1일 현재 미국 50개 주의 인구 추정치, 1인당 소득(1974년), 문맹률(1970년, 인구대비), 기대수명(1969년-1971년), 살인 및 과실 치사율(1976년, 인구 10만명 당), 고등학교 졸업 비율(1970년); 최저 기온이 32도인 평균 일수(1976-1960년), 그리고 토지 면적(평방 마일)를 담고 있다. st 데이터로부터 기대수명(Life Exp)을 결과변수로, 살인사건 발생률(Murder), 인구수(Population), 고등학교 졸업 비율(HS Grad), 소득수준(Income) 등 4개의 변수를 예측변수로 하는 다중회귀 모델링을 구축하였다. 당연히 회귀 분석을 수행하기 전에 필수적으로 해당 변수들에 대한 기술통계와 상관관계 분석을 수행하여야 하지만 여기서는 생략하기로 하자. 먼저, 데이터를 로드한 후 dplyr 패키지(Wickham et al., 2022)를 이용해 데이터의 기대수명과 교육수준 변수의 변수 이름을 수정한다.[169)]

```
> library(dplyr)
> st <- as.data.frame(state.x77)
> st <- st %>%
+         select(-c(3,7,8)) %>%
+         rename("Life.Exp" = "Life Exp", "Education" = "HS Grad")
> str(st)
'data.frame':       50 obs. of  5 variables:
 $ Population: num  3615 365 2212 2110 21198 ...
 $ Income    : num  3624 6315 4530 3378 5114 ...
 $ Life.Exp  : num  69 69.3 70.5 70.7 71.7 ...
 $ Murder    : num  15.1 11.3 7.8 10.1 10.3 6.8 3.1 6.2 10.7 13.9 ...
 $ Education : num  41.3 66.7 58.1 39.9 62.6 63.9 56 54.6 52.6 40.6 ...
```

R에서 다중선형회귀 분석 역시 매우 간단하다. 단순선형회귀와 마찬가지로 R의 기본

169) Life Exp에서 공백을 제거하여 Life.Exp로 수정하고, 분석의 편이를 위해 HS Grad를 Education으로 수정하였다.

함수인 lm을 사용한다. lm 함수를 통해 분석된 결과를 model이라는 벡터로 저장해 summary 함수를 통해 그 결과를 출력한다. 함수에서 '.'는 결과변수 Life.Exp를 제외한 모든 변수를 모델에 투입한다는 것을 의미한다.

```
> model <- lm(Life.Exp~., data=st)
> summary(model)

Call:
lm(formula = Life.Exp ~ ., data = st)

Residuals:
     Min       1Q   Median       3Q      Max
-1.66773 -0.46889  0.03797  0.46725  2.28173

Coefficients:
              Estimate Std. Error t value Pr(>|t|)
(Intercept)  7.058e+01  1.060e+00  66.572  < 2e-16 ***
Population   6.610e-05  2.772e-05   2.385   0.0214 *
Income      -9.501e-05  2.415e-04  -0.393   0.6959
Murder      -2.666e-01  3.608e-02  -7.390  2.7e-09 ***
Education    4.538e-02  1.952e-02   2.325   0.0246 *
---
Signif. codes:  0 '***' 0.001 '**' 0.01 '*' 0.05 '.' 0.1 ' ' 1

Residual standard error: 0.7651 on 45 degrees of freedom
Multiple R-squared:  0.7017,	Adjusted R-squared:  0.6752
F-statistic: 26.46 on 4 and 45 DF,  p-value: 2.539e-11
```

출력된 결과에 표준화 회귀계수를 추가하기 위해서는 아래와 같이 lm.beta 패키지(Behrendt, 2023)를 이용한다.

```
> library(lm.beta)
> fit <- lm.beta(model)
> summary(fit)
```

```
Call:
lm(formula = Life.Exp ~ ., data = st)

Residuals:
     Min       1Q   Median       3Q      Max
-1.66773 -0.46889  0.03797  0.46725  2.28173

Coefficients:
             Estimate Standardized Std. Error t value Pr(>|t|)
(Intercept)  7.058e+01           NA  1.060e+00  66.572  < 2e-16 ***
Population   6.610e-05    2.198e-01  2.772e-05   2.385   0.0214 *
Income      -9.501e-05   -4.349e-02  2.415e-04  -0.393   0.6959
Murder      -2.666e-01   -7.331e-01  3.608e-02  -7.390  2.7e-09 ***
Education    4.538e-02    2.731e-01  1.952e-02   2.325   0.0246 *
---
Signif. codes:  0 '***' 0.001 '**' 0.01 '*' 0.05 '.' 0.1 ' ' 1

Residual standard error: 0.7651 on 45 degrees of freedom
Multiple R-squared:  0.7017,	Adjusted R-squared:  0.6752
F-statistic: 26.46 on 4 and 45 DF,  p-value: 2.539e-11
```

다중선형회귀 분석 결과를 해석하는 첫 번째 단계는 모델의 F-통계량과 관련 p-value를 확인하는 것이다. 출력된 결과에 따르면, F-통계량의 p-value는 < 2.539e-11로, 설정된 회귀모델은 99.9% 수준에서 통계적으로 유의미한 것으로 나타났다$[F(4, 45) = 26.46,$ $p < 0.001]$. 따라서 우리는 모델에 투입된 예측변수 중 하나 이상이 결과변수와 유의하게 관련되어 있음을 알 수 있다. 모델에 투입된 4개의 예측변수는 결과변수 기대수명의 총 분산의 70.17%($R^2_{adj} = .6752$)를 설명하는 것으로 나타났다. 다시 말해, 이는 사람들의 기대수명 분산의 70.17%가 살인사건 발생률, 인구수, 교육수준, 소득수준 등 4개의 변수와 관련되어 있다는 것을 의미하기도 한다. 추가적으로, 모델의 예측성능 평가 지표는 다음과 같이 yardstick 패키지(Kuhn, Vaughan, & Hvitfeldt, 2022)를 사용하여 산출할 수 있다. 이를 위해서는 predict 함수를 통해 예측값을 산출한 후 yardstick 패키지의 metric_set 함수를 이용하여 측정할 지표를 지정한다.

```
> library(yardstick)
> library(kableExtra)
> y.predict <- predict(model)

> metrics <- metric_set(rmse, rsq, mae, mape, smape)
> st %>%
  metrics(Life.Exp, y.predict) %>%
  kbl(digits = 3) %>%
  kable_paper("hover", full_width = F)
```

.metric	.estimator	.estimate
rmse	standard	0.726
rsq	standard	0.702
mae	standard	0.587
mape	standard	0.828
smape	standard	0.828

metric_set 함수에서는 mse는 따로 지정할 수 없으므로 Metric 패키지의 mse 함수를 이용해 mse 값을 별도로 산출하도록 한다.

```
> library(Metrics)
> mse(st$Life.Exp, y.predict)
[1] 0.5267849
```

다음으로 개별 예측변수의 추정된 회귀계수를 살펴보자. 소득수준을 제외한 3개의 예측변수들이 기대수명의 변화와 유의하게 관련되어 있음을 알 수 있다. 인구수의 비표준화 회귀계수 b는 약 6.61e-05로, 이는 인구수가 10,000명 증가할 때 사람들의 기대수명은 약 0.66년 증가한다는 것을 의미한다. 이러한 결과는 95% 신뢰수준에서 통계적으로 유의미한 것으로 나타났다[$b = 6.610e-05$, $t(45) = 2.385$, $p < .05$]. 살인사건 발생률의 경우 비표준화 회귀계수 b는 약 -.266으로, 이는 살인사건 발생률이 1단위 증가할 때 사람들의 기대수명은 약 0.27년 감소하는 것으로 나타났다[$b = -.2666$, $t(45) = -7.390$, $p < .001$]. 끝으로 교육수준의 비표준화 회귀계수 b는 약 .045로, 이는 고등학교 졸업자 비율이

1단위 증가할 때 사람들의 기대수명은 약 0.045년 늘어나는 것으로 나타났다 [$b = .0454$, $t(45) = 2.325$, $p < .05$]. 개별 예측변수의 95% 신뢰구간은 아래와 같이 confint 함수를 이용하여 산출할 수 있다.

```
> confint(model, level=0.95)
                     2.5 %        97.5 %
(Intercept)  6.844078e+01  72.7112635954
Population    1.027538e-05  0.0001219279
Income       -5.814522e-04  0.0003914347
Murder       -3.392602e-01 -0.1939423359
Education     6.076406e-03  0.0846935243
```

모델에 투입된 4개의 예측변수 간 상대적 중요도를 표준화 회귀계수 β를 통해 살펴보면, 살인사건 발생률(Murder: -.733) > 교육수준(Education: .273) > 인구수(Population: .220) > 소득수준(Income: -.044) 순으로 나타났다.

앞서 예측변수의 회귀계수에 대한 상대적 중요도를 비교하기 위해서는 표준화 계수 대신 dominance analysis(Budescu, 1993) 방법을 사용하는 것에 대하여 논의하였다. 이번에는 dominance analysis를 통해 투입된 예측변수의 회귀계수에 대한 상대적 중요도를 비교해보자. 먼저 <표 11.1>과 같이 4개의 예측변수를 가진 모델의 dominance analysis는 $2^4 - 1 = 15$개의 subset 모델을 구성해야 한다. <표 11.1>과 같이 4단계로 각 모델들의 R^2 값을 구한 후, 그 차이를 이용하여 추가적인 R^2 값 기여분을 계산한 다음, 다시 그 평균값들을 구하여 각 변수의 상대적 중요도를 계산한다. $R^2_{Y.X}$ 라벨이 있는 열은 각 subset 모델의 R^2 값을 나타내며, X_i 라벨이 지정된 열에는 행의 subset 모델에 열 변수(X_i)를 추가하여 얻은 설명된 분산에 대한 추가적인 기여분을 나타낸다. 예를 들어, 모델 $X_1X_2X_3X_4$에서 X_1의 기여분은 $X_1X_2X_3X_4 - X_2X_3X_4 = .7017 - .6640 = .0377$이 된다. 또한 모델 $X_1X_2X_3$에서 X_1의 기여분은 $X_1X_2X_3 - X_2X_3 = .6659 - .6370 = .0289$가 된다. 마지막 두 행의 Overall Average와 percentage는 각각 예측변수의 상대적 중요도와 그 값을 백분율로 환산한 값을 나타낸다.

표 11.1 4개의 예측변수에 대한 Dominant Analysis

			Additional contribution of:			
Subset model (X)		$R^2_{Y.X}$	Population X_1	Income X_2	Murder X_3	Education X_4
Null & k=0 average		0	0.0046	0.1158	0.6097	0.3390
	X_1	0.0046		0.1313	0.6506	0.3345
	X_2	0.1158	0.0202		0.5212	0.2239
	X_3	0.6097	0.0455	0.0272		0.0531
	X_4	0.3390	0.0001	0.0007	0.3239	
k=1 average			0.0219	0.0531	0.4985	0.2038
	X_1X_2	0.1359			0.5299	0.2037
	X_1X_3	0.6552		0.0107		0.0455
	X_1X_4	0.3391		0.0006	0.3616	
	X_2X_3	0.6370	0.0289			0.0270
	X_2X_4	0.3397	0.0000		0.3243	
	X_3X_4	0.6628	0.0378	0.0012		
k=2 average			0.0222	0.0041	0.4053	0.0921
	$X_1X_2X_3$	0.6659				0.0358
	$X_1X_2X_4$	0.3397			0.3620	
	$X_1X_3X_4$	0.7007		0.0010		
	$X_2X_3X_4$	0.6640	0.0377			
k=3 average			0.0377	0.0010	0.3620	0.0358
	$X_1X_2X_3X_4$	0.7017				
Overall Average			0.022	0.044	0.469	0.168
Percentage			3.08%	6.20%	66.82%	23.90%

이렇게 15회의 회귀분석을 수행하고 해당 결과에서 R^2 값을 골라내어 손 계산으로 dominance analysis를 수행하는 것은 너무 지루하고 번거로운 방식이 아닐 수 없다. R에는 dominance analysis를 수행하기 위한 다양한 패키지들이 존재한다(예: relaimpo, domir, dominanceanalysis, parameters). 이번에는 parameters 패키지(Lüdecke et al., 2020)의 dominance_analysis 함수를 사용해보자. 추가적으로 gt 패키지(Iannone et al., 2023)를 사용해서 출력된 결과를 보다 깔끔한 표로 생성해보자.

```
> library(parameters)
> library(gt)
> da <- dominance_analysis(model)
> da <-data.frame(da$General)
> da %>%
    gt() %>%
    fmt_number(decimals = 3)
```

```
Model R2 Value:  0.702

General Dominance Statistics
```

Parameter	General_Dominance	Percent	Ranks	Subset
(Intercept)	NA	NA	NA	constant
Population	0.022	0.031	4.000	Population
Income	0.044	0.062	3.000	Income
Murder	0.469	0.668	1.000	Murder
Education	0.168	0.239	2.000	Education

출력된 결과를 보면 앞서 손으로 계산한 <표 11.1>과 일치하고 있음을 알 수 있다. 먼저, dominance analysis의 출력된 결과에서는 모델의 전체 R^2 값을 제시해준다(Model R2 Value: 0.702). 추정된 모델에서 가장 큰 상대적 중요도를 가진 예측변수는 Murder로 general dominance 값이 .469로 이는 전체 예측변수의 기여도 중 약 66.8%를 차지한다. 그 뒤를 이어 각 예측변수들의 상대적 중요도는 교육수준(Education) > 소득수준(Income) > 인구수(Population) 순으로 나타났다. 이러한 결과는 앞서 확인한 표준화 회귀계수의 결과와 상당히 다른 결과를 보여준다.

11.7.2 회귀모델 진단

1) 선형성

회귀모델의 진단은 다양한 플롯을 통해 통계적 가정을 시각적으로 확인하는 것으로부터 시작된다. 먼저 R의 기본 함수인 plot 함수를 사용하여 플롯을 생성해보자. 여러 개의 플롯을 하나로 모아 생성하기 위해서는 par 함수를 사용한다. 이때 mfrow 옵션을 통해 플롯들의 배치를 결정한다.

```
> par(mfrow = c(2, 2))
> plot(model)
```

회귀 모델의 선형성은 Residuals vs. Fitted plot을 통해 확인할 수 있다. 앞서 설명한 바와 같이, 선형성 가정이 충족되기 위해서는 플롯에서 잔차와 예측값 간에는 어떠한 체계적 관계가 나타나서는 안 되며 잔차를 나타내는 y-축의 $Residuals = 0$인 선(점선)을 중심으로 각 점들이 랜덤하게 배치되는 패턴을 보여야 한다. <그림 11.10>의 왼쪽 상단의 플롯을 보면, 빨간색 선이 점선에 거의 수평적인 형태를 보이고 있어 구축된 회귀 모델은 선형성 가정을 충족하고 있다는 것을 확인할 수 있다.

통계적 방법을 이용한 선형성 가정의 점검은 현재 추정된 선형 모델과 비선형 항(다

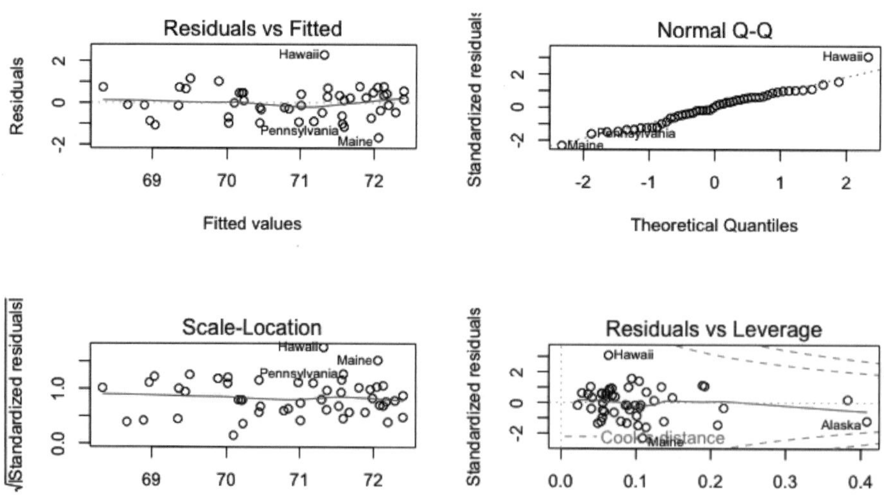

그림 11.10 회귀 모델 진단 플롯

항) 이 추가된 모델의 내포 모델 비교(nested model comparison)를 통해 수행될 수 있다.[170] 이러한 개념은 만일 선형 모델에 추가된 비선형 항이 결과의 분산을 유효하게 설명한다면 우리는 선형 모델을 추정함으로써 발생된 특정화 오류(specification error)를 의심해볼 수 있다. 내포 모델 비교를 위해 2차 항 I(fitted(model)^2)과 3차 항 I(fitted(model)^3)을 선형 모델에 추가하도록 한다. 그 다음 최초 추정된 선형 모델과 비선형 항이 추가된 모델을 anova 함수를 통해 비교하자.

```
> model.poly <- lm(Life.Exp~Population+Murder+Education+Income
        +I(fitted(model)^2)+I(fitted(model)^3), st)

> anova(model, model.poly)
Analysis of Variance Table

Model 1: Life.Exp ~ Population + Income + Murder + Education
Model 2: Life.Exp ~ Population + Murder + Education + Income + I(fitted(model)^2)
+
    I(fitted(model)^3)
  Res.Df    RSS Df Sum of Sq      F Pr(>F)
1     45 26.339
2     43 26.117  2   0.22218 0.1829 0.8335
```

lmtest 패키지(Zeileis & Hothorn, 2002)를 이용하면 보다 편하게 다항 모델과의 내포 모델 비교를 수행할 수 있다.

```
> library(lmtest)
> resettest(model)

        RESET test
```

170) 선형성 가정을 확인하기 위해서는 적합성 결여(lack of fit: LOF) 검정이라는 통계적 검정 방법이 사용될 수도 있다(Meuleman, Loosveldt, & Emonds, 2015). LOF는 추정된 회귀 모델의 오차제곱합 SSE를 순수 오차제곱합(sum of squares due to pure error: SSE_{pure})과 적합성 결여 제곱합(Sum of square error due to lack of fit: SSE_{LOF})으로 분할하여 SSE_{pure}와 SSE_{LOF}의 비율에 대한 F-test를 수행하여 추정된 회귀 모델에서 해당 모델의 적합성을 떨어뜨리는 확인되지 않은 또 다른 오차 항이 있는지 여부를 확인하는 방법이다.

```
data:  model
RESET = 0.1829, df1 = 2, df2 = 43, p-value = 0.8335
```

출력된 결과에 따르면 *p*-vlaue가 .8335로 추정된 선형 모델(model)이 다항식이 추가된 모델(model.poly)의 결정계수가 통계적으로 유의한 수준에서 추정된 선형 모델을 향상시켰다고 말하기 어렵다. 이러한 결과는 추정된 모델의 선형성이 충족되었다고 말할 충분한 근거를 보여준다.

2) 등분산성

추정된 회귀 모델의 등분산성에 대한 가정은 studentized residuals의 제곱근을 y-축으로 하는 Scale-Location plot을 통해 확인할 수 있다. <그림 11.10>의 왼쪽 하단의 Scale-Location plot을 보면, 잔차가 특이한 패턴을 보이지 않고 수평선을 따라 랜덤하게 균등하게 분포되어 있는지를 확인할 수 있다. 따라서 추정된 회귀 모델의 등분산성 가정에는 특별한 문제가 있다고 말하기 힘들다.

추정된 회귀 모델의 등분산성에 대한 가정은 car 패키지(Fox & Weisberg, 2018)의 ncvTest 함수 혹은 lmtest 패키지(Zeileis & Hothorn, 2002)의 Breusch-Pagan test를 이용한 통계적 방법에 의해서도 확인할 수 있다.

```
> library(car)
> ncvTest(model)
Non-constant Variance Score Test
Variance formula: ~ fitted.values
Chisquare = 0.03275031, Df = 1, p = 0.85639

> library(lmtest)
> bptest(model)

        studentized Breusch-Pagan test

data:  model
BP = 2.355, df = 4, p-value = 0.6708
```

ncvTest 검정 통계량은 $\chi^2 = .033(p = .8564)$이고, BP의 검정 통계량은 2.355 $(p = .6708)$으로 나타났다. 이들 두 테스트 결과 *p*-value가 .05 이상이므로 추정된 회귀 모델에서 등분산성이 존재한다는 영가설을 기각할 수 없다. 따라서 추정된 회귀 모델의 동질성 가정이 위배되지 않았다고 말할 수 있는 충분한 근거가 있다.

3) 정규성

추정된 회귀 모델의 정규성 가정은 <그림 11.10>의 오른쪽 상단의 QQ plot을 통해서 평가될 수 있다. 생성된 QQ plot에 따르면, 잠재적 이상치인 Hawaii를 제외하면 모델의 모든 잔차가 전반적으로 정규분포를 상당히 잘 따른다는 것을 알 수 있다. 통계량을 통한 잔차의 정규성 가정의 확인은 일반적으로 Shapiro-Wilk test와 Kolmogorov-Smirnov test를 사용할 수 있다. Shapiro-Wilk test의 경우 검정에 대한 영가설은 정규성을 충족하는 것을 의미하므로 *p*-value가 낮을수록 관찰된 데이터가 정규분포에서 추출되었다고 가정할 수 있는 가능성이 낮다는 것을 의미한다. 앞서 언급한 것처럼, Shapiro-Wilk test가 통계적 검정력이 더 크다는 점에서 일반적으로 널리 사용되지만, 표본 수가 커짐에 따라 정규성의 사소한 이탈에도 영가설이 기각되는 제2종 오류의 가능성이 증가한다.[171] 따라서 표본의 크기가 클 때에는 Kolmogorov-Smirnov test를 사용하는 것도 좋은 방법이다. 하지만 어떤 방법을 사용하든지 가정에 대한 통계적 확인과 함께 시각적 확인도 반드시 수행되어야 함을 잊지 말길 바란다. R에서 다중선형회귀 모델에 대한 Shapiro-Wilk test를 수행하기 위해서는 먼저 rstandard 함수를 사용하여 모델의 표준화 잔차를 가져온 다음 shapiro.test 함수를 사용하여 검정을 수행한다.

```
> shapiro.test(rstandard(model))

        Shapiro-Wilk normality test

data:  rstandard(model)
W = 0.97405, p-value = 0.3354
```

출력된 결과를 보면, $p > .05$로 추정된 모델이 잔차의 정규성 가정을 위배했다는 영

171) Shapiro-Wilk test는 50개 미만의 작은 표본크기에 적합한 검정 방법이다. R에서 사용하는 shapiro.test 함수의 경우 표본 수 5,000개 이하에서 사용되도록 제한하고 있다.

가설을 기각할 수 없으므로 추정된 모델의 잔차의 정규성을 가정할 충분한 근거가 있다.

4) 독립성

잔차의 독립성의 가정은 $t-1$ 시점의 잔차에 대해 t 시점의 잔차를 표시한 Residual Lag Plot을 통해 시각적으로 확인할 수 있다. ggplot2 패키지(Wickham, 2016)를 이용해 Residual Lag Plot을 생성해보자. Residual Lag Plot을 생성하기 위해서는 lag 옵션을 사용하여 추정된 모델의 $t-1$ 시점의 잔차를 데이터 셋에 포함한 후 t 시점의 잔차에 대해 scatter plot을 생성한다.

```
> library(ggplot2)
> st$Resid <- residuals(model)
> lag <- st %>%
        mutate(Resid_1 = lag(Resid, 1))

> ggplot(lag, aes(x=Resid, y=Resid_1))+
        geom_point(na.rm = TRUE) +
        xlab("Residual t-1") +
        ylab(expression("Residual t")) +
        stat_smooth(method="loess", na.rm = TRUE)+xlab("Residual t-1") +
        ggtitle("Residual Lag Plot") +
        theme_bw()
```

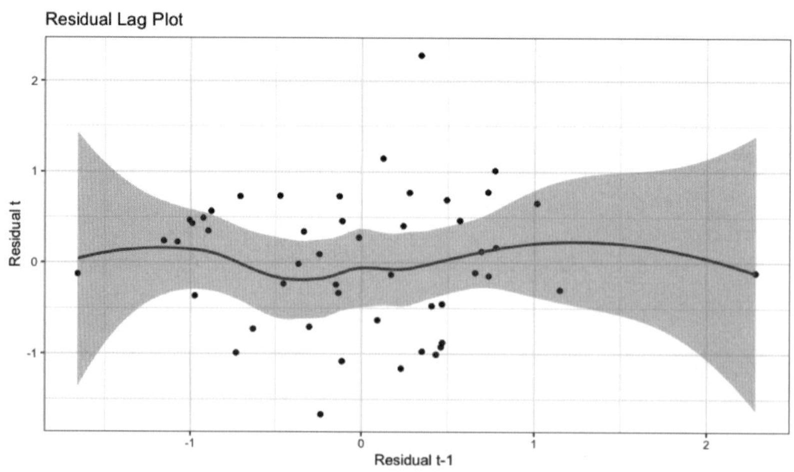

그림 11.11 Residual Lag Plot

생성된 Residual Lag Plot에 나타난 바와 같이 $t-1$ 잔차에 대한 t 잔차들이 수평선을 따라 랜덤하게 분포되어 있음을 확인할 수 있다. 이는 $t-1$ 잔차와 t 잔차의 상관관계가 없음을 의미하며, 따라서 모델의 잔차의 독립성 가정이 충족되었음을 확인할 수 있다. Durbin-Watson test를 통해 잔차의 독립성 가정을 통계적으로 확인할 수 있다.

이번에는 Durbin-Watson test를 통해 잔차의 독립성 가정을 통계적으로 확인해보자. Durbin-Watson test는 lmtest 패키지(Zeileis & Hothorn, 2002)의 dwtest 함수를 이용하여 수행될 수 있다.

```
> library(lmtest)
> dwtest(formula = model,  alternative = "two.sided")

        Durbin-Watson test

data:  model
DW = 1.9676, p-value = 0.9267
alternative hypothesis: true autocorrelation is not 0
```

Durbin-Watson 임계값 표에서 95% 신뢰수준에서 임계값의 영역은 4개의 예측변수 모델에 $n=50$일 때 1.378(dL)과 1.721(dU) 사이에 있다. 산출된 Durbin-Watson's d는 1.9676이 상한 임계값 1.721보다 크기 때문에 자기상관이 없다는 95% 신뢰수준에서 영가설을 기각할 수 없다. 이는 Durbin-Watson 검정에서 얻은 p-value에서도 확인된다 ($p=.9267$). 따라서 이러한 결과를 통해 우리는 추정된 모델의 잔차가 자기상관관계가 없다는 결론을 내릴 수 있다.

5) 이상치와 레버리지 점

이상치와 레버리지 점은 <그림 11.10>의 왼쪽 하단의 Residuals vs Leverage 플롯을 통해 시각적으로 확인할 수 있다. Residuals vs Leverage 플롯은 특정 관찰치를 제외할 경우와 전체 관찰치를 다 포함하였을 때를 비교하여 회귀계수 추정치에 영향을 많이 주는 관찰치를 표시해준다. 관찰치가 플롯의 y축에 $Residuals=0$인 선(점선)에서 멀리 떨어져 있을수록 더 큰 영향력을 갖는다고 말할 수 있다. 또한 Cook's distance를 보여주는 등고선을 멀리 벗어날수록 해당 관찰치는 영향력 있는 관찰치일 가능성이 높다.

생성된 플롯을 보면, Hawaii, Maine, Alaska 등이 잠재적으로 영향력 있는 관찰치일 가능성이 있는 것으로 판단된다.

이번에는 영향력 있는 관찰치를 확인하기 위해 통계적 방법을 사용해보자. 먼저, 앞서 설명한 DFFITS를 계산해보자. 모델의 DFFITS 값은 R 기본 패키지의 dffits 함수를 이용한다.

```
> model.dffits <- dffits(model)
> head(model.dffits)
    Alabama      Alaska     Arizona    Arkansas  California    Colorado
 0.40400083 -0.99908570 -0.08087546  0.51682035  0.16001780  0.25216881
```

다음으로 특정 관찰치가 영향력 있는 관찰치인지 결정하기 위해서는 DFFITS의 절대값이 $2\sqrt{\frac{p+1}{(n-p-1)}}$ 보다 큰 관찰치를 찾아낸다. 여기서 p는 예측변수의 수를, n은 표본크기를 나타낸다.

```
> p <- length(model$coefficients)
> n <- nrow(model$model)
> dffits.crit = 2 * sqrt((p + 1) / (n - p - 1))
> dffits.crit
[1] 0.7385489
```

계산된 dffits.crit 값은 약 .739로 나타나 DFFITS의 절대값이 .739보다 큰 값을 가진 관찰치는 영향력 있는 관찰치로 판단될 수 있다. 이를 위해 계산된 DFFITS 값을 obs와 dffits 변수로 이루어진 df라는 데이터프레임으로 저장하여 which 함수를 사용하여 DFFITS의 절대값이 .739보다 큰 값을 아래와 같이 인덱싱하도록 한다.

```
> df.dffits <- data.frame(State = names(model.dffits), dffits = model.dffits)
> df.dffits[which(abs(model.dffits) > dffits.crit), ]
        State     dffits
Alaska Alaska -0.9990857
Hawaii Hawaii  0.8882690
Maine   Maine -0.8497057
```

```
Nevada Nevada -0.7576350
```

출력된 결과에 따르면, Alaska가 잠재적으로 가장 영향력 있는 관찰치로 나타났으며, 뒤를 이어 Hawaii, Maine, Nevada 등이 영향력 있는 관찰치일 가능성이 있는 것으로 판단된다.

이번에는 Cook's distance D_i 값을 계산해보자. Cook's distance 값 역시 R 기본 패키지의 cooks.distance 함수를 이용한다.

```
> head(model_cooks)
    Alabama      Alaska     Arizona    Arkansas  California    Colorado
0.032603912 0.197667239 0.001333161 0.051620768 0.005232615 0.012752643
```

앞서 언급한 바와 같이 Cook's distance의 컷오프 기준은 D_i 값이 0.1~0.2 사이의 확률값은 영향력이 매우 작음을, 0.2~0.5는 어느 정도 높은 영향력이 있는 관찰치로, 0.5 이상이면 해당 관찰치는 영향력 있는 관찰치로 간주된다. D_i 값의 기준을 0.5 이상으로 설정하고, D_i 값이 .5보다 큰 값을 인덱싱해보자.

```
> cooks.crit <- 0.5
> df.cooks <- data.frame(obs = names(model.cooks), cooks = model.cooks)
> df.cooks[which(abs(model.cooks) > cooks.crit), ]
[1] obs   cooks
<0 rows> (or 0-length row.names)
```

출력된 결과에 따르면, D_i 값의 기준을 0.5 이상을 보인 관찰치가 발견되지 않아 분석된 데이터에서는 영향력 있는 관찰치가 없는 것으로 나타났다. 하지만, 다른 텍스트(예: Bruce, Bruce, & Gedeck, 2020; Fox, 2015)에서는 Cook's distance의 컷오프 기준으로 D_i 값이 $4/n$ 혹은 $4/(n-p-1)$보다 높은 관찰치를 영향력 있는 관찰치로 간주한다. 이번에는 $4/(n-p-1)$ 컷오프 기준으로 Cook's distance 관점에서 영향력 있는 관찰치를 확인해보자.

```
> cutoff.cooks <- 4/(n-p-1)
> df.cooks[which(abs(model.cooks) > cutoff.cooks), ]
```

```
              obs       cooks
Alaska Alaska 0.1976672
Hawaii Hawaii 0.1273498
Maine    Maine 0.1301833
Nevada Nevada 0.1118969
```

출력된 결과에 따르면, Alaska가 잠재적으로 가장 영향력 있는 관찰치로 나타났으며, 뒤를 이어 Hawaii, Maine, Nevada 등이 잠재적으로 영향력 있는 관찰치로 나타나 DFFITS의 결과와 일치하는 것을 알 수 있다. 폭스(Fox, 1991)에 따르면 Cook's distance를 이용한 회귀 모델의 진단에서 통계적 컷오프 값을 사용하는 것에 매우 신중을 기해야 할 필요가 있다. 폭스(Fox, 1991)는 Cook's distance를 이용한 진단을 위해서는 항상 시각적 판단을 주로 사용하되, 특히 나머지 다른 값들보다 두드러지게 큰 D_i의 값을 더욱 자세히 검토할 것을 조언하고 있다.

마지막으로 최근에 배포된 qacReg 패키지(Robert, 2023)의 influence_plot 함수를 이용하면 아래 <그림 11.12>와 같이 영향력 있는 관찰치에 대한 분석을 종합적으로 시각화할 수 있다.

```
> library(qacReg)
> influence_plot(model)
```

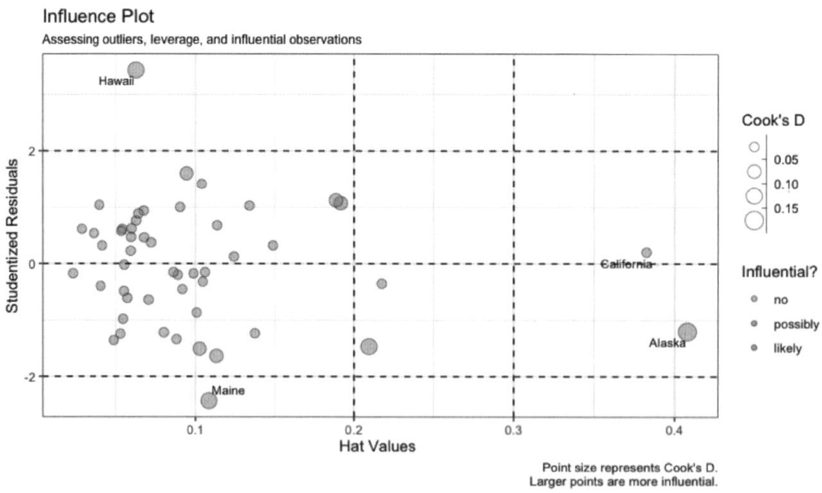

그림 11.12 Influence Plot

생성된 플롯의 수직 기준선은 평균 Hat values의 두 배와 세 배를, 수평 기준선은 studentized 잔차의 −2, 0, 2로 설정되어 있다. 원의 크기는 Cook's distance 의 값을, 색상은 영향력이 있을 잠재적 가능성을 식별해준다.

지금까지 이상치와 레버리지 점을 통해 영향력이 있는 관찰치에 대해 종합적으로 분석해본 결과, 추정된 모델에서는 심각하게 우려할 만한 영향력 관찰치 관련 가정을 위배하는 근거를 찾을 수 없다는 결론을 내릴 수 있다.

6) 다중공선성

R에서 다중공선성을 확인하는 첫 번째 방법은 상관관계 행렬을 생성하는 것이다. 상관관계 행렬에 나타난 예측변수의 상관관계가 -.9 미만이거나 +.9 이상일 때 다중공선성을 의심할 수 있다.[172] 앞서 상관관계 장에서 사용한 PerformanceAnalytics 패키지(Peterson & Carl, 2020)의 chart.Correlation 함수를 이용해 각 예측변수 간 상관관계 계수와 함께 각 변수의 분포와 scatter plot을 생성해보자.

```
> library(PerformanceAnalytics)
> chart.Correlation(st[,-3])
```

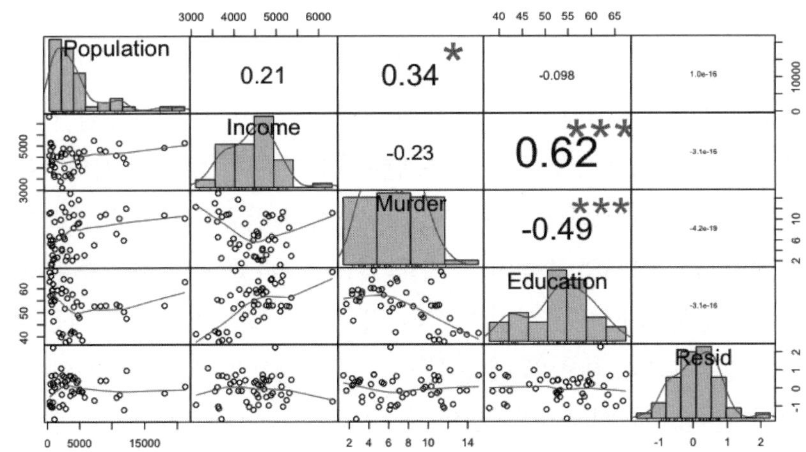

그림 11.13 Correlation Chart

172) 일부 연구자는 0.5 이상의 상관계수 컷오프 기준을 사용하기도 하지만, 일반적으로 대부분의 연구들은 0.80이상을 상관계수 컷오프 기준으로 사용한다.

생성된 상관관계 행렬을 보면, 예측변수 간 상관관계 계수의 범위는 절대값 .098에서 .62로 특별히 다중공선성을 의심할만한 결과는 나타나지 않았다.

다중공선성을 진단하는 또 다른 방법은 공차한계와 VIF 값을 확인하는 것이다. R에서 다중공선성을 진단하는 다양한 패키지가 존재한다. 여기서는 olsrr 패키지(Hebbali, 2020)의 ols_vif_tol 함수를 사용하여 공차한계와 VIF 값을 계산해보자. ols_vif_tol 함수는 변수의 이름, 공차한계, VIF를 포함하는 데이터 프레임을 반환한다.

```
> library(olsrr)
> ols_vif_tol(model)
   Variables Tolerance      VIF
1 Population 0.7800764 1.281926
2     Income 0.5423658 1.843774
3     Murder 0.6735431 1.484686
4  Education 0.4807110 2.080252
```

다중공선성 여부를 판단하기 위한 기준은 공차한계 0.10보다 작거나, VIF 값의 경우 4를 넘으면 잠재적 다중공선성을, 10보다 크면 심각한 다중공선성을 의심할 수 있다. 출력된 결과에 따르면, 4개의 예측변수 모두 공차한계 값은 0.10보다 크고, VIF 값은 4보다 작은 값을 보이는 것으로 나타나 다중공선성에 대한 문제는 없는 것으로 판단된다.

지금까지 다중선형회귀 모델의 원리와 절차, 그리고 통계적 가정의 진단 등에 대해 살펴보았다. 사회과학 연구자에게 다중선형회귀 분석은 지금까지 그래왔던 것처럼 앞으로도 핵심적 통계분석 방법으로 많은 관심을 받게 될 것이다. 하지만 사회과학 연구자가 잊지 말아야 할 중요한 사실 하나는 통계적 모델이 실제 현상을 완벽하게 표현할 수 없다는 것이다. 폭스(Fox, 2015)의 지적대로, 사회과학 실무자들은 단순한 통계 모델에 대해 마치 자신들이 설명하고자 하는 사회 현상의 직접적인 표현인 것처럼 사용하는 경향이 있다. 추정된 모델은 단지 '최선의' 예측과 함께 사회 현상에 대한 기본적인 이해를 촉진하는 데 도움이 될 정도로 현상에 '근접할' 뿐이다(Banks et al., 2009). 통계 모델이 데이터를 부정확하게 설명할 경우 그 모델의 실용적인 가치가 없지만, 불행하게도, 그 반대는 사실이 아니다(Fox, 2015). 통계 모델은 언제나 실제 현상의 복잡성에는 미치지 못하기 때문에 해당 모델이 단편적인 현상에 대해 기술적으로는 정확하지만 실제적으로는 유용하지 않을 수 있다. 그럼에도 불구하고 사회 현상을 설명하고 예측하는데 있어 통계 모델은 여전히 유용할 수 있다. 이러한 통계 모델의 유용성은 연구자의 끊임없는 관심과 주의에 의해서 확보될 수 있다. 통계학에서 자주 인용되는 박스(Box, 1976)의 유명한 격언을 끝으로 이 장을 마치도록 하자. "모든 모델은 틀린다. 하지만 몇몇은 유용하다."

참고문헌

Abdi, H. (2010). The greenhouse-geisser correction. *Encyclopedia of research design, 1*(1), 544-548.

Adelaar, T., Chang, S., Lancendorfer, K. M., Lee, B., & Morimoto, M. (2003). Effects of media formats on emotions and impulse buying intent. *Journal of Information Technology, 18*(4), 247-266.

Ahmed, S. (n.d.). *Design of experiments*. The Open Educator. https://www.theopeneducator.com/doe/Regression/outlier-leverage-influential-points.

Alin, A. (2010). Multicollinearity. *Wiley interdisciplinary reviews: computational statistics, 2*(3), 370-374.

Azen, R., & Budescu, D. V. (2006). Comparing predictors in multivariate regression models: An extension of dominance analysis. *Journal of Educational and Behavioral Statistics, 31*(2), 157-180.

Bakeman, R. (2005). Recommended effect size statistics for repeated measures designs. *Behavior Research Methods, 37*(3), 379-384.

Balakrishnan, N., Voinov, V., & Nikulin, M. S. (2013). *Chi-squared goodness of fit tests with applications*. Academic Press.

Banerjee, A., Chitnis, U., Jadhav, S., Bhawalkar, J., & Chaudhury, S. (2009). Hypothesis testing, type I and type II errors. *Industrial Psychiatry Journal, 18*(2), 127-131. https://doi.org/10.4103/0972-6748.62274

Banks, H. T., Davidian, M., Samuels, J. R., & Sutton, K. L. (2009). *An inverse problem statistical methodology summary*. Springer (Online Version).

Barnard, G. A. (1947). Significance tests for 2× 2 tables. *Biometrika, 34*(1/2), 123-138.

Baumann, J.F., Seifert-Kessell, N., & Jones, L.A. (1992). Effect of think-aloud instruction on elementary students' comprehension monitoring abilities. *Journal of Reading Behavior, 24*, 143-72.

Belsley, D. A. (1991). *Conditioning diagnostics: Collinearity and weak data in regression.* Wiley.

Beasley, W. H., DeShea, L., Toothaker, L. E., Mendoza, J. L., Bard, D. E., & Rodgers, J. (2007). Bootstrapping to test for nonzero population correlation coefficients using univariate sampling. *Psychological Methods, 12*(4), 414-433.

Behrendt, S. (2023). *_lm.beta: Add standardized regression coefficients to linear-model-objects_.* R package version 1.7-1, <https://CRAN.R-project.org/package=lm.beta>.

Ben-Shachar, M. S., Lüdecke, D., & Makowski, D. (2020). {e}ffectsize: Estimation of effect size indices and standardized parameters () [Computer software]. The Comprehensive R Archive Network. Available from https://doi.org/10.21105/joss.02815.

Berger, R. L. (1994). *Power comparison of exact unconditional tests for comparing two binomial proportions*. North Carolina State University. Dept. of Statistics.

Bishara, A. J., & Hittner, J. B. (2012). Testing the significance of a correlation with non-normal data: comparison of Pearson, Spearman, transformation, and resampling approaches. *Psychological methods, 17*(3), 399-417.

Blaker, H. (2000). Confidence curves and improved exact confidence intervals for discrete distributions. *Canadian Journal of Statistics, 28*(4), 783-798.

Blanca, M. J., Alarcón R., Arnau J., Bono R., & Bendayan, R. (2017). Non-normal data: Is ANOVA still a valid option?. *Psicothema, 29*(4), 552-557.

Blanca, M. J., Alarcón, R., Arnau, J., Bono, R., & Bendayan, R. (2018). Effect of variance ratio on ANOVA robustness: Might 1.5 be the limit?. *Behavior Research Methods, 50*(3), 937-962.

Boik, R. J. (1981). A priori tests in repeated measures designs: Effects of nonsphericity. *Psychometrika, 46*(3), 241-255.

Boneau, C. A. (1960). The effects of violations of assumptions underlying the t test. *Psychological Bulletin, 57*(1), 49-64.

Boster, F. J. (2002). On making progress in communication science. *Human Communication Research, 28*(4), 473-490.

Box, G. E. (1953). Non-normality and tests on variances. *Biometrika, 40*(3/4), 318-335.

Box, G. E. (1954). Some theorems on quadratic forms applied in the study of analysis of variance problems, II. Effects of inequality of variance and of correlation between errors in the two-way classification. *The Annals of Mathematical Statistics, 25*(3),

484-498.

Box, G. E. (1976). Science and statistics. *Journal of the American Statistical Association, 71*(356), 791-799.

Browne, M. W., & Cudeck, R. (1992). Alternative ways of assessing model fit. *Sociological methods & research, 21*(2), 230-258.

Bruce, P., Bruce, A., & Gedeck, P. (2020). *Practical statistics for data scientists: 50+ essential concepts using R and Python*. O'Reilly Media.

Budescu, D. V. (1993). Dominance analysis: A new approach to the problem of relative importance of predictors in multiple regression. *Psychological Bulletin, 114*(3), 542-551.

Camilli, G., & Hopkins, K. D. (1979). Testing for association in 2× 2 contingency tables with very small sample sizes. *Psychological Bulletin, 86*(5), 1011-1014.

Cardinal, R. N., & Aitken, M. R. (2006). *ANOVA for the behavioral sciences researcher*. New Jersey: Lawrence Erlbaum Associates.

Caruso, J. C., & Cliff, N. (1997). Empirical size, coverage, and power of confidence intervals for Spearman's rho. *Educational and Psychological Measurement, 57*(4), 637-654.

Castañeda, M. B., Levin, J. R., & Dunham, R. B. (1993). Using planned comparisons in management research: A case for the Bonferroni procedure. *Journal of Management, 19*(3), 707-724.

Chen, F., Curran, P. J., Bollen, K. A., Kirby, J., & Paxton, P. (2008). An empirical evaluation of the use of fixed cutoff points in RMSEA test statistic in structural equation models. *Sociological Methods & Research, 36*(4), 462-494.

Chicco, D, Warrens, M. J, & Jurman, G. (2021). The coefficient of determination R-squared is more informative than SMAPE, MAE, MAPE, MSE and RMSE in regression analysis evaluation. *PeerJ Comput. Sci. 7*:e623. DOI 10.7717/peerj-cs.623.

Chou, C. P., & Bentler, P. M. (1995). Estimates and tests in structural equation modeling. In R. H. Hoyle (Ed.), *Structural equation modeling: Concepts, issues, and applications* (pp. 37–55). Sage Publications, Inc.

Cochran, W. G. (1952). The χ^2 test of goodness of fit. *The Annals of Mathematical Statistics, 23*(3), 315-345.

Cochran, W. G. (1954). Some methods for strengthening the common χ^2 tests. *Biometrics, 10*(4), 417-451.

Cohen, J. (1966). Some statistical issues in psychological research. In B. B. Wolman (Ed.), *Handbook of Clinical Psychology* (pp. 95-121). New York: McGraw-Hill, 1966. Pp. 95-121.

Cohen, J. (1973). Eta-squared and partial eta-squared in fixed factor ANOVA designs. *Educational and Psychological Measurement, 33*, 107-112.

Cohen, J. (1988). *Statistical power analysis for the behavioral sciences* (2nd ed.). New York, NY: Academic Press.

Cohen, J. (1994). The earth is round (p < .05). *American Psychologist, 49*(12), 997-1103.

Crack, T. F. (2019). *Kurtosis as peakedness: the phoenix from the ashes*. Foundations for Scientific Investing.

Cumming, G. (2013). Cohen's d needs to be readily interpretable: Comment on Shieh (2013). *Behavior Research Methods, 45*(4), 968-971.

Darlington, R. B. (1970). Is kurtosis really "peakedness?". *The American Statistician, 24*(2), 19-22.

Danford, M. B., Hughes, H. M., & McNee, R. C. (1960). On the analysis of repeated-measurements experiments. *Biometrics, 16*(4), 547-565.

Davis, C. S. (2002). *Statistical methods for the analysis of repeated measurements* (No. 04; QA278, D38.). New York: Springer.

Dawson, G. F. (2012). *Easy Interpretation of Biostatistics E-Book: The Vital Link to Applying Evidence in Medical Decisions*. Elsevier Health Sciences.

DeCarlo, L. T. (1997). On the meaning and use of kurtosis. *Psychological methods, 2*(3), 292-307.

De Winter, J. C., Gosling, S. D., & Potter, J. (2016). Comparing the Pearson and Spearman correlation coefficients across distributions and sample sizes: A tutorial using simulations and empirical data. *Psychological methods, 21*(3), 273-290.

Delacre, M., Lakens, D., & Leys, C. (2017). Why psychologists should by default use Welch's t-test instead of student's t-test. *International Review of Social Psychology, 30*(1), 92-101.

Denis, D. (2001). The origins of correlation and regression: Francis Galton or Auguste Bravais and the error theorists. *History and Philosophy of Psychology Bulletin, 13*(2), 36-44.

Diedenhofen, B., & Musch, J. (2015). cocor: A comprehensive solution for the statistical comparison of correlations. *PloS one, 10*(4), e0121945.

Doane, D. P., & Seward, L. E. (2011). Measuring skewness: a forgotten statistic?. *Journal of statistics education, 19*(2), 1-18.

Dodge, Y. (2008). *The concise encyclopedia of statistics*. Springer Science & Business Media.

Duncan, G. T., & Layard, M. W. J. (1973). A Monte-Carlo study of asymptotically robust tests for correlation coefficients. *Biometrika, 60*(3), 551-558.

Dunnett, C. W. (1980). Pairwise multiple comparisons in the homogeneous variance, unequal sample size case. *Journal of the American Statistical Association, 75*(372), 789-795.

DuRapau, T. M. (1988, November). *Benefits of using planned comparisons rather than post hoc tests: A brief review with examples*. Paper presented at the annual meeting of the Mid-South Educational Research Association, Louisville, KY.

Durbin, J., & Watson, G. S. (1950). Testing for serial correlation in least squares regression, I. *Biometrika 37*(3/4), 409-428

Earp, B. D., & Trafimow, D. (2015). Replication, falsification, and the crisis of confidence in social psychology. *Frontiers in Psychology, 6*, 621.

Efron, B. (1998). R. A. Fisher in the 21st century. *Statistical Science, 13*(2) 95-114.

Eisenhauer, J. G. (2008). Degrees of freedom. *Teaching statistics: An International Journal for Teachers, 30*(3), 75-78.

Eysenck, H. J. (1960). The concept of statistical significance and the controversy about one-tailed tests. *Psychological Review, 67*(4), 269-271.

Ezekiel, M. (1929). The application of the theory of error to multiple and curvilinear correlation. *Journal of the American Statistical Association, 24*(165A), 99-104.

Ferguson, C. J. (2016). An effect size primer: a guide for clinicians and researchers. *Professional Psychology: Research and Practice, 40*(5), 532-538.

Farrar, D. E., & Glauber, R. R. (1967). Multicollinearity in regression analysis: the problem revisited. *The Review of Economic and Statistics, 49*(1), 92-107.

Fay, M. P. (2010). Confidence intervals that match Fisher's exact or Blaker's exact tests. *Biostatistics, 11*(2), 373-374.

Festinger, L., & Carlsmith, J. M. (1959). Cognitive consequences of forced compliance. *The Journal of Abnormal and Social Psychology, 58*(2), 203-210.

Field, A. (2017). *Discovering statistics using IBM SPSS statistics*. London: SAGE, 5th edition.

Fieller, E. C., Hartley, H. O., & Pearson, E. S. (1957). Tests for rank correlation coefficients. I. *Biometrika, 44*(3/4), 470-481.

Fisher, R. A. (1924). The conditions under which $\chi 2$ measures the discrepancey between observation and hypothesis. *Journal of the Royal Statistical Society, 87*(3), 442-450.

Fisher, R. A. (1925). *Statistical methods for research workers.* Oliver and Boyd.

Fisher R. A. (1934). *Statistical Methods for Research Workers*. 5th edition. Oliver and Boyd.

Fischer, H. (2010). *A history of the central limit theorem: From classical to modern probability theory*. Springer Science & Business Media.

Flora, D. B. (2018). *Statistical methods for the social and behavioural sciences: A model-based approach*. Sage.

Friendly, M. (2023). _*vcdExtra: 'vcd' Extensions and Additions*_. R package version 0.8-4, <https://CRAN.R-project.org/package=vcdExtra>.

Fox, J. (1991). *Regression diagnostics: An introduction*. SAGE Publications.

Fox, J. (2015). *Applied regression analysis and generalized linear models.* Sage Publications.

Fox, J., & Weisberg, S. (2018). *An R companion to applied regression*. Sage publications. URL:

https://socialsciences.mcmaster.ca/jfox/Books/Companion/

Friedman, H. (1968). Magnitude of experimental effect and a table for its rapid estimation. *Psychological Bulletin, 70*(4), 245-251.

Galton, F. (1886). Regression towards mediocrity in hereditary stature. *Journal of the Anthropological Institute of Great Britain and Ireland, 15*, 246–263.

Galton F. (1888). Co-relations and their measurement, chiefly from anthropometric data. *Proceedings of the Royal Society of London, 45*(273-279), 135-145.

Galton, F. (1890). Kinship and correlation. *The North American Review, 150*(401), 419-431.

Gelman, A. and Hill, J. (2007). *Data Analysis Using Regression and Multilevel/Hierarchical Models*. Cambridge University Press.

George, D., & Mallery, P. (2019). *IBM SPSS statistics 26 step by step: A simple guide and reference*. Routledge.

Glass, G. V. (1966). Testing homogeneity of variances. *American Educational Research Journal, 3*(3), 187-190.

Glass, G. V., Peckham, P. D., & Sanders, J. R. (1972). Consequences of failure to meet assumptions underlying the fixed effects analyses of variance and covariance. *Review of educational research, 42*(3), 237-288.

Goodman, L. A., & Kruskal, W. H. (1954). Measures of association for cross classifications. *Journal of the American Statistical Association, 49*(268), 732-764.

Gorard, S. (2005). Revisiting a 90-year-old debate: the advantages of the mean deviation. *British Journal of Educational Studies, 53*(4), 417-430.

Gorroochurn, P. (2016). *Classic topics on the history of modern mathematical statistics: From Laplace to more recent times*. John Wiley & Sons.

Goulet-Pelletier, J.-C., & Cousineau, D. (2018). A review of effect sizes and their confidence intervals, part I: The cohen's d family. *The Quantitative Methods for Psychology, 14*(4), 242-265.

Greenhouse, S. W., & Geisser, S. (1959). On methods in the analysis of profile data. *Psychometrika, 24*(2), 95-112.

Greenwald, A. G. (1976). Within-subjects designs: To use or not to use?. *Psychological Bulletin, 83*(2), 314-320.

Gross, J., & Ligges, U. (2015). nortest: Tests for normality (R package version 1.0-4) [Computer software]. The Comprehensive R Archive Network. Available from https://CRAN.R-project.org/package=nortest.

Hadi, A. S., & Chatterjee, S. (2009). *Sensitivity analysis in linear regression.* John Wiley & Sons.

Hald, A. (2008). *A history of parametric statistical inference from Bernoulli to Fisher*, 1713-1935. Springer Science & Business Media.

Hamner, B. & Frasco, M. (2018). _Metrics: Evaluation Metrics for Machine Learning_. R package version 0.1.4, <https://CRAN.R-project.org/package=Metrics>.

Harrell Jr, F. (2022). *_Hmisc: Harrell miscellaneous_*. R package version 4.7-2, <https://CRAN.R-project.org/package=Hmisc>.

Harwell, M. R., Rubinstein, E. N., Hayes, W. S., & Olds, C. C. (1992). Summarizing Monte Carlo results in methodological research: The one-and two-factor fixed effects ANOVA cases. *Journal of Educational Statistics, 17*(4), 315-339.

Havlicek, L., & Peterson, N. (1977). Effect of the violation of assumptions upon significance levels of the Pearson r. *Psychological Bulletin, 84*(2), 373-377.

Hatchavanich, D. (2014). A comparison of type I error and power of Bartlett's test, Levene's test and O'Brien's test for homogeneity of variance tests. *Southeast Asian Journal of Sciences, 3*(2), 181-194.

Hayes, A. F. (2020). *Statistical methods for communication science*. Routledge.

Hebbali, A. (2020). *_olsrr: Tools for building OLS regression models_. R package version 0.5.3*, <https://CRAN.R-project.org/package=olsrr>.

Hedges, L. V. (1981). Distribution theory for Glass's estimator of effect size and related estimators. *Journal of Educational Statistics, 6*(2), 107-128.

Heumann, C, Schomaker, M, & Shalabh (2016). *Introduction to statistics and data analysis.* Springer International Publishing; Switzerland.

Hindman, M. (2015). Building better models: Prediction, replication, and machine learning in the social sciences. *The ANNALS of the American Academy of Political and Social Science, 659*(1), 48−62.

Hittner, J. B., May, K., & Silver, N. C. (2003). A Monte Carlo evaluation of tests for comparing dependent correlations. *The Journal of General Psychology, 130*(2), 149-168. doi:10.1080/00221300309601282.

Holm, S. (1979). A simple sequentially rejective multiple test procedure. *Scandinavian Journal of Statistics*, 65-70.

Hu, L. T., Bentler, P. M., & Kano, Y. (1992). Can test statistics in covariance structure analysis be trusted?. *Psychological bulletin, 112*(2), 351-362.

Huynh, H., & Feldt, L. S. (1970). Conditions under which mean square ratios in repeated measurements designs have exact F-distributions. *Journal of the American Statistical Association, 65*(332), 1582-1589.

Huynh, H., & Feldt, L. S. (1976). Estimation of the Box correction for degrees of freedom from sample data in randomized block and split-plot designs. *Journal of Educational Statistics, 1*(1), 69-82.

Iannone, R., Cheng, J., Schloerke, B., Hughes, E., Lauer, A., & Seo, J. (2023). *_gt: Easily create presentation-ready display tables_*. R package version 0.9.0, <https://CRAN.R-project.org/package=gt>.

Jaccard, J., Becker, M. A., & Wood, G. (1984). Pairwise multiple comparison procedures: A review. *Psychological Bulletin, 96*(3), 589-596.

Jang, D., & Lee, B. (2022). When machine learning meets social science: A comparative study of ordinary least square, stochastic gradient descent, and support vector regression for exploring the determinants of behavioral intentions to tuberculosis screening. *Asian Communication Research, 19*(3), 15-36.

Joanes, D. N., & Gill, C. A. (1998). Comparing measures of sample skewness and kurtosis. *Journal of the Royal Statistical Society: Series D (The Statistician), 47*(1), 183-189.

Johnson, J. W. (2000). A heuristic method for estimating the relative weight of predictor variables in multiple regression. *Multivariate Behavioral Research, 35*(1), 1-19.

Kassambara, A. (2019). *datarium: Data bank for statistical analysis and visualization (R package version 0.1.0)* [Computer software]. The Comprehensive R Archive Network. Available from https://CRAN.R-project.org/package=datarium

Kassambara, A. (2020). *ggpubr: 'ggplot2' based publication ready plots* (R package version 0.4.0) [Computer software]. The Comprehensive R Archive Network. Available from https://CRAN.R-project.org/package=ggpubr.

Kassambara, A. (2021). *rstatix: Pipe-friendly framework for basic statistical tests* (R package version 0.7.0) [Computer software]. The Comprehensive R Archive Network. Available from https://CRAN.R-project.org/package=rstatix.

Kassambara, A., & Mundt, F. (2020). _*factoextra: Extract and visualize the results of multivariate data analyses*_. R package version 1.0.7, <https://CRAN.R-project.org/package=factoextra>

Kennedy, J. J. (1970). The eta coefficient in complex ANOVA designs. *Educational and Psychological Measurement, 30*(4), 885-889.

Kerlinger, F. N. (1964). *Foundations of behavioral research*. New York: Holt, Rinehart & Winston, 1964.

Keskin, S. (2006). Comparison of several univariate normality tests regarding type I error rate and power of the test in simulation based small samples. *Journal of Applied Science Research 2*(5), pp. 296-300.

Keselman, H. J., Algina, J., & Kowalchuk, R. K. (2001). The analysis of repeated measures designs: a review. *British Journal of Mathematical and Statistical Psychology, 54*(1), 1-20.

Keselman, H. J., Keselman, J. C., & Shaffer, J. P. (1991). Multiple pairwise comparisons of repeated measures means under violation of multisample sphericity. *Psychological Bulletin, 110*(1), 162-170.

Keselman, H. J., Rogan, J. C., & Games, P.A. (1981). Robust tests of repeated measures means in educational and psychological research. *Education and Psychological Measurement, 41*, 163-173.

Kim, H. Y. (2013). Statistical notes for clinical researchers: assessing normal distribution (2) using skewness and kurtosis. *Restorative Dentistry & Endodontics, 38*(1), 52-54.

Kim, J. O., & Ferree Jr, G. D. (1981). Standardization in causal analysis. *Sociological Methods & Research, 10*(2), 187-210.

Kim, J. O., & Mueller, C. W. (1976). Standardized and unstandardized coefficients in causal analysis: An expository note. *Sociological Methods & Research, 4*(4), 423-438.

King, G. (1986). How not to lie with statistics: Avoiding common mistakes in quantitative political science. *American Journal of Political Science, 30*(3), 666-687.

Kirk, R. E. (1996). Practical significance: A concept whose time has come. *Educational and Psychological Measurement, 56*, 746-759.

Krzanowski, W. (1998). *An introduction to statistical modelling.* Arnold.

Kuehne, C. (1993, November). *The advantages of using planned comparisons over post hoc tests.* Paper presented at the Annual Meeting of the Mid-South Education Research Association, New Orleans, LA.

Kuhn, M., Vaughan, D., & Hvitfeldt, E. (2022). _yardstick: Tidy Characterizations of Model Performance_. R package version 1.1.0, <https://CRAN.R-project.org/package=yardstick>.

Lakens, D. (2013). Calculating and reporting effect sizes to facilitate cumulative science: a practical primer for t-tests and ANOVAs. *Frontiers in Psychology, 4*, 1-12.

Langsrud, Ø. (2003). ANOVA for unbalanced data: Use Type II instead of Type III sums of squares. *Statistics and Computing, 13*(2), 163-167.

Lawrence, M. A. (2016). *_ez: Easy Analysis and Visualization of Factorial Experiments_.* R package version 4.4-0, <https://CRAN.R-project.org/package=ez>.

Lantz, B. (2013). The impact of sample non-normality on ANOVA and alternative methods. *British Journal of Mathematical and Statistical Psychology, 66*(2), 224-244.

Larntz, K. (1978). Small-sample comparisons of exact levels for chi-squared goodness-of-fit statistics. *Journal of the American Statistical Association, 73*(362), 253-263.

Lee, B., Kim, B. C., & Han, S. (2006). The portrayal of older people in television advertisements: A cross-cultural content analysis of the United States and South Korea. *The*

International Journal of Aging and Human Development, 63(4), 279-297.

Lei, M., & Lomax, R. G. (2005). The effect of varying degrees on nonnormality in structural equation modeling. *Structural Equation Modeling, 12*(1), 1-27.

Lenth R (2022). *_emmeans: Estimated Marginal Means, aka Least-Squares Means_*. R package version 1.8.0, <https://CRAN.R-project.org/package=emmeans>.

Levine, T. R., & Hullett, C. R. (2002). Eta squared, partial eta squared, and misreporting of effect size in communication research. *Human Communication Research, 28*(4), 612-625.

Lüdecke, D. (2021). *_sjstats: Statistical Functions for Regression Models* (Version 0.18.1)_. doi:10.5281/zenodo.1284472 <https://doi.org/10.5281/zenodo.1284472>, <https://CRAN.R-project.org/package=sjstats>.

Lüdecke D, Ben-Shachar M, Patil I, & Makowski D (2020). Extracting, computing and exploring the parameters of statistical models using R. *Journal of Open Source Software, 5*(53), 2445. doi:10.21105/joss.02445.

Lumley, T., Diehr, P., Emerson, S., & Chen, L. (2002). The importance of the normality assumption in large public health data sets. *Annual Review of Public Health, 23*(1), 151-169.

Lüdecke, D. (2022). *sjPlot: Data visualization for statistics in social science*. R package version 2.8.12, <https://CRAN.R-project.org/package=sjPlot>.

Lydersen, S., Fagerland, M. W., & Laake, P. (2009). Recommended tests for association in 2× 2 tables. *Statistics in medicine, 28*(7), 1159-1175.

Lynch, S. M. (2013), *Using statistics in social research: A concise approach.* Springer Science & Business Media.

Lyvers, M., Cholakians, E., Puorro, M., & Sundram, S. (2011). Beer goggles: Blood alcohol concentration in relation to attractiveness ratings for unfamiliar opposite sex faces in naturalistic settings. *The Journal of social psychology, 151*(1), 105-112.

Mackenzie, I., & Dudschig, C. (2022). *_psychReport: Reproducible reports in psychology_*. R package version 3.0.2, <https://CRAN.R-project.org/package=psychReport>.

Mangiafico, S. S. (2023). *rcompanion: Functions to support extension education program evaluation.* version 2.4.26. Rutgers Cooperative Extension. New Brunswick, New Jersey. https://CRAN.R-project.org/package=rcompanion.

Masson, M. E., & Rotello, C. M. (2009). Sources of bias in the Goodman–Kruskal gamma coefficient measure of association: Implications for studies of metacognitive processes. *Journal of Experimental Psychology: Learning, Memory, and Cognition, 35*(2), 509-527.

Mauchly, J. W. (1940). Significance test for sphericity of a normal n-variate distribution. *The Annals of Mathematical Statistics, 11*(2), 204-209.

Maxwell, S. E. (1980). Pairwise multiple comparisons in repeated measures designs. *Journal of Educational Statistics, 5*(3), 269-287.

McCall, R. B., & Appelbaum, M. I. (1973). Bias in the analysis of repeated-measures designs: Some alternative approaches. *Child Development, 44*, 401-415.

McHugh, M. L. (2013). The chi-square test of independence. *Biochemia Medica, 23*(2), 143-149.

Mehta, C. R., & Senchaudhuri, P. (2003). Conditional versus unconditional exact tests for comparing two binomials. *Cytel Software Corporation, 675*, 1-5.

Meuleman, B., Loosveldt, G., & Emonds, V. (2015). Regression analysis: Assumptions and diagnostics. In H. Best & C. Wolf (Eds.), *The SAGE handbook of regression analysis and causal inference* (pp. 83-110). SAGE.

Meyer, D. L. (1991). Misinterpretation of interaction effects: A reply to Rosnow and Rosenthal, *Psychological Bulletin, 110*(3), 571-573.

Meyer, D., Zeileis, A., & Hornik, K. (2023). *_vcd: Visualizing Categorical Data_*. R package version 1.4-11, <https://CRAN.R-project.org/package=vcd>.

Miller, J. (n.d.). *Earliest known uses of some of the words of mathematics*. https://jeff560.tripod.com/c.html.

Myers, J. L., Well, A. D., & Lorch Jr, R. F. (2013). *Research design and statistical analysis*. Routledge.

Neyman, J., & Pearson, E. S. (1928). On the use and interpretation of certain test criteria for purposes of inference: Part I. *Biometrika, 20A*(1/2), 175-240.

Nickerson, R. S. (2000). Null hypothesis significance testing: a review of an old and continuing controversy. *Psychological Methods, 5*(2), 241-301.

O'Brien, S. F., & Yi, Q. L. (2016). How do I interpret a confidence interval?. *Transfusion, 56*(7), 1680-1683.

O'Donohue, W. (2021). Are psychologists appraising research properly? Some Popperian notes regarding replication failures in psychology. *Journal of Theoretical and*

Philosophical Psychology, 41(4), 233-247.

Olejnik, S., & Algina, J. (2003). Generalized eta and omega squared statistics: measures of effect size for some common research designs. *Psychological Methods, 8*(4), 434-447.

Osborne, J. W., & Waters, E. (2002). Four assumptions of multiple regression that researchers should always test. *Practical assessment, research, and evaluation, 8*(2). Available online: http://PAREonline.net/getvn.asp?v=8&n=2.

Osterlind, S. J. (2019). *The error of truth: How history and mathematics came together to form our character and shape our worldview*. Oxford, England: Oxford University Press.

Pearson, K. (1895). Contributions to the mathematical theory of evolution.-II. Skew variation in homogeneous material. *Philosophical Transactions of the Royal Society of London*.(A.), (186), 343-414.

Pearson, K. (1896). VII. Mathematical contributions to the theory of evolution.—III. Regression, heredity, and panmixia. *Philosophical Transactions of the Royal Society of London. Series A, containing papers of a mathematical or physical character,* (187), 253-318.

Pearson, K. (1900). X. On the criterion that a given system of deviations from the probable in the case of a correlated system of variables is such that it can be reasonably supposed to have arisen from random sampling. *The London, Edinburgh, and Dublin Philosophical Magazine and Journal of Science, 50*(302), 157-175.

Pearson, K. (1905). "DAS FEHLERGESETZ UND SEINE VERALLGEMEINER-UNGEN DURCH FECHNER UND PEARSON." A REJOINDER. *Biometrika, 4*(1-2), 169-212.

Pearson, K. (1920). Notes on the history of correlation. *Biometrika, 13*(1), 25-45.

Pearson, K. (1924). Historical note on the origin of the normal curve of errors. *Biometrika, 16*(3/4), 402-404.

Peterson B. G, & Carl, P. (2020). *PerformanceAnalytics: Econometric tools for performance and risk Analysis*. R package version 2.0.4. <https://CRAN.R-project.org/package=PerformanceAnalytics>.

Pontes, E. A. S. (2018). A brief historical overview of the Gaussian curve: From Abraham De Moivre to Johann Carl Friedrich Gauss. *International Journal of Engineering*

Science Invention, 7(6), 28-34.

Popper, K. R. (1963). Science as falsification. *Conjectures and Refutations, 1*, 33-39.

Porter, T. M. (2020). *The rise of statistical thinking*. Princeton University Press.

R Core Team (2022). *_foreign: Read data stored by 'Minitab', 'S', 'SAS', 'SPSS', 'Stata', 'Systat', 'Weka', 'dBase', ..._*. R package version 0.8-84, <https://CRAN.R-project.org/package=foreign>.

Razali, N. M., & Wah, Y. B. (2011). Power comparisons of shapiro-wilk, kolmogorov-smirnov, lilliefors and anderson-darling tests. *Journal of statistical modeling and analytics, 2*(1), 21-33.

Revelle, W. (2022). *psych: Procedures for Personality and Psychological Research*, Northwestern

University, Evanston, Illinois, USA, https://CRAN.R-project.org/package=psych Version = 2.2.9.

Richards, J. M. (1982). Standardized versus unstandardized regression weights. *Applied Psychological Measurement, 6*(2), 201-12.

Richardson, J. T. (1996). Measures of effect size. *Behavior Research Methods, Instruments, & Computers, 28*(1), 12-22.

Robert, K. (2023). *_qacReg: Multiple regression and logistic regression_*. R package version 0.0.5.

Rochon, J., Gondan, M., & Kieser, M. (2012). To test or not to test: Preliminary assessment of normality when comparing two independent samples. *BMC Medical Research Methodology, 12*(1), 1-11.

Rogan, J. C., Keselman, H. J., & Mendoza, J. L. (1979). Analysis of repeated measurements. *British Journal of Mathematical and Statistical Psychology, 32*(2), 269-286.

Rosnow, R. L. & Rosenthal, R. (1991). If you're looking at the cell means, you're not looking at only the interaction (unless all main effects are zero), *Psychological Bulletin, 110*(3), 574-576.

Rosenthal, R. (1994). Parametric measures of effect size. In H. Cooper & L. V. Hedges (Eds.), *The hand-book of research synthesis* (pp. 231-244). Russell Sage Foundation

Ruscio, J. (2008). Constructing confidence intervals for Spearman's rank correlation with ordinal data: a simulation study comparing analytic and bootstrap methods. *Journal of Modern Applied Statistical Methods, 7*(2), 416-434.

Ryan, T. A. (1980). Comment on "Protecting the overall rate of Type I errors for pairwise comparisons with an omnibus test statistic. *Psychological Bulletin, 88*(2), 3S4-3S5.

Seaman, M. A., Levin, J. R., & Serlin, R. C. (1991). New developments in pairwise multiple comparisons: some powerful and practicable procedures. *Psychological Bulletin, 110*(3), 577-586.

Shaphiro, S., & Wilk, M. (1965). An analysis of variance test for normality. *Biometrika, 52*(3), 591-611.

Shaw, R. G., & Mitchell-Olds, T. (1993). ANOVA for unbalanced data: an overview. *Ecology, 74*(6), 1638-1645.

Shen, D., & Lu, Z. (2006). *Computation of correlation coefficient and its confidence interval in SAS*. Proceedings of the Thirty-First Annual SAS Users Group International Conference, San Francisco. http://www2.sas.com/proceedings/sugi31/170-31.pdf.

Shieh, G. (2013). Confidence intervals and sample size calculations for the standardized mean difference effect size between two normal populations under heteroscedasticity. *Behavior research methods, 45*(4), 955-967.

Signorell, A. (2022). DescTools: *Tools for Descriptive Statistics*. R package version 0.99.47. <https://cran.r-project.org/package=DescTools>.

Silver, N. C , & Dunlap, W. P. (1987). Averaging correlation coefficients: Should Fisher's Z transformation be used? *Journal of Applied Psychology, 72*(1), 146-148. doi:10.1037//0021-9010.72.1.146

Sim, J., & Reid, N. (1999). Statistical inference by confidence intervals: issues of interpretation and utilization. *Physical Therapy, 79*(2), 186-195.

Smith, R. A., Levine, T. R., Lachlan, K. A., & Fediuk, T. A. (2002). The high cost of complexity in experimental design and data analysis: Type I and type II error rates in multiway ANOVA. *Human Communication Research, 28*(4), 515-530.

Spearman, C. (1904). The proof and measurement of association between two things. *The American Journal of Psychology, 15*(1), 72-101.

Stanley, D. (2021). *apaTables: Create American Psychological Association (APA) Style Tables*. R package version 2.0.8, <https://CRAN.R-project.org/package=apaTables>.

Stigler, S. M. (1986). *The history of statistics: The measurement of uncertainty before 1900*. Harvard University Press.

Stigler, S. M. (2008). Karl Pearson's theoretical errors and the advances they inspired. *Statistical Science 23*(2), 261-271.

Stoline, M. R. (1981). The status of multiple comparisons: simultaneous estimation of all pairwise comparisons in one-way ANOVA designs. *The American Statistician, 35*(3), 134-141.

Tonidandel, S., & LeBreton, J. M. (2011). Relative importance analysis: A useful supplement to regression analysis. *Journal of Business and Psychology, 26*, 1-9.

Torchiano, M. (2020). *effsize: Efficient effect size computation* (R package version 0.8.1) [Computer software]. The Comprehensive R Archive Network. Available from https://CRAN.R-project.org/package=effsize

Tukey, J. W. (1949). Comparing individual means in the analysis of variance. *Biometrics, 5*(2), 99-114.

Tukey, J. W. (1954) Causation, regression, and path analysis. In O. Kempthorne et al. (eds.) *Statistics and Mathematics in Biology* (pp. 35-66). Iowa State College Press.

Tukey, J. W. (1991). The philosophy of multiple comparisons. *Statistical Science, 6*, 100-116.

Tukey, J. W., & Wilk, M. B. (1966). *Data analysis and statistics: An expository overview.* In Proceedings of the November 7-10, 1966, fall joint computer conference (pp. 695-709).

Tybout, A., Sternthal, B., Keppel, G., Verducci, J., Meyers-Levy, J.,Barnes, J.,... Maxwell, S. (2001). Analysis of variance. *Journal of Consumer Psychology, 10*(1-2), 5–35. http://dx.doi.org/10.1207/S15327663JCP1001&2_03.

Vargha, A., & Delaney, H. D. (1998). The Kruskal-Wallis test and stochastic homogeneity. *Journal of Educational and Behavioral Statistics, 23*(2), 170-192.

Velleman, P. F., & Welsch, R. E. (1981). Efficient computing of regression diagnostics. *The American Statistician, 35*(4), 234-242.

Walker, H. M. (1929). *Studies in the history of statistical method: With special reference to certain educational problems.* Williams & Wilkins Co.

Wallenstein, S. (1982). Regression models for repeated measurements. *Biometrics, 38*(3), 849-850.

Welch, B. L. (1947). The generalization of Student's problem when several different population variances are involved. *Biometrika, 34*(1/2), 28-35.

Westfall, P. H. (2014). Kurtosis as peakedness, 1905–2014. RIP. *The American*

Statistician, 68(3), 191-195.

Wickens, T. D., & Keppel, G. (2004). *Design and analysis: A researcher's handbook*. Upper Saddle River, NJ: Pearson Prentice-Hall.

Wickham, H. (2016). *ggplot2: Elegant graphics for data analysis*. Springer-Verlag. <https://ggplot2.tidyverse.org>

Wickham, H., & Bryan, J, (2023). *_readxl: Read excel files_*. R package version 1.4.2, <https://CRAN.R-project.org/package=readxl>.

Wickham, H., François, R., Henry, L., & Müller, K. (2022). *dplyr: A grammar of data manipulation.* R package version 1.1.0, <https://CRAN.R-project.org/package=dplyr>.

Wilcox, R. R. (2005). *Introduction to robust estimation and hypothesis testing* (2nd ed.). San Diego, CA: Academic Press.

Wilk, M. B., & Gnanadesikan, R. (1968). Probability plotting methods for the analysis for the analysis of data. *Biometrika, 55*(1), 1-17.

Wilkinson, L., & Task Force on Statistical Inference (1999). Statistical methods in psychology journals: Guidelines and explanations. *American Psychologist, 54*(8), 594-604.

Williams, L. J., & Abdi, H. (2010). Fisher's least significant difference (LSD) test. *Encyclopedia of Research Design, 218*, 840-853.

Williams, M. N., Grajales, C. A. G., & Kurkiewicz, D. (2013). Assumptions of multiple regression: Correcting two misconceptions. *Practical Assessment, Research, and Evaluation, 18*(1), Article 11. Available at: https://scholarworks.umass.edu/pare/vol18/iss1/11.

Winship, C., & Radbill, L. (1994). Sampling weights and regression analysis. *Sociological Methods & Research, 23*(2), 230-257.

Wolf, C., & Best, H., (2015). Linear regression. In H. Best & C. Wolf (Eds.), *The SAGE handbook of regression analysis and causal inference* (pp. 57-81). SAGE.

Wright, S. (1921). Correlation and causation. *Journal of agricultural research, 20*(7), 557-585.

Yarkoni, T., & Westfall, J. (2017). Choosing prediction over explanation in psychology: Lessons from machine learning. *Perspectives on Psychological Science, 12*(6), 1100-1122.

Yates, F. (1934). Contingency tables involving small numbers and the χ 2 test. Supplement to the *Journal of the Royal Statistical Society, 1*(2), 217-235.

Yates, D., Moore, D., & McCabe, G. (1999). *The practice of statistics*. W.H. Freeman.

Yazici, B., & Yolacan, S. (2007). A comparison of various tests of normality. *Journal of Statistical Computation and Simulation, 77*(2), 175-183.

Xie, Y. (2022). *knitr: A general-purpose package for dynamic report generation in R*. R package version 1.40.

Zeileis, A., & Hothorn, T. (2002). Diagnostic checking in regression relationships. *R News 2*(3), 7-10. URL https://CRAN.R-project.org/doc/Rnews/

Zhu, H. (2021). *_kableExtra: Construct Complex Table with 'kable' and Pipe Syntax_*. R package version 1.3.4, <https://CRAN.R-project.org/package=kableExtra>.

Zimmerman, D. W., Zumbo, B. D., & Williams, R. H. (2003). Bias in estimation and hypothesis testing of correlation. *Psicológica, 24*(1), 133-158.

Zou, G. Y. (2007). Toward using confidence intervals to compare correlations. *Psychological Methods, 12*(4), 399-413. doi:10.1037/1082-989X.12.4.399

이병관, 김재민, 김주환, 장다연, 권나현. (2020). 국내 커뮤니케이션 연구의 통계분석방법의 현황과 문제점: 지난 10년간 <한국언론학보> 게재 논문의 내용분석. 『한국언론학보』, 64(5), 118-152.

이병관, 손영곤, 오현정, & 박선화. (2015). <홍보학연구> 통계분석방법의 경향과 과제: 1998년 창간호부터 2014년 여름호까지 게재된 논문의 내용분석. 『홍보학연구』, 19(1), 270-298.

이병관 한양대학교 광고홍보학과 교수. 한양대학교에서 신문방송학 학사와 석사를 마친 후 미국 미시간주립대학교(Michigan State University)에서 커뮤니케이션 석사학위 및 매스미디어 박사학위를 받았다. 한국헬스커뮤니케이션학회의 초대 회장을 맡았으며, 오랫동안 질병관리청의 정책홍보 자문위원으로 참여한 바 있다. 전공 분야는 헬스 커뮤니케이션으로, 특히 공공 헬스 커뮤니케이션 캠페인 효과 평가와 통계 방법론에 지속적인 관심과 연구를 수행하고 있으며, 통계 방법론 관심 분야는 데이터 과학, 시뮬레이션, 기계학습 등을 포함한다. 특히 최근에는 과학적 과정에 대한 연구를 수행하는 메타과학(metascience)에 연구 관심을 집중하고 있다. 저역서로는 『사회과학 연구자를 위한 몬테카를로 시뮬레이션과 리샘플링 방법』, 『헬스 커뮤니케이션』 등이 있으며, International Journal of Tuberculosis & Lung Disease, Journal of Communication, Health Education & Behavior, Asia-Pacific Journal of Public Health, Journal of Advertising, Health Communication 등의 국내외 여러 저널에 논문을 등재했다.

사회과학 연구자를 위한

R을 활용한 기초 통계

펴낸날 2023년 8월 31일 초판 1쇄

지은이 이병관 ● **펴낸이** 이기정

펴낸곳 한양대학교출판부 ● **출판등록** 제4-7호(1972.2.29)

주소 서울 성동구 왕십리로 222 ● **전화** 02.2220.1432-4 ● **팩스** 02.2220.1435

홈페이지 press.hanyang.ac.kr ● **이메일** presshy@hanyang.ac.kr

이 출판물은 한양대학교 교내연구지원 사업으로 연구됨(HY-2021-1848).

값 25,000원

ISBN 978.89.7218.776.9 (93310)